2022

中国水电
青年科技论坛论文集

下 册

中国水力发电工程学会　组编

U0261554

中国电力出版社
CHINA ELECTRIC POWER PRESS

图书在版编目（CIP）数据

2022中国水电青年科技论坛论文集/中国水力发电工程学会组编. —北京：中国电力出版社，2022.8
ISBN 978-7-5198-6959-5

Ⅰ．①2… Ⅱ．①中… Ⅲ．①水力发电工程－中国－文集 Ⅳ．①TV752-53

中国版本图书馆CIP数据核字（2022）第135106号

出版发行：中国电力出版社
地　　址：北京市东城区北京站西街19号（邮政编码100005）
网　　址：http://www.cepp.sgcc.com.cn
责任编辑：安小丹（010-63412367）　孙建英
责任校对：黄　蓓　郝军燕　李　楠　朱丽芳
装帧设计：赵姗姗
责任印制：吴　迪

印　　刷：三河市万龙印装有限公司
版　　次：2022年8月第一版
印　　次：2022年8月北京第一次印刷
开　　本：787毫米×1092毫米　16开本
印　　张：63.5
字　　数：1576千字
定　　价：380.00元（上下册）

版 权 专 有　侵 权 必 究

本书如有印装质量问题，我社营销中心负责退换

编 委 会

主　任: 张　野

副主任: 冯峻林　郑声安　周　华　晏　俊　席　浩
　　　　周志军

委　员: 李世东　杨永江　梁礼绘　迟福东　郭　清
　　　　李怡萱　冯燕明　胡卫娟　黄青富　黎孟岩
　　　　李明扬　刘　涵　杨　旸　姚建国　袁　龙
　　　　赵志炉　王敬武　汤飞熊　胡霜天　张　勇
　　　　徐力波　程运生　杨　虹　马智杰

编　辑: 杨伟国　姚翠霞　王立涛　胡智宇　邹　权
　　　　安小丹　孙建英

序

  过去的一年，中国共产党迎来百年华诞，实现了第一个百年奋斗目标，开启了全面建设社会主义现代化国家新征程。2022 年是进入全面建设社会主义现代化国家、向第二个百年奋斗目标进军新征程的重要一年，我们党将召开具有重大而深远意义的第二十次全国代表大会。当前我国已进入新发展阶段，深入贯彻新发展理念，加快推动构建新发展格局，是能源电力行业肩负的新时代使命，以深化供给侧结构性改革为主线，以改革创新为根本动力，坚持系统观念，更好统筹发展与安全。水电在全球能源供应及温室气体减排中发挥着重要作用。

  我国一直把水电开发作为能源发展的重点领域，中国水电技术已经实现了全产业链的全面提升。按照"十四五"规划和 2035 年远景目标纲要提出的目标任务，我国将继续推进能源消费、供给、技术和体制四个革命，全方位加强国际合作，实现开放条件下能源安全。坚持生态优先，积极稳妥推进水电开发，统筹流域水电综合利用，建立完善梯级水电站联合调度运用机制，开展梯级电站调蓄储能研究，推进重点流域水电开发生态保护与修复，推进水电开发利益共享，中国水电事业已稳妥有序地走入"十四五"的第二年。

  2021 年 11 月，党的十九届六中全会通过了《中国共产党第十九届中央委员会第六次全体会议公报》，全面总结了党的百年奋斗重大成就和历史经验，是郑重的战略性决策，体现了我们党重视和善于运用历史规律的高度政治自觉，体现了我们党牢记初心使命、继往开来的自信担当。习近平总书记在全会上的重要讲话，回顾总结了一年来党和国家工作，科学分析了国内外形势发展变化，深刻阐明了制定《决议》的战略考虑，对贯彻落实全会精神提出了明确要求。2022 年中国水力发电工程学会党建工作将坚持以习近平新时代中国特色社会主义思想为指导，全面贯彻落实党的十九大和十九届历次全会精神，自觉运用党的百年奋斗历史经验，弘扬伟大建党精神，坚持稳中求进工作总基调，认真落实科协科技社团党委对学会工作的指示精神和工作要求，进一步强化大局意识凝聚发展合力，推进水电和清洁能源事业高质量发展。

  中国由于地形优势，加之幅员辽阔，水能资源位居世界第一。在"双碳"目标的指引下，我国的水电工作者克服新冠肺炎疫情和变幻的国际形势的不利影响，相继迎来了乌东德、白鹤滩等巨型水电站的正式投产发电，铸就了中国水电的"国家名片"地位。

在"双碳"目标的指引下，新能源爆发式增长，抽水蓄能对于维护电网安全稳定运行、建设新型电力系统具有无可替代的支撑作用，抽水蓄能迎来前所未有的发展机遇。

2021 年 12 月，由中国电力建设集团设计施工的世界最大抽水蓄能电站——河北丰宁抽水蓄能电站首批机组正式投产发电，为北京冬奥会历史上首次实现 100%绿色电能供应提供了可靠保障。2022 年 3 月，我国海拔最高的百万千瓦级水电站——雅砻江两河口水电站 6 台机组全部投产发电，年发电量可达 110 亿 kWh。2022 年 4 月，700m 级高水头、高转速、大容量抽水蓄能电站——吉林敦化抽水蓄能电站，随着 4 号机组的正式投入商业运行，宣告该电站全面投产发电。2022 年 6 月，位于安吉县天荒坪镇的浙江省重点该项目国内首座长龙山抽水蓄能电站最后一台机组成功发电，至此，该电站 6 台机组全部实现投产。同时，我国参与建设的国际水电工程也取得了丰硕成果。2022 年 6 月，布隆迪胡济巴济水电站电站 3 台机组全部实现并网发电目标，它是中国援外在建最大水电站，由此全部投产发电，为布隆迪增加约 1/3 的电力供应，将减少当地用电缺口，促进当地工业生产，推动布隆迪国民经济发展，改善居民生活水平。

随着多年来的技术沉淀，我国水电原创了大量的水利水电工程尖端技术，积累了雄厚的人才队伍，形成了一大批工程勘察规划设计、工程建设、投融资和运营管理等领域的顶尖企业。这其中，青年英才的贡献功不可没。中国水力发电工程学会作为水电行业的科技工作者之家，历来极其重视青年人才的发现、培养和举荐工作，为水电杰出人才的成长搭建平台，号召并引导广大水电青年科技工作者牢固树立科学精神、培养创新思维、挖掘创新潜能、提高创新能力，在继承前人工作的基础上不断实现超越。同时呼吁水电青年人才坚守学术操守和道德理念，把学问提高和人格塑造融合在一起，既赢得崇高的技术和学术声望，又培养高尚的人格风范，以促进水电青年人才的成长进步，在我国实现"双碳"目标的征程上贡献最大的力量。

"中国水电青年科技论坛"的品牌学术活动经过连续三年的实践打磨，影响和声望不断提升，成为了水电青年科技人才交流创新思想和展现才华的重要平台，经充分的讨论和酝酿，学会将论坛上报中国科协并最终入选中国科学技术协会《重要学术会议指南（2022）》，在中国科协的关怀和指导下，会议将有效促进水电行业中青年的学术分享与交流，推动多学科互动，加快产学研联动发展，提升我国水电行业的研究与应用水平，形成求真务实、开放合作的学术会风。2022 年的"中国水电青年科技论坛"论文征集工作，大家继续积极响应，踊跃投稿，论文数量和质量均创新高，中国水力发电工程学会决定继续出版论文集，供广大水电科技工作者学习交流、互相借鉴，合力推进我国水电和新能源科技进步和创新。

中国水力发电工程学会　理事长　张野

前　言

　　我国力争 2030 年前实现碳达峰、2060 年前实现碳中和，是以习近平同志为核心的党中央经过深思熟虑做出的重大战略决策，是贯彻新发展理念、推动高质量发展的必然要求，也是构建人类命运共同体、建设更加美好地球家园的时代责任。中国水力发电工程学会牢牢把握这一重大战略目标的本质要求、丰富内涵和实践路径，坚持走在前、干在先、做表率，加快构建与"双碳"战略目标更加契合的高水平青年人才发现与培育体系，以高质量人才培养、科技创新、服务社会积极响应时代命题，以助推经济社会发展与全面绿色转型，为实现碳达峰、碳中和做出更大贡献。为此，中国水力发电工程学会创办了"中国水电青年科技论坛"，从 2019 年开始，在北京、西安、贵阳连续成功举办了三届。论坛共吸引了全国水利水电和新能源领域的 150 余家单位 400 余名专家、领导及青年科技工作者参加，对中国水电和新能源的未来发展进行深入交流。经过三年的实践打磨，影响和声望持续提升，论坛成为了水电青年科技人才交流创新思想和展现才华的重要平台，连续被列入《中国科协重要学术会议指南》，并获得了中国科协中国特色一流学会建设项目的资助。

　　2022 年中国水电青年科技论坛在昆明举办，本次论坛继续开展学术论文征集活动，共收到论文 258 篇，论文作者均为 45 岁以下的青年科技工作者、专业技术人员，全部来自水电行业生产、管理、科研和教学等一线岗位。

　　本次大会组委会对征集到的论文进行了查新，并邀请水电行业知名专家分门别类对论文进行了独立评审并提出评审意见，组委会依据专家评审意见对论文进行了遴选和录取工作，并采取无记名投票方式，评选出了本届科技论坛优秀论文 9 篇，刊登在《水电与抽水蓄能》期刊。

　　本论文集共收录论文 138 篇，涵盖水电及新能源技术领域发展规划勘测设计、机组装备实验与制造、施工实践、建设管理、运行与维护、新能源六个方向，基本反映了水电行业的工程实践及前沿热点问题，可供水电及新能源各专业领域的科技工作人员学习借鉴及参考。

　　感谢行业内各单位的大力支持，感谢广大水电青年科技工作者的踊跃投稿和热情参与，也感谢各位论文评审专家的无私奉献和悉心指导。在会议组织和论文集征集、评审、编辑出版过程中，中国电建集团昆明勘测设计研究院有限公司、华能澜沧江水电股份有限公司、云南省水力发电工程学会、中国电力出版社、《水电与抽水蓄能》编辑部等单位做了大量的工作，在此一并表达谢意。本书的出版将为中国水电和新能源事业的发展做出新的贡献。

本书编委会

2022 年 8 月 18 日

目 录

序
前言

二、机组装备试验与制造

三、施 工 实 践

下　册

四、建　设　管　理

五、运行与维护

六、新 能 源

四、

建 设 管 理

基于欧美标准的混凝土拌和站验收试验研究

刘世军　　熊业祥　　李童童　　李鸿道

（葛洲坝集团试验检测有限公司，湖北省宜昌市　443002）

[摘　要] 按照欧美标准，通过对混凝土拌和物、硬化混凝土以及混凝土芯样等的试验，最终验证混凝土拌和站是否符合生产要求。

[关键词] 拌和站；校秤；混凝土拌和物；硬化混凝土；芯样；均匀性

0　引言

对于大型土建工程项目或者地处偏远的土建工程项目，由于混凝土需求量大，商品混凝土运距较远等因素，往往需要在施工现场建设混凝土拌和站。对混凝土拌和站的验收是混凝土施工前必须开展的工作。

目前国内工程项目对于混凝土拌和站的验收，往往更注重于对称量设备的校准，但是影响混凝土拌和站生产质量的因素较多，通过系统的方法对混凝土拌和站的生产质量进行验收势在必行。

本课题研究参考欧美标准对混凝土拌和站的技术要求，通过对混凝土拌和物、硬化混凝土以及混凝土芯样等的试验，最终验证混凝土拌和站是否符合生产要求。

1　技术要求

混凝土拌和站验收试验的目的是在一定的投料顺数和拌和时间下，通过测量混凝土拌和物、硬化混凝土以及混凝土芯样的性能判定混凝土的均匀性以及称重设备的精度是否满足技术要求，同时计算混凝土拌和站的批次产量。目前在混凝土拌和站验收中，国际上使用较多的规范是美国标准 ASTM C94/94M《预拌混凝土的标准规范》和欧洲标准 EN 206-1《混凝土：规格、性能、生产和一致性》。

根据上述规范，混凝土拌和站的技术要求见表 1～表 3。

表 1　　　　　　　　　　混凝土均匀性的技术要求（ASTM C94/94M）

试验项目	最大允许误差
混凝土容重（kg/m³）	16
含气量（%）	1
坍落度（mm）	平均值<100mm 时：25 平均值>100mm 时：40

续表

试验项目	最大允许误差
粗骨料含量（%）	6.0
7天抗压强度（%）	7.5

表 2   称量设备精度的技术要求（EN 206-1）

以重量称量的设备		
重量	最小值—最大称量的 20%	最大称量的 20%—最大称量
最大允许误差	±2%	±1%
以体积称量的设备		
体积	<30L	≥30L
最大允许误差	±3%	±2%

表 3   配料精度的技术要求（EN 206-1）

配料	最大允许误差
水 水泥 骨料 外加剂和纤维（掺量大于水泥重量的 5%时）	±3%
外加剂和纤维（掺量<水泥重量的 5%时）	±5%

2 校秤

校准每个称重设备，称重设备的精度应满足 EN 206-1 的要求。称重设备的校准结果见表 4～表 13。

表 4   水 秤 校 准 结 果

最大称量：1000kg		型号：STL-1.0T-C		用途：水	
砝码（kg）	示值（kg）	误差（kg）	允许误差（kg，±）	合格判定	备注
50	50.0	0.0	1.3	合格	
100	100.1	0.1	1.3	合格	
150	150.4	0.4	1.3	合格	
200	200.3	0.3	1.3	合格	
250	250.5	0.5	1.3	合格	
300	300.4	0.4	1.5	合格	
350	350.4	0.4	1.8	合格	
400	400.6	0.6	2.0	合格	
500	500.6	0.6	2.5	合格	

续表

最大称量：1000kg		型号：STL-1.0T-C		用途：水	
砝码（kg）	示值（kg）	误差（kg）	允许误差（kg，±）	合格判定	备注
600	600.5	0.5	3.0	合格	
700	700.3	0.3	3.5	合格	
800	800.5	0.5	4.0	合格	

表5　　　　　　　　　　　　　　外加剂1号秤校准结果

最大称量：200kg		型号：STL-0.2T-C		用途：外加剂1号	
砝码（kg）	示值（kg）	误差（kg）	允许误差（kg，±）	合格判定	备注
0	0.0	0.0	0.3	合格	
5	5.0	0.0	0.3	合格	
10	10.0	0.0	0.3	合格	
15	15.0	0.0	0.3	合格	
25	25.1	0.1	0.3	合格	
35	34.9	−0.1	0.3	合格	
40	39.80	−0.2	0.3	合格	
45	44.80	−0.2	0.3	合格	

表6　　　　　　　　　　　　　　外加剂2号秤校准结果

最大称量：200kg		型号：STL-0.2T-C		用途：外加剂2号	
砝码（kg）	示值（kg）	误差（kg）	允许误差（kg，±）	合格判定	备注
0	0.0	0.0	0.3	合格	
5	5.1	0.1	0.3	合格	
10	9.9	−0.1	0.3	合格	
15	14.9	−0.1	0.3	合格	
25	24.9	−0.1	0.3	合格	
35	35.1	0.1	0.3	合格	
40	40.1	0.1	0.3	合格	
45	45.1	0.1	0.3	合格	

表7　　　　　　　　　　　　　　细骨料1号秤校准结果

最大称量：2000kg		型号：SSB-III-2.0T		用途：细骨料1号	
砝码（kg）	示值（kg）	误差（kg）	允许误差（kg，±）	合格判定	备注
0	0.0	0.0	2.5	合格	
100	100.1	0.1	2.5	合格	
200	200.1	0.1	2.5	合格	
400	400.2	0.2	2.5	合格	

续表

最大称量：2000kg		型号：SSB-III-2.0T		用途：细骨料 1 号	
砝码（kg）	示值（kg）	误差（kg）	允许误差（kg，±）	合格判定	备注
600	600.0	0.0	3.0	合格	
800	800.3	0.3	4.0	合格	
1000	1000.8	0.8	5.0	合格	
1200	1201.2	1.2	6.0	合格	
1400	1401.5	1.5	7.0	合格	
1600	1600.9	0.9	8.0	合格	
1800	1800.7	0.7	9.0	合格	

表 8 细骨料 2 号秤校准结果

最大称量：2000kg		型号：SSB-III-2.0T		用途：细骨料 2 号	
砝码（kg）	示值（kg）	误差（kg）	允许误差（kg，±）	合格判定	备注
0	0.0	0.0	2.5	合格	
100	99.9	−0.1	2.5	合格	
200	99.9	−0.1	2.5	合格	
400	199.8	−0.2	2.5	合格	
600	399.5	−0.5	2.5	合格	
800	599.3	−0.7	3.0	合格	
1000	799.6	−0.4	4.0	合格	
1200	999.8	−0.2	5.0	合格	
1400	1199.4	−0.6	6.0	合格	
1600	1399.3	−0.7	7.0	合格	
1800	1599.8	−0.2	8.0	合格	

表 9 粗骨料 1 号秤校准结果

最大称量：2000kg		型号：SSB-III-2.0T		用途：粗骨料 1 号	
砝码（kg）	示值（kg）	误差（kg）	允许误差（kg，±）	合格判定	备注
0	0.0	0.0	2.5	合格	
50	50.1	0.1	2.5	合格	
100	100.1	0.1	2.5	合格	
200	200.2	0.2	2.5	合格	
300	300.4	0.4	2.5	合格	
400	400.1	0.1	2.5	合格	
600	600.0	0.0	3.0	合格	
800	800.2	0.2	4.0	合格	

续表

最大称量：2000kg		型号：SSB-III-2.0T		用途：粗骨料 1 号	
砝码（kg）	示值（kg）	误差（kg）	允许误差（kg，±）	合格判定	备注
1000	1000.4	0.4	5.0	合格	
1200	1200.6	0.6	6.0	合格	
1400	1400.9	0.9	7.0	合格	
1600	1601.2	1.2	8.0	合格	

表 10 　　　　　　　　　　　粗骨料 2 号秤校准结果

最大称量：2000kg		型号：SSB-III-2.0T		用途：粗骨料 2 号	
砝码（kg）	示值（kg）	误差（kg）	允许误差（kg，±）	合格判定	备注
0	0.0	0.0	2.5	合格	
50	50.1	0.1	2.5	合格	
100	100.1	0.1	2.5	合格	
200	199.9	−0.1	2.5	合格	
300	300.0	0.0	2.5	合格	
400	400.1	0.1	2.5	合格	
600	600.2	0.2	3.0	合格	
800	800.5	0.5	4.0	合格	
1000	1000.5	0.5	5.0	合格	
1200	1200.6	0.6	6.0	合格	
1400	1400.3	0.3	7.0	合格	
1600	1600.4	0.4	8.0	合格	

表 11 　　　　　　　　　　　粗骨料 3 号秤校准结果

最大称量：2000kg		型号：SSB-III-2.0T		用途：粗骨料 3 号	
砝码（kg）	示值（kg）	误差（kg）	允许误差（kg，±）	合格判定	备注
0	0.0	0.0	2.5	合格	
50	50.0	0.0	2.5	合格	
100	100.1	0.1	2.5	合格	
200	199.7	−0.3	2.5	合格	
300	299.4	−0.6	2.5	合格	
400	399.7	−0.3	2.5	合格	
600	599.5	−0.5	3.0	合格	
800	799.3	−0.7	4.0	合格	
1000	999.6	−0.4	5.0	合格	

续表

最大称量：2000kg		型号：SSB-III-2.0T		用途：粗骨料 3 号	
砝码（kg）	示值（kg）	误差（kg）	允许误差（kg，±）	合格判定	备注
1200	1199.4	−0.6	6.0	合格	
1400	1399.2	−0.8	7.0	合格	
1600	1599.6	−0.4	8.0	合格	

表 12　　　　　　　　　　水 泥 秤 校 准 结 果

最大称量：1000kg		型号：SSB-III-1.0T		用途：水泥	
砝码（kg）	示值（kg）	误差（kg）	允许误差（kg，±）	合格判定	备注
0	0.0	0.0	1.3	合格	
10	9.9	−0.1	1.3	合格	
25	24.5	−0.5	1.3	合格	
50	50.3	0.3	1.3	合格	
100	100.5	0.5	1.3	合格	
200	200.1	0.1	1.3	合格	
300	299.6	−0.4	1.5	合格	
400	399.5	−0.5	2.0	合格	
500	500.8	0.8	2.5	合格	
600	600.8	0.8	3.0	合格	
700	700.6	0.6	3.5	合格	
800	800.2	0.2	4.0	合格	

表 13　　　　　　　　　　掺 和 料 秤 校 准 结 果

最大称量：1000kg		型号：SSB-III-1.0T		用途：掺和料	
砝码（kg）	示值（kg）	误差（kg）	允许误差（kg，±）	合格判定	备注
0	0.0	0.0	1.3	合格	
10	9.9	−0.1	1.3	合格	
25	25.1	0.1	1.3	合格	
50	50.2	0.2	1.3	合格	
100	100.0	0.0	1.3	合格	
200	200.2	0.2	1.3	合格	
300	300.3	0.3	1.5	合格	
400	400.3	0.3	2.0	合格	
500	500.2	0.2	2.5	合格	
600	600.2	0.2	3.0	合格	
700	699.9	−0.1	3.5	合格	
800	800.0	0.0	4.0	合格	

从表 4～表 13 可以看出，称重设备的精度满足 EN 206-1 中附件 Annex DNA 9.6.2.2 的要求。

3 混凝土配合比的选择

根据 ASTM C94/94M 的规定，除特殊情况外，混凝土配合比应选择施工现场典型的配合比。推荐的混凝土配合比如下。

胶凝材料：300～350kg/m³；

粗骨料粒径：符合 ASTM C33/C33M 的规定；

细集料细度模数：2.5～3.0；

混凝土拌和物的坍落度：100～150mm 或 25～50mm；

混凝土拌和物的含气量：4%～6%。

本研究采用的配合比见表 14，混凝土的性能见表 15。

表 14　混凝土配合比

配方（kg/m³）						
水	水泥	细骨料	粗骨料			外加剂
			4.75～9.5mm	9.5～19mm	19～37.5mm	Sikament 200 HE AO（%）
155	344	749	298	446	496	3.1

表 15　混凝土的性能

坍落度（mm）	含气量（%）	容重（kg/m³）	7 天立方体抗压强度（MPa）
68	0.8	2507	39.5

4 投料顺序

根据 ASTM C94/94M 的规定，投料顺序应采用此前使用过的投料顺序或者按照拌和系统生产厂家推荐的投料顺序。投料还应满足先使部分水投入搅拌机中，在规定的拌和时间结束时前的 1/4 时间内，所有的水应全部投入搅拌机中。

根据厂家推荐，本次试验的加料顺序为：水（外加剂）→细骨料→粗骨料→胶凝材料。

5 拌和时间

根据 ASTM C94/94M 的规定，拌和时间从所有固体材料进入搅拌机时开始计算。本次试验的搅拌时间为 60s。当混凝土外观或粗骨料含量表明未拌和均匀时，应增加拌和时间。

另外，根据 ASTM C94/94M 的规定如果不进行搅拌机性能测试，容量为 0.76m³ 或以下的搅拌机可接受的搅拌时间应不少于 1min。对于更大容量的搅拌机，每立方米或额外容量的部分，拌和时间应增加 15s。

6 每盘生产量

根据 ASTM C94/94M 的规定，进行拌和站验收试验时，每盘生产方量应在额定容量的−20%和+10% 之间。本次试验的搅拌机的搅拌容量为 1.5m³，本次试验选用 1.5m³。

7 取样

在卸料大约 15%和 85% 后，应分别取样，每个样品包含大约 0.1m³。这些样品应在不超过 15min 内获得。样品应根据 ASTM C172/C172M 进行存放，但应分开保存，不能混合使用。应避免取样过程中使混凝土拌和物离析。每个样品都盖好，以防止水分流失或污染。取样按照以下程序之一进行：

程序 1：在卸料约 15%和 85%时分别取样。两次取样时间间隔应避免接近。

程序 2：停机，在搅拌机内取样，距搅拌机前部和后部的距离大致相等。

8 秤量误差

本次研究的秤量误差统计见表 16。

表 16　　　　　　　　　　　秤 量 误 差 统 计 表

材料	预定量		实际称量	误差（%）	允许误差（±%）	合格性评价
	单位	值				
水泥	kg	516	513.3	−0.52	3	合格
骨料 0~4.75mm	kg	1146	1153	0.61	3	合格
骨料 4.75~9.5mm	kg	447	459	2.68	3	合格
骨料 9.5~19.0mm	kg	669	667	−0.30	3	合格
骨料 19.0~37.5mm	kg	744	741	−0.40	3	合格
水	kg	210	210.5	0.24	3	合格
外加剂	kg	4.65	4.6	−1.08	5	合格

从表 16 分析可知，该拌和站的秤量误差符合 EN 206-1 的要求。

9 混凝土均匀性评价

9.1 试验项目

9.1.1 容重和批次产量

根据 ASTM C143/C143M 对每个样品进行坍落度测试。获得样品后 5min 内开始坍落度测试。根据 ASTM C138/C138M 确定每个样品的容重。计算公式为

$$D = \frac{M}{V}$$

$$(1)$$

式中　D——实测容重（单位重量），kg/m³；

　　　M——混凝土的净质量，kg；

　　　V——混凝土的体积，m³。

根据两个样品的平均容重（单位重量），按照 ASTM C138/C138M 的方法计算批次的产量。

9.1.2　含气量

根据 ASTM C173/C173M 测量每个样品的含气量。

9.1.3　抗压强度

按照 ASTM C31/C31M 规定的方法对每个混凝土圆柱体试件进行养护，根据 EN 12390-3 在 7 天时测每个样品的抗压强度，并据此计算样品之间的强度百分比差值。

9.1.4　粗骨料含量

使用用于测量容重的混凝土拌和物来确定粗骨料含量。如果单独取样，混凝土样品至少应为 15kg。将混凝土放入一个足够大的容器中，并确定混凝土拌和物的净质量。用 4.75mm（4 号）筛子充分清洗每个样品，以去除水泥和大部分细骨料。将初步清洗后的样品储存在塑料袋中，然后在烘箱烘干 16h。再次将样品过 4.75mm（4 号）筛以去除剩余的细骨料，从而确定每个样品的粗骨料含量。公式为

$$粗骨料含量 = C / M \times 100$$

$$(2)$$

式中　C——干粗骨料的质量，kg，

　　　M——混凝土拌和物的净质量，kg。

9.2　试验成果

根据第 9.1 节的试验方法对每个样品进行试验，试验成果见表 17。

表 17　　　　　　　　　　　混凝土均匀性评价结果

检测项目	试验结果		平均值	误差	最大允许误差	合格性评定
	卸料 15%	卸料 85%				
容重（kg/m³）	2507	2517	2512	10	16	合格
含气量（%）	1.6	1.1	1.4	0.5	1.0	合格
坍落度（mm）	108	96	102	12	40	合格
粗骨料含量（%）	48.9	50.7	49.8	1.8	6.0	合格
7 天抗压强度（立方体）	38.5MPa	42.3MPa	40.4MPa	4.7%	7.5%	合格

由表 17 可知，混凝土的均匀度符合 ASTM C94/C94M 表 A1.1 的要求。

10　批次产量

根据 ASTM C138/C138M 的方法，由 2 个样品的平均容重（单位重量）计算出批次的产量。批次产量见表 18。

表 18　　　　　　　　　　　混凝土均匀性评价结果

容重 D（kg/m³）	材料的总重 M（kg/m³）	产量 Y Y=M/D	设计产量–Y_d（m³）	相对产量–R_y $R_y=Y/Y_d$
2512	2491	0.99	1.00	0.99

11　1m³硬化混凝土试验

单独生产 1m³ 混凝土，装入预先制备好的模具中，应保证装料过程中不使骨料分离和混凝土损失，按照施工过程中的振实方法使混凝土密实，并抹平表面。

拆模后测量混凝土的实际尺寸，从而得到 1m³ 混凝土的实际体积。试验结果见表 19。同时，在硬化混凝土的顶部和底部钻取芯样，测试芯样的抗压强度。设备、取样、直径、长度和抗压强度试验，必须符合 ASTM C42/42M 第 4～7 条的规定。芯样的抗压强度结果见表 20。

表 19　　　　　　　　　　　1m³ 混凝土的体积

长（cm）	宽（cm）	高（cm）	实测体积（m³）	理论体积（m³）	差值（m³）
101	96	103	0.999	1.000	−0.001

表 20　　　　　　　　　　　芯样抗压强度试验结果

	龄期：7 天	直径：100mm	高度：200mm	
样品编号	取样部位	抗压强度（MPa）	平均值（MPa）	差值（%）
1	顶部	30.6	33.0	7.1
2	底部	35.3		

12　干拌试验

干拌试验使用的材料为第 2 节中除外加剂、水的其他材料，将 0.5m³ 材料投入拌和机搅拌后，按照 EN 933-1 的方法进行筛分试验。测试结果见表 21，如图 1 所示。

表 21　　　　　　　　　　　干拌料筛分试验结果

筛孔 （mm）	累计筛余（kg）		筛余百分率（%）		累计筛余百分率（%）		累计通过百分率（%）	
	配合比	实测值	配合比	实测值	配合比	实测值	配合比	实测值
100	0	0.00	0.0	0.0	0.0	0.0	100.0	100.0
75	0	0.00	0.0	0.0	0.0	0.0	100.0	100.0
50	0	0.00	0.0	0.0	0.0	0.0	100.0	100.0
37.5	0	1.16	0.0	0.1	0.0	0.1	100.0	99.9
19	496	229.73	21.3	20.0	21.3	20.1	78.7	79.9
9.5	942	456.99	19.1	19.9	40.4	40.0	59.6	60.0
4.75	1240	645.18	12.8	16.5	53.2	56.5	46.8	43.5
筛底	2333	1141.24	46.8	43.5	100.0	100.0	0.0	0.0

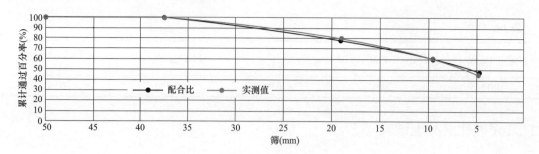

图 1　干拌料筛分曲线

13　结语

（1）称重设备精度满足 EN 206-1 中附件 DNA 9.6.2.2 的要求。

（2）按照第 4 章的投料顺序和 60s 的搅拌时间，混凝土的均匀性满足 ASTM C94/C94M 表 A1.1 的要求。

（3）本拌和楼批次产量为 0.99，相对产量为 0.99。

参考文献

［1］美国材料实验协会. ASTM C172C/172M 混凝土取样的标准实施规程［ASTM］. 宾夕法尼亚州西康舍霍肯巴尔港大道 100 号：ASTM 国际，2020.

［2］美国材料实验协会. ASTM C143/C143M 水泥混凝土坍落度的标准试验方法［ASTM］. 宾夕法尼亚州西康舍霍肯巴尔港大道 100 号：ASTM 国际，2020.

［3］美国材料实验协会. ASTM C138/C138M 混凝土容重、产能和含气量的标准试验方法［ASTM］. 宾夕法尼亚州西康舍霍肯巴尔港大道 100 号：ASTM 国际，2017.

［4］美国材料实验协会. ASTM C173/C173M 用体积法测定混凝土含气量的标准试验方法［ASTM］. 宾夕法尼亚州西康舍霍肯巴尔港大道 100 号：ASTM 国际，2016.

［5］英国标准协会. BS EN 12390-3：2009 硬化混凝土　第三部分：抗压强度试验［EN］. 英国伦敦奇斯威克大道 W4 4AL：BSI 集团，2011.

［6］美国材料实验协会. ASTM C31/C31M 现场制作和养护混凝土试样的标准实施规程［ASTM］. 宾夕法尼亚州西康舍霍肯巴尔港大道 100 号：ASTM 国际，2019.

［7］英国标准协会. BS EN 933-1：2012 集料几何特性试验　第 1 部分：颗粒级配试验-筛分法［EN］. 英国伦敦奇斯威克大道 W4 4AL：BSI 集团，2012.

［8］美国材料实验协会. ASTM C42/42M 获取和测试混凝土芯样和锯切梁的标准试验方法［ASTM］. 宾夕法尼亚州西康舍霍肯巴尔港大道 100 号：ASTM 国际，2020.

作者简介

刘世军，男，工程师，主要从事水利水电工程检测工作。E-mail：545438977@qq.com

浅谈项目工程完工核量在施工现场应用

曹刘光

（中国水利水电建设工程咨询西北有限公司，陕西省西安市　710100）

［摘　要］工程审计是从工程技术的角度，对建设项目投资活动的真实性、合法性、有效性进行检查，以及评价和公证的一种监督活动，通过工程审计监督，保证建设项目投资的真实性、准确性及竣工决算合理合规。合同项目工程核量是监理工程师审核施工方签证单、完工计算书和竣工图并经项目业主专工审签向专业审计提交的合同完工工程量。

［关键词］完工核量；依据齐全；程序合法

1　工程概述

乌东德电站大坝辅助企业项目分为施期料场前期项目工程、施期料场道路下段工程、右岸出线场道路上段工程、武警交通运管中心建安工程、施工区绿化一期工程、鱼类增殖放流站及水文站等项目。在上级和主管部门领导下，核量人员首先要求认真履行审计前完工核量工作职责，能够在规定的合同范围内独立开展核查工作，按照工程核量职责对施工方已完工项目计算书开展核查、计算、现场体型尺寸丈量等检查，根据核查内容下发核量整改通知，并督促承包单位落实并完成存在问题的整改，有效保证了提交审计各合同完工工程量的准确性，确保工程核量无事故。以下是对工程完工核量的一些看法，仅供参考。

2　加强学习，提高核量能力

合同项目工程完工核量，首先需要以提高个人素质和业务能力为目标，核量过程中必须尽职尽责，需把业务理论学习放在首位，完工核量需认真参照学习审计工作制度及工程计量管理办法，掌握完工核量签证管理办法及具体工作流程，增强对工程完工核量各种情况的应对能力，在学习上需严格要求，在学习中提高，在学习中进步。工作中通过不断的基础理论学习和实际过程核查，进一步掌握采用广联达先进的计算理念及对发生工程量快速核查的技能，并通过 CAD 制图知识拓宽核量视野，提高对工程核量发现问题、分析问题及解决问题的能力。

3　依据齐全，程序合法

在乌东德亲身感受到工程建设带来的巨大变化，以及审计对完工工程核量工作的重要性，核量过程中不能疏忽大意，需依据齐全、程序合法、计算精准。认真检查合同每项工作内容，做好记录，对发现的问题出整改意见，尽可能减少核量后出现的计算风险。核量中必须了解施工方工程量范围和竣工图，对项目有关的计算、概算以及招投标文件相关条款必须熟悉，这样才能快速高效地计算出设计工程量。施工方计算书上报后先进行计算，再逐项会同施工方核对。所有施工、进场材料、图纸、设计变更及现场签证，试验部门试验报告，工程项目有关的甲方供料的收、发料单，技术核定单，其他相关验收资料等进行对应的原件检查，技术核定单须由施工、监理、设计、业主方代表签字盖章齐全才能作为计量结算依据。

对场地平整、挖地槽、挖基础、挖土方工程量的计算是否符合定额计算规定且与施工图纸标注尺寸相符，土质类别是否与地质勘察资料一致，地槽与基础放坡有没有重算和漏算；回填土工程量应注意地槽、基础回填土体积是否扣除了基础所占体积、地面和室内填土的厚度是否符合设计要求；房建项目运土方的审查除了注意运土距离外，还要注意运土数量是否扣除了就地回填的土方。混凝土及钢筋混凝土工程，对混凝土衬砌与预制构件及排水沟是否分别计算，有筋和无筋构件、单层和双层钢筋衬砌是否按设计规定分别计算、有无混淆；钢材和钢筋的计量应按施工图纸所示的净值计量；不计入钢筋加工损耗（架设定位和钢筋搭接等附加钢筋量）。洞挖按开挖断面另加允许超挖量计算，即拱部为15cm、边墙为10cm，并按合同约定量进行计算。边坡开挖支护，开挖依据测量资料（含断面图）按马道高程坡比进行分解计算，扣除已开挖交通洞、排水洞或灌浆平洞工程量。锚杆支护依据设计通知、技术核定单等文件和验收资料对每个单元锚杆按间排距、长度、孔径、数量进行计算，排水孔按孔径、数量、长度计算。了解到施工现场总体范围和施工方具体各种工程量，经过详细现场丈量核查，就可以快速高效地复核出设计工程量和实际发生工程量。通过不懈的努力，配合跟踪审计，提交大坝辅企合同6个项目全部通过审计，最终3亿元的审计项目扣款不到总价的1%。

4 求真务实、保证质量

4.1 开拓思路，积极探索，牢固树立"乌东德精品工程"意识

工作中严格依照法定核量程序，严格对照执行各项完工核量规范和准则，严格根据法律法规进行处理。在确保程序的基础上，创新工作思路，探索工作方法，积极开展计算机联网核查，有步骤有计划有重点地开展工作。从核查方案的制定、检查实施过程的操作、核量证据的取得、完工报告的编写、核查通知书的拟稿到核量决定的执行落实等都必须再三把关，并定期向上级领导汇报合同完工计算书核量进展情况，与上级及相关同事信息资源共享，确保高效率、高质量地完成完工工程量核量任务。

4.2 准确核量、为后续项目树立标杆

为了使乌东德水电站大坝辅企工程项目完工核量工作有序，保障各标段签证资料的真实性、合理性及准确性，以确保工程签证工作的顺利进行，并按乌东德工程监理计量签证管理办法有关条款，使各标段签证工作有据可依，进而保障签证资料的真实性、合理性以及与现场工程实体的吻合性，保证工程计量签证工作的顺利进行。计量签证工程量必须与现场的实物量一致，须和单元评定资料一致，准确核量和合法程序及可靠的计算数据才能规避风险，直接保证现有项目工程质量，准确核量为后续项目施工质量树立标杆。监理人员现场测量如图1所示。

图 1　监理人员现场测量

4.3　及时准确签证、把握原则

　　及时签证是指现场正在发生或事件刚刚结束 7 日内，施工单位管理人员和监理人员能进行核实的时间区间，事后现场监理人员不得补签；准确性是指签证记录应对人材机消耗或按合同工程量计价清单项目准确描述并记录，能经得起推敲并满足合同处理要求，否则视为无效签证。施工质量，由监理工程师根据施工质量形成过程，对原材料质量及工序质量作出合格的判断和单元评定，作为结算的依据，不需附其他质量证明材料。如发生质量缺陷成品和保护不到位或有关事故不予计量，待处理并经验收合格后再进行计量。不对审核过程中未涉及的事项，证据不足、标准不明确的事项不进行计量签证及核量。监理人员现场核量如图 2 所示。

图 2　监理人员现场核量

4.4　揭示问题，分析原因

　　施工过程中随意增加签证，通过签证增加工程量发现缺少相应的图纸或工程量的计算式，造成核量时费时费力，影响工作效率。对发现问题应及时向施工方提出改进、完善制度，加强管理，健全机制等方面的建议。但项目具体实施中仍发现被核量单位不配合、不理解；查出问题容易，整改减量较难；个别负责报量项目领导有误解；报量过程中施工方提供涂改及残缺资料，甚至采用拖延手段等来消极接受工程量核查，有的合同项目在完成核量工作时，首先看项目部领导的意图，个别领导口头说核量工作已安排，但实际工作是项目部与部门之间相互推诿，导致工作不落实，经多次交谈和开会，摆事实、摊证据、举实例，并从以往审计核查举证工作中吸取经验教训，最后找到了解决问题的办法。所以，核量工作也要分析原因并做好人的"思想工作"，工程核量看起来简单，真正做好也不容易，核量对每个人都是一种挑战，但经过不懈努力最终达成一致意见，该扣除工程量还是要坚决扣除，最终达到了以现场实际为准核量的目的。

4.5 保质、保量完成任务

对完工核量工作关键性和重要性既要有认真、细致、精确及严谨的工作态度，还要有细心、耐心、高度责任心，同时注重把好廉政关，把廉政作为工作的基本要求，坚决执行党风廉政建设责任制，遵守中央关于党政廉洁自律的规定，筑牢拒腐防变思想防线。配合身边核量同事，做到多看、多思考，只有工作努力才能胜任各种工作环境和内容。对工作须积极主动，严格把关，一丝不苟。在繁多的工作中，还要分清主次，科学安排，按时、保质、保量完成任务，同时参与相关工程合同竣工报告和分部分项鉴定书的编写、环保水保报告的编写，同时参与对施工方合同竣工资料组卷情况核查，并提出整改意见。

5 结语

往后工程项目核量还很多，需积极参与工程完工核量和相关计量规范制度的学习，进一步提高思想政治素质。通过前期跟踪审计工程核量开阔了视野，拓宽了工作思路，增强自己全局意识，并强化心胸坦荡、正直端庄、严谨朴实的良好作风。同时注重核量工作综合分析力度，需适应新环境，工作中恪尽职守，核量工作需一如既往，经得起审计。继续发扬成绩、克服不足，使完工核量工作再上新台阶。

作者简介

曹刘光（1981—），男，高级工程师，主要从事水利水电工程监理工作。E-mail：37158943@qq.com

澳大利亚调频辅助服务计费机制及影响因素研究

陈　琛　张慧帅

（中国电建集团海外投资有限公司，北京市　100048）

[摘　要]澳大利亚国家电力市场作为目前较为成熟的电力市场，其电力辅助服务费是当地新能源项目运营过程中的重要考量因素。本文基于中国电建集团海外投资有限公司在澳某风电项目调节调频类辅助服务费支出情况，分析研究了关键影响因素及其影响规律，为我国电力企业在发达国家电力辅助服务市场的项目运营总结提炼了相关经验。

[关键词]澳大利亚；调频辅助服务；辅助服务费；影响分析

0　引言

在全球大力推进碳减排背景下，随着风电、光伏等新能源项目大规模并网，电力系统稳定性正面临越来越大的挑战[1]。电力辅助服务作为维护电力系统安全稳定运行的重要手段，已成为一类可交易的市场化商品，辅助服务市场应运而生。近年来，不同学者对辅助服务市场与电力市场关系[2]、辅助服务市场建设[3-4]、辅助服务费用补偿机制[5-6]等内容开展了广泛研究。本文基于中国电建集团海外投资有限公司在澳某风电项目（以下简称"项目"）运营情况，通过分析研究澳大利亚国家电力市场（以下简称"NEM"）的电力辅助服务运行机制及项目调频类服务（以下简称"FCAS"）费用支出情况与关键影响因素，为我国电力企业在发达国家电力辅助服务市场的项目运营总结提炼相关经验。

1　澳大利亚电力辅助服务类型

电力辅助服务是指在电能传输过程中，为保障系统安全稳定和电能质量所需的频率调整、备用、无功、黑启动等辅助性电力产品或服务[7]。如图 1 所示，NEM 电力辅助服务主要包括

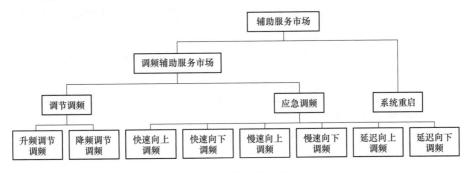

图 1　NEM 辅助服务构成

调节调频服务（Regulation FCAS）、应急调频服务（Contingency FCAS）及系统重启服务（System Restart）[8]。其中，调节调频辅助服务按目的分为升频与降频两类，应急调频辅助服务则细分为快速升/降频（6s）、慢速升/降频（60s）和延时升/降频（5min）。

2 项目电费结算机制及构成分析

2.1 项目电费结算机制

项目电费收入（即账单结算电费）由售电收入、购电支出、辅助服务费用三部分构成。其税前电费收入净额计算公式为上网电量×售电价格−购网电量×购电价格−辅助服务费用，账单结算电费在税前电费收入净额基础上再加收 10%的商品服务税。

2.2 项目电费构成及影响

根据项目 2019 年 11 月全容量并网发电起至 2021 年 10 月电费账单情况，项目每周购网电量支出金额不超过 500 澳元，仅占售电收入 0.26%，而辅助服务费用占比基本在 30%内波动，平均占比近 26.8%，其中应急调频辅助服务费占 53.4%，调节调频辅助服务费占 40%，系统启动辅助服务费占 6.6%。可以发现，在电网调度稳定前提下，应急调频辅助服务与调节调频辅助服务的费用浮动，将对项目总体电费收入水平产生实质性影响，值得深入探究。

3 责任方支付系数计算机制

根据项目电费账单情况，应急调频辅助服务费支出情况较为稳定，因此本章主要通过研究调节调频辅助服务费计费机制及关键影响因素，分析得出控制降低调节调频辅助服务费的相关措施。

3.1 责任方支付系数计算公式

根据澳大利亚电力法规定，负责电力辅助服务市场运营的澳大利亚能源市场运营商（以下简称"AEMO"）采购的调节调频服务费用由 NEM 所有发电商和用户共同按照"责任方付费"原则进行分摊，与"责任方支付系数"（Causer Pays Factors，也称 Market Participants Factor，以下简称"MPF"）直接挂钩进行计费。

其中，MPF 指的是 AEMO 在 28 天采样周期中以全网各电站预测负荷与实际负荷偏差量为基础，按其模型公式综合分析得出的一个对电网平衡及稳定性的影响系数。具体计算公式为

$$MPF=(LNEF+RNEF)×各州对应贡献值乘数 \qquad (1)$$

式中　　　LNEF——频率过高偏离量总和，计算公式为 LNEF=ΣFI×（实际出力−计划出力）；

RNEF——频率过低偏离量总和，计算公式为 RNEF=ΣFI×（计划出力−实际出力）。

式（2）、式（3）中　FI——频率指示因子。

3.2 责任方支付系数关键变量

根据计算公式可知，制约 MPF 的关键变量包括各州对应贡献值乘数、机组出力偏差、频率指示因子和频率偏离量总和。

（1）贡献值乘数。贡献值乘数由 AEMO 根据每月国家电力市场运营具体情况计算更新，

与任一机组具体运行情况无直接关系。根据 AEMO 历史数据，澳大利亚内陆各州贡献值乘数基本维持在 0.01 左右，而项目所在地塔州乘数在 2020 年至 2021 年期间均值高达 13。

（2）机组出力偏差。AEMO 将机组每 5min 调度区间内的计划出力与实际出力的差值作为机组出力偏差。根据实际运行经验，影响风电机组实际出力的主要因素包括计划外机组临时故障、限电、风速随机变化、多个调度指令之间的响应时间偏差等。

（3）频率指示因子。AEMO 通过评估每 5min 调度区内机组出力偏差对 AEMO 调节电网频率起到的正作用或负作用，对应得出正值或负值频率指示因子（FI）。FI 与相同调度区间内机组出力偏差的乘积作为该区间的频率偏离量，得到频率过高偏离量（LNEF）或频率过低偏离量（RNEF）。

（4）频率偏离量总和。AEMO 将 28 天采样区间内机组所有频率过高偏离量和频率过低偏离量求和得到频率偏离量总和。

4 关键变量影响分析

根据上述分析，除贡献值乘数由各地区整体情况决定以外，机组出力偏差、频率指示因子和频率偏离量总和由机组实际情况决定，属于可控关键变量。因此通过探究可控关键变量实际偏差情况，

4.1 项目关键变量实际情况

（1）机组出力偏差。AEMO 通过澳大利亚风功率预测系统（AWEFS）统一对市场中的风力发电项目进行风功率预测。但由于采用的大范围气象预报数据精度较低，预测值与调度目标偏差普遍较大，而项目采用 Fulcrum 3D 的商用风功率预测技术方案进行更高精度预测，但机组调度需求、预测负荷及实际负荷三项指标仍然存在一定偏差。如图 2 所示，预测负荷约滞后于实际负荷约 5min。

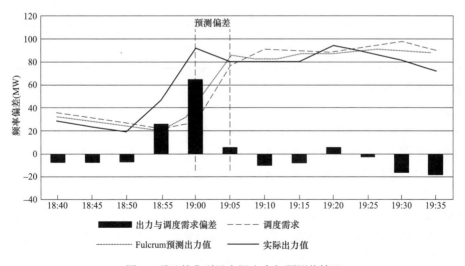

图 2 项目某典型日实际出力与预测值情况

（2）频率指示因子。如图 3 所示，当项目机组出力偏差（黄色部分）与调节调频需求曲线（红色曲线）同向时，表示对电网稳定频率起正面作用，此时 AEMO 定义机组在该调度区

间中的 FI 为正值；当出力偏差与调频需求曲线反向时，AEMO 定义此期间内的 FI 为负值。

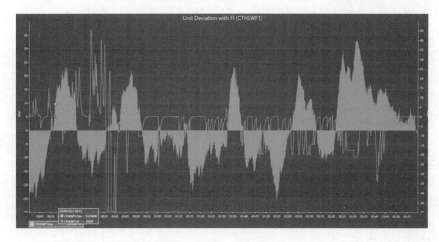

图 3　项目出力偏差与频率指示因子对比

（3）频率偏离量总和。根据项目 2021 年某一周期数据（见表 1）显示，在频率过低偏离量基本维持不变、频率过高偏离量从–0.09 骤降至–0.34 的情况下，MPF 由 1.34 增加到 3.33。

表 1　　　　　　　　　　　　　　　　　　项目频率偏离量总和情况

LNEF	RNEF	FACTOR（sum LNEF&RNEF）	MPF
–0.09	–0.24	–0.33	1.34
–0.10	–0.22	–0.32	1.44
–0.09	–0.21	–0.31	1.79
–0.35	–0.31	–0.70	3.73
–0.31	–0.24	–0.56	4.32
–0.29	–0.26	–0.55	2.89
–0.21	–0.18	–0.38	3.33

4.2　关键变量影响分析

4.2.1　预测出力滞后于实际出力的表现及影响

根据责任方支付系数历史数据，综合分析引起频率过高偏量极低值的时间段下的项目实际运行情况，发现由于启停机或者风速快速切换情况下，风机出力在短时间变化过快，造成计算区间偏离量负值较低；在偏离量负值极低的调度区间，机组实际出力基本比预测出力值要高出 20～60MW。

虽然实际出力曲线与预测出力曲线从趋势上看是一致的，由于 AEMO 是根据每 5min 区间来评估预测、调度及实际出力情况，因此预测出力滞后于实际出力的情况必然导致在同一区间内的出力偏差。出力上升速率对出力偏差的影响如图 4 所示。

4.2.2　机组出力偏差与 AEMO 调频需求同向或反向的影响

虽然预测出力滞后在启停机或风速快速切换时项目出力快速变化的情况下将引起较大的出力偏差，但非所有出力偏差都将造成 AEMO 调节调频负作用。出力偏差的正负作用及作用程度完全取决于 AEMO 对电网整体调节调频的实时需求。只有在项目出力偏差与 AEMO 调频需求形成"反向"的情况下，项目才造成 AEMO 采购调节调频辅助服务费的需求。

但上述情况仍然存在一定概率偏差，即若长时间出现预测出力值滞后且在特定情况下出现较大出力偏差，则在 28 天采样周期内有 2～3 个与 AEMO 调频需求形成"反向"导致偏离量极低值，造成周期内偏离量总和较低，最终造成责任方支付系数较高。

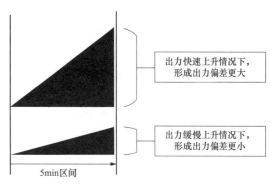

图 4   出力上升速率对出力偏差的影响

4.3   关键变量影响原因判别

4.3.1   预测出力滞后于实际出力的原因判别

通过图 2 可知，项目 Fulcrum 3D 预测值与机组实际出力值相比滞后约 5min，而 AEMO 的 AWEFS 预测系统也普遍存在类似情况。这是由于项目实时监测系统向预测系统传输的实时数据，如项目实际出力情况、可用风机数量等，存在 4～10s 的通信间隔。这种实际和预测发电值的滞后，有可能是由于两组数据的采集、处理和通信仪器，甚至传输通道等出现差异。

4.3.2   电网系统性因素

由于项目所在地塔州与内陆主岛分离，因此当地电网"孤岛效应"使塔州与主岛的贡献值乘数存在较大差异。同时随着新能源装机不断增加，AEMO 对塔州电网调节调频需求也随之增加，机组出力偏差形成反向作用的概率也随之增加。

5   结语

在各国电力市场机制日益成熟的背景下，辅助服务费将成为影响风电等新能源项目经济运营情况良好的重要制约因素。对于在澳大利亚等发达国家运营的风电项目，为进一步降低调节辅助服务费、提高项目运营经济性，建议可从以下方面开展分析研究：

（1）基于辅助服务费关键影响因素的技术性优化。基于辅助服务费中影响责任方支付系数的因素较多，项目应积极组织多部门、跨组织联动沟通，深入研判实际机组出力与预测、调度的偏差原因，分析技术层面相关性，并制定相应技术解决方案。

（2）持续优化改进自动竞价系统及竞价策略。在项目投资阶段，应考虑优化自动竞价系统投入，并积极引入绿证销售渠道；在项目运营阶段，密切关注电力销售价格、辅助服务价格与绿证市场行情，并以此为基础实时动态更新竞价策略的盈亏点设置。

（3）重视电池储能技术布局。储能产品具有平衡价格波动、增强系统稳定性的重要作用，基于电池储能的快速充放电及快速响应调频等技术特点，项目可考量增加储能布局，通过低电价、负电价充电，正电价、高电价放电，实现额外售电收入增长。

参考文献

[1] XIAO S C，YU H Z.，XIN X，DENG P，LI Y，XIN T. Study on evaluation of AGC units to participate in frequency modulation in power market. Applied Mechanics and Materials，2013，368-370：2038-2042.

［2］B Tie，H Lei，W Xu，L Chuang. Study on joint optimization of power market clearing considering operation mode adjustment. 5th Asia Conference on Power and Electrical Engineering，2020，977-982.

［3］D Kaisong，W Bo，Z Dong，Y Yiping. Domestic and foreign power grid peak shaving of the comparison of the auxiliary service mechanism and thinking：The significance of gansu province. china international conference on electricity distribution，2018：1418-1423.

［4］H Zhang，L Zhao，P Peng，N Chen，H Han. Research on the market trading model of ancillary services of diversified flexible ramping. IEEE 3rd International Electrical and Energy Conference，2019：735-740.

［5］SUN Y Z，LI Z S，WU M. The research on the cost compensation mechanism of the electric ancillary service under the new electricity reform. International Conference on Green Energy and Applications，2017：74-79.

［6］SHI Z Y，WANG C X，LE X J，et al. Research on the Technical Economy and Market Mechanism of Electric Heat Storage System Participating in Auxiliary Service. 2nd IEEE Conference on Energy Internet and Energy System Integration（EI2），2018.

［7］杨娟，刘晓君，彭苏颖. 电力辅助服务价格研究［J］. 中国物价，2016（8）：28-32.

［8］AEMO. Guide to ancillary services in the national electricity market，2015-04-15.

作者简介

陈　琛（1982—），男，高级经济师，主要从事电力项目投资、建设及运营管理工作。E-mail：chenchen-djht@powerchina.cn

张慧帅（1993—），男，工程师，主要从事电力项目投资、建设及运营管理工作。E-mail：zhanghuishuai@powerchina.cn

康山金矿泥石流发育特征研究

刘星宇[1] 康 从[2]

（1. 中国地质调查局西安矿产资源调查中心，陕西省西安市 710100;
2. 中国电建集团海外投资有限公司，北京市 100044）

[摘 要]矿业活动带来了一系环境地质问题，其中矿渣型泥石流就是其中一种，本文针对康山金矿区造成潜在泥石流隐患问题进行了深入研究，从构造演化、地形地貌、水源条件、物源条件等方面分析，阐明了该泥石流隐患产生的原因，引用数学计算预估了改泥石流沟发生后的潜在规模。为当地政府在后期治理提供了论证依据。

[关键词]泥石流隐患；构造活动；渣堆；洪峰流量

0 引言

康山金矿位于河南省栾川县白土乡，地处秦岭山脉东段，熊耳山西南部，伏牛山西段北部，属豫西成矿带。地理坐标：东经111°20′30″～111°24′00″，北纬34°03′00″～34°05′30″，已探明有金矿、铅锌矿、铁矿等矿种，其中金矿为主要矿种。康山金矿矿业活动从20世纪60年代发现探查、1979年建矿山以来，开采历史三十余年。矿业活动导致矿渣型泥石流问题极其突出[1-7]，严重影响当地人民群众的生命财产安全，为了治理消除改泥石流隐患，有必要对康山金矿泥石流隐患沟进行详细调查，查明其发育特征以及危害程度。

本文从泥石流形成的三要素——物源、水源、地形地貌为调查内容进行实地调查，从地质构造背景出发，发现马超营断裂多期次构造活动形成了有利于泥石流发生的特殊地形条件，从岩性以及其力学性质研究发现物源主要为矿渣而非坡积物和冲洪积物，从当地气象条件入手发现水源主要为短时强降雨或持续降雨。结合这三要素并引用经验公式对改泥石流隐患沟潜在规模（洪峰流量）进行了详细计算，充分说明该泥石流隐患沟的危害程度，并评估了各泥石流隐患沟易发程度，为当地政府防灾减灾，以及工程治理提供了理论依据。

1 区域地质概况及构造发育历史

1.1 区域地质概况

康山金矿床位于华北陆块南缘华熊台隆熊耳山隆断区，花山—龙脖背斜南翼近东西向马超营区域性断裂带与北东向上宫—星星印断裂带的交汇部位。主要出露岩性有第四系覆盖物、流纹斑岩、安山岩，以及片麻岩。断裂构造主要发育4组：以近东西向、北东向为主，其次为近南北向和北西向。工程地质和水文地质条件属简单型，主要以整体状火山熔岩以及浅层松散孔隙水基岩裂隙水，补给主要为大气降水。

1.2 构造历史背景

马超营断裂在漫长的地史演化过程中，经历了南北向挤压、伸展、重力滑脱以及逆冲推覆等变形变质作用及复杂的岩浆活动和成矿作用。以及喜山期东西向的挤压变形，共计 6 期次的地质作用、7 次构造事件。分别为 D1 嵩阳变形旋回（南北向挤压）、D2 熊耳—栾川变形旋回（南北向伸展）、D3 加里东变形旋回（南北向挤压）、D4 海西—印支变形旋回（南北伸展、重力滑脱）、D5 燕山变形旋回（逆冲推覆构造）、D6 随后局部松弛拉张作用、D7 喜山期构造运动（水平挤压）[8]。

2 康山金矿区泥石流发育条件（定性分析）

2.1 地形条件

因马超营断裂六期次的构造活动（嵩阳发展—中远古形成—后期改造），在强烈而复杂的构造活动过程中形成了有利于形成沟谷型泥石流的地形条件，康山金矿西高东低，相对高差为 670m，沟谷总长度为 8km，物源区平均纵坡降为 170‰，最大纵坡降为 377‰，两头（形成区以及堆积区）呈"喇叭状"，中间（流通区）狭窄，形成了有利于沟谷型泥石流形成的"哑铃状"特殊地形。康山金矿泥石流形态特征图如图 1 所示，

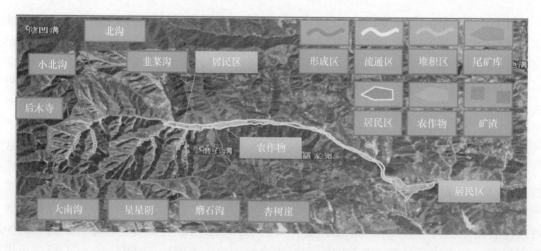

图 1   康山金矿泥石流形态特征图

2.2 物源条件

2.2.1 物源的来源

岩层层面、破碎带软弱结构面以及断裂形成的贯通硬性结构面倾向均与坡面反向，所以不会发生大规模的滑坡不良地质现象，由于出露的坚硬岩体节理面长时间暴露在空气以及雨水冲蚀、冻融等条件下，节理面的胶结物软化或丧失胶结作用，出现落石掉块或局部崩塌等不良地质现象，所以在现场调查过程中发现山坡的风化层较薄，查阅资料发现山顶几乎可见基岩，因此自然物源较少。经过查阅当地资料可知，康山金矿区的工程地质剖面如图 2 所示。

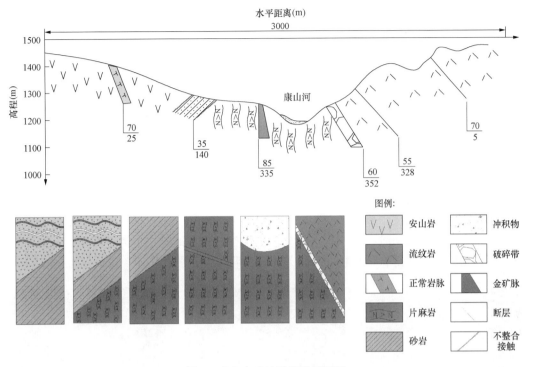

图2 康山金矿地层岩性刨面图

由于康山金矿区矿业活动长时间、无序、粗狂式的开采，造成了大量的废石渣堆沿坡面、沟道随意堆弃以及选矿活动形成的 3 处较大的尾矿库、1 处排土场，造成了大量的矿渣、矿浆物源。这些物源自身稳定性差，有的渣堆堵塞行洪通道。据现场测量统计，共有渣堆 16 处，总计方量 12.05m³，有尾矿库 4 处，矿浆共计方量 430 万 m³，矿渣占比为 2.73%，尾矿库矿浆占比为 97.27%。因此矿渣是泥石流形成的主要的物源。后木寺渣堆统计表见表 1，大南沟渣堆统计表见表 2。

表1   后 木 寺 渣 堆 统 计 表

渣堆编号	方量（万 m³）	左侧山坡坡度（°）	右侧山坡坡度（°）
ZD1	1.2	27	35
ZD2	0.09	26	32
ZD3	0.12	24	32
ZD4	0.07	24	32
ZD5	0.14	22	26
ZD6	0.5	37	53
ZD7	0.05	37	43
ZD8	1.4	26	42
ZD9	2	37	35
ZD10	2.5	40	53
ZD11	1.2	30	50

表 2　　　　　　　　　　　　大 南 沟 渣 堆 统 计 表

渣堆编号	方量（m³）	左侧山坡坡度（°）	右侧山坡坡度（°）
ZD12	0.29	40	45
ZD13	0.4	41	46
ZD14	0.3	20	26
ZD15	0.25	31	35
ZD16	1.54	44	40

2.2.2　矿渣的位置形态

康山金矿区渣堆厚度一般为 2～7m，平均厚度为 4.3m，少数可达 12m，渣堆均不同程度堵塞沟道，有的沿山坡呈阶梯状堆积，部分位于沟谷左侧，部分位于沟谷右侧，密实度差，渣堆顶部颗粒较细，底部颗粒较粗，分选差，棱角明显。如图 3 所示。

图 3　康山金矿渣堆堆放形态示意图

2.2.3　矿渣的级配及渗透性

从物源区选取 13 处渣堆，分别取样做粒径级配曲线。经计算分析可知，C_u 均大于 5，属于级配不良土体，渗透系数大，利于水流通过，所以在强降雨条件下破坏形式以溶移、悬移、跃移、推移[9]为主。尾矿库的渗透系数小，渗透作用强，在强降雨条件下，在渗透力作用下发生失稳，主要以渗透破坏为主。其粒径级配如图 4 所示。

2.3　水源条件

康山金矿区地处洛阳市栾川县，属于暖温带大陆性季风气候，降雨多集中在 7～9 月，年均降水量为 872.6mm。年降水量最高达 1386.6mm，最少为 403.3mm，月最大降水量为179.2mm，24h 最大降水量为 159.2mm，1h 最大降水量为 49mm。充沛的降雨为泥石流的启动提供了水动力条件，尤其是区域内发生过的历史罕见降雨。康山金矿历年降雨量如图 5所示。

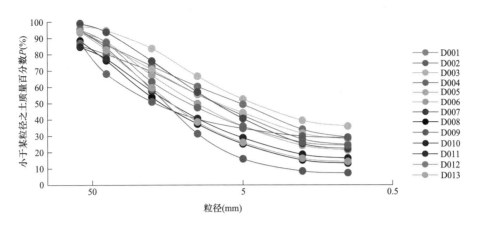

图 4 渣堆粒径级配图

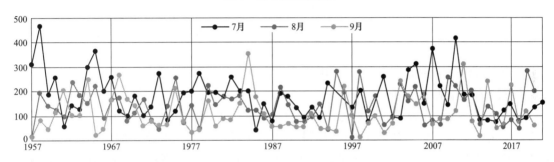

图 5 康山金矿历年降雨量

3 泥石流危害程度分析（定量计算）

3.1 泥石流洪峰流量分析

3.1.1 泥石流容重计算

对与泥石流的可能容重，可按下式计算[10]

$$\gamma_c = \tan J + k_0 \cdot k_r \cdot k_1 \cdot A^{0.11}$$

式中：k_0 为补给系数；γ_c 为泥石流容重；k_r 为岩性系数；k_1 为稀释系数；J 为物源区平均坡度，对于康山金矿取 15.5°；A 为物源区储备方量与汇水面积比。康山金矿泥石流隐患沟物源区汇水面积为 7.94km²，渣堆方量为 430 万 m³。按照文献（3），k_0 取 1，k_1 取 1，k_r 取 0.9，则可计算出康山村泥石流的可能容重为 1.67kN·m³。

3.1.2 泥石流洪峰流量计算

康山金矿的主要诱发条件为短时强降雨，所以降雨引发洪峰流量可按下式计算[11]

$$Q = 0.278\left(\frac{S_P}{\tau^n} - \mu\right)F \tag{1}$$

$$\tau = K_3\left(\frac{L}{\sqrt{I}}\right)^{\alpha_1} （查表 K_3=0.63，\alpha_1=0.15，I=0.083，得 \tau=1.03） \tag{2}$$

$$\mu = K_1(S_P)^{\beta_1} （查表 K_1=1，\beta_1=0.71） \tag{3}$$

式中：Q 为洪峰流量，m³/s；S_P 为雨力，mm/h；n 为暴雨递减指数；μ 为损失参数；τ 为汇流时间；α_1 为汇流参数；I 为主河道平均比降；L 为主河道长度，km；F 为汇流面积，km²；β_1 为指数，查表《损失参数分区和系数指数表》得研究区 β_1=1。计算参数取值见表 3。

表 3　　　　　　　　　　　　计 算 参 数 选 取

参数	取值	参数	取值
S_P（mm/h）	49	F（km²）	21.18
n	1	L（km²）	8.02
μ（mm/h）	15.85	α_1	0.15

经计算可知洪峰流量 Q 为 186.79m³/s；

根据配方法[12-13]泥石流的最大流量计算

$$Q_c = Q\left(1 + \frac{\gamma_c - 1}{\gamma_s - \gamma_c}\right) \tag{4}$$

式中：Q_c 为泥石流流量。经计算 Q_c =306.99m³/s。

3.2　泥石流的发育阶段分析

康山金矿目前还在开采，政府也在积极地采取措施进行治理，当地政府已经转运了很多矿渣，但是目前来说康山金矿还处在开采期，后期还会产生废弃矿渣，因此本文根据 DZ/T 0220—2006《泥石流灾害防治工程勘察规范》中附录 C 泥石流发展阶段来判别，康山金矿泥石流处于发展期。

3.3　泥石流易发性分析

影响泥石流易发型的因素很多，包括植被，纵坡降，构造活动等一系列因素，矿渣型泥石流虽然有其特殊性，但是其产生机理和自然泥石流的本质是相同的，因此本文主要采用判别自然泥石流的判定方法进行易发性分析，并根据《中国地质调查局地质调查技术标准》中表 C.7 泥石流及隐患调查表；表 C.8 泥石流评分参考表对后木寺等支沟进行评价，其易发程度见表 4。

表 4　　　　　　　　　　　　泥石流易发程度评价表

沟谷名称	流域面积（km²）	最高高程（m）	最低高程（m）	沟谷长度（m）	相对高差（m）	纵坡降（‰）	综合评分	易发程度
后木寺	1.08	1580	1235	1434	345	240.59	86	中易发
大南沟	0.72	1589	1235	1410	354	251.06	89	中易发
小北沟	0.50	1576	1203	1338	373	278.77	72	低易发
韭菜沟	0.43	1610	1172	1423	438	307.80	82	中易发
磨石沟	0.19	1494	1176	843	318	377.22	87	中易发
星星阴	1.71	1614	1079	2221	535	240.88	74	低易发
杏树崖	0.84	1411	1053	1424	359	252.11	70	低易发

3.4　泥石流的险情分析

根据走访实地调查可知，康山金矿泥石流隐患沟影响金兴矿部 3 个选矿厂、康山学校，

以及当地常住居民共 1500 人、410 间房屋。因此根据中华人民共和国地质矿产行业标准 DZ/T
0286—2015《地质灾害危险性评估规范》表 2 判定险情级别为大型。

4　治理方案及解决措施

经过以上分析，根据以往泥石流治理经验，主要提出以下治理方案：

（1）修建排水沟，主要在物源区修建排水系统，降低汇流对物源的冲刷，将降雨汇聚的
水及时排导，避免矿渣被冲入沟谷形成泥石流的物源。

（2）在渣堆处修建挡墙，充分利用康山金矿区坚硬致密的岩性条件，利用工程桩+钢筋混
凝土挡墙，进一步提高矿渣堆在降雨条件下的稳定性。

（3）将矿渣资源化利用，由于安山岩、流纹斑岩内部微裂纹较多达不到高级别工程材料
的要求，但可以满足乡村道路铺设下路床的铺设要求。所以建议和乡村振兴结合起来，变废
为宝资源化利用。

（4）将矿渣粉碎，制成工业矿浆，加入玻璃酸钠以及高分子混合物，将其泵送至采矿的
巷道之中，避免形成采空塌陷区对地形地貌的破坏，将矿渣利用起来。

5　结语

（1）因马超营断裂六期次的构造活动（嵩阳发展—中远古形成—后期改造），在强烈而复
杂的构造活动过程中达到了有利于达到沟谷型泥的地形条件。

（2）晶粒细小、坚硬致密的火山熔岩不易风化，岩层倾向和坡面反向，不易形成滑坡等
不良地质现象，因此自然物源较少，难以形成自然泥石流。

（3）矿渣松散，固结差、尾矿库坝体脆弱，极易在暴雨、短时强降雨下失稳汇入沟谷形
成泥石流物源，是康山金矿泥石流形成的主要物源。

（4）尾矿库矿浆是主要物源，废石渣堆次之，坡积土再次之。

（5）康山金矿泥石流隐患沟是矿业活动造成的人为因素引起的矿渣型泥石流隐患，其发
育阶段为发展期，易发程度为中易发，险情级别为大型。

参考文献

[1] 徐友宁，陈华清 ，杨敏，等. 采矿废渣颗粒粒径对矿渣型泥石流起动的控制作用——以小秦岭金矿区
　　为例 [J]. 地质通报 ，2015，34（11）：1993-2000.

[2] 徐友宁，何芳，张江华，等. 矿山泥石流特点及其防灾减灾对策 [J]. 山地学报，2010，28（4）：463-469.

[3] 徐友宁，何芳，陈华清. 西北地区矿山泥石流及分布特征 [J]. 山地学报 ，2007（6）：729-736.

[4] 陈华清. 小秦岭金矿区"7·23"泥石流形成特征及其启示 [C] //中国水土保持学会，台湾中华水土保
　　持学会，中国水土保持学会泥石流滑坡防治专业委员会，第八届海峡两岸山地灾害与环境保育学术研讨
　　会论文集，2011 年 10 月.

[5] 徐友宁，陈华清 ，张江华，等. 小秦岭金矿区 7·23 嵩岔峪泥石流成灾模式及启示 [J]. 地质通报，
　　2015，34（11）：2001-2008.

[6] 徐友宁. 影响小秦岭金矿区矿山泥石流形成的物源特征分析 [C] //中国水土保持学会，台湾中华水土保

持学会，中国水土保持学会泥石流滑坡防治专业委员会．第八届海峡两岸山地灾害与环境保育学术研讨会论文集，2011 年 10 月．

[7] 何芳，徐友宁，乔冈，等．中国矿山地质灾害分布特征 [J]．地质通报，2012，3（Z1）：476-485．

[8] 燕建设，王铭生，杨建朝，等．豫西马超营断裂带的构造演化及其与金等成矿的关系 [J]．中国区域地质，2000（2）：166-171．

[9] Takahashi Tamotsu. Debris flow on pismatic open channel [J]. J. Hyd. Div.，Proc.，Amer. Soc. Civil Engrs.，1980，106（HY3）：381-396．

[10] 中国科学院水利部成都山地灾害与环境研究所．中国泥石流 [M]．北京：商务印书馆，2000．

[11] Institute of Mountain Hazards and Environment，CAS. China debris flow[M]. Beijing：The Commercial Press，2000．

[12] 高东光．桥涵水文 [M]．北京：人民交通出版社，2005．

[13] 常士骠，张苏民．工程地质手册（第四版）[M]．北京：中国建筑工业出版社，2007．

作者简介

刘星宇，主要从事地质灾害方面研究。E-mail：1538311361@qq.com

关于实现小型弃渣场自然防护技术路线的设想

张雪杨[1]　江泊洧[2]　张竞文[3]

（1. 长江勘测规划设计研究有限责任公司，湖北省武汉市　430010；
2. 长江水利委员会长江科学院水利部岩土力学与工程重点实验室，湖北省武汉市　430010；
3. 水利部建设管理与质量安全中心，北京市　100038）

[摘　要] 在水土保持中，通常采用截排水措施、拦挡措施、边坡支护等砌筑类工程措施，对弃渣场进行永久防护。因建设而生的大量小型弃渣场及其防护设施不仅占用大量土地，且对自然环境构成诸多不良影响。本文根据多数低缓丘陵能够自发且有效地防治水土流失的现象，结合地貌重构及土壤健康的思想，将土壤视作一种防护材料，思考如何通过重构局部地貌、恢复植被、恢复并强化土壤的抗侵蚀能力等措施，实现小型弃渣场的自然防护。

[关键词] 土壤防护材料化；地貌重构；土壤健康；土壤抗侵蚀能力；自然防护

0　引言

施工作业会破坏土体原有的物理结构，损害地表植被，使表土层丧失抗侵蚀能力，引起水土流失。通常，设计与施工单位均考虑在弃土堆外布设大量的构筑物来恢复弃土堆的应力体系。但是，相当多的天然低缓土石混合体（低缓丘陵）中不存在显著的水土流失。该现象证明低矮丘陵自身足以有效防治水土流失。因此可假设：是否可以通过复制上述现象，实现人工土体（弃土堆）的自然防护。

本文将土壤视作一种防护材料（即"土壤防护材料化"，下同），思考在项目区生态恢复的过程中，如何通过重构局部地貌、恢复植被、恢复并强化土壤的抗侵蚀能力等措施，使小型弃渣场与自然环境尽可能地融为有机整体，实现小型弃渣场的自然防护[1-2]。

1　工程建设对土壤及水土流失的影响

1.1　土方作业引发土壤变化

通常，土方作业会破坏原有土体物理结构，损害土层中的生物，妨碍固氮、有机质分解等过程，使立地条件（包括生产力、土壤质地和土层结构）恶化，改变土壤的多种特性。其中，水土流失主要与如下特性有关：①土壤质地及 R 值，土层结构；②土壤生产力，土壤生态群落；③土壤物理结构及应力体系；④土壤团聚体、水稳性及黏聚性；⑤土壤堆置坡度、压实程度；⑥抗侵蚀能力（防径流冲刷、防暴雨溅蚀）；⑦植被恢复的难易程度；⑧植物根系的加筋作用、特定植物的黏聚作用等。

因此，如能依靠保护土壤来保存上述特性，或通过立地条件改良、植被恢复等方法恢复上述特性，将对治理水土流失起到重要作用。

1.2 传统的水土保持防治措施体系

1.2.1 与土壤保护或立地条件改良的关系

通常，如下措施能产生一定的土壤保护或立地条件改良效益：

（1）工程措施：①以保护土壤或表土为目标的土地整治、表土剥离及回覆等措施，表土剥离及回覆量与植被恢复的情况密切相关，常因表土数量不足而造成植被恢复困难，进而加重水土流失；②以改良立地条件为目标的表土培肥（对原有熟土使用）或土壤熟化（对原有生土使用）、土层结构改良和土壤质地改良等措施，其本质是人为构造和培育土壤，以便恢复土壤生产力、物理结构及性质。有效的立地条件改良可以构建有利于防治水土流失的土层结构及土壤质地，恢复土壤的生产力及生态功能，增加土壤团聚体数量[3-4]。

（2）临时措施：以保护表土为目标的临时截排水、临时拦挡、临时绿化和临时苫盖等措施，均布设在表土堆存场内。上述措施可使表土维持较好的农化特性，有利于恢复植被及土壤抗侵蚀能力。

综上所述，传统的水土保持防治措施体系与土壤保护或立地条件改良之间存在紧密联系。然而，由于多数从业者主要关注土壤的力学特性，对土壤的化学及生物特性缺乏必要的认识。实际施工中，对表土剥离厚度等参数往往根据工程量倒推，或采用经验数值，鲜有考虑土壤生产力及土壤生物生境等问题的案例。因此，在生态恶劣地区，植被恢复的效果往往不佳，且水土流失严重[5-6]。

1.2.2 传统的弃渣场防护措施体系

传统的弃渣场防护措施如下，如图 1 所示。

（1）工程措施：包括永久截排水、永久拦挡和边坡防护等措施，必须在堆渣开始后，于弃渣场内布设上述措施。

目前，存在两个设想：①多数的天然低缓丘陵（相对高度<200m 且坡度<25°）上未布置上述措施，但是仍能自发地、有效地控制水土流失，其机理是什么？能否人为复制这种机理？②传统的工程措施主要依靠在弃渣堆外布设砌筑类构筑物即通过外力进行防护，是否能仅采用少量工程措施、主要通过恢复土壤的抗侵蚀能力即通过内力对弃土堆进行防护？

（2）植物措施：包括植被恢复、幼林抚育和管护等措施，主要是在植被恢复期时布设于弃渣场的顶面和坡面处，用于治理施工结束后可能发生的水土流失。根据工程实践经验可知，植被恢复方案应与立地条件改良措施及肥力管理方案（重点是测土配方施肥作业体系）同步设计[7-8]。

（3）临时措施：通常采用临时苫盖措施，即主要是在施工期内，将苫盖物布设于弃渣场的顶面和坡面，用于防治施工期内的水土流失。

综上所述，传统的弃渣场防护措施体系主要依靠砌筑类构筑物来进行防护。对与低缓丘陵相似的小型弃渣场（堆渣量≤50 万 m³、最大堆高≤20m 的 V 级弃渣场，或最大堆高≤20m 的 IV 级弃渣场），能否通过植物措施、临时措施和以恢复土壤抗侵蚀能力为目标的少量工程措施，基本不采用传统的砌筑类构筑物，但是仍能产生有效的永久防护呢？在下文中，将根据此设想开展讨论。

2 自然防护

自然防护的主要构思如图 2 所示。

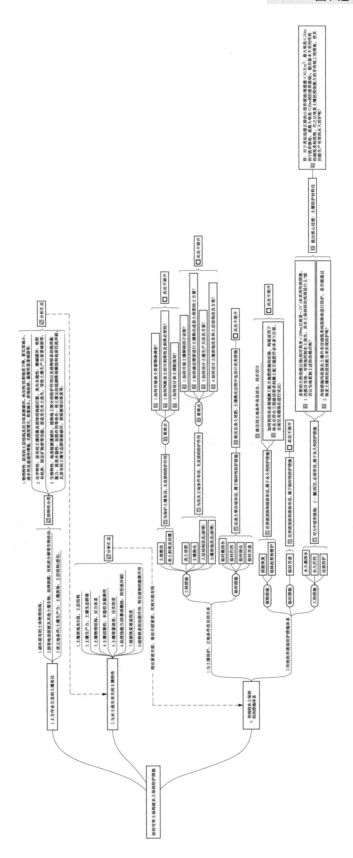

图 1 弃渣场水土保持防护措施基本体系汇总及分析

607

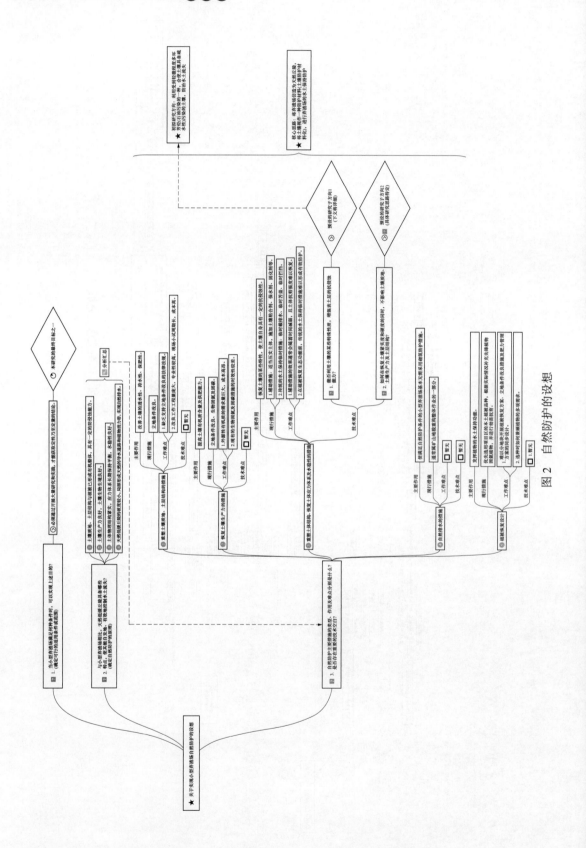

图 2 自然防护的设想

2.1 适用范围

目前,自然防护的有效适用范围需待研究后确定,本文暂不讨论。

2.2 防护原理

与小型弃渣场相比,天然低缓丘陵具备如下特点,有助于其自发地、有效地控制水土流失:①土壤质地、土层结构与植被已形成有机整体,产生植物加筋、附加黏聚力和分泌促团聚体有机物等作用,防侵蚀能力强;②土壤生产力良好,土壤生物生境良好;③土体物理结构紧实,应力体系长期保持平衡,水稳性良好;④天然低缓丘陵的坡度较小,局部形成天然的导水通路和植物消力带,实现自然排水[3, 6]。

2.3 主要措施类型

与土壤材料化有关的自然防护主要措施包括以下五种。

2.3.1 重塑土壤质地、土层结构的措施

主要作用是改善土壤的透水性、持水性、保肥性。当前的主流措施是立地条件改良。

2.3.2 恢复土壤生产力的措施

主要作用是提高土壤有机质含量及生产力。当前的主流措施是施加外源性有机质、生物固氮(例如栽植豆科类作物)及固碳(即恢复植被)[3]。

2.3.3 重塑土体结构、恢复土体应力体系及水稳性的措施

主要作用是恢复土壤的某些特性,使土壤自身具有一定的抗侵蚀性。当前的主流措施包括:①辅助措施:适当压实土体,施加土壤黏合剂、保水剂(PAM 或硅酸盐胶结剂)、固化剂等;②传统的水土保持临时措施:临时截排水、临时苫盖、临时拦挡[1]。

2.3.4 自然排水的措施

主要作用是使满足自然防护条件的小型弃渣场基本无须采用砌筑防护措施。目前,该类措施通常属矿山地貌重构整体作业的一部分,未成为独立措施。

2.3.5 植被恢复

主要作用是发挥植物的水土保持功能,具体包括加筋、附加黏聚力、分泌促团聚体物质、防溅蚀、防径流冲刷、固氮和固碳等作用或能力(其中,固氮能力、附加黏聚力等特性为少数植物特有)。目前的主流做法是优先选用项目区本土植被品种,根据实际情况决定是否补充先锋植物和固氮植物,并进行幼苗抚育[1, 3, 4]。

3 将弃渣场仿造为天然丘陵

将弃渣场仿造为天然丘陵与矿区固体污染废弃物重构类似,主要依靠以下措施,如图 3 所示。

(1)构筑仿天然丘陵的坡面和精准的植被恢复,目标是利用土壤堆置坡度、土体强度和植被,在弃土堆表面构筑天然的排水系统;

(2)立地条件改良,目标是恢复土壤的生产力及抗侵蚀能力,国内目前尚无标准操作模式,因此还需要长期的研究;

(3)传统临时措施,例如临时截排水、拦挡及苫盖等措施,目标是在施工期间防治水土流失;

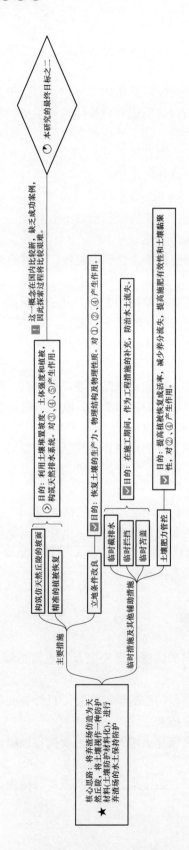

图 3　将弃渣场仿造为天然丘陵的思路

（4）土壤肥力管控措施，目标是提高植被恢复成活率，减少养分流失，提高施肥有效性和土壤黏聚性，上述措施需在项目区事先开展现场小试，以便确定实际的设计方案及工程量[3, 4, 7]。

4 土壤防护材料化的设想

4.1 利用受到轻微程度多环芳烃污染的土壤防治水土流失

在天津、以色列等缺水地区，农林部门会将已初步去污、仅含微量有机污染物的废水与未受污染的洁净水进行混合，用于农林业灌溉，即污水灌溉；但是，长期的污水灌溉会在土壤中积累较多的多环芳烃类污染，使土壤具备一定的疏水性[9-11]。该特性既能阻碍地表水下渗、抑制土壤水蒸发，即增强表土层抗溅蚀与径流冲刷的能力；又能在土壤内部形成优先流，加速局部区域的渗流，加重水土流失[9, 11]。目前，暂时无法定性或定量描述土壤疏水性与水土流失间的关联，但是，通过理论分析可知，适当的疏水性不会影响土壤正常生态功能和土壤生物生境，且能显著增强土壤抵抗雨滴冲击和径流冲刷的能力，减少水土流失[12-14]。

目前，对于"如何利用土壤疏水性进行水土流失防治"尚无可借鉴案例，因此暂定如下的两种研究思路，如图4所示：①将受污染的土壤充当保护层，直接按预设的厚度回覆至指定区域的表土层上方；②将受污染的土壤与未受污染的土壤按比例经充分混合后，按预设的厚度回覆至指定区域的表土层上方。建议同步开展两种思路的研究，根据实验结果及其过程中的反馈，继续研究较优思路。

如果上述设想能够成功，根据目前"对遭受轻度污染的土壤优先考虑采用风险管控措施"的土壤污染治理及管控的方针，可将大量遭受轻微程度多环芳烃污染的土壤用于防治水土流失。这样既可以有效管控轻微程度的污染物，又可以治理水土流失，同时还能使轻微程度污染物缓慢降解[15-16]。

4.2 利用天然超疏水性物质防治水土流失

荷叶与水稻叶等是自然界中具有超疏水性的物质，而且来源广泛，售价便宜。因此，可考虑直接利用上述物质防治水土流失[17-18]。利用天然超疏水性物质进行防治水土流失的思路如图5所示。

4.3 利用生物结皮防治水土流失

土壤结皮分为物理结皮和生物结皮两种（如图6～图9所示）[19]。其中，生物结皮广泛分布在高山地区和较湿润地区早期演替阶段的植被类型中，以藻类、地衣、菌类、苔藓等隐花植物为主而形成，对土壤的固定、保水、增肥、近地面层热状况、地表径流形成过程及全球气候变化都有重要作用[19-21]。综上，生物结皮对于生态恢复及防治水土流失均能起到一定的正向作用，故可以考虑使用生物结皮防治水土流失[22]。

研究思路如下：采用人工降雨模拟试验，测定实验组（设置不同的结皮厚度及结皮分布密度）和对照组（表土层上方无结皮）的土壤流失量，分析、总结土壤结皮对防治水土流失的效益及其规律，据此设计通过在表土层增殖生物结皮或促进物理结皮形成的方法，增强土壤抗侵蚀能力，以此治理水土流失。

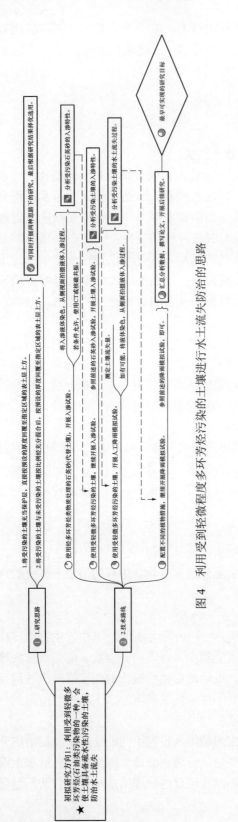

图 4 利用受到轻微程度多环芳烃污染的土壤进行水土流失防治的思路

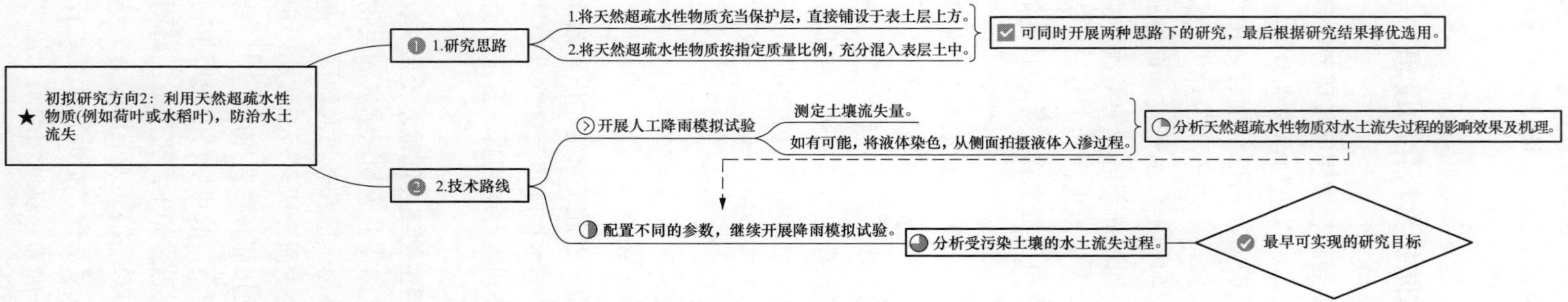

图 5 利用天然超疏水性生物质进行防治水土流失的思路

图 6 物理结皮（正面）

图 7 物理结皮（反面）

图 8 生物结皮（正面）

图 9 生物结皮（反面）

5 结语

弃渣场的大量布设将不可避免地对沿线环境造成较大的负面影响。为尽可能地消除上述影响，我们借鉴天然丘陵的水土保持防治效果，参考地貌重构及土壤健康的思想，提出在小型弃渣场尝试自然防护的思路，希望以较少的工程量防治水土流失，同时产生较大的生态效益。本文可为如何解决小型弃渣场的生态修复难题提供参考。

参考文献

[1] 刘冠军. 水利水电工程弃渣综合利用方式研究 [J]. 中国水土保持，2013（6）：62-64.

[2] 张飞. 基于复合材料理论的土壤——根系力学研究 [J]. 铜业工程，2013（1）：47-50.

[3] 胡振琪，魏忠义，秦萍. 矿山复垦土壤重构的概念与方法 [J]. 土壤，2015（1）：8-12.

[4] 姬晓飞，李广亮，王振辉. 露天矿山生态重构综合治理技术探析 [J]. 内蒙古煤炭经济，2021（1）：9-11.

[5] 付红祥，赵娅如，杨成参，等. 土壤掺灰对边坡防护植物幼苗生长的影响 [J]. 黑龙江农业科学，2021（3）：34-37.

[6] 何金军，魏江生，左合君，等. 集宁—二连浩特铁路干线防护林土壤的理化特性 [J]. 环境科学研究，2008，21（4）：151-156.

[7] 吴世发. 大型矿山生态修复与重构的现状和发展方向 [J]. 经营管理者，2009（6）：48.

[8] 刘宝勇. 露天矿排土场复垦中土壤改良及植被恢复的试验研究 [D]. 辽宁：辽宁工程技术大学，2004.

[9] 赵利坤，秦纪洪，孙辉. 土壤疏水性研究进展 [J]. 世界科技研究与发展，2011，33（1）：58-64，102.

[10] 刘慧. 疏水性对土壤水分特征曲线的影响机制研究 [D]. 北京：中国农业大学，2011.

[11] 王秋玲，施凡欣，刘志鹏，等. 土壤斥水性影响土壤水分运动研究进展 [J]. 农业工程学报，2017，33（24）：96-103.

[12] 陈俊英，张智韬，LEIONID GILLERMAN，等. 影响土壤斥水性的污灌水质主成分分析 [J]. 排灌机械工程学报，2013，31（5）：434-439.

[13] Bayad，M.，Chau，H. W.，Trolove，S.，et al. The Relationship between Soil Moisture and Soil [J].Water Repellency Persistence in Hydrophobic Soils. Water，12（9），2322.

[14] Clément Trellu，Emmanuel Mousset，Yoan Pechaud，et al. Removal of hydrophobic organic pollutants from soil washing/flushing solutions：A critical review[J]. Journal of Hazardous Materials，2016（306）：149-174.

[15] 王艳莹. 对于风险管控背景下的土壤污染防治研究 [J]. 科学与信息化，2021（11）：192，195.

[16] 李云祯，董蓉，刘姝媛，等. 基于风险管控思路的土壤污染防治研究与展望 [J]. 生态环境学报，2017，26（6）：1075-1084.

[17] 刘迪，吴国民，孔振武. 疏水性自清洁涂料的研究进展 [J]. 涂料工业，2015，45（10）：82-87.

[18] 朱定一，乔卫，王连登. 仿荷叶微凹凸表面的疏水机理与判据[J]. 科学通报，2010，55（16）：1595-1599.

[19] 卜崇峰，蔡强国，张兴昌，等. 土壤结皮的发育特征及其生态功能研究述评 [J]. 地理科学进展，2008，27（2）：26-31.

[20] 卜崇峰，石长春，蔡强国. 土壤结皮几种分析测算指标的应用评价 [J]. 水土保持学报，2009，23（2）：240-243.

[21] 叶菁，卜崇峰，杨永胜，等. 翻耙干扰下生物结皮对水分入渗及土壤侵蚀的影响 [J]. 水土保持学报，2015，29（3）：22-26.

[22] 张侃侃，卜崇峰，高国雄. 黄土高原生物结皮对土壤水分入渗的影响 [J]. 干旱区研究，2011，28（5）：808-812.

作者简介

张雪杨（1991—），男，工程师，主要从事土壤化学、土壤水动力学、水土保持方向的科研及设计工作。E-mail：376041038@qq.com

江洎洧（1984—），男，高级工程师，主要从事水利水电工程地质勘查、地质灾害防治与评估工作。E-mail：173510945@qq.com

电力建设工程现场土建试验检测管理工作新模式研究

张志东

（中国能源建设集团山西电力建设有限公司，山西省太原市　030006）

[摘　要]本文结合作者参与多个火力发电工程和输变电工程现场型土建试验室管理工作的丰富经验，阐述了传统的管理模式在质量管理工作中存在的弊端，新的管理模式从理念的超前性、工作的先进性、做法的多样性、效果的显著性等方面说明了在现场型土建试验室开展检验检测工作对质量管控的重要性和有效性，为现场型试验室如何更好、更精准地服务工程质量提供了新的管理模式。

[关键词]管理理念；先进性；具体做法；取得效果；主动检测

0　引言

在传统的现场型土建试验室管理中开展试验检测工作存在很大的被动性，在合同方面与施工单位签订，做不到真正的公平和公正；在服务内容方面只是单纯地接收试样且仅对来样负责，没有真正发挥现场型试验室的作用；在服务形式方面只是通过仪器设备开展检测工作，没有更多地将专业知识用到现场的管理工作中，为现场提供更多的技术服务；在信息反馈方面只是简单地提交检测报告，检测过程中发现的问题未能及时、准确地反馈给管理单位。在试验检测管理工作中时常出现送检样品不规范、不及时，存在少检、漏检的情况，检测结果反馈不畅通、不及时，检测资料缺失严重等情况，造成试验检测和现场质量控制两张皮，没能将试验检测工作很好地融入施工质量控制过程当中，为工程质量埋下了诸多隐患。"主动检测"管理模式改变了传统试验管理的习惯，为工程建建设单位提供了一种全新的管理方式，也为工程内在实体质量提供更可靠的保证。

1　管理理念

建筑工程试验检测工作是工程建设过程中质量控制的重要手段，其对于提升工程质量，确保工程安全，加快施工进度，降低工程造价起着非常重要的作用。"主动检测"工作模式能够充分激发检测试验机构的专业优势，改变以往"被动检测"的工作模式，充分发挥检测试验机构的主观能动性，将检测试验工作与施工过程有效地结合起来。把以服务为主的"主动检测"工作模式用到现场型土建试验室管理工作中，能够将质量控制前移，使质量问题发现在最前端。确保检测试件制样的规范性、留置数量的符合性，实现检测项目的不缺项、不漏项，检测参数的不盲检、不漏检，最终达到有效控制工程实体质量的目的。

2 管理的先进性

"主动检测"管理模式的先进性主要体现以下五个方面。

2.1 合同关系的改变

合同关系将以往普遍的与施工单位签订检测试验合同，改变为与建设单位签订检测试验合同，服务主体由施工单位改变为建设单位，能够杜绝检测单位与其他参建单位存在的隶属及经济利益关系，从根源上解决了外部经济、财务压力对检测试验工作干扰的问题，在检测试验工作过程中能够更加客观、公正、真实地反映工程的实体质量。

2.2 服务内容的改变

现场检测服务内容进行了进一步的拓展延伸。从单纯的"你送样、我检测"拓展延伸到为参建各方提供技术培训、咨询、提示、答疑等全过程、全方位的技术服务。从"只对来样负责"到协助检测试验计划的编制，以及对原材料的进场、保管、取样送检、发放跟踪和样品试件的制作、送检进行全过程检查、指导，从技术措施上能够保证检测试验工作的规范性，同时为工程参建各方提供有力的技术支持。

2.3 服务形式的改变

检测单位由单纯的检验试验，拓宽到深入施工现场一线，开展现场巡查、提供技术服务，将检验检测工作与施工过程有效地结合起来，为工程原材料及样品试件制作的规范性、及时性提供全方位的技术支持，将质量控制前移，把质量问题发现在最前端，做到及时发现问题、及时纠偏，并且做到对现场检验检测工作心中有数。

2.4 信息反馈流程的改变

检测单位从以往仅仅反馈检测试验结果，转变为现场检测试验工作开展过程中及时对检测试验结果整理汇总，在过程跟踪检查服务的同时，对风险性提示提前告知，对检测项目应检未检、应检漏检，将样品试件制作不规范、送检不及时等问题及时上报建设单位和监理单位，为工程过程质量控制提供坚强保证。

2.5 检测结果提交的改变

由单纯地向施工单位提交检测试验报告，转变为发现不合格品时及时上报建设单位和监理单位，并协助对不合格品的跟踪处理，有助于问题解决更加及时、问题处理更加到位，杜绝不合格品用到工程当中，为建设单位及工程项目提供更加公开、公正、透明的检测服务。

3 工作具体做法

3.1 编制检测计划

在工程施工前，施工单位应根据施工图纸和施工计划编制《试验检测计划》，因相关标准没有明确具体的格式和内容，导致施工单位编制的《试验检测计划》格式不统一、内容偏差大，操作起来难度比较大，甚至无法指导现场的取样工作。通过开展主动检测，充分发挥检测单位的专业知识，由检测单位编制统一的《试验检测计划模板》，协助施工单位按统一的要求，采用统一的表式编制各自所承揽项目的《试验检测计划》，主动对施工单位编制《试验检测计划》进行指导，同时对编制内容做好交底工作，及时解答参加交底人员提出的疑问。检测单位现场负责人应积极与施工单位进行联系，掌握《试验检测计划》编制情况及存在问题，并参与对编制完成的《试验检测计划》进行核查。通过检测单位主动参与到编制检测计划的工作中，能够使《试验检测计划》操作起来更有指导性，更有效地指导试验检测工作的开展，做到检测项目的不缺项、不漏项，避免少检、漏检，为工程质量的过程控制奠定扎实的基础工作。

3.2 开展检测培训

检测样品试件的规范性和代表性直接关系到工程的内在质量，见证及取样人员是否具备试验检测取样的相关知识对试件的规范性和代表性起着至关重要的作用。在取样人员进行取样送样的过程中，时常出现取样不规范导致无法检测的情况，所取样品没有代表性不能真实反映工程的内在质量，尤其在混凝土试块制作中因取样和制样的不规范，出现与工程实体质量严重不符的情况，导致无法判定工程实体的真实质量。为从源头解决试样的规范性和代表性，对见证及取样员进行培训就非常有必要。检测单位可通过理论培训和实践操作相结合的方式进行培训。理论方面的培训课重点从以下几方面开展：钢筋原材、混凝土材料、砌体材料、砌筑材料及水泥基灌浆料等原材料检验批的划分、组批规则，以及样品的规格、数量、样品状态等；钢筋焊接、机械连接等试件的检验批的划分、组批规则，以及取样数量、规格、样品状态等要求；混凝土、砂浆等试块的制作方法、试块代表种类及取样数量，特别是混凝土同条件养护试块的养护方法；回填土的取样方法、取样数量等；特殊检验项目的取样规则、取样数量及检测参数等。实践操作培训重点从混凝土、砂浆试件的制作方法和混凝土拌和物坍落度检测方法等方面进行培训。通过检测单位组织见证及取样人员开展培训，能够将检测专业知识传达给一线实际操作人员，真正做到从源头把好工程质量关。

3.3 深入现场巡查

为使检验检测工作做到过程控制，同时对施工过程检验检测工作做到可控在控，检测单位的检测人员应主动深入现场开展巡查工作，并能够及时掌握现场的施工动态。针对工程规模大、试验工作量较多的项目，检测单位应对检测人员分工进行分区管理，现场巡查人员应熟悉现场的工作内容和工作环境，并熟练掌握检验检测相关标准规范。检测人员应做好与所辖区域取样人员和见证人员的沟通和联系，应对所辖区域的原材料存放场地和施工标段做到心中有数，检测人员应每天对所辖区域进行现场巡查，及时掌握施工单位的原材料进场情况、工程实体的进展情况和试件的取样留置情况，并做好《巡查记录表》。在巡查过程中发现问题应及时与监理单位和施工单位联系，必要时报项目负责人，确保试件的有效性。对工程实体的现场巡查，应重点对混凝土框架梁、板底模拆除工程的混凝土同条件试块的留置和检测情况进行跟踪检测。对存在烟囱、间冷塔等翻模施工的工程，应重点做好跟踪监控。检测人员应每天跟踪回填土的施工进展情况，做到及时检测，并做好检测记录。检测人员在现场开展巡查工作过程中，应做到实事求是、客观公正，杜绝弄虚作假、隐瞒谎报。对现场巡查发现并需要整改的问题应通过工程联系单的形式报送相关责任单位和管理单位。通过开展现场巡查工作，能够将检验检测工作与施工过程有效地结合起来，做到及时发现问题、及时解决问题，真正做到质量的过程控制。

3.4 事前工作提示

工程质量的控制重在事前预防，尤其是试验检测工作，做好事前工作提示，对工程质量的控制能起到事半功倍的作用。工程项目应充分发挥检测单位的专业优势，做好重点部位、关键环节试验检测工作所需的事前工作提示。电力工程一般都会经历冬期、雨期和高温等特殊环境的施工过程，存在烟囱、间冷塔等工程的特殊施工工艺，设计有大体积混凝土、抗冻和抗渗等耐久性混凝土工程，为保证特殊环境下施工和特殊施工工艺的工程质量，确保特殊的检测项目做到不缺项、不漏项，检测单位应从检测专业的角度出发，及时向各参建单位做好事前工作提示。由于标准不断更新，现场时有使用作废标准指导施工的情况，为避免使用作废标准给工程带来风险，做到更新标准及时提醒很有必要。检测单位会通过标准查新系统定期进行标准查新，及时掌握标准的更新情况，检测单位可向各参建单位做好标准更新的及时提醒，必要的情况下可对新标准进行宣贯和讲解。做好事前工作提示，有助于做到工程质量控制的心中有底。

3.5 协助监督管理

当前，商品混凝土因其自身优势而被广泛使用，但也因各种因素导致其在使用过程中存在各种各样的问题。在混凝土工程施工过程中，商品混凝土搅拌站应被纳入施工过程的监督管理当中，检测单位应协同建设单位和监理单位定期对商品混凝土搅拌站进行巡查，对工程中用到的原材料进行随机抽检，对重点部位用到的混凝土配合比进行必要的验证；在浇筑混凝土过程中对混凝土配合比执行情况进行跟踪检查，确保从源头做好混凝土的质量控制工作。

3.6 参与现场管理

"主动检测"管理模式就是要将检验检测工作跟现场的施工过程紧紧地融合起来，这就需要检测单位参与到施工的管理过程当中，尤其是混凝土和回填土工程的施工更应该有检测单位的过程参与，做好质量的过程控制。对于混凝土工程，检测单位应对现场混凝土浇筑过程进行巡查，重点巡查混凝土拌和物的性能是否满足施工要求，施工单位取样人员是否按规范留置了试块，同条件试块存放位置是否适当，是否对混凝土坍落度进行了抽测。对进场之后的商品混凝土，检测人员还应重点查看发货单的信息是否与浇筑部位、强度等级相对应，查看混凝土和易性是否满足配合比设计和施工要求，必要时对坍落度进行检测，对不满足要求的混凝土要求商品混凝土搅拌站的技术负责人进行调整。对于重要部位，检测单位还应及时取样留置试块，做好混凝土强度的过程监测工作和施工单位留置试块的比对工作，做到对混凝土质量心中有底。对于回填土工程，检测单位应在回填土工程开展之前，及时提醒提前委托击实试验；回填过程中，查看回填原料是否满足要求；基坑回填之前是否将虚土及建筑垃圾进行了清理；灰土比例、级配碎石或砂石级配是否满足设计要求；素土、灰土的含水率控制是否适宜；压实机具与分层厚度是否与方案一致；接茬处是否设置成阶梯形。只有检测单位真正参与到施工过程管理当中，对发现的问题进行及时纠偏，把问题消除在萌芽中，才能做好质量的过程控制工作。

4 工作取得效果

通过开展"主动检测"工作，不仅有助于促进工程质量的控制工作，同时还有助于工程项目管理的提升，主要表现在：①通过对《试验检测计划模板》的制定，编制过程中的指导、交底、答疑，编制的《试验检测计划》对取样工作更有指导性，做到了检测项目和取样数量的不缺不漏，能够更加真实全面地反映工程实体质量。②通过开展培训工作，使得工程技术人员对检验检测工作的了解更加深入，认识更加深刻，充分认识到检验检测工作过程控制的重要性，是控制工程实体质量至关重要的一环。③通过开展现场巡查工作，做到质量控制工作的前移，把质量问题发现在最前端，将问题消除在萌芽中，使工程实体质量得到了保证。④通过事前工作提示，做到检验检测工作的预判性和针对性，对消除和化解可能存在的风险性事项做到心中有底、有的放矢。⑤通过参与对商品混凝土站的监督管理，做到了从源头把好混凝土的质量关，实现了商品混凝土的全过程质量管理，进一步确保了混凝土工程的实体质量。⑥通过参与现场管理，进一步弥补了委托方在试验检测工作中技术力量薄弱的缺点，加大了现场质量管控力度，促进了工程质量水平的提升。⑦通过开展"主动检测"，进一步提高了分项工程验收的一次合格率，大大降低和杜绝了返工及后期的消缺工作，间接地节约了工程成本。⑧通过开展主动检测，使得工程实体质量得到进一步提高，检验检测资料得到进一步规范。

5　结语

"主动检测"管理模式改变了以往工程项目的试验检测管理习惯，为工程建设单位提供了更好的管理方式，能为工程内在实体质量提供更可靠的保证，作为一种全新的先进管理模式将成为试验检测管理工作的发展趋势。

作者简介

张志东（1979—），男，高级工程师，主要从事电力建设工程试验检测技术管理工作。E-mail：495751616@qq.com

澳大利亚自由竞价电力市场辅助服务规律探索

陈 琛 葛 睿

（中国电建集团海外投资有限公司，北京市　100048）

[摘　要]澳大利亚电力辅助服务市场是当地自由竞价电力市场的重要组成部分，是电力系统安全稳定运行的重要保障。本文通过总结中国电建集团海外投资有限公司（以下简称"海投公司"）在澳投资某风电项目（以下简称"项目"）运营过程中辅助服务费用支出情况，分析提炼发达国家电力辅助服务市场运行规律。

[关键词]辅助服务费用；调频辅助服务；电力市场；澳大利亚

0　引言

海投公司在澳投资的某风电项目电费结算单中，辅助服务费用（Ancillary Services）支出约占电费收入总额五分之一。为实现项目既定风资源条件下发电收益最大化，减少辅助费用支出，完成高质量精益运营目标，对澳电力市场辅助服务费分类、产生原理以及如何降低此项费用进行探索分析。

1　辅助服务定义、分类以及调频辅助服务

电力市场辅助服务是指为维持电力系统安全稳定运行、恢复系统安全和保证电能供应，满足系统电压、频率、质量等要求所需的一系列服务；其通常由发电厂、电网企业提供，可以视为一类独立电力产品。

1.1　辅助服务类型

澳电力市场运营中心（AEMO）使用辅助服务调控电力系统关键技术指标。其提供的辅助服务分为以下三类：

（1）调频辅助服务（FCAS）；

（2）网络支持辅助服务（NSCAS）；

（3）黑启动辅助服务（SRAS）。

在澳国家电力市场（NEM）中，对调频辅助服务进行市场化招投标交易，因此调频辅助服务属于市场化辅助服务；网络支持辅助服务和黑启动辅助服务均通过签订长期协议进行交易，属于非市场化辅助服务。澳电力市场辅助服务分类如图1所示。

其中，网络支持辅助服务分为三类：

（1）电压控制辅助服务（VCAS）；

（2）网络负荷控制辅助服务（NLCAS）；

（3）暂态和振荡稳定性辅助服务（TOSAS）。

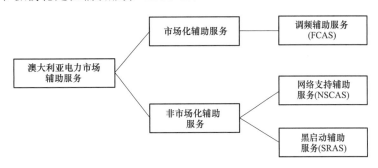

图 1 澳电力市场辅助服务分类

AEMO 通过电压控制辅助服务将电网电压控制在规定的范围内；使用网络负荷控制辅助服务来控制短期内连接器间的电流量，使之在物理极限以内；当系统因短路或设备故障导致电流中出现瞬态"尖峰"时，使用暂态和振荡稳定性辅助服务控制并快速调节网络电压，以增加电网转动惯量或快速增减电网负载。

黑启动辅助服务是指意外情况下，电网面临局部或者彻底停电，此时支持电网重启的服务[1]。

项目辅助服务费用主要来自调频辅助服务，本文着重介绍调频辅助服务市场。

1.2 调频辅助服务市场运行原理与分类

在澳电力市场架构中，AEMO 同时负责运行实时电力市场和调频辅助服务市场，其利用实时电力市场保障电网发用电实时平衡，利用调频辅助服务使电力系统频率维持在 50Hz 附近的正常运行范围内。

调频辅助服务分为应急调频（Contingency）和调节调频（Regulation）两大类：

应急调频是指对主要应急事件（如发电机组/主要工业负载或大型输电设备损失）引起的发电/需求偏差进行校正；应急调频需要在应急事件发生后 5min 内，将电网频率恢复到正常范围。

调节调频是指通过调节发电侧或用电侧微小偏差来维持电网中发用电平衡；调节调频将电网频率维持在 49.85~50.15Hz。

调频辅助服务市场进一步细分为 8 个分市场，以分别获得足够的调频辅助服务，具体分类见表 1。

表 1   调频辅助服务市场分类

应急调频类	（1）6s 快速向上恢复（Fast Raise-6 Second Raise）
	（2）6s 快速向下恢复（Fast Lower-6 Second Lower）
	（3）60s 慢速向上恢复（Slow Raise-60 Second Raise）
	（4）60s 慢速向下恢复（Slow Lower-60 Second Lower）
	（5）5min 延迟向上恢复（Delayed Raise-5 Minutes Raise）
	（6）5min 延迟向下恢复（Delayed Lower-5 Minutes Lower）
调节调频类	（7）向上修正（Regulation Raise）
	（8）向下修正（Regulation Lower）

已向 AEMO 注册的市场参与者必须加入每一个不同的调频辅助服务分市场，通过提交适当的出价或投标来参与市场交易。市场出清产生八种调频辅助服务各自出清价格。调度中心征收报价低于出清价格的调频辅助服务，并按每 5min 时段进行结算。澳实时电力市场技术支持系统综合调度机组的发电出力与各种调频辅助服务联合出清，以实现最低购电与调频成本之和。因此，项目电费结算单中同时包括电费收入项和辅助服务费用支出项。联合出清过程如图 2 所示。

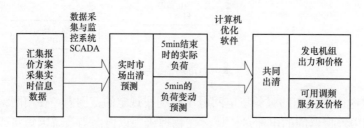

图 2　澳电力市场调频辅助服务与电力联合出清过程

2　调频辅助服务市场费用结算

调频辅助服务市场费用需要支付给服务提供者，而该费用要向市场参与者收取；费用分摊机制是由电力用户和发电厂按照一定比例共同承担，不同的调频辅助服务分市场，分摊机制不同。

2.1　调频辅助服务费用支付

8 个分市场中的调频辅助服务都是每隔 5min 确定价格，以支付给服务提供者。

2.2　调频辅助服务费用收取

支付给调频辅助服务提供者的费用，均从市场参与者收取，原则如下：

2.2.1　应急调频费用收取原则

由于应急调频向上恢复是补偿电网中大的发电缺失，此部分费用从发电厂收取。

由于应急调频向下恢复是补偿电网中大的负载或者输电设备的缺失，此部分费用从用户收取。

应急调频收费，根据电量的生产和消耗按比例收取。

2.2.2　调节调频费用收取原则

调节调频费用收取采用"谁引起，谁付款"的工作机制。原理是监测发电侧或者负载侧对于频率偏移的影响，市场参与者的运行帮助频率偏移开展修正，定义为低支付影响因素（Low Causer Pays Factor）；市场参与者的运行加剧频率偏移，定义为高支付影响因素（High Causer Pays Factor）。

调节调频费用是根据市场参与者的支付影响因素来进行收取，支付影响因素越高，支付费用越高，和参与者所处地区无关。

综上所述，八类调频辅助服务费用的收取原则[2]如图 3 所示。

风力发电场作为发电厂，需要支付的调频辅助服务费用有 5 项，包括上述应急调频中的3 项：6s 快速向上恢复、60s 慢速向上恢复、5min 延迟向上恢复和调节调频中的 2 项：向上修正、向下修正。

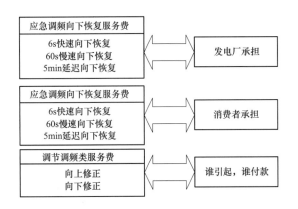

图 3　调频辅助费用收取

2.2.3　调节调频支付影响因素的确定

由于调节调频的费用收取采用"谁引起，谁付款"的工作机制，AEMO 需要确定市场参与者费用支付影响因素，计算原理为：AEMO 假定未来 5min 内电网发电和负载平衡，且未来 5min 调度基线是一条斜线，定义为调度目标轨迹，调节调频过程需要修正调度目标轨迹本身错误以及修正电网实际频率与调度目标轨迹偏离值。

支付影响因素具体计算过程如下。

（1）收集数据：从 AEMO 市场管理系统（MMS）中获取 5min 基准功率数据，计算调度目标轨迹（实线）；收集和存储每 4s 区间数据（虚线，来自数据采集与监控系统 SCADA）；计算频率指示因子（FI）；排除与实际频率不匹配频率指示因子数据。

（2）评估偏离量：确定每 4s 区间频率偏离值（如图 4 阴影部分所示）；用频率指示因子量化偏离值。

（3）对影响因素进行累计：对每 4s 区间偏离值进行分类；去掉受应急调频和不良 SCADA 数据影响区间；对每个发电厂或负载确定 28 天周期内影响因素。

（4）计算总市场参与者因素（MPF）：对发电厂或负载影响因素进行累计，形成综合影响因素；计算电力系统总数值；计算所有额外偏离值；产生最后市场参与者因素值。

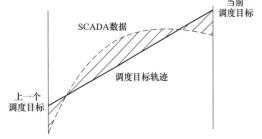

图 4　调度目标轨迹和 SCADA 数据偏差（阴影部分）

（5）结算：将市场参与者因素计算结果用于确定调节调频费用收取[3]。

3　如何降低调频辅助服务费用

根据调频辅助服务市场机制，应急调频辅助服务费用为本地区所有发电厂在某一时段内，按照发电量比例分摊；针对调节调频辅助服务费用，发电厂要尽量帮助电网对频率偏移进行修正，争取被定义为低支付影响因素，累计计算为较低市场参与者因素值，才能减少调节调频辅助服务费用。

4 结语

当前，澳国家电力市场处于由传统能源向可再生能源的转型期，越来越多的新能源项目投产运行参与澳电力市场交易，电网升级改造的速度无法满足现实需要，导致辅助服务费用在电费中的占比越来越高。海投公司依靠在澳成功的项目运营管理经验，总结提炼出澳电网辅助服务运行及费用收取规律，通过不断提升管理水平和开展有针对性的技改等方式，优化辅助服务费用支出，并对其他中资企业在澳新能源运营项目运行提供借鉴参考。

参考文献

［1］ AEMO. Guide to Ancillary Services in the National Electricity Market，2015-04-15，［EB/OL］. http：//www.aemo.com.au/Electricity/National-Electricity-Market-NEM/Security-and-reliability/Ancillary-services.

［2］ AEMO. Settlements Guide to Ancillary Services Payment and Recovery，2020-04，［EB/OL］. https：//aemo.com.au/-/media/files/electricity/nem/data/ancillary_services/2020/settlements-guide-to-ancillary-services-payment-and-recovery. pdf?la=en.

［3］ AEMO. Regulation FCAS Contribution Factor Procedure，2018-11-09，［EB/OL］. https：//aemo. com. au/-/media/files/stakeholder_consultation/consultations/electricity_consultations/2018/causer-pays/regulation-fcas-contribution-factors-procedure-v2. docx?la=en.

作者简介

陈　琛（1982—），男，高级经济师，主要从事电力项目投资、建设及运营管理工作。E-mail：chenchen-djht@powerchina.cn

葛　睿（1988—），男，助理工程师，主要从事电力项目投资、建设及运营管理工作。E-mail：gerui@powerchina.cn

标准化综合钢筋加工厂的应用及管理

贾生栋

（中国水利水电建设工程咨询西北有限公司，陕西省西安市 710100）

[摘 要]淘汰传统的露天材料堆放和钢筋加工模式，引入先进机械设备，实现标准精细化加工流程，做到区域化定制化摆放，提升加工质量，形成良好的文明施工环境，对工厂式标准化产业化钢筋加工厂在滇中引水工程的应用效果和经验进行了总结，为后续其他工程建设提供了管理经验。

[关键词]标准化；钢筋加工厂；应用

1 工程概况

从大转弯隧洞至龙潭隧洞，该段总干渠全长 47.662km，共包括大转弯隧洞（长 1.935km）、龙川江倒虹吸（长 1.46km）、凤凰山隧洞（长 22.756km）、凤凰山倒虹吸（长 0.133km）、九道河隧洞（长 9.630km）、九道河倒虹吸（长 0.717km）、鲁支河隧洞（长 4.755km）、鲁支河渡槽（长 0.172km）、龙潭隧洞进口段（长 3.868km）等 9 座输水建筑物、施工支洞共 10 条，规划建设 15 个产业化钢筋加工厂。

2 目前传统的钢筋加工状况

水利工程以往通常是采用在施工现场露天堆放材料，露天简易加工设备加工钢筋，这种零散、简易的加工模式存在着质量不稳定、施工效率低、安全文明施工差等问题，不利于标准化施工工艺质量控制和施工进度控制。

3 产业化钢筋加工厂标准化运行

为发挥工厂化生产集约性、可靠性和高效性三个特点，产业化钢筋加工厂场内布局合理、功能分区明确，采用智能化设备在场棚内对钢筋等材料成品、半成品集中进行加工。钢筋加工厂分为原材料堆放区、加工区、半成品堆放区、废料堆放区及厂区道路，起重设备用于材料卸装及辅助构件加工，如图 1 所示。

原材料堆放区包含工字钢、钢板、无缝钢管、钢筋等金属材料。钢筋加工区包括钢材数控加工区、工字钢加工区、钢筋网自动焊接生产线、小导管数控加工区；半成品堆放区包括钢筋网片、钢支撑、小导管、大管棚及钢筋半成品。

加工场架构：采用钢结构搭设，顶部采用固定式防雨棚，高度满足加工设备操作空间（一般不小于700cm），设置避雷及防风保护措施；墙体采用白色、顶部选用蓝色彩钢瓦。

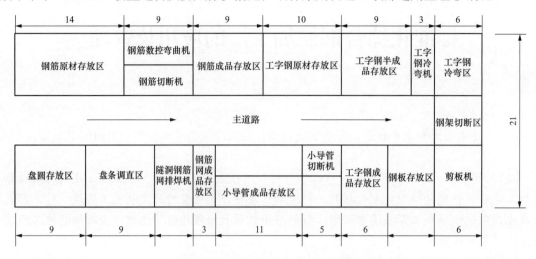

图1　产业化钢筋加工厂场内布局

3.1　施工流程优化

在传统加工厂内，一般的流程为材料运输→加工→出厂等较为简单的方式，而产业化钢筋加工厂可以较为完整地展现一个工序的开展：材料运输→标准化分类堆放→材料检验→加工制作→半成品验收→出厂，在看似简单的工序中，通过表1对比可以看出细节。

表1　　　　　　传统加工厂与产业化钢筋加工厂流程优化对比

类别	传统加工厂	产业化钢筋加工厂
优化对比	1. 原材料区：原材料进场为便于加工随地存放，极易与其他材料放混，引起后续施工诸多不便。 2. 加工区：散、简易的加工模式存在着质量不稳定，施工效率低，安全文明施工差等问题。 3. 半成品及成品区：半成品存放零散，加工时易出现与成品区已发生混乱，严重时可能影响施工质量。 4. 成品区：加工完成成品保护措施不到位，第一时间不能完成清点，运输等工作。 5. 厂区道路：场内道路"四通八达"，人员管理难度大，容易形成施工、材料堆放及设备人员的安全隐患	1. 原材料区：进原材应按分类存放，存放架采用型钢制作，并涂刷黑黄相间漆。设置材料检验标识牌。 2. 加工区：通过数字编程，实现自动化流水线加工制作，智能控制，尺寸精度高、焊点牢固、无伤痕，加工质量明显提升。 3. 半成品区：堆放整洁，加工程度随时知晓，半成品区施工工序明了，施工人员操作意识明确。 4. 厂区道路：场内道路明确，指挥思路清晰，人行道与加工区隔离，保证人员安全。 5. 其他优势：场内布局合理、功能分区明确，采用智能化设备流水线加工。加工质量稳定可靠，加工效率提升明显，文明施工、安全可靠

3.2　产业化钢筋加工厂自身优势

3.2.1　集约性

工厂式标准化建设有利于推行现场标准化。钢筋加工厂规划合理的功能区划分，能够有效避免现场杂乱，并且工厂化能够制定完善的规章制度与管理模式，相较于原先零散分布式钢筋加工厂有更好的管理，有效地提升现场标准化，极大地提升了现场的安全文明施工形象。

3.2.2　可靠性

加工质量稳定可靠：利用钢筋网片闪点自动焊接机制作钢筋网片，钢筋网片间距均匀准确，焊接点强度高，可有效避免人工绑扎点遗漏、扎不牢固等情形发生，有效保证钢筋网片加工质量。针对目前水利隧洞、铁路隧道、公路隧道机械化施工体系一步步完善标准化，钢筋及型钢加工质量标准及降效方面逐步提升，工厂化数控加工设备的应用是一个大趋势。

3.2.3　高效性

加工效率提升明显：通过数字编程，实现自动化生产，智能控制，尺寸精度高、焊点牢固、无伤痕，加工质量明显提升。如隧洞钢筋网片基本采用自动化生产，简单易学，只需 2 人操作即可，生产速度快，是常规生产功效的 4～5 倍，经济效益显著。

锥形尖头自动加工成型，易操作、噪声小，有效改善了劳动环境，加工表面光滑、工件无伤痕、性能稳定，生产质量好，可替代 5～8 名工人，制作效率快，工件质量高。不需要氧气乙炔，节省耗材，降低了成本。

3.2.4　其他优势

提高了工人归属感，降低了安全风险。现场设置休息室，极大地改善工人的工作条件，提高了工人身心的归属感；工具室能够避免小型工器具及配件随意放置于加工区，降低了安全风险；配电室保证用电设备由专业电工统一管理，避免现场私拉乱接，最大限度降低用电安全风险。

4　目前推广使用情况

工厂式钢筋加工厂已在施工 5 标、6 标开展实施，经由以凤凰山隧洞进口、凤凰山 4 号施工支洞、金马场加工厂作为优秀面逐步推广至滇中引水其他标段，从原材料进场至运输至隧洞施工，环环受控，层层验收，确保施工现场质量与安全，以凤凰山 4 号施工支洞加工厂为例，经过扩建、重新布局，施工人员每天工作内容明了，工序流程清晰，效率得到较大提升。

工厂式钢筋加工厂作为较好经验，施工工序显著提升，不仅仅在施工上作为一种高效加工一体化工作方式，在验收及检查过程中更是以较好的施工形象面貌受到业主赞扬。

5　改进意见

在工厂式钢筋加工厂标准化加工管理的运行过程中，发现钢筋及设备存放部位承载力不满足要求，导致基础沉陷开裂，影响整体稳定性。今后规划建设工厂式标准化加工厂时，还需充分考虑场地基础的稳定性，填方基础应按土工试验确定填方施工工艺参数，并碾压密实，确保场地基础承载力满足要求。同时，还应考虑属地极端天气情况，计算厂棚抗雪、抗雨、抗风等荷载，确保厂棚结构安全稳定。

6　总体评价

通过前期工厂式标准化钢筋加工厂运行效果，极大地改善了现场工作环境，提高各项工艺的精细化制作水平，强化施工标准化控制，继而呈现出标准化、程序化、规范化的工程管理，也让施工现场摆脱传统以新的面貌展现未来。

基于全产业链模式的工程变更索赔风险管理研究

戴吉仙

（中国电建集团海外投资有限公司，北京市　100048）

[摘　要] 工程变更与索赔是风险管理的重要内容，工程变更与索赔主要发生在项目的建设阶段，建设阶段处于投资项目全生命周期的中间阶段，发挥着承上启下、衔接转序作用，投资阶段的收益率和回报周期、运营阶段的功能实现都与建设期密切相关。加强变更索赔管理是项目投资控制的要求，对控制项目投资，实现收益目标具有重要的意义。

[关键词] 全产业链；变更索赔；风险管理

0　引言

海外投资建设项目具有规模大、覆盖领域众多、项目结构繁杂、投资回收期长、风险因素复杂等属性。海外投资本身就面临一系列的独特风险，包括政治风险、地质风险、不可抗力风险、汇率风险、法律法规风险等，导致出现工程变更与索赔及争议问题，对建设项目工期和成本产生影响。本文对工程变更与索赔及争议问题事项产生的原因进行归纳分析，坚持问题导向，以期找到投资控制的应对措施，为今后海外投资建设项目的投资控制积累经验。

1　工程变更与索赔产生原因分析

1.1　可研阶段勘察设计深度不够

大多数海外投资项目无法取得该项目正确的基础资料，如地质情况、地形情况、水文料源情况等，造成招标文件提供的地质参数不够准确，承包商做出的施工组织设计与实际施工中揭示出的地质信息不符，导致报价与实际发生的费用严重不符，由此导致施工机械、施工方法及运距等的变更，例如大坝地质条件复杂，前期可研勘察深度不够，导致相关参数突破国内规范。

1.2　合同条件或施工标准发生变化

在施工过程中，随着工程进展，发包人根据现场实际情况，通过科研试验、设计优化等手段，统一调整施工方法、填筑指标等，造成施工方案调整、工期延误等变更与索赔，例如采用石粉替代粉煤灰、混凝土标号变化、围堰高度变化等。

1.3　主材价格变化

合同双方对于部分主材材料调差，因国外材料市场价测算复杂，导致材料调差争议且相应工作量很大，例如主材价格调差主体工程所需钢筋、柴油、水泥等主材价格在主体工程开工以来持续上涨，特别是钢筋、柴油价格涨幅较大，已经超过承包人投标时的预算价格，各承包商提出调差诉求。

1.4 料场运距变化

由于前期规划料场不满足设计要求，实际开采料场比设计料场运距增加，导致运输成本增加，例如实际毛料运输距离比前期规划料场距离增加运距。

1.5 外围因素干扰

（1）罢工阻工事件。例如建设过程中遇到罢工阻工事件影响，承包人提出了工期和费用的索赔。

（2）自然灾害。例如建设过程中大地震，持续暴雨，形成超标洪水，对工地现场造成器具、设备损失。

（3）许可审批办理不及时。例如征地相关许可办理不及时，对施工进展产生影响，承包商人提出费用补偿诉求。

2 存在的问题

2.1 现场管理水平低

发包人的合同管理有待加强。主要包括：一是图纸供应延误、移交场地滞后、支付逾期事件时有发生，合同变更与索赔审核环节多、时间长，相关费用不能及时支付，给工程建设进度带来影响，有的还会引起额外索赔。二是行政管理代替合同管理，不按合同办事，经常不通过监理对施工单位直接下达指令，不经过沟通直接下发文件对变更等合同事宜进行审批。三是业主反索赔意识不强，不注意反索赔资料的积累，提不出反索赔的证据。四是建设单位管理人员精简过度，使许多管理程序不能按规范要求运作，管理水平低。

2.2 承包商费用述求不合理

在集团全产业链一体化模式下，承包商履约能力参差不齐，承包商往往以亏损为由，提出索赔或补偿诉求，项目的盈亏情况主要取决于自己费用成本的控制，盈亏情况不能作为调价或补偿的根据。承包商寄希望于行政干预手段，不遵循市场规律。

2.3 过程资料不完备

工程变更索赔支撑材料不完备，有些变更只有设计通知单，不做经济方案论证或论证不充分，工程变更重技术方案、轻经济分析的现场比较普遍，缺少事前投资控制分析。有些索赔事件尽管客观存在，但当事人提供的相关证据不充分，记录不准或不齐全。

2.4 审批流程不完善

有些变更索赔事项根据审批权限，建设单位未上报上级审批就先行实施，导致审批流程不合规，后期面临审计、巡视等合规风险。

2.5 合同条款不全面、不完善，文字不细致、不严密

（1）EPC合同对永久营地建设、试运行、备品备件等费用、责任、标准等存在分歧；

（2）工程承包合同中指定分包合同与主承包合同一些合同用语表述不一致，导致了不必要的合同争议；

（3）工程承包合同中对于免税清单办理责任描述不是很到位、对当地劳工用工比例未有明确规定等带来了合同执行中的分歧。

3 建议措施

3.1 打造一体化管理团队

建立推广"四位一体"组织管控模式，以投资项目收益最大化和集团产业链价值创造为根本，强化业主、设计、监理、施工单位的责任意识、合同意识和风险意识，从源头上保证工程变更与索赔处理的真实性及质量。

3.2 加强设计审查管理

在项目可研阶段尽量多做一些项目的初步勘查，减少详细设计阶段的变更，保证投资预算的可控性，便于建设阶段合同的顺利实施。加强对设计成果质量进行审查，依据国家和行业的有关规范、规程、法规，减少设计中的错误和遗留，提高设计质量。

3.3 充分发挥监理单位作用

监理单位在工程变更、索赔及争议问题解决过程中发挥重要作用，监理单位要选派经验丰富的咨询工程师（造价、技术、法律），做好对工程变更、索赔及争议事项的前置审核、界定，提高处理过程和结果的公平度、公信度和透明度。

3.4 建立高层沟通协商机制

通过建立高层沟通协调机制，能够推动解决各类商务、技术问题，与参建方达成一致意见，确保建设期进度、质量、安全、成本、环保"五大要素"受控。

3.5 强化投资管控

严格按合同约定条件分析工程变更与索赔的定性、责任归属、商业风险、费用计算原则和方法等。强化变更与索赔论证工作，对投资影响较大的工程变更，应进行多方案技术经济论证

3.6 建立完善合同风险管控体系

（1）建设项目招标阶段，严格合同评审流程，针对合同风险要早发现、早针对、早应对，找出合同条款中模糊、矛盾、责任界定不清晰等内容，为后续部门开展各类合同评审和制定标准建设期合同文本提供借鉴。

（2）建设项目合同签订后，通过开展合同交底，提高合同的熟悉度。

（3）建设项目执行过程中，通过"以干代培"方式，帮助建设项目合同管理人员熟悉总部管理模式、管理理念、管理内容等；通过"派驻式服务"方式，选派具有经验的合同管理工程师赴建设项目现场工作。

（4）建设项目投产发电后，督促参建方积极稳妥处理各类工程变更索赔及争议问题，签订完工结算书、竣工结算书等。

3.7 把握统一的尺度和原则

在处理工程变更、索赔及争议问题时，要把握统一的尺度和原则，充分考虑处理解决单个问题会引起的连锁反应及带来的负面影响。

3.8 利用公司外部专家优势

聘请外部咨询机构定期开展建设合同管理审查工作，对建设过程中发生的工程变更、索赔管理的全过程资料进行审查，提出专业的指导意见。

3.9 夯实变更索赔管理基础工作

（1）建立项目公司工程变更索赔细则，做好度参建方的宣贯工作；

（2）规范立项审批表、工程变更（索赔）管理台账、争议事项清单、投资增减审核表；

（3）高度重视索赔支持性材料的日常收集、整理工作，包括但不限于往来函件、专题会议纪要、工程量清单、单价分析表、签证单等，保证形成完整的证据链条，为处理索赔奠定坚实的基础。

4 结语

在海外投资项目建设过程中，工程变更与索赔是不可避免的，在全产业链一体会模式下，作为投资方，遵循"四位一体"组织管控模式，打造强服务、重管理、谋共赢的"介入式、穿透式、下沉式"的建设管理，加强前期设计审查力度，建立完善合同风险管控体系，严格执行上级及本单位相关管理指导规定，积极稳妥处理建设过程中遇到的变更索赔事项。对于短期难以协商一致的变更索赔事项，为避免对工程进度产生不利影响，合同双方宜协商一致优先确保工程建设，搁置争议，及时收集过程资料，在项目投产建成后，坚持"以合同为依据，以事实为基础"，与合同方依法合规、友好协商处理各类争议较大的变更索赔事项。

作者简介

戴吉仙（1982—）男，高级工程师，从事水电、火电等工程的经营管理工作。E-mail：daijixian@powerchina.cn

澜沧江上游昂曲鱼类资源现状及保护对策研究

陈思宝　张仲伟　何云蛟

（长江设计集团有限公司，水利部长江治理与保护重点实验室，湖北省武汉市　430010）

［摘　要］2014 年 7—8 月、2018 年 6 月，对澜沧江上游昂曲进行了鱼类资源调查，共计 8 种鱼类，隶属于 2 目 3 科 5 属，优势种为裂腹鱼类、高原鳅和鮡类，为典型青藏高原鱼类区系。其中鲤形目鲤科（裂腹鱼亚科）4 种、鳅科 3 种，鲇形目鮡科 1 种。昂曲中下游建设宗通卡水利枢纽工程的实施或将对昂曲鱼类资源形成威胁，本研究提出了栖息地保护与修复、过鱼设施、增殖放流、渔政管理、水生态监测和科研等措施。

［关键词］澜沧江；昂曲；鱼类资源；保护对策

0　引言

昂曲是澜沧江右岸一级支流，发源于西藏巴青县贡日乡桑堆敌玛村境内，向北流经巴青县木雄村、丁青县木塔村，经圭绒尼钦山峰西侧进入青海省，转东、东南流经青海省杂多县结多乡、苏鲁乡、青海省囊谦县东坝乡、吉尼赛乡、吉曲乡后又进入西藏，经类乌齐县甲桑卡乡、尚卡乡、卡若区沙贡乡、俄洛镇汇入澜沧江。昂曲全长约 499.3km，流域面积为 17715km²，落差为 1926m。昂曲生态环境脆弱，流域治理开发的主要任务是供水、灌溉、防洪、水资源保护和水力发电；流域上游区域以生态环境保护为主，不进行水电开发；中下游建设宗通卡水利枢纽工程，综合解决昌都供水、卡若灌区灌溉问题，兼顾水力发电

迄今为止，仅有 Kang[1] 和李雪晴[2] 论述了澜沧江上游鱼类多样性，关于昂曲鱼类资源的调查研究鲜有报道[3, 4]。为进一步研究宗通卡水利枢纽工程建设和运行对鱼类资源的影响，2014 年 7—8 月、2018 年 6 月，对该流域鱼类资源现状进行了调查，旨在系统地了解昂曲流域鱼类区系，制定生物多样性保护决策，减缓工程生态环境影响。

1　调查时间与鱼类采样

2014 年 7—8 月、2018 年 6 月，对昂曲开展了鱼类资源调查，共设置 28 个调查断面，其中昂曲干流 17 个，支流义曲、巴曲、琅玛曲、芒达曲、恩达曲、腰曲 9 个，扎曲和澜沧江干流各 1 个；2014 年调查断面有 20 个，2018 年调查断面有 8 个。参照《水库渔业资源调查规范》《内陆水域渔业自然资源调查手册》《淡水浮游生物研究方法》等进行调查，渔获物样本由刺网、地笼和钓钩等渔具捕捞，现场进行鱼类分类，统计渔获物组成。

2 鱼类资源现状

2.1 种类组成

根据调查结果，结合《青藏高原鱼类》（武云飞等，1992）[3]、《西藏鱼类及其资源》（西藏自治区水产局，1995）[4]等文献资料，调查范围内分布鱼类 8 种，隶属于 2 目 3 科 5 属（见表 1）。种类组成为鲤形目鲤科（裂腹鱼亚科）、鳅科和鲇形目鮡科鱼类，为典型青藏高原鱼类区系。其中鲤形目鲤科（裂腹鱼亚科）4 种、鳅科 3 种，鲇形目鮡科 1 种。

2.2 重点保护、特有、濒危种类

调查区域内无国家级或自治区重点保护鱼类分布；在《中国濒危动物红皮书》中，裸腹叶须鱼被列为易危种（V）；在《中国物种红色名录》中，澜沧裂腹鱼、细尾鮡被列为濒危种（EN），裸腹叶须鱼被列为易危种（VU）；调查区域内分布有澜沧江水系特有鱼类 3 种，分别为澜沧裂腹鱼、前腹裸裂尻鱼、细尾鮡。

表 1　　　　　　　　　　　昂曲鱼类种类组成及调查情况

目	科	属	种	保护等级
Ⅰ 鲤形目	1 鲤科	（1）裂腹鱼属	1）光唇裂腹鱼	—
			2）澜沧裂腹鱼	澜沧江特有鱼类；EN
		（2）叶须鱼属	3）裸腹叶须鱼	V；VU
		（3）裸裂尻鱼属	4）前腹裸裂尻鱼	澜沧江特有鱼类
	2 鳅科	（4）高原鳅属	5）细尾高原鳅	—
			6）短尾高原鳅	—
			7）斯氏高原鳅	—
Ⅱ 鲇形目	3 鮡科	（5）鮡属	8）细尾鮡	澜沧江特有鱼类；EN

注　（V）表示分别表示《中国濒危动物红皮书》易危种，（EN）、（VU）分别表示《中国物种红色名录》濒危种、易危种。

2.3 重要生境

调查区内分布的鱼类均为产粘沉性卵鱼类，干流可能比较集中的产卵场仅有 2 处，义曲汇口附近的干流江段（长约 4km）、甲桑卡乡瓦日村附近江段（长约 4km），均位于宗通卡库尾以上 50km 以上河段，不会受到工程影响。宗通卡水利枢纽工程影响范围内的河道为典型峡谷急流河段，不适宜裂腹鱼类产卵繁殖，仅在局部区域如河流蜿蜒的凸面、支流汇口等存在零星的砾石浅滩，可能有小规模的裂腹鱼类产卵繁殖，如索土村附近、芒达村附近、卡洛村附近、恩达曲河口等河段。调查范围内索饵场一般在干流的缓流江段、支流汇口，是裂腹鱼类、高原鳅、鮡科的索饵场。调查范围内越冬场位于深水河槽或深潭中，这些水域多为岩石、砾石、沙砾底质。

3 保护对策

宗通卡水利枢纽工程建成运行后，库区河流水流变缓，水体透明度增加，营养物质滞留，

初级生产力将有所增加；适应流水生境的裂腹鱼、鮡类可能受影响，高原鳅受影响较小。从流域整体性保护出发，针对工程建设和运行对流域水生生态的影响程度，水生生态保护措施的制定以预防、补偿、减缓生态影响为目的，建立栖息地保护与修复、过鱼设施、增殖放流、渔政管理、监测与保护效果评价、基础科学研究等综合保护体系。

3.1 施工期、蓄水初期保护措施

（1）工程建设单位联合当地渔业主管部门，制定水生生态环境保护手册，建立和完善鱼类资源保护规章制度，在宗通卡坝址河段、库区、坝下至河口段设置水生生物保护警示牌，增强施工人员鱼类保护意识，严禁施工人员捕捞、垂钓等行为。

（2）针对工程涉水施工过程中产生的废水、污水，需加强监管，优化施工工艺，严格按环保要求处理后回用或综合利用，杜绝影响水生生境的污染事故发生。

（3）建立鱼类应急保护机制。坝址围堰施工，需对围堰内的鱼类及时进行保护，并放流至施工区域外的水域；水下爆破作业前，采用声、电或网具等手段驱赶鱼类，减少鱼类资源的损失。

（4）在截流、初期蓄水期间坝址下游出现减水情况时，及时启动应急保护机制，对搁浅鱼类及时救护，最大限度保护鱼类资源。

3.2 栖息地保护与修复

将昂曲干流自青海与西藏界至宗通卡库尾约 95km 河段、宗通卡坝址至河口约 63km 河段以及支流琅玛曲约 12km、芒达曲约 18km、恩达曲约 15km 作为鱼类栖息地保护河段，保持河流的连通性，不建设拦河建筑物，制定并落实栖息地保护规划。拆除干流已建昌都电站、沙贡电站和支流芒达曲已建芒达村水电站、恩达曲已建尚卡水电站，并对拆除电站后的工程河段进行生境修复，恢复河流连通性。

3.3 过鱼设施

根据昂曲鱼类组成及生活习性，以及工程实施对鱼类的影响分析，将裸腹叶须鱼、前腹裸裂尻鱼、澜沧裂腹鱼、光唇裂腹鱼作为主要过鱼对象，将高原鳅、细尾鮡等兼作过鱼对象。主要过鱼季节为 4—6 月，兼顾过鱼季节为 3 月及 7—8 月。从过鱼效果稳定性、运行可靠性、工程安全性及建设运行成本等方面综合考虑，工程过鱼设施采用竖缝式鱼道。

3.4 增殖放流

工程拟在业主营地附近建设增殖放流站，规划占地面积 15 亩。增殖放流对象选取裸腹叶须鱼、细尾鮡、澜沧裂腹鱼和光唇裂腹鱼 4 种，每年放流苗种 22 万尾，先期运行放流 10 年，初步拟定在宗通卡库尾、沙贡乡下游 4.5km 处选取缓流河段作为放流点。

3.5 渔政管理

针对昂曲干流青藏省界至昂曲河口河段及其重要支流朗玛曲、恩达曲、芒达曲实施全面禁渔，加强昂曲渔政能力建设；防止生物入侵，保护鱼类生物多样性；加强鱼类资源保护宣传等。

3.6 水生生态监测

为了解宗通卡工程影响水域的鱼类种群组成、资源量及水生生物丰度的变化情况，掌握鱼类资源保护方案实施的效果，需要对鱼类资源特别是特有鱼类、保护鱼类的资源动态进行系统监测。监测获得的数据可以有效地适时预警预报工程施工期及运行期出现的突发事件并给出具体处理措施的建议。开展水生生态断面监测、增殖放流跟踪监测、过鱼效果监测等。

3.7 基础科研

关于高原河流生态学、高原鱼类的生物学和生态学等方面研究的基础相对薄弱，从保护流域水生生物多样性出发，结合宗通卡水利枢纽工程的影响，建议开展以下研究：鱼类生物学与生态学研究，细尾鮡人工繁殖技术研究，昂曲鱼类放流效果评估，昂曲过鱼设施运行效果评估。

4 结语

落实流域规划环评和工程环评要求，加强宗通卡水利枢纽水生生态工程措施建设，根据保护需要对已开发的梯级开展生态修复，恢复昂曲流域水生生境连通性和鱼类生境修复，避免造成新的生态破坏；加强鱼道工艺设计，采用新技术、新工艺、新方法，建成运行后开展适宜性管理，不断改善，确保长期有效运行；蓄水前在业主营地内建成鱼类增殖放流站，形成运行管理和技术能力；建立健全生态流量监测系统。

昂曲所在区域生态环境脆弱，坚持生态优先绿色发展，建设宗通卡水利枢纽工程，有利于解决昌都供水、卡若灌区灌溉问题，具有显著的综合经济效益，能够促进区域经济社会进一步发展、促进当地人民群众共同富裕。

参考文献

[1] KANG B，HE D，PERRETT L，et al. Fish and fisheries in the Upper Mekong：current assessment of the fish community，threats and conservation [J]. Reviews in Fish Biology & Fisheries，2009，19（4）：465.

[2] 李雪晴,孙赫英,何德奎,等. 澜沧江—湄公河中上游淡水鱼类多样性[J]. 生物多样性,2019,27(10):1090-1100.

[3] 武云飞. 青藏高原鱼类 [M]. 成都：四川科学技术出版社，1992.

[4] 西藏自治区水产局. 西藏鱼类及其资源 [M]. 北京：中国农业出版社，1995.

作者简介

陈思宝（1989—），男，高级工程师，主要从事水利水电工程环境影响评价、环保设计与科研工作。E-mail：chensibao@cjwsjy.com.cn

张仲伟（1979—），男，高级工程师，主要从事水利水电工程环境影响评价、环保设计与科研工作。E-mail：zhangzhongwei@cjwsjy.com.cn

何云蛟（1988—），男，工程师，主要从事水利水电工程环境影响评价工作。E-mail：heyunjiao@cjwsjy.com.cn

工程监理应对外部审计风险管理创新与实践

曹刘光　黄玉龙

（中国水利水电建设工程咨询西北有限公司，陕西省西安市　710100）

[摘　要]本文基于卓越绩效管理模式，从制度、内外部顾客及相关方的管理协调等方面优化创新了监理管理措施，同时通过项目实践取得了较好的成效，为降低审计风险、提高组织整体绩效与能力方面的深化研究提供参考和借鉴。

[关键词]应对；审计风险；管理创新；实践

0　引言

在我国全面深化改革的新形势下，工程审计不仅是核实工程造价的重要手段，也是控制建设项目投资、防范国家资金风险的重要措施。监理作为工程建设第三方，保持独立性、公正性，处理好监督与服务的关系，能够有效控制项目投资、规避审计风险、提高工程建设管理水平，对实现最佳投资效果，以及提升监理行业口碑有着十分重要的作用。本文基于卓越绩效管理模式，从制度、内外部顾客及相关方的管理协调等方面优化创新了监理管理措施，并通过项目实践，初步建立了大型水电工程监理有效应对外部审计风险的管理模式和路径，为降低审计风险、提高组织整体绩效与能力方面的深化研究提供参考和借鉴。

1　审计前监理工作

卓越绩效评价准则结合我国企业经营管理的实践，从领导、战略、顾客与市场、资源、过程管理、测量、分析与改进以及结果等七个方面进行了系统阐述，公司以"打造最值得信赖的工程建设管理品牌企业"为愿景，导入卓越绩效管理模式，不断追求卓越。项目如何承接公司发展战略，需结合项目建设实施的不同阶段对愿景目标及具体实现手段进行细化明确。本文结合项目在工程建设过程中历年审计经验与教训，以审计的角度看问题，在监理常规的工程计量结算工作基础上制定相关措施，包含制度管理、内外部管理及相关方的平级管理等内容。

1.1　制度完善与执行

无规矩，不成方圆。为规范工程量计量结算工作，进而保障签证资料的真实性、合理性以及与现场工程实体的吻合性，以确保工程量计量签证工作的顺利进行，项目以历年审计问题为导向、以措施为保障，结合公司发布的《工程计量管理规定》及工程进展实际需要相继更新完善了《计量签证管理办法》、现场检查督导制度及《廉洁从业规定实施办法》等。过程中同步结合上级单位相关管理办法，严格执行相关要求。

不以"事"小而不为。工程量计量审核过程中，发现"弄虚作假"嫌疑或行为，严格按相关计量管理办法从严从重处理，将弄虚作假行为扼杀在萌芽状态，营造施工单位在工程量计量签证工作上"不敢假"乃至"不想假"的氛围。

1.2 内部管理

1.2.1 廉洁从业

"有术无道，止于术"，廉洁问题是审计最大的影响因素。在此方面，项目制定了晚自习制度，党员干部带头加强业务学习；项目全员学习贯彻落实公司《监理人员廉洁从业规定》，引导各级监理人员正确履行岗位职责、行使手中权力。同时定期组织开展廉洁从业交流座谈，观看警示教育片，强调 "手莫伸，伸手必被捉"的廉洁理念，持续强化廉洁从业底线意识。

"流水不腐，户枢不蠹"。在内部管理上，项目现场按工点管理，各工点人员实行轮换制，经常性调换工作面，便于全员全面掌握现场的同时，进一步降低廉洁从业风险。

1.2.2 人员素质提升

"打铁还需自身硬"。结合历年审计典型问题，项目进行归类和总结，并对干部和员工进行培训学习，以提高全员的业务能力。项目实行"量价分离"式管理，但计量及计价人员在知识面上需"量价合一"，内部定期开展相关培训学习，并加强内部交流，要求员工全面掌握现场施工流程以及合同文件、计量规范等计量计价原则，避免产生不合规计量计价。计量计价内、外部交流如图1所示。

图 1　计量计价内、外部交流

1.2.3 内业台账及影像资料管理

数据统计质量对合同及各项基础工作管理，提高决策服务水平起着重要的作用。结合工程计量结算特性，项目在监理计量结算常规台账基础上，增加了非正常结算方式、总价细目计量结算、合同与设计以及结算工程量综合对比等台账；对应各工程部位影像资料，按月整理归档保存，以便于后续审计查证；同时项目内部定期组织检查台账的更新完善以及影像资料归档情况。台账管理与内部检查如图2所示。

1.2.4 监理日志

监理日志是审计过程中的重要基础资料之一。承监各部位监理日志及旁站记录要求当天上传群内干部点评，涉及人员设备投入、隐蔽工程质量及工程量检查等内容均需详细填写，日志及旁站记录按月归档，以备计量计价审核时有据可查，并在审计时可与其他基础资料相互验证。

图 2　台账管理与内部检查

1.2.5　绩效考核

将工程量计量结算工作纳入月度考核，每月考核系数纳入年终考核，作为评优依据，进一步提升人员责任心及工作质量。

1.2.6　创新措施

（1）工序验评资料代管。基础资料的完整及准确性是审计准备工作的核心。为规避原始资料缺失导致的工程量审减，在监理常规档案管理的基础上，制定了工序验评资料代管制度，即现场工序验收评定后，监理保存一份原件。此项工作虽增加了监理工作量，但减少了后期查证真伪及补签资料的工作，杜绝了篡改及伪造资料。经过长期实践证明，监理代管资料可以有效地保障原始资料的完整性及准确性，而且在后续经济问题处理方面为施工单位减少了大量损失，规避了因基础资料缺失导致的审计扣减。工序验评资料档案管理如图 3 所示。

图 3　工序验评资料档案管理

（2）变更审核说明。除项目正式发文，前方部门在工程量审核的基础上增加工程量审核说明，详细阐明变更过程及依据、工程量计量大小等内容，强化业务流程，提升现场人员综合素质。

（3）工程量审核多途径对比验证。在工程量审核方面，内部要求由此工程量衍生的各类资料需全方位复核验证，如施工依据、设计与实际量、工序验评、试验检测等基础资料数据的相互验证。部分项目还需协调利用第三方手段全方位复核验证，如不规则体型混凝土回填、灌浆施工等，此类项目多数无设计量参照复核，仅以测量资料或机打资料确认其工程量，如无其他手段相互验证，就会存在计量审计风险，留下物资核销隐患。

1.3 外部管理

1.3.1 向下管理

施工单位作为受监管对象，是工程量计量的源头，也是发生审计问题的主要源头。

（1）测量管理。通过测量手段计量相对于一般性计量专业性较强，施工单位测量专业往往对于设计及合同文件的理解并不透彻，或管理不规范，抑或出于"利益最大化"的角度，极易导致实际施工或工程量计量超出设计边界；另在工程建设过程中，同一部位各专业、协作队伍穿插交替施工，施工桩号定义不一，边坡施工还存在部分以平面投影长度、部分以展开长度各自定义桩号，导致各专业工序验评资料的准确性极差，全盘复核工程量时差异性较大，难以复核。

措施①：要求施工单位加强测量人员的技术交底，熟练掌握测量部位的设计文件及相关合同计量原则。在施工前，按设计控制点做好边界标识；施工完成后测量收方成果严格按设计边界或合同计量边界标识设计结构线，并计算设计工程量。

措施②：在建项目施工前，督促施工单位做好内部各专业的技术交底工作，现场标识"零桩号"，明确桩号定义方法，统一桩号长度；已完工项目全面复测实际长度，根据复核成果、现场清点及相应佐证材料完善相关基础资料，避免审计风险。

措施③：原始地形测量一直是审计工作首要怀疑的"重头戏"。开工前，业主、监理和施工三方确认的原始地形数据以红头文件将复核成果发各方，作为施工期计量基准。测量收方时，要求施工单位提供计量依据作为资料附件，并发工作联系单至业主要求其参与，真正将测量工作做到明处。

（2）跨标段施工项目的工程量计量。同一部位跨标段施工，需理清各自标段的施工内容及相关合同约定计量原则，不能片面看待及解决问题，避免产生不合规工程量计量。非监理承监标段需将问题及处理意见书面反馈于业主协调解决。

（3）合同风险项管理。每月梳理排查前期非正常结算项目及存在的风险结算项，针对存在的问题下发通报提出整改意见督促整改，并根据当月结算产值及具体工作落实情况，确保资金在满足现场正常施工的前提下，富余部分对应风险结算项及时予以扣除，减少合同管理风险。

（4）创新措施。

①制定施工过程清量制度。为进一步避免现场实际施工与设计不符，项目内部要求人员加强现场验收管理，外部制定过程清量制度，即工序完成后单元评定前，施工及监理两方或多方（隐蔽工程邀请业主及设计参与）联合以单元为单位清点现场工程量，清点结果作为单元工程质量评定及结算依据，确保"三量"统一。

②监控摄像头的应用（如图4所示）。在监理管理模式创新方面，项目根据业主智能化、信息化应用规划，在力所能及的范围取长补短结合监理管控实际需要，采用摄像头监控的手段进一步强化监理的全过程管理。此举达到减员增效的目的，杜绝弄虚作假行为，同时可作为审计时的佐证影像资料，获得项目业主的高度认可和推广。

1.3.2 平级管理

（1）设计协调。对于部分"动态设计"项目，在施工依据方面，最多的不是设计蓝图或设计通知，而是技术核定单，因其快捷性和便利性，工程建设过程中会产生海量的技术核定单。因其起草由施工单位完成，参建各方在审签意见中存在不同意见，直接表现为专业性、可执行性及在设计工程量预估方面有所欠缺，综合参建各方内部审签流程（双签）及档案管理（不上系统，难以统计、易遗失）的特殊性，不利于工程量的清理。

图 4　监控摄像头的应用

　　在建项目利用监理协调会协调变更项目尽量以设计通知形式明确，避免设计量的不准确，减少在审核流程上出现分歧意见（上系统审批），同时减少档案管理（如丢失）及查询的难度；完工项目技术核定单协调设计以设计通知及早明确。

　　（2）相关方。业主委托第三方质量试验检测机构，如锚杆无损检测，其工程量数据（按比例检测）均来源于现场提供，为避免在工程量体现上不统一导致后期审计时误判扣减，制定了各层级书面申报审核制度。即施工单位根据单元工程量清理数据自检后申报监理及第三方检测，项目监理及业主共同审签，以工程量确认检测数量，确保三方报告中工程量数据统一，同时避免重复检测。

1.3.3　向上管理

　　（1）针对业主同意施工单位的一些不合规计量签证，协调业主单位出具文件予以明确，规避监理签证风险的同时，为超出监理服务范围的工作内容留下监理费变更伏笔。

　　（2）监理层面难以审核的工程量，如拱坝混凝土及钢筋量，借力业主协调设计或第三方复核；计算过程复杂容易出错的项目，如房建与装修等，协调明确以广联达等智能系统软件作为计量工具，监理复核其基础数据录入，减少工程量计算错误。

　　（3）对于每月梳理的合同管理风险项，多方渠道沟通协商，对于无法完成协调的项目，以书面形式阐明其风险并提出监理处理意见向上协调，留下管理痕迹，规避审计风险。

　　（4）借力业主利用单位优势，建议提前对重点或施工完成时间较长的风险项目开展预审计，进一步减少外部审计风险。

1.3.4　同步管理

　　（1）建立专项协调机制，成立相关工作组（如图 5 所示），集思广益，统一工作方法，定期检查收尾工作进展及质量，便于参建各方共同参与了解并协调解决各类问题，进一步防范化解审计风险。

　　（2）提升活动。在日常工作中，联合业主及施工单位，结合质量月及各类活动开展工程量计量审核相关工作有奖知识竞答（如图 6 所示）、交流座谈会等提升活动，持续提高全员工作质量。

中国水利水电建设工程咨询西北有限公司

金沙江乌东德水电站监理中心文件

WDD/JL/DB/纪[2020]-033

大坝、缆机及右岸高位自然边坡补充治理工程分部（分项）验收
及审计准备工作周例会纪要

（2020年第2期）

会议时间：2020年9月12日　　08:30~11:30

会议地点：建设部五会议室

主持人：冀玉龙

2020年9月12日上午，西北监理中心组织相关单位召开了"大坝、缆机及右岸高位自然边坡补充治理工程分部（分项）验收及审计准备工作周例会"，会议首先由葛洲坝施工局对各标段验收进展及需协调解决的问题进行汇报，随后，参会各方对相关内容进行讨论及答复，就验收过程存在的问题提出了具体要求及建议，现根据会议

图5　建立专项协调机制、成立工作组

图6　内、外部开展审计相关知识竞答

2　审计过程中的监理工作

审计过程中，监理主要是做好统筹、配合、引导及协调方面的工作。

（1）统筹。为便于承监项目审计工作的顺利开展，审计前，积极做好各项准备工作；审计进场后，组织承监标段审计相关各方相继召开了审计工作启动及部署会（如图7所示），结合审计单位意见明确了各审计项目顺序及具体工作安排，为审计工作的顺利开局奠定了良好基础。

图7　组织召开审计工作启动及部署会

（2）配合。安排熟悉业务、了解现场的监理及施工人员全程主动跟踪配合、密切关注，就过程中反馈的问题承上启下做好解释及举证工作，防止出现误审误判，如图8所示。

图8 配合审计现场查勘及基础资料审查

（3）引导。工程建设过程中，从审计角度开展工程量计量工作的基础上，各参建单位在工程量计量方法上基本形成统一，但不排除由于审计单位的更换或个别审计人员别出心裁，而出现因计量工具、计量方式方法不同导致的计量差异，这就需要从监理层面做好相关引导工作，引导统一计量工具及方式方法，进一步防止出现误审误判。

（4）协调。在审计过程中，站在被审计的角度，更多的是基于事实，协调参建各方形成统一战线，避免产生主观上的审计问题。

3 实践成效

项目自2011年开工建设至今，共承监合同47个，投资总金额超百亿元。2014、2015年共审计19个合同，审减率分别为6.13%、4.63%。项目在吸取经验教训的同时引入卓越绩效管理模式，通过上述管理措施的完善与创新，后续审减率明显降低，取得了较好的成效。2018年，审计4个合同，金额为0.77亿元，审减率为0.58%；2021年，审计10个合同，金额为28.29亿元，审减率为0.57%。

4 结语

本项目通过卓越绩效管理模式的创新与实践，初步建立了大型水电工程监理有效应对外部审计风险的管理模式和路径。但仍存在诸多不足，监理除加强档案过程管理外，一是建议建设单位在施工前期引入智能系统开展全面档案管理工作，包括基础工序验评、计量结算、技术管理、试验检测、会议纪要、影像资料等档案的统一管理；二是边施工边竣工，项目完工后及时组织验收，同步完成竣工图及完工计算书的编制审核工作，并将档案移交建设单位统一管理，建设周期较长的项目按分部或分项，完工后及时组织验收分批移交归档。

大型水电项目尾工阶段，需结合剩余尾工工作适当保留前期骨干人员，尤其是建设规模大以及动态设计的项目，以保障审计等收尾工作的顺利完成。

水利工程特许经营 BOT 模式下质量与安全监理实践

郭万里　　刘泽珺　　马依俊　　任勇强

（中国水利水电建设工程咨询西北有限公司，陕西省西安市　710000）

［摘　要］本文针对新疆某一等大（1）型水利枢纽工程，采取特许经营 BOT 模式建设，西北咨询公司在工程质量与安全监理工作实践当中，采取一系列制度化、标准化、规范化、程序化的方法，有效推进了工程质量和安全管理水平，对类似工程管理模式下监理工作高质量开展具有借鉴意义。

［关键词］特许经营；质量；安全；监理

0　引言

根据国家"双碳"战略部署，近年来国家大力推进大型水利水电工程建设，建筑行业不断推行特许经营模式进行基础工程建设；新形势下，结合水利工程行业监管特点与实践，做好特许经营模式下的工程监理创新与精细化管理引领，对提高工程质量、安全起着积极推动作用，对推进水利工程行业高质量发展具有重要意义。

1　某水利工程 BOT 管理模式下监理工作特点

新疆某水利枢纽采用 BOT（建设—运营—移交）的特许经营模式建设，工程规模为大（Ⅰ）型Ⅰ等工程，水库总库容为 17.49 亿 m^3，为年调节水库。枢纽工程由拦河坝、引水发电系统（隧洞、调压井、压力钢管）、引水电站、生态基流电站等组成。拦河坝为混凝土双曲拱坝，最大坝高 240m，电站总装机容量为 670MW，其中生态基流电站装机容量为 70MW。

按照特许经营协议，建设方与投资方共同出资组建具有独立法人资格的特许经营项目公司，项目公司是专为本项目成立的建设管理机构，负责枢纽工程的建设—电站运营—移交，建设方负责供水引水工程的运营。工程设计、监理、试验检测、安全监测由建设方负责招标及管理，工程施工则由作为投资方的联合体成员自行承担。另外，在工程建设实施阶段，建设方在现场设置了派出机构——项目管理处，对工程建设过程进行监督管理，各单位关系如图 1 所示。因此，本工程建设模式相对较复杂，与传统大型工程的建设管理模式有很大的区别，尤其对于监理单位，所"监理"的施工单位是投资方的联合体成员，与项目公司有着共同的利益关系。在特许经营模式下的工程质量和安全管理方面，西北咨询公司采取一系列制度化、标准化、规范化、程序化的方法，有效推进工程质量和安全管理水平。

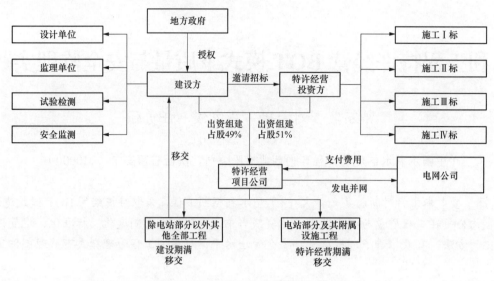

图 1　参建各方关系图

2　某水利工程质量与安全监理实践

2.1　质量管理

2.1.1　开工条件控制

项目开工前从人、材、机、料、法、环等六方面严格审查施工单位各项开工条件是否满足合同约定，具体包括：①承包人的主要管理人员、技术人员及特种作业人员是否与合同文件一致，如有变化，是否重新报批；②承包人组织机构及保证体系的建立情况；③进场的施工设备数量、规格、性能是否符合合同和实际开工需要；④原材料的规格、质量、储量等是否满足开工需要；⑤混凝土拌和系统、砂石料场及砂石供料系统等各项临建设施准备情况；⑥施工组织设计、专项施工方案、施工措施计划、施工总进度计划、安全技术措施、度汛方案等技术文件的审批情况；⑦按照合同约定或图纸要求需完成的工艺试验；⑧承包人的检测机构或委托的检测机构是否满足合同约定；⑨承包人对发包人提供的测量相关数据是否复核；⑩承包人是否提交合同或分部工程开工申请等。

2.1.2　原材料质量控制

原材料的质量好坏直接关系到实体工程质量、结构安全和使用功能等，是做好工程质量控制的前提。在原材料质量控制中细化监理职责分工，对钢筋、水泥、粉煤灰、外加剂、砂石骨料等主要原材料的采购、进场、检验、使用等各个环节进行严格控制。主要措施包括：①对生产厂家的资质及供应能力进行审查；②进厂检查质量证明文件及外观验收；③按照检验批督促承包商自检，并开展监理跟踪检测和平行检测，未经检验合格不允许使用；④建立各类原材料使用台账，如原材料验收台账、不合格品处理台账、跟踪检测及平行检测台账等，从材料进场→检验→使用均做到具有可追溯性，一旦发现问题可精准进行全面排查。严禁任何不合格材料用于工程实体，将质量隐患消灭在萌芽状态。

2.1.3　试验监控

为提高施工单位试验检测工作质量，保证试验检测数据及时、真实、准确，监理单位在见证取样和跟踪检测的基础上，在承包商实验室安装了"便携式移动摄像头"，移动式摄像头具有安装简单、清晰度高、可实时、可回看等优点，利用远程监控手段对关键部位、重要原材料的试验进行全过程监控，加强对承包商试验检测的监管力度，保证试验检测工作全程受控。

2.1.4 开展工艺试验

为了指导和规范现场施工，保证工程质量，要求施工单位在正式施工前，按照规范及合同要求，对明挖及洞挖爆破作业、钢筋机械连接及焊接、围堰防渗工程、锚索及锚杆、喷射混凝土作业等开展关键工艺试验，制定了工艺试验管控流程：审核工艺试验方案→参与施工单位技术交底→试验段全过程旁站监理→验收评估→审核工艺试验成果→推广应用，通过各个流程的严格管控，对后续规范施工起到积极指导作用。

2.1.5 推行首件制

工艺首件制是指新开工或者重要的项目，在施工前必须通过生产性工艺试验固化施工工艺，通过施工技术方案评审→现场联合验收→工艺总结和评价→改进和提高不断提升工程质量管理水平。监理单位在质量管理中推行工程首件制，制定了首件工程实施细则，组织成立首件工程各单位联合验收工作组，通过 PDCA 质量管理循环程序，抓好施工工艺过程各环节管理，包括工艺措施编制、审查、实施及监督，工艺实施效果检查、评价、总结及完善等，做到精细化管理，持续改进与提高工艺质量。各施工单位以分部工程为单位分专业制订年度首件工程计划后组织实施，每道工序施工完成后组织联合验收与总结评价，保证"首件"即样板，实现质量控制与检验标准化。

2.1.6 重点部位旁站

为实现重要工程、关键部位、关键工序质量处于受控状态，监理单位制定了《监理旁站实施细则》，明确了各部位质量控制重点和"待检点"，定人定岗加强对重点部位的旁站监理，跟踪监督施工单位执行合同、设计、施工方案及相关规范要求效果，及时发现问题、解决问题。

2.1.7 关键问题专题研究

成立专题研究工作组，及时协调解决工程中出现的质量问题和技术难题。例如：硐室开挖爆破效果差、残孔率低、超欠挖大，经研究后制定三项管控措施：①严格审批爆破设计，实行准钻、准装、准爆制度；②安排监理工程师参加专业爆破培训取证，监督检查装药联网结构是否满足开挖方案和爆破设计要求；③组织一炮一总结，优化爆破设计，解决钻爆施工问题。经过上述管控措施，开挖质量提升明显，爆破效果如图 2 所示。

 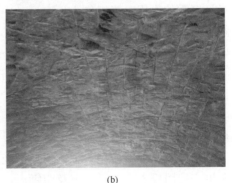

(a)   (b)

图 2　爆破效果图

（a）硐室爆破效果远景；（b）硐室爆破效果近景

2.1.8 水利行业质量监督稽查

水利行业质量监督稽查属于政府专项检查，具有高标准、严要求、查依据、重细节等特点，监理结合水利部印发的《水利工程建设与质量安全生产监督检查办法》问题清单，实行水利稽查清单对标月检查制度，成立缩短稽查迎检时间 QC 课题小组，组建稽查档案盒和稽查项目台账（如图 3 所示），及时查漏补缺，发现问题，解决问题，确保稽查工作处于高效受控状态。

(a)   (b)   (c)

图 3   稽查工作成果图

（a）稽查档案盒；（b）稽查项目台账；（c）稽查 QC 课题

2.1.9 多样化质量管理活动

开设"技术质量培训小讲堂""导师带徒"和现场"随机问答"活动，提高员工专业技能；开展 QC 小组课题研究，解决工程实际问题；成立"创新工作室"，组织员工写论文、发专利、搞科研等活动。通过各种活动丰富监理质量文化建设，提升监理人员工作能力和水平，助力工程和企业高质量发展。

2.2   安全管理

2.2.1   推行四个体系进班组

班组是一个工程安全管理的细胞，是企业安全生产的基础。班组长作为最基层的管理者、组织者、教育者、领导者、指挥者，其地位、作用、角色认知和定位对提高现场安全管理水平有着举足轻重的作用。班组作为生产活动中最小的前沿机构，是企业安全管理工作的着力点和实践者，同时也是企业安全管理的薄弱环节。将"四个责任体系"纳入班组之中，选派综合素质较高的生产管理人员作为一个或数个班组的"大班长"，定期组织开展班组作业过程中的风险辨识活动，组织开展常态化的安全培训等工作，认真落实每日"三工"活动，提高安全意识、提升安全技能水平。

2.2.2   安全生产措施费管理

为规范安全措施费使用，监理单位制定了安全生产措施费用管理制度，每年年初上报年度安全生产措施费用使用计划，制定安全措施费项目清单，每月按照施工进度计划编制上报当期安全生产费用投入工程量清单及明细表，同时报送次月安全生产费用使用计划；建立台账进行实时跟踪，针对每大类、每小项进行详细录入，确保录入的准确性、归类的符合性、查阅的高效性；安措费上报的时效性往往和现场安全投入工程量签证息息相关，在实际中施工单位存在现场签证不及时、安措费上报滞后现象，针对此类问题，通过明确"谁验收、谁监管、谁签证"的原则，确保每期安措费及时准确上报。

2.2.3 技术先行提升本质安全度

安全技术措施是施工组织设计中的重要组成部分，安全技术是建立在合理的施工技术基础之上的，是改善生产工艺，改进生产设备，预防与消除不安全风险因素对人产生伤害的手段。随着"四新"技术的发展，施工中采用更先进的材料、技术、设备、工艺可以更好地促进施工作业的安全系数。如采用多臂钻替代传统手风钻，在施工过程中降低了劳动力开挖强度、劳动力成本，施工灵活性强，成孔质量高、速度快，不但在质量、进度、成本上作用明显，同时在改善作业环境、降低人员暴露风险、保证施工安全等方面效果突出。安全技术是施工管理过程中的重要组成部分，是保证安全与生产的桥梁，是超前的管理活动，把即将开展施工工艺、工序、投入的设备设施、质量要求、过程中存在的风险因素、应对的安全技术措施、预防措施、应对措施和救援行动所需注意的事项等形成安全技术措施并逐级严格落实，是提升本质安全度的有效手段之一。

2.2.4 广泛参与与通力合作提升安全文化氛围

企业文化是企业发展的源动力，而安全文化则是企业安全管理的灵魂。安全文化氛围的形成需要全员的广泛参与与通力合作，"人人讲安全、时时讲安全"使每一位员工以"安全第一、预防为主"的价值观作为自己的行动指南，一言一行、一举一动符合安全的行为准则。良好的安全文化氛围对员工潜移默化，具有向心力将使班组、部门、项目部、整个工程形成特有的安全文化氛围，久而久之会发挥四两拨千斤的作用；良好的安全文化氛围具有约束、教化、引导功能，可使另类、异类甚至常越雷池者"入乡随俗、循规蹈矩、万人同心"。

2.2.5 危大工程管理

根据 SL 721—2015《水利水电工程施工安全管理导则》的规定，对达到和超过一定规模的危险性较大的单项工程进行分类，明确危大工程的部位和范围，强化危大工程参与各方主体责任，确立危大工程专项施工方案编制及论证制度，强化现场安全管理措施，加强危大工程监督管理。监理单位在危大工程施工前，制定了危险性较大的单项工程安全管理制度、监理规划、监理实施细则，规范危大工程管理工作流程，明确各层级安全管理职责，划分各岗位的工作范围和工作内容，做到分工协作。在实施阶段细化实施方案检查，按照规范要求对危大工程专项方案进行重点审查，做到内容完善、可操作性强，确保审查意见、签字、盖章齐全。同时进行专项巡视检查，督促检查承包单位安全技术交底，提出客观评价和意见，促使交底具有针对性和指导性。

2.2.6 安全风险分级管控与隐患排查治理

建立危大工程的辨识清单，每月结合施工进度计划对现场各部位进行危险源辨识和分析，在月底前上报次月"一般危险源、重大危险源辨识评价表"，明确作业类别、可能导致的事故类别、级别、风险等级、控制措施和责任人，监理单位审查人员重点对过程措施落实情况进行检查，使危险源得到有效控制。在日常管理过程中建立隐患排查治理台账、车辆违规管理台账和日常巡视检查隐患台账进行动静结合，达到了实时更新、实时跟踪和实时销号的目的，并结合施工单位整改的时效性进行月度统计，将通报整改率纳入月度履约考核，有效促进了隐患治理效率和安全管理人员的思想重视程度。

2.2.7　安全标准化建设

隐患和监控重大危险源，建立预防机制，规范生产行为的标准。制定安全生产标准化指导图册，督促承包单位上报安全标准化实施方案。针对地下暗挖工程完善洞口安全防护棚、门禁和值班室，人员进出执行登记制度，洞内风、水、管线采用色标区分，动力电缆和照明安全电压线路分层布置并进行标识；洞内风袋设置和逃生通道紧随开挖进尺及时跟进；临时施工用电严格按照"三级配电两级保护"和"一机一闸一漏一箱"原则进行布置，配电箱责任通过扫码实行信息化管理，对电工人员持证和有效性进行随时检查。在安全标准化创建过程中始终做到点、线带面，达到提高现场总体形象的目的。

3　结语

本工程经过创新与实践上述各种监理方法与手段，解决了新形势下水利工程质量和安全问题，提升了监理形象面貌，为推动各项工程建设目标的实现保驾护航，同时对类似水利工程项目监理管控工作具有一定的借鉴和参考作用。

参考文献

中华人民共和国水利部. SL 721—2015 水利水电工程施工安全管理导则［S］. 北京：中国水利水电出版社，2015.

作者简介

郭万里（1979—），男，高级工程师，主要从事水利水电工程监理管理工作。E-mail：936496510@qq.com

新形势下海外投资项目建设管理的优化策略探讨

付绍勇　　葛玉萍

（中国电建集团海外投资有限公司，北京市　　100048）

[摘　要] 在日益严峻复杂的国际环境与新冠肺炎疫情持续蔓延的形势下，中国企业海外投资项目建设面临比以往更为严峻的挑战。本文深入分析当前中国企业海外电力投资和项目建设管理面临的形势、挑战和问题，全面总结中国电建集团海外投资有限公司在新形势下海外投资项目建设管理中的优化策略和措施，为国内企业进一步做好海外投资项目建设管理提供有益借鉴，支持国内企业持续提升海外投资项目建设管理能力。

[关键词] 新形势；海外投资项目；建设管理；优化策略

0　引言

近年来，新冠肺炎疫情加剧百年变局，"逆全球化"进一步回潮，全球保护主义抬头，中美战略博弈持续升温，地缘政治风险加剧，多国收紧对中国企业投资的监管审批，国际投资环境日趋严峻复杂，对外投资和项目建设面临越来越多的限制和不确定性。面对新形势，中国电建集团海外投资有限公司（以下简称"电建海投公司"）坚持战略引领，不断创新管理，积极探索海外投资规律，践行"打造四大平台，落实五大坚持，建设六种核心能力"发展战略，实施建设期"四位一体"组织管控模式，加强顶层设计管理，甄选优选承包商，增强项目履约能力，聚焦项目建设"五大要素"管理，充分发挥中国电建全产业链优势，克服外部环境不确定性与疫情影响，扎实推进项建设，实现项目建设既定目标，实现公司可持续高质量发展。截至 2021 年年底，公司在老挝、尼泊尔、巴基斯坦等 14 个国家和地区，有 10 个投产项目、3 个在建项目、3 个参股项目。

在新形势下，电建海投公司一直坚持优化海外投资项目的建设管理工作，积极创新模式，突破难点问题，保证各投资项目建设顺利有序推进，在建设管理方面积累了良好的实践和丰富的经验，对当前国内企业优化海外投资项目管理具有重要的借鉴意义。

1　当前中国企业对外投资和项目建设面临的形势

一是国际新能源领域投资迎来更多机遇。在全球气候变化的大背景下，推进绿色低碳技术创新，发展以新能源为主体的现代能源体系已经成为国际社会的共识，可再生能源成为能源转型发展的重要方向。在第 75 届联合国大会上，中国郑重承诺 2030 年前实现"碳达峰"，2060 年前实现"碳中和"，并明确提出大力支持发展中国家能源绿色低碳发展，不再新建境外煤电项目。在此背景下，全球能源消费清洁化、低碳化趋势日益明显，世界碳中和持续推进，碳减排正在加强，加之各国经济复苏政策刺激，海外电力能源投资将迎来重要战略机遇期，新能源业务发展将大有可为，亚洲、欧洲等国别市场潜力巨大。

二是对外投资的国内宏观政策导向更为有利。党的十九届五中全会明确提出了实行高水平对外开放的政策指向，强调通过"坚持以企业为主体，以市场为导向，遵循国际惯例和债务可持续原则，健全多元化投融资体系"，推动共建"一带一路"高质量发展。近年来，高质量共建"一带一路"成为越来越多国家的共识，电力投资是促进沿线国家经济社会发展、促进基础设施互联互通的重点领域，国家层面先后出台了一系列面向"一带一路"投资合作的支持政策，电力投资面临更为有利的政策支持。

三是特定国家和区域的投资环境面临改善。近年来，中国积极推进机制化对外开放，打造更高水平的对外开放格局。2022 年 1 月 1 日，《区域全面经济伙伴关系协定》（RCEP）对东盟 6 国和中国、日本、澳大利亚、新西兰等 4 个非东盟成员国正式生效，这也标志着全球人口最多、经贸规模最大、最具发展潜力的自由贸易区正式启航，中国企业对相关国家投资将面临更好的投资环境和政策。

因此，虽然当前中国企业对外投资面临诸多不确定性，但海外电力投资仍面临重要机遇，未来一段时间，我国企业海外电力投资项目仍将上升。同时，新形势下做好电力项目建设管理的重要性进一步凸显。

2　当前海外投资项目建设管理面临的挑战

2.1　外部发展环境挑战叠加

当前，全球政治形势持续向错综复杂演变，大国冲突和地缘政治风险长期存在。新冠肺炎疫情严重冲击全球和相关国家经济发展，部分项目所在国经济形势恶化，本币贬值幅度大，汇率风险上升，风险防控难度加大。部分项目所在国非传统安全形势严峻，给海外项目生产经营以及人员、财产安全带来挑战。

2.2　生产要素流动受限

新冠肺炎疫情已持续近 3 年，为进行有效的疫情防控，大多数国家采取了局部限制措施，包括关闭关境、严格控制与检查出入境人员，封闭隔离、限制国内人员流动，以及停工停产、严格对进出口设备及原材料的检查与检疫程度，限制对外商贸交易在内的一系列经济往来等，严重影响全球生产要素流动和供应链产业链畅通，给公司项目建设的持续性带来极大挑战。

2.3　政策环境限制增多

金融机构对境外项目融资更加谨慎，融资难度增大；随着更为严格的环保政策出台，中型以上水电、火电项目发展受限，融资条件更为苛刻。另集团对投资项目股权比例、融资额度、以融定投提出更高要求，项目建设资金运转压力增大。

2.4　项目总体投资管控难度加大

项目施工人员、材料、设备、进度等方面受疫情影响，EPC 总承包商在合同履约过程中遇到了巨大困难和挑战，项目现场施工受到严重制约，履约成本大幅增加，项目合同管理、执行概算、投资管控等难度加大。

3 新形势下部分中国企业海外投资项目建设管理存在的问题

（1）新能源项目建设管理模式与机制需要进一步探索和创新。新能源业务开发和建设周期较短，资金需求量较集中，需要开发、建设、运营、财务、融资等多业务协同推进。公司的新能源业务目前尚未形成区域化和规模化，与国际一流投资开发商同台竞标议价能力还有差距。为抢抓机遇，新能源项目建设管理模式与机制需要进一步探索和创新。

（2）履约风险识别和管控能力需要进一步加强。境外疫情防控和非传统安全形势依然复杂严峻，部分项目所在国政局动荡，公司进入发达国家和准发达国家市场的项目逐步增多，项目建设履约风险管识别和管控能力需要进一步加强。

（3）项目前期策划流于形式，策划方案内容不充实，过于笼统，可操作性不强，对重大风险源未充分揭示，尤其是部分项目在前期策划的组织实施机制上需要进一步健全。

（4）项目各阶段交底过于书面化，衔接欠流畅。项目交底如投资建设交接流于表面，未突出重点，针对性不强，不能充分体现对下一阶段的指导意义。

（5）自身短板亟待突破。针对今年疫情，部分项目仅制定了临近里程碑节点的工期保障措施，未制定相应总工期的保障措施；进度分析总结不客观，进度滞后的原因分析中，未深刻查找自身管理中存在的问题，部分项目较投标阶段减项较多、变更频繁、给项目资源配置以及进度管理造成较大的压力。另外，疫情背景下境外项目安全预警和应急能力建设还需继续加强。

4 中国企业海外投资项目建设管理的优化策略

面对新形势下海外项目建设面临的严峻挑战，针对海外投资项目建设管理存在的问题，电建海投公司坚持以项目为主线，落实"三分投、七分管"原则，围绕"两不超、三个零"目标，持续创新项目建设管理方式，扎实推进项目建设，相继实现项目开工、投产等重大目标，对国内企业具有较好的参考借鉴意义。

（1）优化项目建设管理策略，保障项目重大节点按期实现。切实发挥"四位一体"组织管控优势，充分发挥业主统筹协调作用，对设计、监理、施工、分包商以及设备供货商，实施"介入式、下沉式、穿透式"服务管理，指导项目公司发挥业主的核心领导和统筹协调作用，强化履约风险管控，适时对分包商及供货商实施"穿透式"服务管理，及时化解制约工程进度的矛盾和问题。聚焦项目建设中心工作，充分发挥总部"服务、指导、监管"作用，必要时，成立工作组，赴现场蹲点指导，给予直接服务管理，以硬作风、硬举措为项目建设发展筑牢人员、设备、资金保障。

（2）坚持质量至上，抓牢以进度为中心的在建项目"五大要素"管控。一是项目建设编排进度计划需充分考虑疫情的影响因素，各方形成共识，科学编制进度计划。二是重视资源配置计划及人员到场计划是否符合疫情下的实际情况，把工作做实做细。三是及时服务、指导、提醒项目公司做好因疫情导致的索赔材料整理和上报工作。四是项目所在国政府审批、取证等工作，应及时提醒项目公司统筹安排、合理规划，留出充足沟通时间。五是重点关注各分包单位进场资源计划的实际偏差情况，并通过专题会、高层协调会等形式进行指导、监管。六是发挥好高层协调会、例会机制作用，重点项目、重要节点要分解到月、细化到周、跟踪到天、落实到人，切实做到不超工期、不超概算，控制投资成本，确保投资收益。

（3）加强顶层设计，强化前期策划，不断夯实项目开工基础。一是项目建设管理关口前移，总部项目建设管理人员参与项目前期开发，打好项目执行概算与投资管控基础。二是项目实施前，组织召开顶层设计研讨会，对项目开发各项工作进行交底，如 PPA 交底以及项目建设重点、难点、风险点等，项目公司要根据顶层设计会议的要求和部署，落实细化建设期各项工作计划安排。三是根据不同国别情况和项目特点，如风电、光伏等新能源项目建设周期短等，制定更为系统完备的策划大纲，指导项目公司做好开工前准备工作，为项目顺利建设打下坚实基础。

项目建设管理策划指导大纲如图 1 所示。

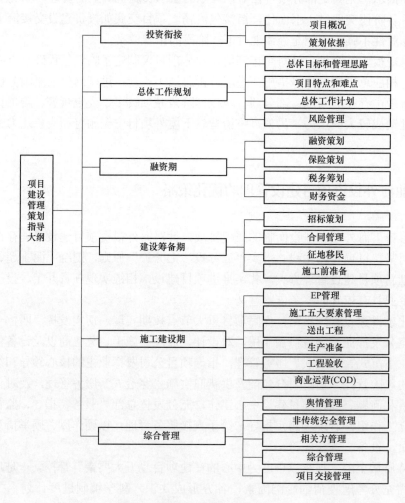

图 1　项目建设管理策划指导大纲

（4）项目建设管理要在项目履约能力上实现新提升，不断提升项目建设履约执行力。选择优秀的承包商是项目成功履约的关键，成功履约是合作共赢的前提。结合项目建设实际情况，应发挥招标的市场化作用，建立集团内参建单位的竞争机制，甄选优质参建单位。要对EPC承包商的选择严格把关，坚持选择优秀承包商。一方面要做好履约评价工作，建立优秀承包商资源库，对参建方进一步完善评价机制，科学应用评价结果，为后续项目招标工作奠定良好基础。另一方面要根据新能源业务特点，充分调研，收集客观评价材料，建立新能源业务承包商资源库，充分发挥信息化作用，为高层研判做迅速支撑保障。同时通过履约检查的形式，对各参建单位进行督促管理。

优秀参建单位选择的"十条标准"：项目整体策划能力强、进度计划管理能力强、设计管控能力强、招标采购能力强、资源整合和保障能力强、质量安全环保管控能力强、总部对项目部支撑力度大、农民工工资支付及民营企业账款清理及时、应对复杂尤其是错综复杂情况高效、在项目所在国或国际市场类似工程经验丰富。

（5）"风险管控永远是第一位的"，毫不放松疫情防控工作，加强项目安全预警和应急能力建设，切实有效化解风险。在当前海外疫情依然严峻的情况下，项目公司开展介入式服务管理，指导承包商及参建各方时时早、事事早。对人、材、机等方面提前预判，人员专业技术能力要提前核定。根据预判，提前安排新冠疫苗接种、机票预订等工作。同时有应对航班临时取消、熔断等情况的处理机制；做好货运船只组织工作及东道国清关材料准备工作，做好项目各项工作保障。

（6）强化项目管理信息化工作。疫情充分反映出了信息化的重要性，要持续深化项目管理信息化系统的应用，通过信息技术实现管理的制度化、流程化、标准化以及现场的可视化，在提升项目管理水平的同时，着力解决信息上下不通畅、数据相互不对应等问题。

5　结语

在海外疫情依然严峻、世界环境日益复杂的新形势下，电建海投公司不断探索项目建设管理优化措施，并切实贯彻落实，深入实施"介入式、下沉式、穿透式"服务管理，狠抓以进度为中心的建设期"五大要素"管控，做好项目顶层设计，建立健全承包商评价机制，提升项目履约能力，2021年取得了"两投产、一开工"项目建设重大目标。电建海投公司立足新发展阶段，坚持"优质工程、精品工程"理念，以中央提出"碳达峰、碳中和"的"3060"目标为导向，持续健全项目建设管理机制，不断提升项目建设效能，实现"建设一个项目、树立一个标杆"目标，为企业更加优秀、长期可持续高质量发展厚积薄发，努力成为行业的引领者和龙头企业做出积极贡献，以优异成绩迎接党的二十大胜利召开！

参考文献

[1] 付韶军，丁从阳. 新冠肺炎疫情冲击下中国跨国投资面临的挑战和应对策略 [J]. 河北金融，2021（7）：4-9.

[2] 郭鸣. 新冠疫情对"走出去"企业的影响及相关建议 [J]. 税收征纳，2020（11）：6-8.

[3] 葛顺奇，陈江滢. 中国企业对外直接投资面对疫情危机新挑战 [J]. 国际经济合作，2020（4）：21-36.

[4] 张小川. "一带一路"倡议背景下我国企业对外投资风险与管控措施 [J]. 中商场现代化，2020（9）：105-106.

作者简介

付绍勇（1975—），男，教授高级工程师，主要从事境外电力投资项目的建设管理工作。E-mail：fushaoyong@powerchina.cn

葛玉萍（1980—），女，高级经济师，主要从事境外电力投资项目的建设管理工作。E-mail：geyuping@powerchina.cn

浅谈国有企业并购投资决策要点及风险管理策略

杜 娟

（中国安能建设集团有限公司，北京市　100055）

［摘　要］随着国有企业改革的深入，企业之间重大并购重组频频展开。在国有企业资产监督管理框架下，国有企业如何在保障国资权益的同时顺利实现并购交易，是摆在企业决策层面前的一个问题。本文拟通过对国有企业并购投资基本流程的介绍，具体分析在并购交易决策和实施阶段的决策要点，并对并购过程中的风险管理策略进行分析阐述，以期为国有企业开展并购投资业务、有效防范相关风险提供借鉴。

［关键词］国企并购；投资决策；风险管理

0　引言

2020 年 6 月 30 日，中央全面深化改革委员会第十四次会议通过的《国企改革三年行动方案（2020—2022）》，拉开了新一轮国企改革的序幕。为升级业务模式、完善业务布局，国企之间重大并购重组有序展开。并购投资作为企业资本运作和经营的一种主要形式，为企业快速进入新市场，获取战略机会，提供了通道。在并购投资中，并购的决策和实施阶段作为核心环节，是并购投资的顶层设计，直接影响整个交易的成败。因此，在反映双方核心诉求的基础上，管控好潜在风险，最大限度保障国资权益，并促成最终交易完成，是国有企业开展并购重组的关键所在。

1　国有企业并购投资基本流程

并购的实质是在企业控制权进行变动的过程中，各权利主体依据企业产权制度的安排而进行的一种权利让渡行为。在并购过程中，目标公司权利主体通过出让所拥有全部或部分控制权而获得相应的收益，并购方则通过付出一定代价获取全部或部分控制权。企业并购过程也是企业权利主体不断变化的过程。一般情况下，按照交易步骤，公司并购投资主要可分为以下五个阶段：

第一，并购需求分析阶段。根据企业发展战略、经营和资产状况，进行并购需求分析与目标模式分析，明确并购方向选择与安排。

第二，并购目标选择阶段。结合目标公司区位、资产、品牌、生产力水平等因素，通过定性选择和定量选择模型分析、确定目标企业。

第三，并购投资决策阶段。对目标企业的生产经营、公司治理、财务税务、担保诉讼、人力资源等方面进行全方位调查研究，形成调查及风险分析报告，并拟定并购方案。决策机构审议并购方案，对并购方式、交易定价、支付条款、公司治理、高级管理层人事、退出机制等重大问题进行决策。

第四，并购方案实施阶段。根据决策阶段确定的方案，与目标公司进行谈判协商，确定最终投资价格，签订并购协议，完成交易手续。

第五，并购后整合阶段。在完成交易手续后，进行投资后管理，对目标企业的资源进行整合和调动，产生预期效益。

2　国有企业并购决策和实施阶段决策要点

在并购交易的五个阶段中，决策和实施阶段是整个并购交易中最重要的部分。对并购中投资价格、公司治理等关键问题的决策和把控，是交易双方利益博弈、风险分配的衡量器，对并购投资能否成功有着最为直接的影响。国企作为并购交易中的并购方，除了要实现国有资产保值增值，遵守国资监管政策外，作为市场主体，其最大的交易目的就是以公允的价格实现收购目的，在目标公司存在重大财务、法律、经营重大缺陷时，可以灵活地放弃交易得到补偿。

国务院国有资产监督管理委员会作为中央企业的出资人，虽未在制度层面对国企并购投资的决策重点进行专门性规定，但根据 2016 年国务院办公厅发布的《关于建立国有企业违规经营投资责任追究制度的意见》（国办发〔2016〕63 号）及 2018 年国资委印发的《中央企业违规经营投资责任追究实施办法（试行）》（国资委令第 37 号），已明确了将对国有企业在对外开展投资并购中存在的十大方面的违规情况进行严厉的终身追责。其中，在投资并购方面，要求在投资合同、协议及标的公司章程中对国有权益进行保护，如造成国有资产流失以及其他严重不良后果的，将对责任人追究责任。根据相关国资监管要求，在并购决策及实施阶段，国企决策的核心在于：并购交易方案不存在违反法律法规的情况，可在完成交易的同时，对国有权益进行充分、有效的保护，以防止国有资产流失。具体而言主要包括以下四个方面：

第一，并购后股权比例。股权比例直接决定投资额的大小，根据《中华人民共和国公司法》相关规定，持股比例也影响着股东在公司中的权益。在决策阶段，应根据投资战略意图的不同，以最小的成本实现投资意图。一般情况下，如果是财务投资或战略性投资，多采用参股方式；如以取得目标公司控制权为目的，则多采用控股形式。在以取得控制权为目的的并购中，根据不同的股权比例，可分为相对控股、绝对控股或者全资持有。决策阶段主要考虑的因素包括目标公司的估值、对目标公司的控制权诉求、目标公司生产经营情况及发展。

第二，交易价格及支付。交易价格及支付方式是并购决策中的重要问题。除了关注支付比例、时间及风险担保金等基础因素，还必须保证在国资监管的框架下完成企业并购交易，保证决策的合规性。特别是涉及新兴领域并购项目时，如出现资产评估值与新兴领域的公司估值存在一定差异的情形或者交易价格明显高于评估价格的情况，如何保证决策的合规性就需要慎之又慎。

针对价款支付安排，在决策中应结合前期尽职调查过程中暴露出的问题或者风险情况进行支付设置安排。如前期问题未解决或未采取有效措施防控的情况下，将交易价款进行支付，会对并购整体造成影响。如以股权转让的方式进入目标公司，可设置部分交易价款作为担保，在完成对赌协议或解决股权瑕疵后再行支付。

第三，公司治理结构安排。为更有效实现投资意图，在并购决策和实施阶段，分情况对目标公司的治理结构及相关制度进行安排。如对目标公司不进行并表，仅进行财务投资或战略投资，除了最大限度上保证股东开会和知情权外，还应进行制度设计，防范目标公司原大股东利用其对股东会、董事会的控制权，来控制公司决策，损害中小股东利益。如取得目标公司控制权，控股目标公司，则需要通过一系列制度设计，完成对其股东会、董事会的控制。

第四，退出机制设计。对国有企业而言，在并购决策中，设计灵活、可操作性强的投资退出路径不仅是防范投资风险的必要措施，更是维护国有资产权益的重要方式。除了关注对赌条款、刹车机制在协议中的运用，这些退出机制是否具有可执行性也是决策中应考量的问题。

3 企业并购投资风险管理策略分析

并购交易决策和实施阶段，实质上就是企业控制权过渡阶段，做好控制权过渡期风险管理是并购成功的关键。以交易时点作为参照，在并购的决策和实施阶段主要为短期风险，大多发生在交易发生后的一年之内，其并购交易短期风险主要包括以下五个方面。

3.1 信息不对称风险

由于信息的不对称性，隐瞒目标公司不利信息、夸大利好、信息披露不充分的情形时有发生。目标公司信息不对称风险主要体现在股权瑕疵、标的资产瑕疵、财务黑洞、经营与治理信息不充分披露等方面，具体风险分析及管理策略如下：

第一，股权瑕疵风险。此类风险主要源于股东未出资、出资不到位、股权设定担保、股权被司法限制、已转让股权再次转让等情形。如在并购调查及决策中不能有效识别，将影响收购股权的质量和价值。

第二，标的资产瑕疵风险。财务会计报告因多种因素的影响，账面价值往往很难真实准确地反映资产的实际价值。资产的来源、效能、权属、权利限制等也很难简单地通过财务报表进行确认。在并购交易决策和实施过程中，除了要参考财务报表，还应对资产的实际价值从多种渠道进行考量核实。如一个公司资产总量大，但负债比率高、净资产低，就应重点关注其资产实际价值，核实是否存在低效资产或无效资产，资产是否存在司法强制执行等风险。

第三，财务黑洞风险。财务资产负债表并不能完全地反映现实中出已发生的债务或潜在的债务。存在隐性债务是并购中最大的陷阱，如存在担保、票据、侵权等潜在诉讼纠纷等；因其处于无法预料的状态，常规的尽职审查不能轻易地发现。如果纠纷发生，可能对目标公司的资产状况和信用状况产生影响，并进一步影响目标公司的价值。

第四，经营与治理信息不充分披露风险。经营信息风险主要是因目标公司的控股股东对目标公司的生产经营状况，特别是对关联公司或关联交易信息披露不够详尽而带来的风险。治理信息风险则主要来自股权结构，股东会、董事会、经理层制度等方面的信息风险，特别是在目标公司存在反并购的意图，防范此种风险对并购方意义重大。

3.2 交易价格决策合规与审计风险

国企在决策交易价格时，除了需要考虑市场因素，还要满足国资监管规定，保证决策的合规性。通常在国企决策交易价格过程中，主要存在以下两个合规风险：

第一，使用公司估值报告代替资产评估报告。按照国务院国资委第 12 号令《企业国有资产评估管理暂行办法》第二章第六条第三款、第四款、第十款中关于企业在进行"合并、分立、破产、解散""非上市公司国有股东股权比例变动"以及"收购非国有单位资产"等行为之一时，"应对相关资产进行评估"的规定。一些地方的国有资产监督管理部门，也相继出台了地方国资监管办法。如四川省国资委出台的《四川省属国有企业投资监督管理办法》（川国资委〔2017〕296号）第21条规定："企业新投资项目应履行项目立项、可行性研究、尽职调查、账务审计、资产评估、审查论证、董事会审议等程序。项目决策前应进行技术、市场、财务、法律与风险等方面的可行性研究与论证。"因此，国企在并购投资中一般采用评估报告作为确定交易价格的依据。

但随着新兴经济领域投资并购的增加，这一方式也面临着挑战和不确定因素。大数据、区块链、人工智能、半导体、生物医药等新兴经济领域的公司，一般具有较高的估值，但出具评估报告往往存在较大的困难。这些新兴经济领域的投资项目均存在评估难的问题，这对传统的评估方式提出了挑战。因此，在进行新经济领域项目投资时，用估值报告代替评估报告是否可以满足国资监管要求，是否存在合规风险，是国企并购决策中最关心的问题。经检索相关法律规章，除上市公司外，在国务院国资委第27号令《上市公司重大资产重组管理办法》中，仅针对央企在境外投资，发生转让或者受让产权、以非货币资产出资、非上市公司国有股东股权比例变动、合并分立、解散清算等行为，可采用评估或估值的方式定价做出了规定。而对国内投资的情形，目前尚无统一的管理规定明确可用估值的方式来确定交易价款。

值得注意的是，一些地方国资委在出台的地方性国有资产监管办法中，对采用估值方式确认投资价值进行了规定。如上海市国资委2020年印发的《估值报告审核指引（试行）》对估值报告的内容、估值方法选用等进行了明确要求。广东省珠海市2019年出台的《珠海市市属国有企业资产评估管理办法》第十二条："市管企业投资项目涉及高新技术、高质量发展等领域，具有战略性、先导性作用，能带来一定社会效益和经济效益的，需要采用估值方式确认投资价值的，可以采用"一事一议"的方式报市国资委审批。"这说明，在办法适用的地区，可以通过采用估值方式确定交易价款，但需要履行报批流程。

综上所述，采用估值方式确认投资价值的领域，目前一般限于新经济领域投资项目，国企在决策中还需要根据各地方国资监管的规定进行考量，防范决策合规风险。在传统领域中，资产评估报告仍然是交易定价的依据。

第二，并购中交易价格明显溢价。国有企业在并购决策过程中，如交易价格与评估报告的评估值基本相当，决策过程将会比较顺利。但如交易价格明显溢价，则会面临审计风险。经检索相关法律规章，国家层面对此目前暂无明确规定，部分地方性国资监管办法则有相对灵活的规定。如四川省国资委出台的《四川省属国有企业投资监督管理试行办法》（川国资委〔2017〕296号），其第二十一条规定"企业开展并购项目的，以资产评估值为参考确定股权并购价格，有特殊目的的，可考虑资源优势、协同效应、发展前景、市盈率等因素适当溢价，同时应对期间损益、职工安置或债务处理等事项作出明确安排"。上述规定为国有企业在溢价投资情况下进行决策，提供了相应的法律依据。

3.3 目标公司决策机构控制权风险

如果需要对目标公司进行并表，意味着至少在股东会或董事会具有控制权。如仅为财务投资或战略投资，国企对标的公司不进行并表，也需要对股东知情权进行保护。具体分析如下：

第一，董事会控制权风险。对目标公司的董事、高层管理人员的人事安排直接关系到对目标公司的控制权。意在取得公司控制权的并购，除了关注高层管理人员的人事安排，还需要对目标公司在章程或相关制度中针对董事提名条款、董事资格条款、任期限制条款、分期分级条款及辞退必须合理条款等规定进行关注，防范和规避董事会控制权风险。

第二，重大事项一票否决权。在非绝对控股的并购项目中，为了对国有权益进行充分有效的保护，应争取在股东会、董事会中，对一定范围的重大事项设定一票否决权，以避免对标的公司管理失控。重大事项的具体范围，需要结合并购意图、目标公司实际情况来具体确定，一般多为公司日常经营外的事项，如对外大额投资、担保、重大资产购买、处置等。此外，还应重视对公司基本管理制度的一票否决权，以避免在关联交易管理、印章管理、合同管理、财务管理等领域，以制定基本制度的形式，将损害标的公司、国企股东权益的行为合法化、制度化。

第三，开会和股东知情权。对股东会、董事会取得主导权，不应仅仅表现在表决权、席位占多数上。在投资协议、公司章程中约定股东会、董事会开会所需的最低人数以及会议决议所需最低表决权或董事人数，也是需要考虑的内容。以避免因股东或股东委派代表不参会而造成僵局，或因不合理的表决权机制而导致国企并购方无法取得事实上的一票否决权。如对目标公司为财务或战略投资，因《中华人民共和国公司法》中规定的股东知情权范围较为模糊，为较好保障国资权益，应在出资人协议和章程中扩大国企股东对公司的知情权范围。某些情况下，可约定国企股东有权对目标公司进行审计。

3.4　目标公司股权架构风险

目标公司的股权架构组成也会对实现并购意图产生影响，并购决策中关注目标公司的股权构成，对防范风险具有积极的意义。目标公司股权架构风险主要体现在股权分散和股权集中两个方面。

第一，目标公司股权分散。如果目标公司股权过分分散，各个股东对公司的控制权相对较小，则有利于并购方以相对较小的成本取得控股地位。但如果并购方在目标公司中只是相对控股，股权分散，也容易出现其他股东一致行动、联手操控，从而控制目标公司的情况。

第二，目标公司股权集中。如目标公司股权比较集中，即一股独大，并购方需要较大的成本获得控制权。如并购方仅为战略投资或财务投资，可在投资时通过协议安排，防范原大股东控制目标公司决策机构，使并购方投资意图难以实现。

3.5　退出机制可操作性风险

目前，运用对赌条款实现退出已成为投资领域的常规方式，国有企业在对外投资中也越来越重视对赌条款的使用。在具体实践中，需要防范因对赌条款设计形式简单而存在的操作性风险。如对赌条款不具有可执行性，那么退出机制也形同虚设，无法对国资权益进行有效保护。

按照对赌条件进行分类，一般可以分为业绩对赌和上市期对赌。按照主体进行分类，一般可分为与实际控制人对赌和与目标公司对赌。对退出机制可操作性风险管理策略分析具体如下：

第一，以业绩为对赌条件启动股权回购，需根据实际情况多元化考虑触发回购的情形。仅将触发回购条件局限于上市或目标公司业绩未实现，不能全面保护国企的利益。现实中，目标公司的其他重大违约行为也可成为触发回购的条件。

第二，以目标公司为主体进行对赌，需重视履行的可操作性。《九民纪要》虽原则上认可与目标公司对赌的效力，但在具体操作时，对赌条款的实现还需满足《中华人民共和国公司法》中的特殊要求才可履行。因此，需要在协议、制度中进一步明确细化可操作性的细则，避免因无法实施，导致增信条款失效。

第三，与目标公司实际控制人进行对赌，需要对回购对象履约能力进行尽职调查。除了在协议中约定实际控制人回购的条件和方式，还要对实际控制人的履约能力进行调查审核，防范因尽职调查程序未履行而带来的风险。实践中，很多实际控制人不具备约定的履约能力，会造成对赌条款形同虚设。

4 结语

公司并购充满了诸多不确定风险，但也蕴含着商机。国有企业在参与并购投资的过程中，只有科学决策并购核心问题，强化风险防范策略研究，有效管理过程中的风险，才能在保障国有资产权益的前提下，实现预期的并购目标。

作者简介

杜　娟（1983—），女，高级经济师，二级企业法律顾问，主要从事企业法律、合规与风险管理工作。E-mail：dujuan20221223@163.com

以本质安全为约束、以可靠性为中心的设备管理策略创新与实践

赵本成　艾麒麟　刘明敏

（中国长江电力股份有限公司溪洛渡水力发电厂，云南省昭通市　657300）

[摘　要] 为高质量、高标准地运行管理好溪洛渡水电站，溪洛渡电厂探索实践了"以本质安全为约束、以可靠性为中心"的设备管理策略，将本质安全管理理念贯穿影响设备可靠性的全生命周期，以可靠性为中心建立目标指标导向型绩效管理体系，为实现设备本质安全、提升设备可靠性提供支撑，达到机组关键生产指标行业领先，实现电站综合效益充分发挥，为国家经济发展持续稳定提供源源不断的清洁能源，产生了巨大的经济、社会和生态效益。

[关键词] 设备管理；本质安全；可靠性；管理策略

0　引言

"以本质安全为约束、以可靠性为中心"的设备管理策略，是溪洛渡电厂在生产管理过程中，在探索设备安全性、运行可靠性辩证关系的基础上，依托先进的信息化技术、科学的绩效管理手段，形成的满足设备长期安全稳定运行、满足电力生产高标准可靠性管理要求的设备管理策略。该策略在电站接机发电期间开始实践，在设备运行投运初期到常态运行期的过渡期逐步提出和完善，并在生产实践中随着科学技术的进步不断丰富和发展。

1　设备管理策略研究与提出

1.1　理清安全性与可靠性的关系，从经济性角度确立设备管理策略

本质安全是指在误操作或发生故障的情况下也不会造成事故的能力。在设备的全生命运行周期内，依据故障诱发的主导因素不同，可以典型地将故障划分为三类：早期磨合故障、偶然失效故障和老化疲劳故障[1]。广义的可靠性分为固有可靠性、使用可靠性，体现在设备全生命周期，固有可靠性通过设计、制造、安装及调试的过程来保证，是设备安全运行的先天性条件；使用可靠性依赖于产品的使用环境、操作的正确性、保养与维修的合理性，是设备直接生产能力的表现，体现为各类生产指标。因此实施干预手段消除设备全生命周期各阶段产生的主要缺陷和故障，提升冗余纠偏能力，实现本质安全型设备，可减轻设备运行风险，提升可靠性。

从经济性考虑，在设备投运前以较少人力介入提升固有可靠性，比后续产生一系列不可控风险及设备更换的经济性高；在设备投运后以基于诊断和分析的预防性检修防治缺陷，比

设备达到年限（仍满足可靠性要求）情况下即刻报废或研究设备实际报废期的经济性和现实性高；在设备全生命周期开展科技创新的本质是提升设备性能、研究掌握设备特性、增强诊断运行管理能力以提升设备安全性，比简单的运行检修设备经济性高。以可靠性为中心基于全生命周期采取本质安全干预手段如图 1 所示。

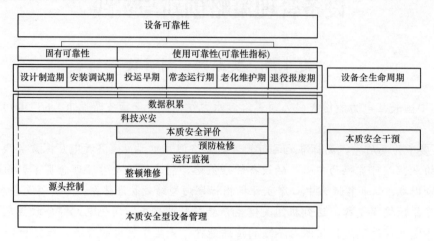

图 1　以可靠性为中心基于全生命周期采取本质安全干预手段

1.2　"以本质安全为约束、以可靠性为中心"的设备管理策略

"以本质安全为约束、以可靠性为中心"的设备管理策略思路：以本质安全设备管理为约束，以运行可靠性管理为中心，依托先进的信息化技术、科学的绩效管理手段，对影响可靠性的设备全生命周期实施过程控制以确保设备本质安全，建立涵盖全部生产流程的可靠性指标管理体系作为绩效考核依据，充分发挥职工主动性和创造性，最终达到检修质量与成本满足安全管理需要、设备运行高度可靠、企业效益充分发挥的管理目标。

本策略将本质安全管理融入设备全生命周期、作业全过程，提出确保设备长期安全稳定运行的技术路线。在设备的设计制造期、安装调试期、投运早期、常态运行期、老化维护期、退役报废期等全生命周期，以问题为导向消除各时期故障诱发的主导因素和设备主要缺陷，应用源头控制、整顿维修、运行监视、预防检修、本质安全评价、科技兴安、数据积累等手段，在各时期作业的全过程实施干预，实现设备本质安全，为企业持续健康稳定发展奠定基础。

本策略扩展传统电力生产可靠性指标管理方法到全电站管理业务流程，并融合绩效管理形成可靠性管理最大合力。在传统电力生产可靠性管理基础上，延伸涵盖公用辅助设备、泄洪设施及金结起重设备、特种设备的全电站可靠性管理，形成电站全方位可靠性指标管理体系；并将指标分解作为基层绩效考核的主要依据，通过配齐配强设备管理专家力量，形成可靠性指标"指挥棒"+绩效管理"兴奋剂"+技术专家"主力军"格局，建立精益生产保障机制。实施技术路线图如图 2 所示。

2　设备管理策略主要做法

2.1　对全生命周期实施全过程控制，实现本质安全型设备

针对设备全生命周期各阶段主要产生的设备缺陷类型，以问题导向将本质安全设备管理

理念贯穿作业全过程，力争实现各阶段设备本质安全，科学提升可靠性。

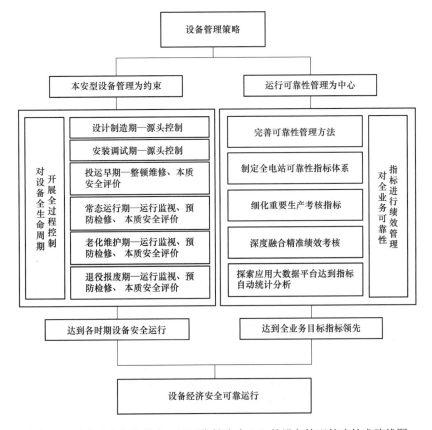

图2 "以本质安全为约束、以可靠性为中心"的设备管理策略技术路线图

2.1.1 源头控制，在设备生命周期源头提升设备固有可靠性

在设计、制造、安装、调试阶段，对可能出现的各种危险源进行识别、评价和研究，提出事故预防对策。溪洛渡电厂自2008年电力生产筹备工作伊始即安排运行管理人员深入参与工程建设，至2015年全面投产时累计参与各类设备设施的设计联络、招评标、出厂验收和技术交流工作1800余项，派出200余人次参与工程项目管理、机电安装与监理工作，从运行管理的角度提出近1000项技术优化建议被相关单位采纳，协助建设单位做好设备质量管控。

2.1.2 整顿维修，消除投运早期设备磨合故障

采用整顿性预防维修策略开展检修（检验）工作，全面检查清扫设备，梳理核对端子、定值、控制流程、信号测点，装设设备标识，试验设备功能，落实并网安全性评价、电力二十五项查评、安全生产标准化达标、本质安全性评价等管理要求，以设备换型改造、技术升级等有效手段，消除启动调试期间遗留或接管后发现的问题，基本消除设备投运初期暴露出的偶然性、一般性设备缺陷，有效降低设备投运初期运行安全风险。

2.1.3 运行监视，减轻偶然失效故障和老化疲劳故障影响

应用先进的信息技术，形成计算机监控、图像监控、趋势分析和专项监测系统，通过运行数据统计和趋势分析，诊断设备偶然失效故障和老化疲劳故障频率，为检修计划提供参考。同时规范和优化全电站设备设施巡检路线，明确巡检触发条件，确保地震、汛期、保电等特殊情况特殊时期设备巡检不遗漏，增强设备巡检的针对性和目的性。明确特维特管设备，确保汛期及发电期间不能及时处理的设备缺陷和隐患能特别维护和管理，保障设备设施安全。此外持续开展设备管理"盲点清理，死区排查"，建立新设备接收和技术完善的管理流程。

2.1.4 预防检修，确保系统长期保持本质安全平衡状态

生产过程中通常将设备分为可修复设备和不可修复设备[2]，通过分析评估提前发现和更换不可修复设备是检验检修成效的重点内容。溪洛渡电厂采用基于诊断与评估的预防性检修策略使设备在役后即处于运行监视、诊断评估、维护检修、迭代更换的循环过程内，确保系统始终处于经济高效的本质安全平衡状态。通过设备日分析、月分析和年度状态评估，评价发生偶然失效缺陷的设备、不易监测和检查维护的封闭设备的健康状况，制定差异化的检修间隔、检修周期、检修项目，持续优化检修流程，落实重点技术问题研究和重大技术改造项目，达到应修必修、修必修好、预防风险。

2.1.5 持续改进，确保本安型设备管理理念切实落地

基于法律法规、国家标准、行业标准和设备技术规范建立《本质安全型水电站评价标准》，涵盖水轮机、水轮发电机、变压器、水库大坝等 15 类设备共 490 项评估内容。开发本质安全评价管理系统（如图 3 所示）。根据评分标准查找本质安全型设备管理漏洞，形成以生产部门为主开展设备维护以外的安全监察部第三方评估机制。并定期聘请外部专家开展本质安全型企业评价，使设备本质安全状态得到有效评估和持续改进，形成 PDCA 闭环，开展本质安全型设备管理的长效机制。

图 3　本质安全评价管理系统

2.1.6 数据积累，建立设备全生命周期本质安全档案

从参与设备设计制造的源头开始管控技术资料，形成合同、设计联络资料、说明书、技改方案等原始资料，并在原始技术资料基础上融入管理需要，形成包含教材、设备规范、试验方案、运行规程、检修规程、作业指导书、电源图、逻辑图、二次图的生产管理资料，利用标准化管理体系和电力生产管理信息系统为基础管理平台推行设备树管理，建立 5000 余项

覆盖设备全生命周期的设备履历，实现所有业务活动关联记录，为分析优化设备管理提供支撑。同时强化电力生产管理信息系统、计算机监控系统、设备状态监测及趋势分析系统中数据的交互应用，建立起完备的运行状态监测数据库，为进一步挖掘数据价值，提升设备可靠性打下基础。

2.2 形成全业务全流程的可靠性管理体系，建立精益化管理运转机制

建立全业务全流程的可靠性指标管理体系，深度融合绩效考核管理手段，培养设备管理力量，形成可靠性指标"指挥棒"+绩效管理"兴奋剂"+技术专家"主力军"格局，建立精益生产保障机制。

2.2.1 完善可靠性管理方法

一是设置组织机构，成立可靠性管理领导小组和工作小组，建立三级管理网络，明确各级职责，配置电厂可靠性管理专职人员，确保设备可靠性管理工作有序开展；二是规范工作流程，形成可靠性指标制定、可靠性管理办法定期修编、可靠性管理组织机构实时调整、可靠性数据生产办公例会月通报、可靠性数据经济活动分析会季度通报机制；三是分析应用可靠性管理成果，动态跟踪全年可靠性指标的完成情况，提出生产维护要求和及时纠偏策略。

2.2.2 制定全业务全流程的可靠性指标体系

以设备状态、市场需求、全业务全流程管理实际作为全电站可靠性指标体系建立的依据。一是根据设备年度状态评估结果，制定电力生产年度目标，实现计划与实际衔接，事前优化设备年度检修计划安排，有效确保等效可用系数等指标可控在控。二是根据市场需求提升可靠性管理针对性，将有关并网运行管理数据及辅助服务管理数据的指标细化控制，并创造性地将发电、输电设备非计划停运时间考核指标精确到小时，建立 1～5 类非计划停运小时及次数指标。三是根据全电站管理实际，以专业为指标分类依据，将全业务全流程涉及的公用辅助设备、泄洪设施及金结起重设备、特种设备纳入全电站设备管理可靠性指标体系，实现侧重生产可靠性指标的同时，全业务全流程管理能力保持较高水平。

2.2.3 以业绩导向建立精益化管理运转机制

科学设置可靠性控制指标，将可靠性指标纳入绩效考核体系，分解非计划停运时间、变损率、泄洪设备设施启闭不成功次数和停运次数等指标到各部门，电厂与各部门签订工作目标责任书，部门与分部签订工作目标责任书，指明全体员工设备管理的可靠性业绩方向，实现计划、考核层层细化分解落实，最终达到全员参与，确保行动目标与管理目标一致。

此外，溪洛渡电厂围绕"以本质安全为约束、以可靠性为中心"的设备管理策略开展科技创新，研究设备换型提升固有可靠性、探索掌握设备特性、加强诊断和试验手段、提升检修工艺和管理方法，切实做到科技兴安。并以设备主任为中心打造一支作风优良、勇于创新、技能突出的员工队伍，为本质安全管理奠定人才基础。

3 实施效果

溪洛渡电厂通过实施"以本质安全为约束、以可靠性为中心"的设备管理策略，经受住了高强度接机发电任务的考验，设备管理方法、生产管理目标更加清晰，设备本质安全能力进一步提高，运行可靠性进一步增强，电站综合效益充分发挥，管理效益、经济效益和社会

效益持续彰显。

3.1 管理效益

按照源头控制思路，溪洛渡电厂参与设备设计、监造、安装和调试，圆满完成高强度大规模接机发电任务，创造了单座水电站单月投产 308 万 kW、单年投产 1386 万 kW 的世界纪录，并实现了"全部机组一次性启动成功""全部机组一次首稳百日""全部机组高标准通过并网安评"等安全管理成效，在反映电站管理水平的关键指标方面，2016—2020 年电站等效可用系数年均 95.10%，自动开停机成功率年均 99.77%，达到国际一流标准。对全生命周期实施全过程控制的策略使专业人员全周期、全维度研究和掌握设备特性，有利于设备研究改进、运行管理提升和行业人才培养，奠定了千万千瓦级特高拱坝水电站运行管理基础。

3.2 经济效益

溪洛渡电厂实施该策略以来，设备可靠性指标高于行业标准值，设备安全稳定运行带来了巨大的经济效益。以创建本质型安全生产企业为己任，以问题为导向提高设备可靠性，积极提升辅助服务能力，获得电网辅助服务补偿费用。溪洛渡水电站定员为 418 人，人均管理装机容量为 33MW，参照伊泰普电站人均管理装机容量 11.7MW 计算，溪洛渡电厂定员每年可节省 767 人·年，人力资源成本实现大幅降低。

3.3 社会效益

截至 2022 年 3 月 31 日，溪洛渡水电站累计发电量达 4900 亿 kWh，相当于节约标准煤 16071 万 t（根据《中国电力行业年度发展报告 2021》换算）。得益于泄洪设备设施安全可靠性，电站防洪效益充分发挥，从 2014 年全面投产至 2022 年 4 月，溪洛渡水库联合其他水库开展防洪调度 21 次，累计拦蓄洪水达到 192.14 亿 m^3，电站成功应对 16 次峰值 $12000m^3/s$ 以上的洪水过程，为保障下游人民生命和财产安全提供了可靠屏障。此外基于开停机速度快、单机容量大、调节性能好等优势，电站在电网中充分发挥调峰调频功能，2021 年电站开停机达 4010 次，开停机成功率达到 100%，电网异步运行后每日单台机一次调频动作近 1000 次，对提升电网安全稳定性提供重要支撑。溪洛渡水电站综合效益充分发挥，为国家统筹推进稳增长、促改革、调结构、惠民生、防风险、保稳定做出了贡献。

4 结语

溪洛渡电厂通过对设备管理策略的不断实践和完善，形成了具有溪洛渡特色的设备管理路线，为溪洛渡水电站长期安全稳定运行奠定了基础，形成了一整套先进的、可复制的设备管理策略，后续将持续优化和改进，继续以"高质量、高标准地运行管理好溪洛渡水电站"为使命，努力创建"三型、两化、一级"（资源节约型、环境友好型、本质安全型，国际化、智能化，世界级）国际一流水电厂。

参考文献

[1] 孙德轩，张晓飞，强宝稳，等. 电网企业的本质安全管理战略与策略研究 [J]. 管理观察，2019（10）：16-17.

[2] 邵声新. 发电企业点检定修的设备管理模式及其精细化内涵 [D]. 上海：上海交通大学，2009.

作者简介

赵本成（1989—），男，工程师，主要从事水电站质量与技术管理工作。E-mail：zhao_bencheng@ctg.com.cn

艾麒麟（1993—），男，工程师，主要从事水电站运行管理工作。E-mail：ai_qilin@ctg.com.cn

刘明敏（1985—），男，工程师，主要从事水电站运行管理工作。E-mail：liu_mingmin@ctg.com.cn

水利工程运行管理的项目控制管理探讨

马玉霞

（南水北调中线干线工程建设管理局河北分局，河北省石家庄市　050000）

[摘　要] 对于大型水利工程运行管理单位、天然河道、水资源、堤防、水库、灌区等运行管理单位，不论是行政事业单位性质还是企业性质，都需要健康良性的维护和运转。通过管理体系建立、部门之间互相配合、风险管理、规范化实施，确保提供满意的运行管理服务、安全有效的使用资金，通过精细化的运行管理来实现大型水利工程的社会、经济、生态效益。

[关键词] 水利工程；运行管理；项目控制

0　引言

南水北调中线工程管理范围广，管理人员和维修养护人员分布分散，因此工程运行维护管理和人员管理难度大，需通过专业划分和项目管理来实现设施设备的正常运转。就目前采用管养分离的情况来看，仍需要不断延伸拓展养护范围，按专业细化养护标准，进一步细化养护定额，在追责办法及监督约束机制下，通过项目的合同管理方式，完善考核制度，保证运行管理和维修养护工作的合理性、及时性和有效性。同时雄安新区的建设以及其新的工程建设标准，BIM 的应用和对接控制管理的 CIM 平台，使得我们的工程必须思考如何管理及与时俱进。尤其是在新的在建工程，应结合已运行的各项运行管理的规章制度、管理流程、维修养护制度及标准等来完善我们新项目控制体系。

项目控制分为六项：项目监测控制、项目质量控制、项目进度控制、项目沟通控制、项目范围控制、项目安全生产控制。各个分项内容互相协调与监督，由不同的部门和人员来实施，贯穿质量、安全、技术、经济、协调等各方面。

1　项目监测控制

项目监测控制分为四部分：项目立项及采购监控、任务进度监控、项目开支监控、人员表现监控。

任务进度监控分为工程量预测算和绩效评价管理。其中工程量预测算属于项目立项前期需要准备的工作，拿维修养护项目来说，也就是在本年度的项目施工过程中就要考虑下一个年度的计划以及工程量的预测算。工程量核算是我们一线技术人员需要做好的重要工作内容。绩效评价管理方面涉及项目立项之前填报的项目绩效评价参数，就目前来看项目的绩效评价参数设置越来越细化。

项目预算监控分为农民工工资监管、工程款、设计费、监理费、审计费、关键时间节点的预申请用款计划。其中农民工工资应细化到每月，并定期核实真实性和有效性。项目采用履约保函就不存在跨年度结转资金不到位的情况，对于中小型企业及时得到资金支持是有帮助的。关键时间节点的预申请用款计划是在每一阶段按照支付进度要求提前申请用款计划。

人员表现监控分为施工人员的统一管理和建设单位管理人员的统一管理和勘察设计监理单位的人员管理，建议采取统一标识统一着装，工程施工日志和管理人员的巡查日志的记录杜绝照搬照抄，要分别体现各自的内容。

项目立项及采购监控方面在项目立项前。拿维修养护项目来说，要参考往年的维修养护项目里质保期和相关机电金结设备和主体工程中的生命周期进行立项，考虑将之前的某些维养内容的维养周期伸长，集中资金干一些重要的工程。招投标管理根据招投标管理办法参考国家的相关法律法规，做到合理合规合法公开透明。

2　项目质量控制

项目质量控制分为人员、机械设备、物料、规章制度、伸长环境、监测、管理共计七个方面。

2.1　人员

多方人员的协同，互相监督互相制约，质量责任到人。项目负责人是指承担水利工程项目建设的建设单位（项目法人）项目负责人、勘察单位项目负责人、设计单位项目负责人、施工单位项目经理、监理单位总监理工程师等。水利工程开工建设前，建设、勘察、设计、施工、监理等单位应明确项目负责人及其职责。

2.2　机械设备

总承包单位应对其承包的工程或者采购的设备的质量负责，要有相关的质量合格证明，所用的机械设备要有相应的年检记录、维修保养记录。

2.3　物料

所用的物料要从正规渠道采购且有合格证及检测报告。

2.4　规章制度

健全领导小组以及规章制度，及时更新新的标准和办法。根据《水利工程责任单位责任人质量终身责任追究管理办法》《水利工程建设项目管理总承包管理规范》等相关规范确定。

2.5　伸长环境

质保期，维修养护项目或者其他水利工程项目的质保期内的问题要与建设单位的巡查人员汇报，要求巡查报告有记录，及时发现及时多方沟通按照相关流程报告并总结。生命周期，主体工程运行多年包括机电金结设备都是有生命周期的，包括不同的时期防洪等标准的提高，生命周期内的鉴定工作一定要及时排除病险工程或部分老化严重的机电金结设备，做到及时更新更替，也是作为项目立项的重要的依据，不拖不等不靠，主动作为。

2.6　监测

监理监管，监理单位依据有关规定和合同，对项目的工程质量负相应责任。监理单位总监理工程师应当按照法律法规、有关技术标准、设计文件和监理合同进行监理，及时制止各种违法违规施工行为，对施工质量承担监理责任。在维修养护项目中无监理监管时，建设单位巡查技术干部要充当监理的角色，严格把控施工质量。

2.7 管理

在现代管理方面建议参考引入质量体系进行管理。2015 版标准有七项"质量管理原则"：以顾客为关注焦点，领导作用，全员参与，过程方法，改进，循证决策，关系管理。以质量为目标，很清晰地体现了所有管理体系都应有的 3 个核心概念，即过程、基于风险的思维和 PDCA 循环，使得管理体系在复杂的自然环境、社会环境和多方关系管理中更有符合性，通过管理体系减低、减小或控制风险，达到质量目标。同时对"知识管理"提出了明确的要求，在未来的新建工程中，蕴含了更多的机遇和挑战，尤其在调度控制水量等参数的研究方面具有很大的研究空间。

3 项目进度控制

项目进度控制方面包括对人员、原料、设备、工艺、环境、资金的控制。

人员：项目实施进场前的施工技术交底不能走过场，要求施工单位选择素质较高且有良好的合作基础的劳务队伍，不会因节假日或季节性农忙而导致劳动力缺乏的施工队伍。

原料：周转材料及施工材料的提前准备，以及材料的防盗失。

设备：机械的充足配备。

工艺：不断优化施工方案，积极推广应用新技术、新工艺、新设备，提高科技含量。

环境：多部门联动，并多为施工提供方便条件。

资金：执行专款专用，提前进行工程进度及完工量预测算并提前一个月进行申报用款计划。

4 项目沟通控制

项目沟通控制方面分为渠道沟通和表达技巧两个方面。

渠道沟通又分为 BIM 三方协同：3D 模型的建立以及 revit 软件的学习与培训；CIM 实施施工控制及控制平台上的颜色区分管理以及不同年度与周期内的标识及信息。雄安新区的新建工程技术标准的变化迫使我们进行 BIM 管理。首先建立 3D 模型对于项目工程量的预测算以及核实数据的准确性会起到事半功倍的作用，其次就维修养护项目来说，对于前几年的维修保养部分会有不同的颜色标识，针对前面所说的生命周期和质保期会有直观的表达，以及正在进行的当年度维修养护维养部分会有直观进度表现。同时对所有的信息进行数据库整合，机电设备采购的是哪家的，在什么时候施工的，什么时候维修更换的，生命周期还有多少剩余等。不同阶段的临时群沟通方面需要管理人员及时上传文字图片及影像资料并及时保存归档。对于关键问题关键文件的传达要遵循保密制度，OA 平台的架构基础采取每人一个固定邮箱进行沟通。

表达技巧方面要提前做好调研，做到底数清楚且沟通留痕。

5 项目范围控制

项目范围控制方面分为项目工作分解、跟踪检查，记录检查结果，分析与处理范围的变更，项目范围变更要有严格的审批程序和手续、相应的调整计划、相应的影响报告以及经验总结并归档。

6 项目安全生产控制

项目安全生产控制方面分为项目安全生产制度、台账的建立，项目设计阶段要考虑施工的安全，项目施工阶段的安全监督管理以及竣工验收后的总结。

风险具有不确定性，可划分为广义和狭义两种，广义风险强调不确定性，主要特点是伴随风险可能是机遇也可能是威胁，狭义的风险主要是指不利方面的风险，侧重减少损失。不确定性是风险存在的主要原因，包括客观存在外部风险的不确定性和系统内部风险因素所引起的不确定性。风险可以是多种致限因素造成的总风险，也可以说某一特定因素造成的特定风险，如洪水、地震、管涌、塌方、地质灾害等，由于工程局部失效造成的人员伤亡、财产损失、环境影响、健康损失及其他后果。

内部风险，有可能因内部原因带来的运行管理风险，如能力不足，人员素质低或培训不到位；某个岗位的人员频繁调动；管理制度不完善，操作流程不明确；职责不清，部门之间互相协调配合困难。外部风险，有可能因外部因素带来的运行管理风险，如自然环境、汛情、冰情、社会环境、社会舆论、国际稳定。

水利工程风险分析是一个涉及多学科、多专业、多区域、多部门的综合性技术。实现风险管理是至关重要的。未来的工程不单纯是堤防工程风险，其本身涉及专业就包括建筑物、机电、金结、自动化、视频监控系统、闸控系统、防洪系统、安全监测、附属工程。考虑其工程特性及属性，识别各类风险因子，分析各风险因子的作用机理，分析和评价综合工程风险因子发生的概率，提供必要资源，采取有效措施，关注实施过程，确保行动有效性，避免或减少不良影响，实现持续改进。

7 结语

组织通过项目控制过程来降低风险。过程管理中比较重要的环节可以进一步控制过程，与维护单位进行顺畅有效的沟通。在正常运行管理中，各维护单位是否能够提供我们需要的服务及应急响应，达到维护合同预期的效果和目的，同时也是降低风险的主要因素。在过程控制本身，如果能够利用计算机、网络、自动化、信息化等现代科技，通过信息系统软件的方式，在软件中直接内置管控系统，可大大降低风险，同时更少地使用文件形式保留操作程序，而操作程序取决于整个软件设置的环节和过程，同时也保留相应的信息。而对于具有决策性、方案性的重大问题，还需要通过信息来体现相关过程。

通过项目控制来看健全管理体系，实现职责明确、提高管理效率、监督制约机制到位，以直接或间接地实现中心直属工程的公益性，提高社会影响力，实现管理单位的社会责任和历史使命是一个长期的过程，是一个不断发展的动态系统，应持续改进、适应环境的变化并达到更高的水平。

参考文献

[1] 马玉霞, 侯越. 南水北调中线工程管理信息系统的新构思 [J]. 南水北调与水利科技, 2015 (S01): 163-164, 210.

［2］许国土．浅谈水利工程施工管理的重要性和对策措施［J］．经济师，2013（4）：293-293．

［3］叶华．水利工程运行管理中的问题及其对策［J］．科技创新与应用，2015（12）：177-177．

作者简介

马玉霞（1984—），女，高级工程师，主要从事水利水电工程运行管理。E-mail：710008098@qq.com

基于"证照分离"改革下抽水蓄能电站资质管理应对措施研究

张　扬[1]　陈玉荣[2]　王睿琦[1]

（1. 中国电建集团北京勘测设计研究院有限公司，北京市　100024;
2. 河北丰宁抽水蓄能有限公司，河北省丰宁满族自治县　068350）

[摘　要]"证照分离"改革全面覆盖后，工程建设领域多项资质合并、审批取消以及完全取消。本文以水电行业为着眼点对"证照分离"四种改革方式进行了阐述，并分析了其对工程参建主体的影响，最终结合抽水蓄能电站的建设特点，从招标阶段和分包管理两个环节基于资质管理提出了相应的应对措施，以便建设单位在"证照分离"后做好资质管理工作，防范相应的管理风险。

[关键词]抽水蓄能电站；证照分离改革；影响分析；应对措施

0　引言

2021年6月，国务院为持续深化"证照分离"改革，进一步激发市场主体发展活力，决定在全国范围内推行"证照分离"改革[1]，"证照分离"改革全覆盖后，直接取消多项建设工程企业资质或审批，对工程建设领域造成了很大的影响。抽水蓄能电站作为清洁低碳安全的能源，其建设是未来落实"碳达峰、碳中和"的重点举措，因此，本文将结合住建部资质管理制度改革方案和抽水蓄能电站的建设特点[2]，提炼"证照分离"资质改革的精髓，分析其对抽水蓄能电站建设中各参建主体造成的影响，以便抽水蓄能电站建设紧跟政策形势，抓住政策改革红利，妥善应对"证照分离"改革后资质管理的问题和风险。

1　"证照分离"改革后水电行业相关资质的变化与调整

2021年7月1日起，"证照分离"改革在全国范围内实施，按照直接取消审批、审批改为备案、实行告知承诺、优化审批服务等四种方式分类推进审批制度改革。其中：多项资质合并、审批取消，部分资质完全取消，主要涉及工程勘察、工程设计、工程监理以及工程咨询等。本文根据"证照分离"改革的四种方式，结合住建部资质管理制度改革方案[2]，阐述"证照分离"改革后水电行业相关资质的变化与调整。

1.1　直接取消审批

取消审批后，企业取得营业执照即可开展经营，行政机关、企事业单位、行业组织等不得要求企业提供相关行政许可证件。与水电行业相关而直接取消审批的事项：工程勘察资质取消岩土工程勘察分项丙级，水文地质勘察专业丙级，工程测量专业丙级；工程设计资质取消水利行业丙级资质，取消水利行业水库枢纽、河道整治、水土保持等专业丙级资质，取消电力行业送电工程和变电工程专业丙级资质；建筑业企业资质取消水利水电工程、建筑工程、公路工程、市政公用工程以及电力工程等施工总承包三级资质，取消水工金属结构制作与安装工程、水利水电机电安装工程以及环保工程等专业三级资质；工程监理企业资质取消水利水电工程、公路工程以及房屋建筑工程等专业资质；工程造价咨询企业资质直接全部取消。

1.2 审批改为备案

放开市场准入，企业取得营业执照即可开展经营，但经营特定事项要到主管部门办理备案手续。与水电行业相关由审批改为备案的事项：施工企业资质认定（专业作业）（原劳务资质）改为备案制。

1.3 实行告知承诺

经营许可事项实行告知承诺，实际是行政许可审查方式上的简化改革。许可实施机关制作并公布告知承诺书格式文本，一次性告知申请人许可条件和所需材料。申请人自愿承诺符合许可条件并按要求提交材料的，当场做出许可决定。与水电行业相关实行告知承诺的事项：电力业务许可证核发，水利工程质量检测单位资质认定（乙级），从事生活垃圾（含粪便）经营性清扫、收集、运输、处理服务审批。

1.4 优化审批服务

对传统的审批制度进行改革，主要包括下放审批权限、精简许可条件和审批材料（主要是营业执照）、优化审批流程、压减审批时限，还有取消或者延长许可证件有效期限，取消或者合理放宽数量限制等等，鼓励企业有序竞争。与水电行业相关优化审批服务的事项：建设工程质量检测机构资质核准，建筑施工企业安全生产许可，建设工程勘察企业资质认定（专业乙级），建设工程设计企业资质认定（部分行业乙级及部分专业乙级），施工企业资质认定（部分施工总承包乙级，部分专业承包，燃气燃烧器具安装维修企业），工程监理资质认定（部分专业乙级）。

2 "证照分离"改革对工程参建主体的影响

"证照分离"是深化"放管服"改革，优化运营环境的一项措施。"证照分离"改革后，以往具有相关资质的企业将损失资质证书带来的竞争"红利"，在市场竞争中会面临更多的竞争和挑战，但政府和行业监管相关制度却日趋完善，可有效优化市场环境，进一步促进企业不断完善信用机制，督促企业正规经营，"倒逼"企业不断发展提升，否则将被逐渐淘汰。本文将基于抽水蓄能电站工程建设各参建主体在工程建设中起到的作用，结合住建部资质管理制度改革方案[2]，将"证照分离"改革对其造成的影响进行阐述与分析，旨在参建各方能够将"影响"转化为"动力"和"机遇"，抓住政策改革带来的红利。

2.1 对建设单位的影响

"证照分离"改革对建设单位的影响是利大于弊，可以使建设单位在招投标时减少企业资质审核比重，对招投标评审规则做一定的简化调整，让建设单位在招投标评定时更加注重企业信用评级、项目经理能力和企业业绩。

（1）企业信用评级。"信用"将会成为项目投标、评标的重要指标，主要是投标企业和项目负责人的公开信用承诺，其信用评级将会作为投标审查的重要指标。

（2）项目负责人责任制。今后，项目负责人与项目的联系将越来越紧密，对于项目的重要性也越来越大，对于建设单位来说，挑选一个合适、有经验的项目经理或专业负责人格外重要。而项目经理和专业负责人的实力由其项目职业资格证书和关联业绩体现，这也将成为投标考核的重要评判依据。

（3）企业业绩要求。在"证照分离"改革后，部分设计、咨询、施工单位可以承接的项目范围更广、级别更高，这对于某一招标项目来说可能会有更多的单位参与投标竞争。对于建设单位来说，可选择的单位也更多。建设单位如何选出一个能力更强、技术水平更高的企业来为自身提供更优质、全面服务，这就需要建设单位从投标单位企业业绩与招标要求的关联性以及数量来衡量，所以企业业绩也将作为投标评比的重要考核指标。

2.2 对施工单位的影响

"证照分离"改革后对施工单位企业资质"利好"是显著的，其可破除现有施工单位资质申请"强者更强，弱者越弱"的怪圈，让原有一定组织、管理能力的施工单位，可以考虑向总承包和专业承包转型；让小微型或中小型劳务单位，可以考虑向专业作业转型，把业务做专做精。此外，企业资质类别和等级数量都有大幅调整，使得中小型施工单位也可以获得更多机会承包更多类型的工程项目；对于施工资质，原施工特级资质整合为综合资质，其业务承揽不再受行业或专业限制，比如施工单位获得综合资质后可以跨行业或专业承揽业务，建设单位不得要求跨专业承接同等级业务的单位提交企业初始业绩，也不能将企业行业已有相关业绩作为中标依据；但对综合资质施工单位人才和业绩管理提出了更高要求，单位需要根据企业发展配备专业技术和业绩相符的人才和证书，以满足工程招标中对项目负责人和相关业绩的要求；甲级资质在本类别内承揽业务规模不受限制，原一级资质调整为甲级资质，其他等级资质合并为乙级资质，意味着原获得三级资质的企业，也可以直接换发"乙级证书"，获得"资质升级"，承揽更优质的工程项目。

"证照分离"改革后，当资质证书不再是施工单位特别是中小型施工单位承包工程项目的门槛时，对中小型施工单位是一次机遇也是一项挑战，将为工程建设领域带来更激烈的竞争。在未来，企业资质的淡化将会使得施工单位的信誉、专业技术水平、履约担保能力和项目负责人能力等成为新的评判标准，这意味着掌握更先机的技术和拥有更全面的能力才会使施工企业具有更多优势。

2.3 对咨询单位的影响

"证照分离"改革对工程造价咨询单位（以下简称"咨询单位"）的影响是意义深远的，其拓展了咨询单位的业务领域。当咨询单位不再进行资质的"甲乙级"审核和划分后，整体来看，是鼓励更多有专业能力的人和企业参与到整个社会的造价咨询活动中来，进一步激化咨询行业的市场潜力；同时，使得咨询单位由传统"资质"管理转变为"实力和信用"管理，"实力"意味着企业有足够的业绩和高技术水平人才，"信用"意味着该企业能够提供高品质的服务，且能够遵守行业道德规范，不触碰道德底线；进一步助力咨询单位转型发展，让其业务模式逐渐由传统咨询模式转变为全过程咨询模式，为建设单位提供更多有价值、有经验的服务，帮助建设单位解决各种过程阶段性问题，并且尽可能为建设单位提供超期望的高水平服务。此外，全过程咨询模式将原有定向、单一的咨询业务进行整合，为建设单位提供更广泛、深层次业务的同时也在一定程度上为建设单位节省部分投资，并且有助于加快工程进度，实现更高效的质量、成本、进度控制。

3 "证照分离"改革资质管理的应对措施

在"证照分离"改革实施的大背景下，基于工程建设资质合并、审批取消以及资质完全取消的情况，对抽水蓄能电站建设管理从建设单位视角，对招标阶段和分包管理两个环节强化管理，完善资质管理工作，规避其可能造成的管理风险。

3.1 简化招标阶段资质审查

在招标阶段资质预审和内审时，以策略库为基准，审查投标人投标有关的行政许可证办理情况，可通过国家企业信用信息公示系统、信用中国等平台的官方网站或通过中国水利发电工程协会、中国水利工程协会等行业协会官网上公布的各企业行政许可信息或通过人工致电有关行政审批机关核查。目前，企业资质的办理和查询已逐步电子化、公开化和互联化，在全国建筑市场监管公共服务平台可查询各种企业资质信息。

基于此，在招标时可以简化相关资质证明和对资质的审查比重，增加企业信用、专业技术能力、履约担保能力以及项目负责人的技术和能力在评标考核中所占的比例，使得建设单位能够对投标企业从技术水平、信誉和管理经验等进行全面考察，挑选综合水平更高、实力更强的企业为它们提供更优质可靠的服务。

3.2 构筑分包管理责任体系

从"证照分离"改革整体方向来看，建设单位对企业资质管理应放管结合，在招标阶段适当减少资质审查的比重，在项目实施过程中要加强分包管理准入资质及各类证件审查。具体举措如下：

（1）强化监理单位分包管理职责。建设单位应加强对监理单位的监管和培训，在施工单位向监理单位报送分包人资质、许可证、业绩等资料进行分包资质审批时，监理单位应负谨慎注意义务，审查分包人相关资质的真实性、有效性，尤其是实施"审批改为备案""告知承诺制"两类52项（全国范围内）时，极易产生信用风险，因此，监理单位在核查报批资料时应对照《关于深化"证照分离"改革进一步激发市场主体发展活力的通知》（国发〔2021〕7号）文件对行政许可证所涉的真实性、手续完备性进行审核。在收到分包备案资料后，及时通过各类渠道了解、查证分包单位信息的真实性，比如通过电话联系有关行政审批机关核实其许可证真实性、有效性。

（2）对资质不良行为实行一票否决制。首先，建设单位或监理单位对提供虚假行政许可证或无证经营的分包单位实行一票否决制，严禁其进入工程现场；其次，加强已入场的分包单位分包检查，促进过程监督；最后，可将必要的行政许可证作为分包检查的内容，若分包单位出现无证经营、超期经营的情形，按照分包管理负面清单对其进行扣分惩戒，增加其失信成本，倒逼分包单位合法合规办理行政许可。尤其是劳务资质由审批改为备案后，劳务单位需要提供相关"信用"证明以表明有关业务都合法合规且达到各项标准要求，若在审核或核查过程中发现劳务单位存在不报或者瞒报的行为，应该将其列入企业自建或相应的"黑名单"，同时，还应加大劳务单位对应施工总承包单位的惩戒和考核，强化今后抽水蓄能电站项目的总包单位劳务分包管理的管理责任。

4　结语

"证照分离"改革是政府对市场主体行政许可的监管由事前审批到事中、事后监管，是深化"放管服"，处理政府与市场关系的重要举措，抽水蓄能电站的建设单位可根据电站建设所要求涉及的资质类型和等级，结合"证照分离"改革资质的四种方式和住建部资质管理制度改革方案，制定资质管理清单和风险提示，便于在项目实施过程中对照清单开展资质管理工作，规避资质管理可能造成的管理风险，从根源上防控经营风险和法律风险，为建设单位安全健康发展提供强有力的保证。

此次"证照分离"改革主要是大力推动照后减证、简化审批和压减资质等级，结合目前抽水蓄能电站建设对企业资质证书类型和等级的要求，"证照分离"改革对抽水蓄能电站建设的设计、施工以及监理类业务基本未产生影响，但对工程造价咨询业务影响是显著的。因此，建设单位今后对造价咨询业务招标时应加强企业信用评价等级、项目经理能力和水平以及企业类似工程业绩的综合考量。在工程造价咨询企业资质完全取消后，其为抽水蓄能电站"全过程工程咨询"打开了闸门，建设单位可基于抽水蓄能电站的基本建设程序和三项制度探索以"全过程工程咨询"为支撑点的新型水电工程管理模式，助推水电行业工程管理的理论和实践创新。

参考文献

[1] 国务院. 关于深化"证照分离"改革进一步激发市场主体发展活力的通知 [Z]. 国发〔2021〕7 号. 2021-5-19.
[2] 住房和城乡建设部. 关于印发建设工程企业资质管理制度改革方案的通知 [Z]. 建市〔2020〕94 号. 2020-11-30.

作者简介

张　扬（1991—），男，工程师，主要从事概预算管理、投资分析、工程税务筹划工作。E-mail：caylor@yeah.net

王睿琦（1995—），女，助力工程师，主要从事概预算分析、合同管理。E-mail：wangrq@bjy.powerchina.cn

基于"双碳"目标的新能源发电产业税收政策审视

闫官福

（中国能源建设集团山西电力建设有限公司，山西省太原市　030006）

[摘　要] 新能源发电是全球发展的趋势，我国已提出二氧化碳排放量争取在 2030 年达到峰值，争取在 2060 年实现碳中和的目标。目前，我国采用的主要发电方式是风力发电和太阳能发电，借助这两种方式，达到碳达峰碳中和的目标。我国已经建立了相应的税收政策，加大对于新能源行业的投入力度，推动我国新能源发电行业长久持续健康发展。

[关键词] 碳达峰；碳中和；税收政策；新能源

0　引言

2020 年，国家主席习近平在第 75 届联合国大会一般性辩论上提出中国二氧化碳排放量在 2030 年达到峰值，努力争取 2060 年前实现碳中和（"双碳"目标），为了实现这一目标，需要加大新能源发电产业的税收投入力度，提倡新能源并有效控制化石能源的使用总量，积极促进绿色能源的发展。相比于传统能源，如风能、太阳能等新能源则更加清洁环保，对周围的环境污染也较少。为了促进新能源发电产业在我国的发展，需要对税收政策做出及时的调整，从宏观角度考虑，不断对税收政策进行优化完善。

1　税收政策的在"双碳"目标下对新能源发电产业的意义

目前，我国在新能源风电、太阳能发电等方面已经取得了一定的成果。通过政府和企业的共同努力，新能源发电正在向平价的方向努力。为了促进新能源在我国长久持续稳定的发展，在初步发展阶段，制定了强补贴的发电政策，据不同地区新能源发展的情况制定电价，本地脱硫、燃煤机组等特殊的发电方式由电网公司进行结算，其余的国家都会给予一定的补贴。伴随着发电技术和新能源发电方式的应用，电价逐渐开始呈现下滑趋势，甚至可能出现平价，相应的国家的补贴也会逐步减少。就目前而言，税收政策的调整对新能源发电项目有着十分重要的作用。

1.1　新能源发电项目的相关税收政策分析

目前，新能源发电主要包括个人所得税、中小企业个人所得税、农田占用税和城市土地资源使用税等，但对中小企业缴税的合法权益来说，由于税费承担和税收补偿的整体效用不同，税费承担为费用，而税收补偿则为收入，二者呈现了对立效应。

在所得税方面，我国对于新能源发电公司有着"即征即退百分之五十"的税收政策，不过在税收政策审查和税收退还这一流程中仍然需要一定的时间，这会对公司现金流以及当期收益产生一定的负面影响。当前，光伏发电产业和风能发电等可再生能源利用产业均享有国家的这一优惠政策，不过在测算增值税税额及退税数额等具体流程中，可能受到部分操作人员专业知识能力欠缺，以及对国家有关政策掌握不到位等问题的影响，从而造成公司内部出现税收风险。

在企业税方面，对我国着重支持的公用基础建设中小企业的运营收益有着"三免三减半"的优惠政策，新能源发电中小企业是我国着重支持的建设项目，因而应该享有这一优惠政策。但是，在新能源发电中小企业具体实施运营中，电能资源是其主导产品，作为我国着重支持建设项目的营业收益，也只有售电取得才可能享有"三免三减半"的中小企业所得税优惠。部分新能源技术发电公司为减少公司经营管理成本，提高公司经营效益，在纳税流程中还会把某些工程项目作为售电收益，并享有其他国家的税费优惠。如此一来，就会产生清洁燃料发电公司偷税漏税的情况，严重损害了公司的长期经营效益。

清洁能源发电企业在运营建造过程中，往往要占有很大面积的用地进行基础设施工程与厂区建造等。这一过程中涉及了房产税和城镇土地使用税，其中关于村镇用地面积的划分往往就会带来对清洁能源发电企业的纳税风险。在中国现实税务征收中，部分地区已经将建制镇的范围拓展到了乡镇政府所在地的村庄，假如清洁能源发电企业恰好地处乡镇政府所在地的村庄，那么就必须征收相应的房产税和城镇土地使用税。除此之外，中国各地关于土地使用税的税基界定标准也不相同，比如中国宁夏地方政府最近制定的优惠政策，便将光伏技术发电企业从划拨用地面积缴纳转为直接按光伏板建筑面积缴纳，从而大幅节约了土地使用税。所以，清洁燃料发电公司必须和税收机关保持紧密协调，防止税基认定不同造成漏税。

1.2 新能源发电的不断发展壮大有赖于政策的保障

目前，我国海上风电已经初具规模，但仍处在发展初期，需要吸取国外的优秀发展经验，进行技术研发，利用新能源代替传统的化石能源发电。传统的集中式发电方式正在向着低成本的方向发展，大规模的发展阶段，储能技术等新兴科技也需配套发展。在过去财政补贴的平价时期，发展清洁燃料发电更有赖于我国政策的不断、有效扶持。这样，方能激活新能源发电主流开发商带来新一轮的投入动力。

2 税收政策在新能源行业实行中存在的不足之处

经过我国在新能源发电行业的不断努力，从目前的发展情况来看，我国在新能源发电的税收补贴上已经处于发展阶段，因而在发展中需要重新对税收政策进行调整，及时发现税收政策存在的不足之处，不断优化改进，更好地发挥税收在发电行业的导向作用。

2.1 税收政策在实行中缺乏系统性的规划体系

就目前新能源发电产业税收政策而言，一是过分依赖传统的税收模式，没有根据目前新能源的发展状况对税收政策进行及时调整，缺乏整体性的规划；二是财政补贴和税收政策对目前发电产业的发展情况而言存在不平衡的状态，新能源发电支出的强财政补贴政策对新能源发电有一定的助推作用。但如今，伴随着科技的进步，新能源的发展也朝着新的方向迈进，原本的税收政策已经不适应新能源发电行业的发展；三是从全局来看，税收政策缺乏整体视角，没有对新能源发电行业作出系统性的规划，没有发挥税收政策对新能源发电行业的引导作用；四是对于新能源发电行业制定的税收政策缺乏细分性，没有对相关税种作出相关规定，就清洁能源发展机制下的碳减排业务而言，国家提倡"绿色能源"发展方向，推广"绿证交易"的发展模式。

2.2 在新发展阶段税收优惠整体内容单一

如今，新能源发展已经走向新的发展阶段，就税收政策而言，其拥有许多发展项的弊端，一是我国新能源发电的优惠政策，主要是以减税的方式来推动新能源发电的发展，但是没有进行有效的规划，涉及的税收方面比较单一，没有有效发挥投资抵免折旧延期纳税等其他税收政策的激励作用；二是税收政策应用在新能源发电中，缺乏整体规划，税收政策集中应用于发电环节，而对于新能源设备的制造尚缺乏相应的支持，因此，税收政策在新能源发电上并没有形成整体的产业链，存在发展不平衡的现象；三是就目前而言，新能源主要的发电方式为风力发电和太阳能发电，与传统的发电方式不同，其进行的补贴政策不能进行抵扣税额，因而，在目前新能源发电方面，其行业能够享受增值税即征即退 50% 的政策，但存在增值税税负偏高的困境，在行业应用中，并未有效发掘增值税的激励作用。

2.3 存在诸多不确定的政策因素

针对光伏发电项目，一是我国税收即征即退 50% 的政策已经逐渐到期，但后续政策缺乏及时跟进。二是税收政策在新能源发电上存在一些不确定性因素，尽管在发展初期享有"三免三减半"的优惠政策，但是在新能源项目发展至下半年甚至年底，行业进入了试运阶段，则不具备享受"三免三减半"优惠政策的条件，这样税收优惠政策并没有充分发挥其激励作用。三是土地税费计税范围和标准缺乏统一的要求。在新能源发电中，集中式光伏为主要的发电项目占地面积广，所占区域也相对比较广泛。因为集中式发电项目所占面积较广，分散不均，在进行税务统计时，相同省份不同地区的税收存在一些争议，比如，在实际操作中，是按照光伏厂区的全部面积进行收费，还是以光伏组件的投影面积进行征税，这并没有做出相关要求。由于税收政策的不完善，加大了在新能源发电应用中的不确定性因素，不利于新能源发电行业健康持续的发展。

3 完善我国新能源发电产业税收政策的相关建议

3.1 建立统一、长期、合理的新能源发展税收保障措施

为了有效发挥税收政策对新能源行业的引导作用，需要从宏观经济政策着手，对我国的新能源发电产业链和项目运行周期进行统筹规划，既要建立全方位的运行体系，又要保证政策的灵活、高效性。政府可以采取专门立法的方式使税收政策统一化、规范化，并对税收优惠政策范围和鼓励举措作出明确规定。在此，政府需要统筹协调好以下三种关系：一是把税收优惠政策和财税扶持等政策措施统筹协调、联合发挥作用，形成以税收优惠政策为主、与国家新能源发展基金和当地财力相结合的财税扶持政策体系。二是综合考虑对产业链上中下游的企业税收优惠政策，对位于产业上下游的制造业企业赋予更多的税收激励政策，并研究对使用洁净燃料产业的终端消费者企业予以相应的税收政策鼓励，促进产业链内各环节税费平衡。三是综合运用了直接减免税、再投资抵免、增加折旧、再投资出口退税、递延纳税等多项税收政策与激励举措，并针对企业不同的经济发展阶段、政府不同的资金投入阶段，可加以灵活使用。

3.2 加强对新能源产品生产环节的税费优惠措施

对企业所得税优惠政策作出了调整，并建议国家对新能源技术研发生产企业所自主开发的海上风电大机组及其光电替代工艺技术，如果已批次产出并顺利投入新能源发电建设的，可给予其增值税规定缴纳率即征即退。

从公司所得税优惠政策上来说，政府建议对新能源生产公司自主开发的海洋及风能高新技术（如悬浮式海洋风能）或者光电替代高新技术（如钙钛矿光电等高新技术路线）的研制费，在加计扣减 100% 的基本上，再加计扣减 50%，或达到 150% 后再加计扣减。另外，还建议将损失补偿年限由五年延期增长到十年。

从其他税收政策出发，在新能源工业发展中，建议国家对中国目前处于比较落后且科学技术进步和装备创新阶段所需要的重要进口私用机械设备及其进口重要零配件，可以在相当时间内免收进口关税和进口环节的所得税。

3.3 规范对新能源发电行业管理的有关政策

在对增值税优惠政策规范实施时，需要从如下几个方面着手：一是通过减少对新能源发电行业的增值税税率，从而减轻企业税收压力，进而激发市场主体活力。二是为保证所得税优惠政策的连续性和可比性，对光伏技术发电项目继续执行营业税即征即退百分之五十的优惠政策，但不对优惠政策时段作出限定。三是规定在洁净燃料发电项目年度内主要运营费用中的贷款利率，可作进项税额抵扣。

企业所得税优惠政策的规定也是非常关键的，一是对清洁能源发电企业投资未能实际取得补偿电费的，可以允许清洁能源发电公司递延征收按该部分资金投入相应的企业所得税，以减轻其现金流压迫。二是对清洁能源发电公司的再投入可以按投入的相应比率（如按投入的 30%）退税，以鼓励有关公司对新能源发电建设项目的投入。三是对实际试验性高新技术水力发电建设项目（如悬浮式海洋风能、迭代光伏科技水力发电等）或附属建设项目（如抽水蓄能等）的再投入可以长期实行投入扣除，以鼓励科学技术、产品的使用，促进新能源在发电行业中的健康持续发展；四是借助法律有效有段，对新能源发电项目做出规定，促进发电项目的并网发展，但目前处于试运行状态，且尚未与供电企业签定购售电价协议、且不符合公司所得税收入确定要求的，在经向税务机关申请并备案后，可不将并网的当年视为企业所得税实行"三免三减半"政策的第一年。

为了减少土地税收，在新能源发电行业上的冲突可以按照同一省份不同地区土地税费进行统一的规划，建立统一的标准并建立相关的监督部门，对税收政策进行公开化，保证土地税收政策的严格执行。避免出现因为多地区税收政策不一致而导致土地税在新能源发展实行中出现的冲突等问题，有效维护土地税收政策的权威性和严肃性。在建立相关税收标准时，需要根据新能源发电行业的实际情况，比如对于集中式光伏发电项目，建立统一的缴纳标准，并建立统一的实行标准，当地的税收部门需要统筹规划，严格执行当地城镇土地的计征范围和计征标准。

4 结语

在全球发展趋势下，新能源发电行业具有不可比拟的发展优势，使用的能源清洁环保，产生的污染几乎为零，同时有效利用了自然界中的能源物质，新能源发电行业的持久健康发展离不开税收政策的保障与支持。就我国当前税收政策在新能源发电中的应用情况来看，仍存在一些问题和矛盾。因此，在新能源发展过程中，需要根据不同地区的实际情况，对税收政策进行优化完善，充分发挥税收政策对新能源发电行业的导向作用以及激励作用，进一步推动我国"双碳"目标的实现。

参考文献

［1］卢海林．"双碳目标"下的新能源发电产业税收政策审视［J］．税务研究，2022（1）：113-117.

［2］马良．基于"双碳"战略下的新能源税务风险防控策略研究［J］．金融文坛，2021（1）：0350-0351.

［3］张凤阳．"双碳"目标下的新能源行业全产业链工程成本的思考［J］．水电与新能源，2021，35（10）：1-4，15.

作者简介

闫官福（1981—），男，高级工程师，主要从事电力、新能源电力项目开发、投资、建设工作。E-mail：gfyan7411@ceec.net.cn

干式厌氧发酵生物质天然气项目技术经济分析

国志雨　孟丽君　成　舒

[中能建（北京）能源研究院有限公司，北京市　100011]

[摘　要]为研究以秸秆为原料的干式厌氧发酵生物天然气项目投资收益情况，首先论述了干式厌氧发酵相关关键技术，随后构建了干式厌氧发酵生物质天然气项目投资收益模型，进行投资估算及经济评价分析，指出干式厌氧发酵生物天然气项目投资风险的控制要点及优化措施，为相关项目投资决策提供参考依据。

[关键词]干式厌氧发酵；生物天然气；关键技术；投资模型

0　引言

生物天然气是以农作物秸秆、畜禽粪污、餐厨垃圾、农副产品加工废水等各类城乡有机废弃物为原料，经厌氧发酵和净化提纯产生的绿色低碳清洁可再生的天然气[1]。因生物质能具备的零碳属性，使其在国际社会被赋予重要能源战略定位。在瑞典、丹麦、德国等欧盟发达国家，生物天然气作为一项非常规天然气产业已形成相当规模[2]。在我国，生物制沼气工程已经过多年发展，多个生物天然气示范项目也已落地，但在行业层次尚未形成规模[3]。我国生物质能资源丰富，目前我国主要生物质资源年产生量约为 34.94 亿 t，生物质资源作为能源利用的开发潜力为 4.6 亿 t 标准煤。截至 2020 年，我国秸秆理论资源量约为 8.29 亿 t，可收集资源量约为 6.94 亿 t[1]，预计未来秸秆资源总量将保持平稳上升。在"3060"战略的大背景下，生物质能在助力我国碳减排方面具有突出的战略价值和巨大发展空间。厌氧发酵技术是生物天然气项目的关键技术，分为干式厌氧发酵技术和湿式厌氧发酵技术两种[4]。近年来，干式厌氧发酵技术以其含固率高、巧妙化解沼液处理、适用原料广泛等特点成为行业研究热点[5-8]。但受限于干式厌氧发酵关键设备国产化进程相对缓慢，国内相关项目还没有形成产业规模，投资收益情况尚不明朗，对该类项目进行投资收益研究具有一定实际意义。

1　项目关键技术分析

1.1　原料预处理技术

我国生物天然气项目常用的原料主要有农作物秸秆和牲畜粪便等，两者物理特性存在较大区别，秸秆的有机成分以纤维素和半纤维素为主，这些有机成分在常规厌氧发酵过程中很难被微生物降解制气，容易导致产气率低、易结块等问题[6]。因此，以秸秆为主要原材料的生物天然气项目选择合适的预处理技术显得十分必要。合理的预处理技术可以有效破坏秸秆的纤维结构，降低发酵成本，提高产气效率。常用的秸秆预处理技术主要包括物理法、化学法和生物法[6]。几种方法对比见表 1。

表 1 　　　　　　　　　　　　　　　秸秆预处理方法对比表

预处理方法	方法描述	优点	缺点
物理破碎法	减小颗粒，破坏纤维结构，增大比表面积	处理效果好，简单高效，技术成熟	处理能耗较高
化学酸处理	用稀硫酸、稀盐酸、丙酸与原料混合	处理效果好，适用范围广	对环境造成二次污染
化学碱处理	通过生化反应去除木质素，破坏晶体结构	处理成本低，有效提高发酵产气率	对环境造成二次污染
生物堆沤预处理	用沼液对秸秆进行堆沤	可将沼液部分回收利用	处理周期长，不适合大规模处理

　　考虑秸秆的纤维结构特点，采用物理破碎法能够有效破碎其纤维组织，增大发酵比表面积，充分提高秸秆产气率，且物理法工艺简单、无污染。在实际项目中推荐采用物理破碎发预处理技术，并在储存的同时添加适量的白腐菌，实现储存过程中的酸化及预发酵处理。

1.2 厌氧发酵技术

　　厌氧发酵技术按含固率的高低可分为湿式厌氧发酵技术和干式厌氧发酵技术。通常将含固率的发酵技术称为湿式厌氧发酵技术，将含固率≥20%的称为干式厌氧发酵技术[4]。湿式厌氧发酵技术在我国广泛地应用于牲畜粪便等含固率低的生物制气工程中，而干式厌氧发酵技术在一些西方发达国家应用广泛，在我国尚未发展成熟，但已有一些国产化案例。以秸秆为原料的生物天然气项目含固率高，在技术成熟的前提下适合采用干式厌氧发酵技术。

1.2.1 干式厌氧发酵影响因素

　　干式厌氧发酵产气率受很多因素影响，主要包括原料预处理程度、罐体发酵温度、反应物 pH、反应促进剂、物料搅拌方式、接种物成分、物料碳氮比等。因微生物对温度变化的敏感性，发酵温度是影响厌氧发酵产气率的重要因素。研究表明，适合厌氧微生物生长发酵的温度为 35～40℃和 55～60℃，两者分别称为中温发酵和高温发酵。Mashad 研究温度变化对厌氧发酵产气率影响的结果表明，高温发酵产气率大大高于中温发酵[9]。但在实际工程中，高温发酵将消耗大量的热源，大幅提高成产成本，故常规项目推荐中温发酵。干式厌氧发酵过程主要分为水解、酸化、产氢、产乙酸和产甲烷几个阶段。因为产甲烷菌落对 pH 值变化的敏感性，反应物 pH 值对产气率的影响主要体现在产甲烷阶段。研究表明[4]，产甲烷菌落适宜的发酵 pH 值为 6.5～7.5。反应促进剂主要分为生物促进剂和无机化学促进剂[10]，有助于催化发酵反应。生物促进剂适用于秸秆等纤维结构为主的原料预处理工艺中，包括相关菌落以及酶类制剂。但酶类成本较高，将增加项目生产成本。适度的搅拌能够使物料与微生物反应均匀，加快产气速度，提高产气率。碳、氮作为微生物繁殖所需要的主要营养成分，其保持合理的比例对发酵反应平稳进行具有重要意义。相关研究表明，厌氧发酵的适宜碳氮比为 20～30，在碳氮比为 25 时取得最佳效果[11-12]。

1.2.2 干式厌氧发酵反应器

　　干式厌氧发酵根据反应器进出料方式的不同，可分为序批式反应器和连续式反应器。序批式干发酵反应器物料相对静止，将反应器底部渗沥液通过泵送提升反复喷淋在反应物顶部，并在喷淋过程中调节氧气含量、反应物 pH 值等参数。序批式反应器可以将产酸相和产甲烷相分开，使两相可以达到各自最优化反应条件，以提高产气率。典型的序批式干发酵反应器包括 Bekon 反应器、Loock 反应器和 Bioferm 反应器三类。

连续式干发酵反应器采用机械移动的方式进出物料，通常为单相推流式反应器。适用的反应物含固率可达到 20%～40%，沼气产量可以达到 300～500m³/t [13]。典型的已实现商业化的连续式发酵反应器有 Dranco、Kompogas、Valorga 三类。

1.3 沼气提纯技术

沼气提纯主要是脱除沼气中的 CO_2，使沼气成分达到常规天然气水平。目前主流的沼气提纯技术主要有变压吸附法、膜分离法、物理吸收法、化学吸收法和低温分离法[6]，各方法工艺原对比见表 2。

表 2   沼气提纯工艺对比分析表

提纯方式	原理	优点	缺点
变压吸附法	在 800kPa 压力下，由活性炭对 CO_2 进行吸附，随后沼气在低压状态下脱附	能耗低，提纯效率为 95%～98%	系统复杂，控制难度大，甲烷损失率高
膜分离法	利用薄膜材料对不同渗透率的气体实现分离，在 2MPa 压力下，CO_2 可迅速透过气体膜	工艺简单，能耗低，提纯效率 95%	操作压力高，运行费用较高
物理吸收法	利用高压水洗，CO_2 和 CH_4 在水中溶解度不同，进行物理分离	提纯效率高达 97%	消耗大量净化水，产生废水需要处理
化学吸收法	利用吸收液与 CO_2 进行化学反应	提纯效率高达 99%	投资高，药剂有毒性
低温分离法	利用制冷系统将混合气降温，CO_2 凝固点比甲烷高，先被冷凝下来，进而分离	提纯效率高达 98%	技术刚起步，有待完善提升；能耗高，需要低温高压环境

以上提纯方法各有优缺点，变压吸附法具有自动化程度高、操作简便、运行费用低等优点，在实际项目中可采用变压吸附技术进行沼气提纯。

1.4 有机肥生产工艺

秸秆原料经过厌氧发酵过程，除产生沼气和工业 CO_2 产品外，还会产生沼渣、沼液，通过有机肥生产工艺可将残余物"变废为宝"。首先，通过固液分离设备将沼渣、沼液进行分离。沼渣作为固体有机肥原料，经过堆肥发酵、杀灭有害微生物和寄生虫，再经过造粒生产及包装，形成固体有机肥原料外销；沼液作为液体有机肥原料，经过自动熬合、搅拌、过滤和罐装工序，形成浓度高、易储存的产品进行外销或还田。通过该工艺，能够实现干式厌氧发酵的无害化。

2 项目投资收益模型构建

为研究干式厌氧发酵生物质天然气项目投资收益情况，构建以秸秆为原料的干式厌氧发酵项目投资收益模型，进行投资估算及经济评价分析。

2.1 基本假设

2.1.1 单位投资

干式厌氧发酵生物质天然气项目投资由于生产设备选型、建设标准不同，总体范围为 5000 万～8000 万元/（万 Nm³·天）。参考某投产案例，取单位投资 7000 万元/（万 Nm³·天）。

2.1.2 项目规模

假设模型项目生产产品为天然气和有机肥，年操作时间 8000h，生产规模为年提纯生物天然气 2000 万 Nm^3，年产生物有机肥 7.5 万 t，天然气单价为 2.7 元/m^3，有机肥售价为 750 元/t。项目原料为秸秆，沼气产气率为 $170m^3/t$，年消耗秸秆 22 万 t，秸秆单价为 150 元/t。

2.1.3 资金来源

项目考虑建设期 1 年，运营期 15 年；资本金比例按 20%，贷款利率为 4.65%，贷款年限为 10 年，等额本息还款；不考虑财政补贴。

2.2 投资收益分析

经过计算，模型项目全投资财务内部收益率为 5.54%，资本金财务内部收益率为 6.60%，投资回收期为 11.46 年。财务指标详见表 3。

表 3　　　　　　　　　　财 务 指 标 汇 总 表

序号	项目	单位	数值
1	项目总投资	万元	49731.27
2	建设投资	万元	44900.00
3	单位千瓦静态投资	元/kW	8980.00
4	建设期利息	万元	831.27
5	流动资金	万元	4000.00
6	销售收入总额（不含增值税）	万元	163321.13
7	总成本费用	万元	148422.61
8	销售税金附加总额	万元	284.61
9	利润总额	万元	16985.67
10	项目投资回收期（所得税前）	年	10.88
11	项目投资回收期（所得税后）	年	11.46
12	项目投资财务内部收益率（所得税前）	%	6.44
13	项目投资财务内部收益率（所得税后）	%	5.54
14	资本金财务内部收益率	%	6.60

3 项目敏感性分析及风险控制

3.1 原材料成本因素

模型假设秸秆单价为 150 元/t，经财务敏感性计算分析，如原材料秸秆单价上涨至 200 元/t，全投资财务内部收益率会降低至 2.73%，资本金财务内部收益率小于 0，项目将失去盈利能力。可见，原料成本变化对项目投资收益有较大影响。目前，在生物质能行业尚未建立完善的秸秆原料收储运体系，材料收集、运输成本存在较大的不确定风险，存在原料涨价的可能性。因此，建立覆盖项目全生命周期的秸秆收储体系十分必要。

3.2 产品销售价格因素

项目出售产品为天然气及有机肥料，天然气的销售价格随市场和地域浮动性较大。如天然气交易单价降低 2 元/m³，全投资财务内部收益率会降低至 1.48%，资本金财务内部收益率小于 0，项目失去盈利能力。产品售价高低直接关系项目收益情况。现阶段，生物天然气尚未取得常规天然气同等地位，在经济性上很难与传统化石能源竞争，在某些地区甚至存在品质、价格歧视。因此，如何保证产品全部消纳及售价稳定是激励行业发展需要重点关注的问题。

3.3 天然气产量因素

天然气产量是影响项目投资收益最重要的因素。计算可知，如天然气产量降低 10%，全投资财务内部收益率会降低至 1.48%，资本金财务内部收益率小于 0，项目失去盈利能力。可见项目收益受产气量变化影响极为敏感，提高厌氧发酵设备产气率是提高项目收益水平的最佳途径，这有赖于秸秆为原料的国产干式厌氧发酵工艺水平持续提高。

4 结语

本文首先通过关键技术分析论证干式厌氧发酵项目的技术可行性，随后构建年产天然气 2000 万 Nm³、有机肥 7.5 万 t 的以秸秆为原料的干式厌氧发酵项目投资收益模型，估算项目投资规模及收益水平，最后进行项目敏感性及风险分析，结果表明：

（1）投资收益受原材料成本、产品售价和天然气产量影响波动较大，尤其以天然气产量最为明显，其次是产品销售价格和原材料成本。

（2）为保证项目取得良好的投资收益，提高天然气产气率最为有效。这既需要政策端的扶持，也需要研发端的发力，不断创新升级关键工艺技术是促进生物天然气产业长足发展的核心动力。

（3）在生物质能原料收储方面，有待于建立完善的秸秆等原料收储体系，确保稳定的原料成本，使收售双方共同受益、创建协同共赢的良好产业局面。

（4）在产品销售端，有待于建立生物天然气优先准入保障制度，加大激励措施，提高生物天然气项目作为可再生能源、战略新兴产业的竞争力，以便发挥其良好的社会效益和环境效益。

参考文献

[1] 程序, 崔宗均, 朱万斌. 论另类非常规天然气——生物天然气的开发 [J]. 天然气工业, 2013, 33（1）: 137-144.

[2] 中国产业发展促进会生物质能产业分会. 3060 零碳生物质能潜力蓝皮书 [R]. 2021.

[3] 丁怡婷. 生物天然气生长正发力 [J]. 能源研究与利用, 2020（2）: 15-16.

[4] 程序, 梁近光, 郑恒受, 等. 中国"产业沼气"的开发及其应用前景 [J]. 农业工程学报, 2010（5）: 1-6.

[5] 金赵明. 浅析湿式厌氧与干式厌氧发酵技术及相关案例 [J]. 环境保护与循环经济, 2018, 38（5）: 29-31.

[6] 王利军. 生物天然气工艺技术研究与应用 [J]. 再生资源与循环经济, 2019, 12（11）: 38-42.

[7] 李冰峰, 张大雷. 干式厌氧发酵技术现状与国内应用项目简介 [J]. 可再生能源, 2021, 39（3）: 294-299.

[8] 童韩杨, 沙小斌, 孟芳, 来世鹏. 生物天然气生产技术与商业化模式可行性探讨 [J]. 能源与节能, 2021（10）: 55-57.

［9］ El Mashad H M，Zeeman G，Van Loon W K P，et al. Effect of temperature and temperature fluctuation on thermophilic anaerobic digestion of cattle manure ［J］. Bioresource Technology，2004，95（2）：191-201.

［10］ 毛春兰. 小麦秸秆与猪粪混合物料厌氧发酵特征及微生物调控机制研究 ［D］. 西安：西北农林科技大学，2018.

［11］ Parkin G F，Owen W F. Fundamentals of anaerobic digestion of waste water sludges ［J］. Journal of Environmental Engineering，l986，112（5）：867-920.

［12］ PANG Y Z，LIU Y P，LI X J，et al. Improving biodegradability and biogas production of corn stover through sodium hydroxide solid state pretreatment ［J］. Energy & Fuels，2008，22（4）：2761-2766.

［13］ De Baere L. The Dranco technology：A unique digestion technology for solid organic waste［J］. Organic Waste Systems，2010，41（3）：283-290.

作者简介

国志雨（1992—），男，工程师，主要从事新能源发电工程、新兴产业投资机会研究工作。E-mail：zyguo411x@ceec.net.cn

孟丽君（1981—），女，高级工程师，主要从事新能源发电工程、新兴产业评估工作。E-mail：ljmeng2322@ceec.net.cn

成 舒（1989—），女，中级经济师，主要从事电力项目概预算、财务分析工作。E-mail：scheng124x@ceec.net.cn

"双碳"目标下我国西部地区水电开发生态补偿研究

何宇静　何　涛　姜跃良

（中国电建集团成都勘测设计研究院有限公司，四川省成都市　611132）

[摘　要] "双碳"目标下，作为传统可再生能源的水电，在构建以新能源为主体的新型电力系统中具有极其重要的作用。目前，我国西部地区尤其是高寒、高海拔、经济社会欠发达地区是常规水电开发的重点区域，也是抽水蓄能的重点发展区域，这些地区的环境保护成本普遍较高。在生态文明建设环保高要求、水电企业环境保护高成本、水电上网价格垫底的背景下，生态补偿可以激励各利益相关方积极主动保护水电开发区域生态环境，在我国现行的环境影响评价、水土保持、征地补偿安置等制度基础上，进一步促进水电开发环境外部性的内部化。在分析西部地区水电开发环境外部性的基础上，对生态补偿的研究范围进行了界定，分水电开发效益发挥前和发挥后两个阶段分别提出了生态补偿的具体模式，制定了生态补偿的保障措施。

[关键词] "双碳"目标；水电开发；生态补偿；西部地区

0　引言

2020年9月，中国明确提出2030年"碳达峰"与2060年"碳中和"目标[1]。水电，作为资源量蕴藏丰富、技术成熟、运行可靠且是当前无可替代的清洁可再生能源[2]，是新型电力系统的重要支撑、"双碳"目标的关键助力[3]。新形势下，建设具备强调节能力的龙头水库电站、进行常规水电站的抽水蓄能改造，是水电今后的重要发展方向[4-5]。

然而，长期上网电价垫底表明，水电作为清洁可再生能源的价值及其辅助性服务带来的外部性尚未体现[6]。当前，我国常规水电开发重点在西部地区，并逐步向高寒、高海拔、经济社会欠发达地区推进，这些地区也将成为抽水蓄能的重点发展区域，但普遍生态环境敏感，水电开发的环境保护成本较高。在国家环境保护高要求、水电企业环境保护高成本、水电上网低价格的时代背景下，如何调动各方保护生态环境的积极性、做到既要绿水青山也要金山银山是亟待破解的难题。生态补偿，作为一种通过行政和市场等手段调整各方利益关系的环境经济政策[7]，正是解题的秘钥。

1　西部地区水电开发环境外部性分析

水电开发作为一种可再生能源开发活动，在带来能源替代、节能减排等环境效益的同时，也将不可避免地对水电开发区域生态环境产生一定的不利影响，这些环境效益和不利环境影响将对不参与本次水电开发活动的其他主体带来相应的有利或不利影响，并为其带来一定的收益或损失，然而这些影响却没有或不能通过市场交易（价格机制）表现出来，这就是水电开发的环境外部性。

根据外部性理论，得不到内部化的环境外部性将使水电开发区域生态环境达不到最优的状态，不利于环境的可持续发展。水电开发过程中，会产生环境外部经济性和环境外部不经济性。就目前的环境政策而言，水电产生的环境效益所形成的环境外部经济性基本没有得到内部化。水电开发带来的不利环境影响，可通过我国现行的环境影响评价、水土保持、征地补偿安置等制度削减至可接受水平，但难以全部消除，也就是说水电开发产生的环境外部不经济性不能通过现有制度全部内部化。以下重点分析现有制度不能内部化的环境外部性。

1.1 现有制度不能内部化的环境外部经济性

水电工程实施后，在其业主单位通过发电获得相应经济收益的同时，还可以大力促进地方经济社会发展、改善民生，产生一定的能源替代效应，有助于我国调整能源结构、实现"双碳"目标、维护生态环境质量，有助于生态文明、美丽中国建设的推进，为中央政府、水电开发区域地方政府和居民、受电区居民及生态环境本身带来一定的收益。

1.1.1 替代化石能源、优化调整能源结构效益

长期以来，我国能源消费过度依赖化石燃料，导致电力构成中火电比例过高。截至2021年年底，全国全口径非化石能源发电装机容量为11.2亿kW（其中，水电3.9亿kW），占总装机容量23.8亿kW的47%，但煤电仍然是当前我国电力供应的最主要电源[8]，能源结构低碳化的任务艰巨。要转变我国能源结构和发展方式、进一步降低化石能源的比重，必须大力发展清洁能源。常规水电除了可以提供大量零碳电力、直接替代化石能源外，还可以借助其调节能力和送出通道，实施水风光一体化规划、一体化开发、一体化送出、一体化消纳，在提升送电经济性的同时支撑光伏、风电等新能源的规模化开发利用。抽水蓄能电站具有调峰、填谷、调频、调相、储能、事故备用和黑启动等多种功能，能够通过削峰填谷配合新能源发挥储能作用，是可再生能源大规模发展的重要保障。水电是目前世界上可再生能源中占比最大的清洁能源，化石能源替代及能源结构优化调整效益显著，在全球节能环保和可持续发展方面发挥了巨大作用。

1.1.2 节能减排效益

中国高度重视应对气候变化，已把应对气候变化融入国家经济社会发展中长期规划[9]。要实现温室气体减排目标，必须调整能源结构，大力发展清洁能源，控制化石能源尤其是煤炭消费量，降低煤炭在一次能源消费中的比重。以煤发电将产生大量的二氧化碳等温室气体，而温室气体的过度排放将导致全球气候变暖，引起海平面上升、极端气候和气象灾害等，威胁人类的生存。以水电替代火电，可减少温室气体的排放，间接产生经济效益。

水电替代火电不仅可以减少温室气体排放，还可以减少二氧化硫、氮氧化物、烟尘等主要污染物的排放，对减轻环境污染与酸雨危害、保护环境空气具有十分重要的作用。

1.1.3 居民健康效益

水电工程实施后将增加清洁能源在我国能源结构中的占比，可替代受电电网内的化石能源，对于我国尤其是东部长期以火电为主的受电区生态环境的改善具有重要作用，有利于受电区人居环境及居民健康水平的提升。

1.1.4 水电开发区域生态环境效益

从小尺度上讲，在部分风沙作用旺盛的区域修建水库，可淹没原来裸露的沙化、干燥土

地，减少河谷大风对沙源的扰动，有效遏制荒漠化趋势。从大尺度上讲，水电开发可带来大规模和较长时期的投资拉动，给地方财政开辟新的长期而稳定的税源，增强西部经济社会欠发达地区的自我"造血"机能，有利于增加水电开发区域政府在各项社会事业包括生态文明建设上的投入，从而改善区域生态环境。

1.1.5 防灾抗灾效益

在我国西部高寒、高海拔地区，自然灾害频发。建设调节能力较好的大型水库，可在河段上、下游发生山体滑坡造成河水断流形成堰塞湖等自然灾害时，通过水库调蓄和控制下泄流量，减少对下游的威胁，提高下游区域的抗灾减灾能力，为抗灾抢险争取宝贵时间。

1.1.6 旅游效益

水电工程的开发建设往往会形成独特的风景和新的旅游资源，如库区的湖光山色、人文景观等，可为当地带来一定的绿色经济效益。

1.2 现有制度不能内部化的环境外部不经济性

指当前认识不够充分，或难以采取措施，或即使采取措施也不能完全消除的那部分不利环境影响所形成的环境外部不经济性，主要由水文情势和水温影响、水环境变化对鱼类的影响、闸坝阻隔影响等不利环境影响形成，最终表现为对流域生态系统生物多样性的不利影响。

（1）就目前水电工程的环保措施效果来看，上述影响在采取下泄生态流量、生态调度、分层取水、鱼类栖息地保护、过鱼、增殖放流等当前所能采取的各项措施后，仍仅能在一定程度上减缓，除非不进行水电开发，否则不能也不可能完全消除这些影响。

（2）相对于水电工程短暂的施工期，这类影响在漫长的运行期内长期存在。一些时间、空间累积性影响需要历经一定时日才能显现，需要通过持续监测和观测不断调整或新增对策措施。生态补偿可以为水电工程运行后长期、持续的环境保护，提供制度保障、政策支撑与充足的环境保护资金，为恢复与保护流域生态系统服务功能供给"开源"。

2 生态补偿研究范围

生态补偿是针对生态服务中不能通过制度设计或者还没有通过制度设计实现市场化价值转化的那部分价值而实施的经济激励措施[10]，属于正面激励机制。因此，水电开发生态补偿的研究范围应为：依靠现有制度不能内部化的环境效益带来的环境外部经济性，以及不能得到消除的那部分不利影响带来的环境外部不经济性。水电开发生态补偿的具体设计应针对这一范围来展开。

3 生态补偿模式

水电开发是一个分阶段有序开发的长期过程，这决定了水电开发生态补偿与单纯的生态服务补偿具有一定的区别，其特殊性在于需要根据水电开发的不同阶段，选择合理可行的生态补偿模式。水电开发的投入和成本伴随着其开发的开始而出现，且水电开发成本属于实际的价值，而经济效益和生态效益需要延后一定的时间，并且目前生态服务价值尚主要属于一种虚拟价值，基本没有纳入货币化的核算体系。在水电开发初期，通过市场模式实现补偿的可能性较小。

3.1 水电开发效益发挥之前的阶段生态补偿模式

在水电开发效益发挥之前的阶段，包括规划阶段、电站前期工作阶段和建设阶段，应以政府主导模式为主、公众参与模式为辅，给予水电开发企业和地方政府相应的政策补偿，积极规划建设水电开发配套电网及电力外送通道建设项目，对利益受损者进行一定的实物补偿，并引导受电区与水电开发区达成协议，通过先期投资等方式进行补偿。此外，本阶段还应积极培育生态服务的交易市场，鼓励市场化补偿模式的发展，为未来市场补偿垫底基础。规划阶段、电站前期工作及建设阶段生态补偿模式如图1所示[11-12]。

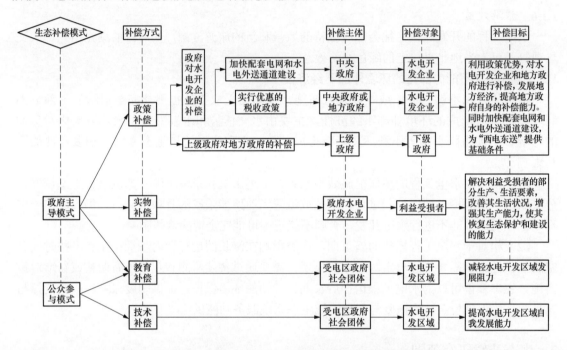

图1　规划阶段、电站前期工作及建设阶段生态补偿模式示意图

3.1.1 政策补偿

本阶段政策补偿的目标在于利用政策优势，对水电开发企业和地方政府进行补偿，发展地方经济，提高地方政府自身的补偿能力，同时加快配套电网和水电外送通道建设，为水电外送提供基础条件。

（1）政府对水电开发企业的补偿。加快配套电网和水电外送通道建设，避免或减少西部地区的弃水窝电现象。各级政府作为水电开发的受益者，应给予水电开发企业一定的税收优惠，中央政府可以制定适当的税收优惠政策予以补偿，地方政府可在其自身享有范围内制定进一步的税收优惠政策。

（2）上级政府对地方政府的补偿。上级政府可以对受补偿地方政府的权利和机会进行补偿。受补偿地方政府可以在授权权限范围内，利用指定政策的优先权和优惠待遇，根据不同地域的不同资源、人口、经济、环境状况确定不同的发展方向和发展目标，指定一系列创新性政策，着力于水电开发区域生态环境的恢复和改善，积极探索区域绿色经济发展模式，合理开发、利用水能资源，促进区域经济社会和环境协调发展。

3.1.2 实物补偿

指政府和水电开发者等补偿主体运用物质、劳力和土地等进行补偿。本阶段实物补偿的目的在于解决利益受损者的部分生产要素和生活要素，改善他们的生活状况，增强其生产能力，使其恢复生态保护和建设的能力。包括针对移民实施土地入股分红，提供环境保护工程建设及运行维护、森林资源日常巡视及维护、库周生态保护带的建设及护理等生态岗位，施工临时占地经恢复后返还给库区周围居民等。

3.1.3 教育补偿

指由补偿主体开展智力服务，向补偿对象提供援助性技术咨询和指导，进行人力资源培训，给受补偿地域或群体培养技术人才和管理人才，输送各类专业人才，以提高补偿对象的生产技能、技术含量和组织管理水平，在知识技能方面向受补偿地区进行补偿。本阶段教育补偿的目的在于减轻规划区域发展阻力。建议定期派送技术人才特别是生活污水处理、垃圾处理、污染防治以及生态产业发展类的人才，协助水电开发区域的发展与环境保护工作。

3.1.4 技术补偿

技术补偿将扫除水电开发区经济发展障碍，此种补偿方式应该和教育补偿相结合，为技术欠发达地区提供先进的技术支持。本阶段技术补偿的目的在于提高水电开发区域的自我发展能力。可紧密结合区域可持续发展需求，充分发挥科技优势，研发区域生态环境与经济社会可持续发展相结合的关键技术和优化模式，发展具有区域特色的环保产业，并由此带动区域相关产业技术升级和产业结构调整。

3.2 水电开发效益发挥之后的阶段生态补偿模式

在水电开发效益发挥之后的电站运行阶段，应以市场交易模式为主，同时充分运用政府主导、企业主导和公众参与模式。电站运行阶段生态补偿模式如图 2 所示[13-16]。

3.2.1 政策补偿

本阶段政策补偿的目的在于利用政策优势，对水电开发企业和地方政府进行补偿，体现水电作为清洁可再生能源的价值及其调峰调频等辅助性服务的价值，提高水电开发企业和地方补偿能力与积极性。

（1）政府对水电开发企业的补偿。

1）保障水电优先上网的权利、落实对水电弃电的赔偿。完善国家法律法规层面对水电优先上网权的保障，加强国家电力监管机构对水电弃水的监管以及对违规电网企业的处罚力度，从国家法律层面切实保障水电优先上网的权利，落实电网企业对水电弃水的赔偿。

2）消除地区和省间壁垒。地区和省间壁垒，阻碍了水电的消纳。需要国家制定水能综合利用的指令性计划和政府间协议，为"西电东送"扫除障碍。

3）实行鼓励性的电价政策。我国现行水电电价主要为单一制电量电价结构，长期处于各类能源上网电价的最低水平，没有体现水电作为清洁可再生能源的价值及其辅助性服务的价值。我国西部地区普遍环境敏感度高、生物多样性丰富，相应的环境保护成本较大。以火电为主的能源结构是近年来全国范围内大气污染严重的重要原因之一，西部水电通过替代东部受电区原有火电，具有显著的节能减排等环境效益和居民健康效益，上网电价还应包含环境效益和受电区居民的需求意愿。国家应针对西部水电实行包含水资源价值、环境保护成本、环境效益和供求关系的鼓励性电价，在保证水电企业合理利润后，部分收益用于生态补偿，通过"反哺"的方式为水电开发区域生态环境的持续保护和改善提供充足的资金支撑。

4）实行优惠的税收政策。同水电开发效益发挥之前的阶段，各级政府作为水电开发的受益者，在本阶段也应给予水电开发企业一定的税收优惠。

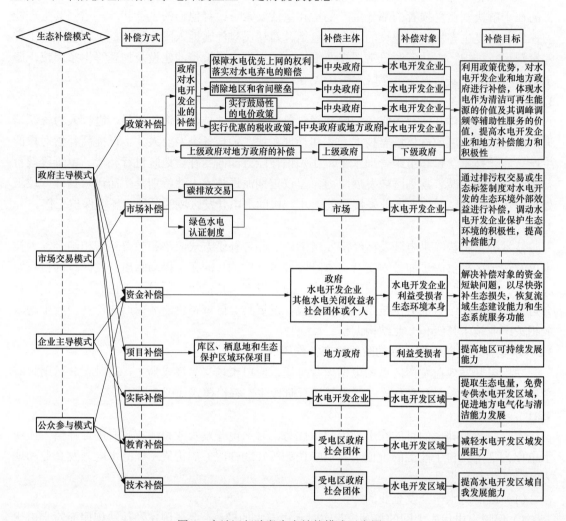

图 2　电站运行阶段生态补偿模式示意图

（2）上级政府对地方政府的补偿。同水电开发效益发挥之前的阶段，上级政府可对受补偿地方政府的权利和机会进行补偿。

3.2.2　市场补偿

本阶段市场补偿的目的在于通过排污权交易或生态标签制度对水电开发的生态环境外部效益进行补偿，调动水电开发企业保护生态环境的积极性，提高补偿能力。

（1）碳排放交易。碳排放交易是为促进全球温室气体减排，减少全球二氧化碳排放所采用的市场机制。水电作为电力项目纳入了全国碳市场行业覆盖范围中，水电开发企业可以选择按照新增产能申请免费分配的配额，或者是作为资源减排项目开发 CCER（中国核证自愿减排量），通过碳交易对本项水电开发产生的温室气体减排效益进行补偿。水电开发企业也可以注册 CDM（清洁发展机制）等项目在国际市场上进行碳交易。

（2）绿色水电认证制度。绿色水电认证制度是生态标签制度的一种，其目的是尽可能降低水电工程对生态环境的负面影响，并且为电力消费者提供可信和可接受的生态标志，给开展绿色认证的水电企业带来经济效益与社会效益的双赢。其实质是通过绿色水电认证制度实现电力消费者对生态环境服务的间接支付，是一种自愿性的生态补偿制度。通过绿色水电认证的企业，除了可获得一定的鼓励政策外，还可得到国家对绿色电力提供商提供的"价格保护"，有助于企业建立竞争优势，并免受不当竞争威胁。同时，"绿色水电"标签还可以引导消费者进行"选择性消费"，提高其社会影响力。

3.2.3　资金补偿

本阶段资金补偿的目的在于，通过政府、水电开发者、其他水电开发受益者、社会团体或个人等补偿主体拿出一定的资金，以直接或间接的方式向对应的补偿对象提供资金支撑，解决他们的资金短缺问题，以尽快弥补生态损失，恢复水电开发区域的生态建设能力和生态系统功能。从目前的情况来看，资金补偿常见的方式包括财政转移支付、补贴、减免税收、退税、信用担保贷款、财政贴息、加速折旧、补偿金、赠款、贴息等。其中，财政转移支付、补贴较为常见。

3.2.4　项目补偿

本阶段项目补偿的目的在于提高水电开发区域可持续发展能力。地方政府可以在水库库区、鱼类栖息地保护河段、生境保护地等区域引入环保项目，如有机食品、特色手工制品、生物制药等无污染的生态企业、加工企业，以及环境保护工程建设类企业，为这些区域的绿色可持续发展打下良好的基础。

3.2.5　实物补偿

电力补偿作为一种实物补偿，是水电的一种特殊补偿方式。水电开发企业可以提取一部分生态电量，免费或低价专供水电开发区域，用于促进地方的电气化与清洁能源发展。

3.2.6　教育补偿和技术补偿

本阶段教育补偿和技术补偿基本同本项水电开发效益发挥之前的阶段，目的在于减轻水电开发区域发展阻力、提高水电开发区域自我发展能力。

4　生态补偿的保障措施

为了确保水电开发生态补偿机制能够顺利实施，并取得预期效果，制定以下生态补偿保障措施。

（1）建立生态补偿管理部门。建议在流域或水电工程环境保护管理机构下，设置专门的生态补偿管理部门，统筹管理水电开发的生态补偿工作，制定相关管理制度与办法，具体负责并协调生态补偿的相关事宜。由于水电开发生态补偿涉及很多部门、区域、单位和居民的利益，各级政府、水电开发企业、水电开发区与受电区居民等相关利益者应广泛参与生态补偿管理部门的构建。

（2）成立水电开发生态补偿专项资金。实现水电开发生态补偿的关键在于有足够的资金作为基本保障，因此，需要成立水电开发生态补偿专项资金，为生态补偿资金的筹措与管理提供平台。生态补偿资金的来源主要包括水电开发收益、国家财政转移支付资金、生态电费、其他受益部门生态资金、社会团体或个人的捐款等。

生态补偿管理部门应建立健全生态补偿资金的使用管理办法，及生态补偿资金使用管理的监督和审计机制。补偿资金的使用管理是保证生态补偿取得实效的重要环节，应根据计划先行、统筹安排、分类管理、分账核算、分级使用、专款专用的原则，建立严格的使用管理制度[17]。对资金的用途和项目成效的评估方面应做出严格的规定，严防资金被挪用和浪费。此外，生态补偿管理部门还应负责生态补偿资金的运作，以基金养基金，实现生态补偿资金的保值与增值[18]。

（3）建立生态补偿效果评估机制。为了监督生态补偿的管理、保证科学决策、保障机制正常运行、实现补偿目标，生态补偿管理部门应建立生态补偿效果评估机制，通过自主评估或委托评估形式对生态补偿的效果进行适时评估。

5 结语

（1）生态补偿可以调动各方主动保护生态环境的积极性，内部化现有制度无法内部化的那部分环境外部性，是"双碳"目标下我国西部地区水电开发可持续发展的必要手段。

（2）水电开发生态补偿应针对环境影响评价、水土保持、征地补偿安置等现有制度不能内部化的环境外部性开展。我国西部地区水电开发的环境外部性主要包括替代化石能源和优化调整能源结构效益、节能减排效益、居民健康效益、水电开发区域生态环境效益、防灾抗灾效益、旅游效益等环境外部经济性，以及因当前认识不够充分、或难以采取措施、或即使采取措施也不能完全消除的水文情势和水温变化及水环境变化对鱼类等的不利环境影响所形成的环境外部不经济性。

（3）水电开发生态补偿的研究范围应为：依靠现有制度不能内部化的环境效益带来的环境外部经济性，以及不能得到消除的那部分不利影响带来的环境外部不经济性。

（4）水电开发生态补偿模式应根据水电开发的不同阶段进行合理选择。水电开发效益发挥之前的阶段，包括规划阶段、电站前期工作和建设阶段，应以政府主导模式为主、公众参与模式为辅；水电开发效益发挥之后的梯级电站运行阶段，应以市场交易模式为主，同时充分运用政府主导、企业主导和公众参与模式。

（5）应建立专门的生态补偿管理部门、成立水电开发生态补偿专项资金、建立生态补偿效果评估机制，保障生态补偿的有效实施。

参考文献

[1] 习近平在第七十五届联合国大会一般性辩论上发表重要讲话 [EB/OL]. [2022-03-20]. http://www.gov.cn/xinwen/2020-09/22/content_5546168.htm.

[2] 金亚勤. 2017 中国水电发展论坛：水电开发进入新常态 [N]. 中国能源报, 2017-2-6（F07）.

[3] 黄强, 郭怿, 江建华, 等. "双碳"目标下中国清洁电力发展路径 [J]. 上海交通大学学报, 2021, 55（12）：1499-1509.

[4] 国家能源局. 抽水蓄能中长期发展规划（2021—2035 年）[EB/OL]. [2022-03-20] http://zfxxgk.nea.gov.cn/2021-09/17/c_1310193456.htm.

[5] 张博庭. 大力发展抽水蓄能是实现我国"双碳"目标的当务之急 [J]. 水电与抽水蓄能, 2021, 7（6）：1-3, 10.

[6] 郑正, 王小洋. 新一轮电力体制改革下水电价格机制优化探讨 [J]. 中国经贸导刊, 2021（2）：56-57.

[7] 秦玉才，汪劲，童章舜，等．中国生态补偿立法：路在前方［M］．北京：北京大学出版社，2013：2.

[8] 中国电力企业联合会．2021—2022 年度全国电力供需形势分析预测报告［EB/OL］．［2022-03-20］https：//cec.org.cn/detail/index.html?3-306171.

[9] 中华人民共和国国务院新闻办公室．中国应对气候变化的政策与行动［EB/OL］．［2022-03-20］http：//www.gov.cn/zhengce/2021-10/27/content_5646697.htm.

[10] 彭丽娟．生态补偿范围及其利益相关者辨析［J］．时代法学，2013，11（5）：33-40.

[11] 曾绍伦，任玉珑．四川藏区水电开发利用的生态补偿机制研究［C］//西藏及其他藏区经济发展与社会变迁论文集，2006.

[12] 吴涤宇，陈晓龙．我国水电开发生态补偿机制研究［J］．东北水利水电，2007（05）：60-63，72.

[13] 陈强，刘艳，黄炜斌，等．基于碳交易市场的四川水电资源外送补偿研究［J］．水力发电，2016，42（1）：78-80，110.

[14] 彭才德．助力“碳达峰、碳中和”目标实现加快发展抽水蓄能电站［J］．水电与抽水蓄能，2021，7（6）：4-6.

[15] 杜明义．西部民族地区水电开发生态补偿问题与对策探讨［J］．晋中学院学报，2019，36（4）：40-44，49.

[16] 朱小康，傅斌．中国水电开发的生态补偿机制研究进展［J］．中国国土资源经济，2021，34（9）：47-54.

[17] 王社坤．《生态补偿条例》立法构想［J］．环境保护，2014，42（13）：38-41.

[18] 王雅丽，刘洋．强化金融支持推进生态补偿［J］．浙江金融，2009，（4）：28-29.

作者简介

何宇静（1989—），女，高级工程师，主要从事环境影响评价、环保咨询工作。E-mail：763064961@qq.com

何 涛（1976—），男，正高级工程师，主要从事环境影响评价、环保咨询、环保工程设计工作。E-mail：hetaozg@sina.com

姜跃良（1978—），女，正高级工程师，主要从事环境影响评价、环保咨询工作。E-mail：2005012@chidi.com.cn

利用滦平废弃矿坑建设抽水蓄能电站的方案探讨

行亚楠　郑大伟　杨再宏

（中国电建集团昆明勘测设计研究院有限公司，云南省昆明市　650051）

[摘　要] 废弃矿坑、特别是露天废弃矿坑处理工程量大、耗时长、耗资巨大，如何在不改变采后地貌的前提下对露天矿坑加以利用成为亟待解决的问题。"双碳"背景下，储能产业发展进入黄金时期。抽水蓄能作为一种效率高、容量大、技术成熟、成本低的储能方式，在"十四五"期间必将迎来高速发展。滦平抽水蓄能电站作为国内首例入规的利用废弃矿坑进行开发利用的典型工程，对促进矿区生态环境保护和修复及推动储能产业发展均有较高的示范推广意义。

[关键词] 抽水蓄能电站；废弃矿坑；双碳；废弃矿坑利用

0　引言

露天开采矿产具有开采效率高、机械化程度高、安全性强等优点，被广泛应用于采矿行业[1]，矿山开采对地形地貌景观和土地资源破坏十分严重。截至 2018 年，我国各类废弃矿山约 99000 座[2]，各类矿山累积破坏土地约 400 万 hm^2 [3]。由于露天矿坑填土掩埋处理工程量大、耗时长、耗资巨大，如何低成本修复露天矿坑成为亟待解决的问题。

"双碳"背景下，储能产业发展进入黄金时期。据统计，全国"十四五"期间储能规划超过 40GW。抽水蓄能储能具有效率高、容量大、技术成熟、成本低等优点，是目前人类储能成本最低的选项之一。根据国家能源局《抽水蓄能中长期发展规划（2021～2035 年）》[4]，2030 年我国抽水蓄能投产总规模约为 1.2 亿 kW，规划布局重点实施项目 340 个，总装机容量约 4.2 亿 kW。

抽水蓄能水力发电储能能源密度低，储存一颗 AA 电池的电量，相当于将 100kg 水提升 10m 高[5]，占地面积大。利用废弃矿坑建设抽水蓄能电站，不仅节约工程投资、减少新占用地，还能减少废弃矿坑修复费用，对发展当地旅游业也有帮助。

1　抽水蓄能电站建设现状

1882 年瑞士苏黎世建成世界第一座抽水蓄能电站，此后 140 年抽水蓄能电站经历了长足发展。目前，日本是世界范围内抽水蓄能电站装机容量最大、装机比例最高的国家。韩国、西班牙、法国、德国、意大利等国家的抽水蓄能电站装机比例也处于世界领先水平。[6]

近几年，我国抽水蓄能电站发展迅速。截至 2021 年底，我国已建成了包括河北岗南、北京密云、广东广州、北京十三陵等在内的 40 座抽水蓄能电站，总装机容量 3639 万 kW[7]。

在建项目有河北丰宁、广州梅州等 48 座，总装机容量 6153 万 kW。目前，我国已成为全球已建和在建抽水蓄能电站规模最大的国家。

目前世界范围内利用废弃矿坑修建抽水蓄能电站的案例还不多。截至 2022 年 7 月，国内外利用矿坑建设抽水蓄能电站的有河北滦平废弃露天铁矿抽水蓄能电站、阜新海州露天矿抽水蓄能电站、句容石砀山抽水蓄能电站、淄川昆仑镇多能互补能源综合体项目、澳大利亚北昆士兰州金矿抽水蓄能电站、德国北莱茵西伐利亚州 Prosper-Haniel 煤矿抽水蓄能电站、多伦多马莫拉（Marmora）抽水蓄能电站等。这些项目均处于前期规划阶段，仅河北滦平抽水蓄能电站入规并通过预可行性研究报告审查及可行性研究阶段枢纽布置格局等三大专题报告审查。

作为国内首个入规利用矿坑建设能源电力项目的工程，滦平抽水蓄能电站有望成为矿坑综合治理的示范工程。

2 河北滦平抽水蓄能电站设计方案

2.1 概况

滦平抽水蓄能电站位于河北省承德市滦平县小营乡，距滦平县公里里程 55km，距承德市公路里程 45km，距首都北京公里里程 247km。

工程区地处燕山山脉中段，地势西北高，东南低，地形起伏变化较大，属中低山～丘陵地貌。工程区以平顶山为中心，是地形最高点，最高高程 997m，北东向、西向、南向为呈三指状渐低的三条山脊延伸，地形总体呈"鸡脚掌"状。东侧为上哈叭沁村较宽缓的槽谷地形，高程为 540～570m，北高南低；西侧为伊逊河河谷，总体由北向南流，在工程区曲折延伸，呈连续"S"形，在西侧延伸山脊处形成"U"形，河床高程 490～460m；南侧在平顶山脚为一较开阔宽缓沟谷，总体西高东低，高程 600～570m。

电站上水库即位于"鸡脚掌"掌心靠后部位，下水库及地面厂房位于沿南侧沟谷开挖磁铁矿形成的矿坑内。工程输水系统距高比仅 3.2，水平距离较短。地下厂房为凝灰岩地层，地质条件优良。

2.2 设计方案

滦平抽水蓄能电站装机容量 1200MW，上库总库容 $1792×10^4m^3$，下水库利用已有矿坑，总库容 $2238×10^4m^3$，为一等大（1）型工程。上水库挡水建筑物、输水系统、厂房等主要建筑物为 1 级建筑物，次要建筑物为 3 级建筑物；临时建筑物为 4 级建筑物。上水库及下水库洪水标准按 200 年一遇（P=0.5%）设计，2000 年一遇（P=0.05%）校核；输水系统、地下厂房、开关站等其他主要永久建筑物洪水标准按 200 年一遇（P=0.5%）设计，1000 年一遇（P=0.1%）校核。

上水库大坝、电站进出水口，其工程抗震设防类别为甲类，设计地震采用基准期 100 年超越概率 2%，相应的基岩峰值加速度为 97.2gal；采用基准期 100 年超越概率 1%，相应的基岩峰值加速度为 117.6gal 进行抗震复核。

工程包括上水库、下水库、输水系统、地下厂房、地面开关站、补水系统组成。枢纽布置效果图见图 1。

图 1 工程枢纽布置效果图

上水库大坝采用混凝土面板堆石坝，最大坝高 109m，调节库容 1726 万 m³。上水库采用垂直帷幕灌浆防渗。不设置专门泄洪建筑物，洪水由水库消纳。下水库利用现有矿坑布置，调节库容 1747 万 m³。下水库无需新建挡水及泄水建筑物，洪水由水库消纳。

输水发电系统采用"两管四机"引水方式，总长约 2005m，其中，引水系统长约 1225m，尾水系统长约 780m，设调压室。

上库进/出水口位于库区西侧，为竖井式进水口，设 8 孔立式拦污栅。事故闸门井位于坝脚，与坝顶公路连接。引水隧洞主洞立面采用一级竖井布置，岔管为"卜"形钢筋混凝土岔管；支管后部 150m 采用钢板衬砌。尾水隧洞采用"一坡到顶"的方式，坡度为 15%。下库进/出水口采用岸塔式布置，与矿坑公路相连，不设置交通桥。每个进/出水口设有 4 孔拦污栅。

地下厂房由主机间、安装间和副厂房组成，呈"一"字形布置。统筹考虑项目二期工程，安装间布置于地下厂房西端，位于拟建二期工程与一期厂房之间。副厂房布置于地下厂房东端。地下厂房开挖尺寸 193.3m×25.8m×61.5m。主机间分 4 层布置，分别是发电机层、中间层、水轮机层、蜗壳层，布置 4 台 300MW 机组；左端副厂房分别布置低压厂用电层、共用设备控制层、蓄电池及会议室层、屋顶及通风设备层。地下厂房主要采用喷锚柔性支护型式和岩壁吊车梁结构。

主变压器室平行布置于主机间下游侧，距离主机间 40m，主变压器室开挖尺寸 161.6m×21.2m×23m（长×宽×高），从下至上分别布置主变压器层、电缆层、屋顶层。

地面开关站紧邻下库北侧边坡布置，平面尺寸为 90m×45m（长×宽）。出线形式采用竖井+平洞方式，出线架布置于 GIS 楼上游。开关站布置 GIS 楼及开关站控制楼，GIS 楼长 75m，分两层布置，从下至上布置电缆层、GIS 层；开关站控制楼长 25m，共分 5 层布置，从下至上依次布置通风层、高压开关室层、电缆夹层、控制层、办公层。

工程从站址西侧的伊逊河自流取水。在取水口下游侧布置橡胶坝,坝高 4.3m,坝总长 85m,单跨布置。补水隧洞长约 2.3km,坡比 0.1%。

2.3 项目影响力

本工程利用开采磁铁矿形成的矿坑作为下水库,作为与矿坑综合治理相结合的能源电力项目,一方面节约了抽水蓄能项目的工程投资,同时抽水蓄能工程建设对于恢复矿区生态环境也具有重要的意义,大大减小了矿坑治理的难度。节约用地面积 115 万 m^2,节约工程投资约 17%,解决了一百多万平米废弃矿坑修复问题,经济效益和社会效益。

本项目为国内首例已入规的利用矿坑建设抽水蓄能电站的项目。2020 年 10 月工程预可行性研究报告通过了审查;2021 年 7 月可行性研究阶段枢纽布置格局比选、正常蓄水位选择及施工总布置规划三大专题报告通过了咨询或审查。

作为国内首个利用矿坑建设能源电力项目的工程,滦平抽水蓄能电站志在成为矿坑综合治理的示范工程,对促进矿区生态环境保护和修复具有很高的示范推广意义。

4 结论和展望

废弃矿坑、特别是露天废弃矿坑处理工程量大、耗时长、耗资巨大,如何在不改变采后地貌的前提下对露天矿坑加以利用成为亟待解决的问题。"双碳"背景下,储能产业发展进入黄金时期。抽水蓄能作为一种效率高、容量大、技术成熟、成本低的储能方式,在"十四五"期间必将迎来高速发展。

建设抽水蓄能电站需占用大量土地资源,这与生态环境保护理念冲突。通过对废弃露天矿坑进行开发利用建设抽水蓄能电站,不仅能节约投资、减少占地、降低生态环境影响,还能解决废弃矿坑修复的难题,是"优空间、护资源、促集约"的绝佳途径。

滦平抽水蓄能电站作为国内首例入规的利用废弃矿坑进行开发利用的典型工程,志在成为矿坑综合治理的示范工程,对促进矿区生态环境保护和修复及推动储能产业发展均有较高的示范推广意义。

本项目利用铁矿坑建设抽水蓄能电站,矿坑矿石及尾矿固体废弃物浸出物质毒性和属性及浸出物对建筑物本身和周围水体造成的影响尚不明确。针对该问题,下阶段将开展废弃铁矿坑建库的水环境影响评估及对策措施研究。

参考文献

[1] 才庆祥,尚涛,周伟. 大型露天矿规模化开采新工艺研究 [J]. 科技资讯,2016,14(10):2.

[2] 杜莉莉,刘文豪,莫志凯,等. 废弃露天矿坑的生态修复方式及发展 [J]. 能源与环保,2022,44(2):7.

[3] 李建中,张进德. 我国矿山地质环境调查工作探讨 [J]. 水文地质工程地质,2018,45(4):4.

[4] 国家能源局. 抽水蓄能中长期发展规划(2021~2035 年)[R]. 北京:国家能源局,2021.

[5] 能源与环境政策研究中心. 煤矿变身为抽蓄储能场 重点行业去杠杆攻坚大幕开启,2022.07,http://www.ceep.cas.cn/mznyxw/201709/t20170901_381480.html.

[6] 罗莎莎,刘云,刘国中,等. 国外抽水蓄能电站发展概况及相关启示 [J]. 中外能源,2013(11):4.

［7］韩冬，赵增海，严秉忠，等. 2021 年中国抽水蓄能发展现状与展望［J］. 水力发电，2022，48（5）：5.

作者简介

行亚楠（1987—），女，高级工程师，主要从事水利水电工程设计工作。E-mail：382487081@qq.com

郑大伟（1983—），男，正高级工程师，主要从事水利水电工程设计工作。

杨再宏（1963—），男，正高级工程师，主要从事水利水电工程设计工作。

五、

运 行 与 维 护

南水北调中线西黑山枢纽历年冰情数据分析及冰情预警建议

张君荣

（南水北调中线干线工程建设管理局天津分局，天津市　300393）

[摘　要]通过对辖区连续 5 个冰期输水年度冰情数据进行统计分析，研究冰情形成条件与气温、水温的相关性，提出冰情预警初步建议。同时，采用 2020—2021 年度实测气温、实测水温与冰情的关联性，对冰情形成条件进行修正，增加辅助预警条件，提出最终冰情预警建议，为及时应对冰冻灾害突发事件提供参考和借鉴。

[关键词]冰期输水；冰情预警；气温；负积温

0　引言

南水北调中线西黑山枢纽所辖区域属温带大陆性、半干旱季风气候，年平均气温为13.5℃，极端最低气温为-21.4℃。因其所处地理位置，冰期输水问题不可避免。自 2014 年12 月 12 日正式通水至今，已经历了 7 个年度的冰期输水。除 2016 年 1 月遭遇极寒天气西黑山进口闸前后出现短时间冰塞外，其他年度未出现冰冻灾害。鉴于近年我国气象条件预报总体偏差的现状，极寒天气的可能性依然会大概率发生。水利部南水北调管理司在 2021 年年初做出了"南水北调中线京津冀段局部地区可能会出现 21 世纪气温最低纪录[1]"的预报，国家气候中心在 10 月也发布了 2021 年将是"双拉尼娜年"。冷空气活动频率更大、强度更强、气温更低的概率增大。

西黑山枢纽工程作为中线工程的咽喉要塞，肩负着向北京、天津及雄安新区供水的重大任务。近年，中线建管局组织科研单位对全线冰情数据进行了分析，提出了冰情形成的基本条件作为预警。因中线为线性工程，南北跨越 8 个纬度，不同地理位置冰情形成条件仍有一定差异，对各自辖区冰情预警影响仍有不同。为此，有必要对西黑山枢纽近年来冰期输水有关气温、水温、冰情等数据进行系统汇总、分析研究，提出切合辖区实际的相关结论，进而及时采取防范措施，确保冰期输水安全。

1　历年冰期数据分析

1.1　气温

1.1.1　负温情况

通过对 2016—2021 年连续 5 个冰期输水年度日气温数据统计得出：负温天数为 55～

77 天，占整个冰期的 61%～86%，负温日期最早出现在 12 月 1 日，最晚出现在 12 月 20 日；最早延续至 2 月 3 日，最晚延续至 2 月 18 日。最低气温低于-10℃的天数为 13～43 天，占整个冰期输水的 14%～48%。日均气温低于-4℃的天数为 9～31 天，占比为 10%～34%。

1.1.2　气温趋势

5 个年度冰期日均气温为-2.33～-0.4℃，因此除 2017—2018 年度、2018—2019 年度为正常年份外，其他三年符合暖冬标准（河北省气候中心发布的冬季日均气温常年值为-2.7℃[3]，则日均气温为-3.2～-2.2℃为正常年，小于-3.2℃为冷冬，大于-2.2℃为暖冬）。

气温统计结果见表 1。

表 1　　　　　　　　　　　2016—2021 年度气温统计汇总表

年度	负温统计			最低气温<-10℃		日均气温<-4℃		日均气温（℃）	最低气温（℃）
	负温天数（天）	负温日期	占比（%）	天数（天）	占比（%）	天数（天）	占比（%）		
2016—2017 年度	55	12 月 20 日—2 月 12 日	61	14	16	10	11	-0.43	-13
2017—2018 年度	68	12 月 8 日—2 月 13 日	76	28	31	20	22	-2.21	-12
2018—2019 年度	77	12 月 4 日—2 月 18 日	86	43	48	31	34	-2.33	-15
2019—2020 年度	59	12 月 12 日—2 月 8 日	66	13	14	9	10	-0.4	-12
2020—2021 年度	65	12 月 1 日—2 月 3 日	72	19	21	21	23	-0.93	-21

根据以上数据分析结果，无论是从负温天数、最低气温天数、日均气温天数还是冰期日均气温来看，年度之间没有明显变化趋势，因此没有逐年变冷或逐年变暖的趋势，也没有冷暖相间的变化趋势。

5 个年度日平均气温和最低气温分别如图 1 和图 2 所示。由此得出：2020—2021 年度最低温度为 1 月 6 日的-21℃，已接近地方气象部门公布的历史极值-21.4℃，比近 5 年最低温度-15℃低了 40%，且连续三天最低气温为-21℃、-18℃、-16℃，均低于近 5 年来最低气温。虽然 2020—2021 年度在负温天数、最低气温、日均气温方面在近 5 年处于中间水平，但仍可算一个特殊年份，这与气象部门预测的极端天气随时可能出现情况是一致的。

1.2　水温

1.2.1　水温情况统计

2016—2021 年连续 5 个冰期输水年度日最低水温数据如图 3 所示。由此得出：最低水温范围为 0.04～9.73℃，最低水温低值范围为 0.04～2.27℃。其中：水温低于 0.5℃的天数为 2～5 天，占比为 2%～6%；水温低于 1℃的天数为 9～12 天，占比为 10%～13%；水温低于 2℃的天数为 13～31 天，占比为 14%～34%；水温小于 4℃的天数为 38～66 天，占比为 42%～73%。

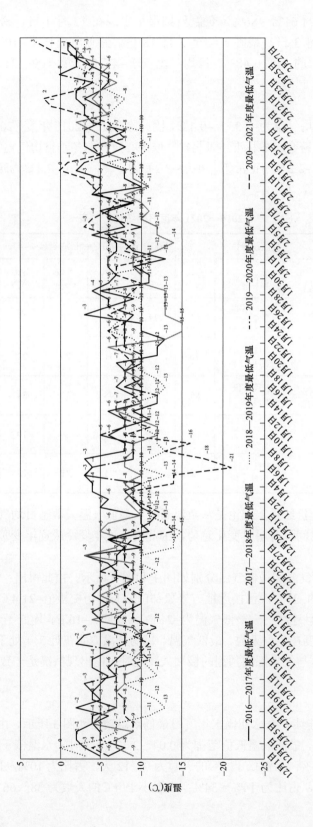

图1 2016—2021 年度日最低气温对比图

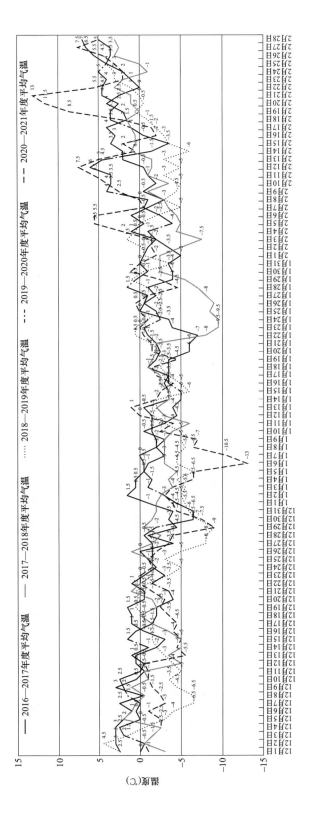

图 2 2016—2021 年度历年日平均气温对比图

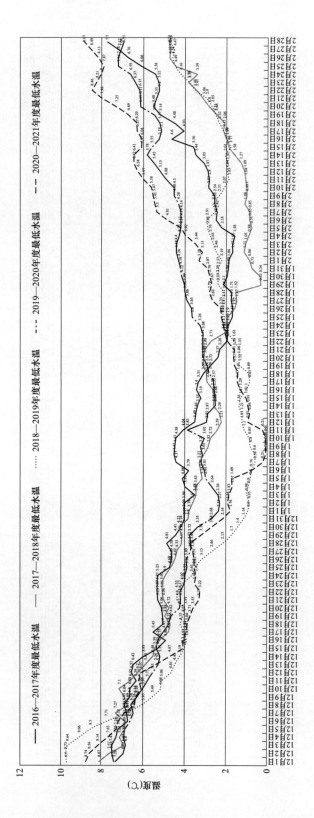

图 3　2016—2021 年度日最低水温数据对比图

2016—2021 年水温统计结果见表 2。

表 2   2016—2021 年度水温范围统计汇总表

年度	水温范围（℃）	水温<4℃			水温<2℃			水温<1℃			水温<0.5℃		
		天数（天）	日期	占比（%）	天数（天）	日期	占比（%）	天数（天）	日期	占比（%）	天数（天）	日期	占比（%）
2016—2017 年度	1.58～7.7	41	12月31日—2月15日	46	13	1月22日—2月4日	14	0	—	0	0	—	0
2017—2018 年度	0.31～8.07	56	12月31日—2月16日	62	24	1月24日—2月16日	27	9	1月29日—2月9日	10	2	1月29日—1月30日	2
2018—2019 年度	0.58～9.73	66	12月15日—2月16日	73	31	12月29日—2月16日	34	12	1月1日—1月18日	13	0	—	0
2019—2020 年度	2.27～7.28	38	12月23日—1月29日	42	0	—	0	0	—	0	0	—	0
2020—2021 年度	0.04～8.87	50	12月20日—2月4日	56	22	1月1日—1月21日	24	9	1月6日—1月12日	10	5	1月7日—1月11日	6

1.2.2 水温与负积温

由 2016—2021 年度日平均气温与最低水温统计情况可以得出：最低水温由 4℃降至 2℃的负积温累积量为 -36.5～-52℃；由 2℃降至 1℃的负积温累积量为 -24～-42℃；由 1℃降至 0.5℃的负积温累积量为 -12.5～-36℃；由 0.5℃降至 0℃的负温累积量为 -12.5～-23.5℃。

水温与负积温统计结果见表 3。

表 3   2016—2021 年度水温与负积温统计结果   ℃

年度	水温			
	4℃至 2℃负积温	2℃至 1℃负积温	1℃至 0.5℃负积温	0.5℃至 0℃负积温
2016—2017 年度	-45	—	—	—
2017—2018 年度	-53	-42	-12.5	-12.5
2018—2019 年度	-36.5	-27.5	-36	—
2019—2020 年度	-43	—	—	—
2020—2021 年度	-52	-24	-19.5	-23.5

1.3 冰情

1.3.1 冰情情况统计

由 2016—2021 年连续 5 个冰期输水年度冰情数据得出：冰情天数为 17～44 天，占整个冰期输水天数的 19%～49%；冰情最早出现在 12 月 19 日，最晚出现在 1 月 20 日；流冰最早出现在 1 月 1 日，最晚出现在 1 月 23 日；冰情消融最早出现在 1 月 19 日，最晚出现在 2 月 13 日；流冰天数为 3～6 天，冰盖天数为 4～5 天。

2016—2021 年冰情统计结果见表 4。

表 4　　　　　　　　　　　2016—2021 年度冰情统计结果表

年度	冰情统计			流冰统计		冰盖统计		融冰统计	
	冰情天数（天）	冰情日期	占比（%）	流冰天数（天）	流冰日期	冰盖天数（天）	冰盖日期	融冰天数（天）	融冰日期
2016—2017 年度	17	1 月 20 日—2 月 5 日	19	3	1 月 23 日—25 日	—	—	—	—
2017—2018 年度	44	1 月 1 日—2 月 13 日	49	4	1 月 23 日—26 日	4	1 月 27 日—30 日	1	1 月 31 日
2018—2019 年度	25	12 月 26 日—1 月 19 日	28	5	1 月 5 日—9 日	—	—	—	—
2019—2020 年度	26	1 月 1 日—26 日	29	—	—	—	—	—	—
2020—2021 年度	39	12 月 19 日—1 月 27 日	43	6	1 月 1 日—6 日	5	1 月 7 日—11 日	2	1 月 12 日—13 日

1.3.2　冰情与负积温

由 2016—2021 年连续 5 个冰期输水年度冰情与气温情况得出：出现岸冰的负积温为 -58～-37.5℃，出现流冰的负积温为 -121.5～-72.5℃，出现冰盖的负积温为 -145～-133℃，冰期累计负积温为 -241.5～-108℃。

2016—2021 年冰情与负积温统计结果见表 5。

表 5　　　　　　　　　　　2016—2021 年度冰情与负积温统计结果表

年度	负温统计		岸冰负积温（℃）	流冰负积温（℃）	冰盖负积温（℃）	累计负积温（℃）	最低气温（℃）	冰情统计	
	负温天数（天）	负温日期						冰情天数（天）	冰情日期
2016—2017 年度	55	12 月 20 日—2 月 12 日	-55.5	-72.5	—	-108	-13	17	1 月 20 日—2 月 5 日
2017—2018 年度	68	12 月 8 日—2 月 13 日	-38.5	-118	-145	-214.5	-15	44	1 月 1 日—2 月 13 日
2018—2019 年度	77	12 月 4 日—2 月 18 日	-58	-121.5	—	-241.5	-15	25	12 月 26 日—1 月 19 日
2019—2020 年度	59	12 月 12 日—2 月 8 日	-37.5	—	—	-112.5	-12	26	1 月 1 日—1 月 26 日
2020—2021 年度	65	12 月 1 日—2 月 3 日	-45.5	-89.5	-133	-184.5	-21	39	12 月 19 日—1 月 27 日

1.4 冰情形成条件

1.4.1 冰情观测成果

中国电建北京院与长委科学院最新冰情观测成果报告,岸冰形成条件为:水温 4℃、气温−10℃,水温 2℃、气温−5℃,水温 1℃、气温−3℃;流冰形成条件为:水温低于 0.5℃、气温低于−6℃,水温低于 1.0℃、气温低于−8℃,水温低于 1.5℃、气温低于−12℃;冰盖形成条件为:水温低于 1℃、最低气温低于−15℃,连续 3 日负积温积累量超−30℃[4]。

1.4.2 与观测成果对比情况

由历年气温、水温、负积温统计情况总结出辖区冰情形成条件统计情况见表 6。与冰情观测成果报告相比:

岸冰最早形成条件对应水温为 3.46~4.17℃、气温−10℃左右与其第一种情况基本一致;2016—2017 年度水温 3℃对应的最低气温更低,宽于监测成果条件。

4 个有流冰年度中,2018—2019 年度流冰形成条件对应水温 0.9℃、气温−10℃,与其第二种情况基本一致;其他三个年度水温为 1.74~2.08℃、气温−158~−10℃,与其无明显对应值,但水温均高于监测成果条件。

2 个有冰盖年度中,2017—2018 年度冰盖形成条件对应水温 1.57℃、气温−137℃、连续 3 日负积温为−25.5℃,均严于其监测成果条件,2020—2021 年度对应水温为 0.21℃、气温为−181℃、连续 3 日负积温−30℃与其监测结论基本一致。

表 6 西黑山管理处辖区冰情形成条件统计表 ℃

年度	冰情	日期	水温	最低气温
2016—2017	岸冰	1 月 20 日	2.98	−12
	流冰	1 月 23 日	1.98	−10
年度	冰情	日期	水温	最低气温
2017—2018	岸冰	12 月 31 日	3.96	−10
	流冰	1 月 23 日	2.08	−15
	冰盖	1 月 26 日	1.57	−13
	日期	最低气温	最高气温	日均气温
	1 月 25 日	−4	−13	−8.5
	1 月 26 日	−5	−13	−9
	1 月 27 日	−3	−13	−8
	连续 3 日负积温			−25.5
年度	冰情	日期	水温	最低气温
2018—2019	岸冰	12 月 25 日	3.46	−10
	流冰	1 月 4 日	0.9	−10
年度	冰情	日期	水温	最低气温
2019—2020	岸冰	1 月 1 日	2.33	−10
	岸冰	2 月 5 日	4.17	−10

年度	冰情	日期	水温	最低气温
2020—2021	岸冰	12月18日	3.85	−9
	流冰	1月1日	1.74	−11
	冰盖	1月7日	0.21	−18
	日期	最低气温	最高气温	日均气温
	1月5日	1	−14	−6.5
	1月6日	−5	−21	−13
	1月7日	−3	−18	−10.5
	连续3日负积温			−30

1.5 冰情预警

按照辖区冰情形成条件与最新冰情观测成果报告相关数据对比，提出预警条件如下。

岸冰：水温4℃、气温−10℃或水温2℃、气温−5℃或负积温−37.5℃。

流冰：水温低于2℃、气温低于−10℃或水温低于1℃、气温低于−8℃或负积温−72.5℃。

冰盖：水温低于1.5℃、气温低于−13℃或负积温−133℃或连续3日负积温积累量超过−25.5℃。

另外，根据表4水温与负积温统计结果，提出预警辅助条件：水温由4℃降至2℃的负积温累积量为−36.5℃；由2℃降至1℃的负积温累积量为−24℃；由1℃降至0.5℃的负积温累积量为−12.5℃；由0.5℃降至0℃的负温累积量为−12.5℃。

因此，提出辖区冰情预警条件初步建议见表7。

表7　　　　　　　　西黑山管理处辖区冰情预警条件初步建议汇总表　　　　　　　　℃

冰情	气温	水温	负积温	连续3日负积温积累量
岸冰	−10	4	−37.5	—
	−5	2		
流冰	−10	2	−72.5	—
	−8	1		
冰盖	−13	1.5	−133	−25.5
水温与负积温	4℃至2℃负积温	2℃至1℃负积温	1℃至0.5℃负积温	0.5℃至0℃负积温
	−36.5	−24	−12.5	−12.5

2 实测气温与实测水温

2.1 实测气温（2020—2021年度）

2.1.1 监测设备

上述所有气温统计均基于天气预报数值，2020年冰期输水前采购了自动测温仪，开展辖区气温实测工作，实测实时气温可以通过云控通 App 在手机终端直接显示（如图 4、图 5 所示）。

图 4 自动测温仪实物及安装位置

图 5 自动测温仪终端显示

2.1.2 数据对比

根据 2020—2021 年度逐日预报气温与实测气温最低值对比分析（如图 6 所示），整个冰期实测最低气温高于预报气温 60 天，占比为 67%；实测与预报一致的 18 天，占比为 20%；实测低于预报的 12 天，占比为 13%。最低气温实测值与预报值最大相差 7（1 月 4 日，实测值为–7℃、预报值为–14℃，差值达到预报值的 50%）。

另外，对实测高于预报最低气温差值占比的天数进行了统计，实测与预报差值占比＞50%的天数为 17 天、占比为 28%，占比为 30%～50%的天数为 13 天、占比为 22%，占比为 20%～30%的天数为 11 天、占比为 18%，＜20%的天数为 19 天、占比为 32%。

2020—2021 年度预报气温与实测气温最低值对比统计情况见表 8。

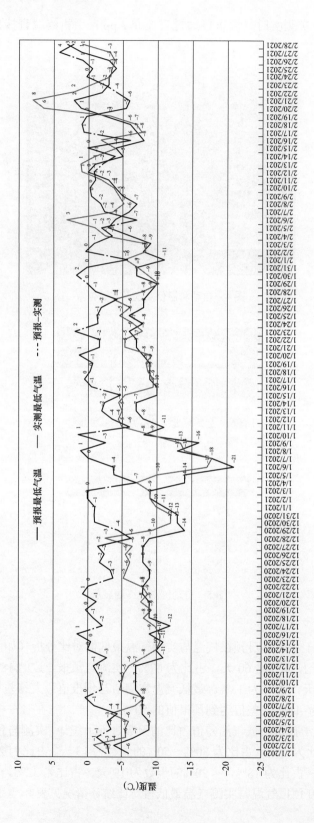

图 6　2020—2021 年度预报气温与实测气温最低值对比情况

表 8   2020—2021 年度预报气温与实测气温最低值对比表

项目	总天数（天）	占比（%）	分布（天）			预报—实测		
			12 月	1 月	2 月	差值占比分布	天数（天）	占比（%）
实测＞预报	60	67	21	19	20	＞50%	17	28
						＞30%，＜50%	13	22
						＞20%，＜30%	11	18
						＜20%	19	32
实测＝预报	18	20	5	7	6	—	—	—
实测＜预报	12	13	2	5	5	—	—	—

2.1.3 实测气温负积温

根据实测与预报最低气温统计情况，结合冰情实际：出现岸冰负积温由−45.5℃降至−31.1℃；出现流冰负积温由−89.5℃降至−64.3℃；出现冰盖负积温由−133℃降至−104.6℃。以此作为辅助条件对冰情预警条件进行修正，详见表 9。

表 9   2020—2021 年度预报与实测负积温对比表   ℃

年度	预报平均气温	岸冰负积温	流冰负积温	冰盖负积温	实测平均气温	岸冰负积温	流冰负积温	冰盖负积温
2020-12-1	−1				−0.4			
2020-12-2	−0.5				3.2			
2020-12-3	−1.5				2.7			
2020-12-4	−2.5				1.3			
2020-12-5	−2.5				1.6			
2020-12-6	−1				1.1			
2020-12-7	−3				−2.3			
2020-12-8	−2.5				−2.8			
2020-12-9	−1.5	−45.5			−0.7			
2020-12-10	−1				0.5			
2020-12-11	−1				0.6			
2020-12-12	−0.5				−2.1	−31.1		
2020-12-13	−5.5				−3.1			
2020-12-14	−4.5		−89.5	−133	−5.1			
2020-12-15	−5				−5.3			
2020-12-16	−4				−4.4			
2020-12-17	−4.5				−3.4		−64.3	−104.6
2020-12-18	−3.5				−3.0			
2020-12-19	−2.5				−3.8			
2020-12-20	−3				−2.2			
2020-12-21	−1.5				−2.3			
2020-12-22	0				−1.2			
2020-12-23	0				1.5			
2020-12-24	−1.5				−0.2			
2020-12-25	−1				−0.5			
2020-12-26	−2				−0.7			
2020-12-27	−3.5				−0.5			

续表

年度	预报 平均气温	岸冰 负积温	流冰 负积温	冰盖 负积温	实测 平均气温	岸冰 负积温	流冰 负积温	冰盖 负积温
2020-12-28	−4				−1.0			
2020-12-29	−9				−5.4			
2020-12-30	−7.5		−89.5		−7.8		−64.3	
2020-12-31	−4.5				−4.7			
2021-1-1	−4				−4.4			
2021-1-2	−3			−133	−4.7			−104.6
2021-1-3	−4				−4.2			
2021-1-4	−6.5				−2.9			
2021-1-5	−6.5				−5.8			
2021-1-6	−13				−11.3			
2021-1-7	−10.5				−11.4			

2.2 实测水温（2020—2021 年度）

2.2.1 监测设备

上述所有水温统计均为闸控系统数值，源于超声波流量计程序计算得出，数据的准确性与设备的正常运行状态关联性大。2020—2021 年度采用自动测温仪，对典型断面水面以下 0.1、1.5、3、4m 四个位置开展了实测工作，实测实时水温可以通过云控通 App 在手机终端直接显示（如图 7、图 8 所示）。

图 7　自动测温仪实物及安装位置

图 8　自动测温仪终端显示

2.2.2 数据对比

由闸控水温和实测水温数据统计图（如图 9 所示）可知：水体表面温度（水下 0.1m）均低于闸控系统水温；水深与水温基本呈正比例关系，即水深越大温度越高；闸控系统水温最接近水下 4m 位置水温。

2.2.3 水体表面温度

因水体表面温度（水下 0.1m）与渠道冰情相关度最贴近，通过闸控水温与水下 0.1m、水下 4m 水温差值进行统计，绘制出对比图（如图 10 所示）。从对比图中得出：闸控水温 89% 的数据大于水下 4m 实测值，闸控水温 100% 的数据大于水下 0.1m 实测值；闸控与水下 0.1m 水温差值最大为 0.47℃，闸控与水下 4m 水温差值最大为 0.27℃。

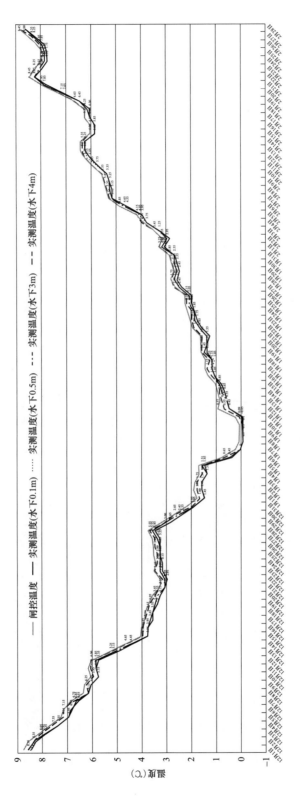

图 9 2020—2021 年度闸控水温与实测水温数据对比图

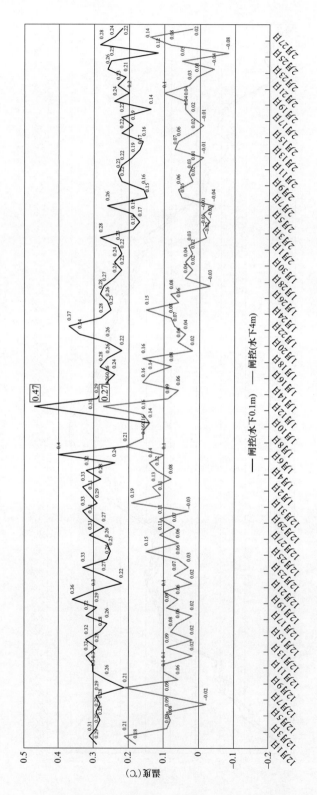

图 10　2020—2021 年闸控水温与实测水温差值数据对比图

根据图 10 最低水温变化情况，以水温从 2℃开始每降低 0.5℃作为统计对象，得出：水温由 2℃降至 1.5℃延续时长为 14h、由 1.5℃降至 1℃延续时长为 4h、由 1℃降至 0.5℃延续时长为 13h、由 0.5℃降至 0℃延续时长为 14h，对冰情预警可能有较大影响。具体见表 10。

表 10　　　　　　　　　　实测水温变化与延续时长汇总表

位置	水温（℃）	时间	延续时长（h）
水下 0.1m	2	2021-1-6 0:29	—
	1.5	2021-1-6 14:29	14
	1	2021-1-6 18:59	4
	0.5	2021-1-7 8:29	13
	0	2021-1-8 7:30	13

2.2.4　水温与冰情

按照水下 0.1m 实测水温、实测最低气温与闸控水温、预报最低气温进行对比，2020—2021 年度冰情形成条件实测值岸冰：水温 3.35℃（降 13%）、气温-9℃（相当）；流冰：1.45℃；（低 17%）、气温-10℃（高 10%）；冰盖：水温 0℃、气温-18℃（相当）。以此作为辖区冰情预警的辅助条件。具体见表 11。

表 11　　　　　2020—2021 年度实测水温与冰情关系表　　　　　℃

	冰情	日期	闸控水温	实测水温	预报气温	实测气温
2020—2021	岸冰	12 月 18 日	3.85	3.35	−9	−9
	流冰	1 月 1 日	1.74	1.45	−11	−10
	冰盖	1 月 7 日	0.21	0	−18	−18

3　冰情预警条件

鉴于天气预报气温与现场实际的差异性，以及闸控水温数据与设备本体运行的关联性，对前述表 8 的冰情预警条件进行修正如下：冰情形成条件的气温不再调整；负积温取实测最不利数值进行调整，即岸冰由-45.5℃降至-31.1℃、流冰由-89.5℃降至-64.3℃，冰盖由-1333℃降至-104.6℃；连续 3 日负积温不再调整；增加水体表面温度作为辅助预警条件，当流量计故障或对其温度有异议时启用。冰情预警条件见表 12。

表 12　　　　　西黑山管理处辖区冰情预警条件汇总表　　　　　℃

预警条件	气温	水温	负积温	连续 3 日负积温积累量	水体表面温度
岸冰	−10	4	−31.1	—	3.35
	−5	2			—
流冰	−10	2	−64.3	—	1.45
	−8	1			—
冰盖	−13	1.5	−104.6	−25.5	0

续表

预警条件	气温	水温	负积温	连续 3 日负积温积累量	水体表面温度
水温与负积温	4℃至 2℃负积温	2℃至 1℃负积温	1℃至 0.5℃负积温	0.5℃至 0℃负积温	辅助条件
	−36.5	−24	−12.5	−12.5	

4　结语

（1）辖区地处中线工程次末端，冰期流量、流速、水位等数据除特殊年份外无较大变化，因此未考虑水力条件影响。

（2）冰情形成条件的统计分析未充分考虑风力、太阳辐照等气象条件影响，得出的结论与冰情观测成果报告相差甚微，可作为辖区冰情预警条件。

（3）根据辖区水温、气温数据统计分析得出的结论与冰情观测成果报告对比，取最不利情况作为辖区冰情预警条件，更切合实际情况。

（4）增加 2020—2021 年实测气温与实测水温得出的结论作为辖区预警辅助值，修正冰情形成条件，更有利于降低冰冻灾害发生的可能性。

（5）继续收集 2014—2015 年度、2015—2016 年度冰情数据，形成辖区正式通水以来完整、连续数据链，进一步验证冰情预警条件的准确性。

（6）继续开展气温、水温实测工作，翔实记录有关数据，逐年统计汇总，对预警条件提出更新完善建议。

参考文献

[1] 水利部南水北调司. 关于持续加强南水北调中线工程冰期输水安全运行工作的通知. 2021.
[2] 河北省气象局. 河北省气候公报. 2016—2020.
[3] 中国电建集团北京勘测设计研究院有限公司，长江水利委员会长江科学院. 南水北调中线工程冰期输水 2020—2021 年度冰情观测成果报告 [R]. 2021.

作者简介

张君荣（1981—），男，高级工程师，主要从事南水北调工程运行管理工作。E-mail：51757876@qq.com

流域梯级电厂发电机组推荐运行区间应用

董　峰

（湖北清江水电开发有限责任公司，湖北省宜昌市　443000）

[摘　要]为充分发挥流域梯级电厂水电联合调度优势，提升发电机组健康水平，提高流域梯级电厂发电生产效益，通过发电机组相关运行试验及长期运行数据综合分析，以发电机组不同负荷区间运行效率为依据，结合整体运行数据情况，将发电机组可运行的区间划分多个负荷运行段，并将各负荷段固定与命名，结合监控系统中的自动发电控制功能及流域梯级电厂集控模式应用，优化发电机组运行工况。通过该应用的实施，流域梯级电厂发电机组健康水平不断提升，并且使发电机组长期运行在稳定的高效率区间，从而提高了梯级电厂发电效益，保障了梯级电厂安全稳定运行。

[关键词]推荐运行区间；振动区；效率；自动发电控制

0　引言

目前，国内多数流域梯级电厂开始采用集控模式，该模式可以发挥梯级电厂水电联合调度优势，提高发电生产效益。流域梯级电厂集控中心负责梯级电厂的发电生产运行、检修及故障处理工作、水库调度工作等，工作量大并且工作面较广，其中梯级电厂发电生产工作主要通过自动发电控制功能完成，在集控中心工作人员完成发电机组开停机工作后，相关负荷调整等工作均由监控系统的自动发电控制功能完成，工作人员需要监视发电运行情况。发电机组在并网运行后，由自动发电控制应用进行负荷分配，未考虑到负荷分配合理性、经济性等因素，且不同负荷区间发电机组运行工况不同，发电机组长期在工况较差的负荷区间运行，会对发电设备健康水平造成影响，不利于发电机组安全稳定运行，因此，应进行发电机组推荐区间设计，并优化自动发电控制应用策略，使发电机组并网运行后长期处于推荐运行区间。

1　发电机组推荐运行区间设计

发电机组推荐运行区间主要设计依据为该类型发电机组的运行效率及运行工况，同时以发电设备长期稳定运行参数为辅助设计依据，发电机组在工况较好的负荷区间内运行，发电耗水率低、运行稳定性高、发电设备损伤小。

1.1　发电机组运行效率

发电机组运行效率对经济调度工作影响较大，通过分析其运行效率，可作为设计推荐运行区间的重要依据。以梯级电厂中的某一级电厂为例，进行发电机组效率测试试验，简要试验数据见表1。

表1   发电机组运行效率试验数据

水轮机出力（MW）	导叶开度（%）	流量（m³/s）	工作水头（m）	运行效率（%）
41.2	22.3	43.9	177.1	54.3
87.5	29.0	69.7	177.1	72.5
118.4	35.7	84.7	177.1	80.7
153.7	40.9	102.5	177.0	86.6
167.6	41.5	111.0	176.9	87.2
200.8	45.9	127.4	176.9	91.2
242.8	52.2	151.2	176.8	92.7
305.3	62.9	184.8	176.5	95.1
324.2	64.7	195.8	176.4	95.3
370.5	74.0	222.3	176.1	95.8
415.0	83.8	253.7	175.9	93.9

通过对试验数据进行综合分析，编制发电机组运行效率图，具体如图1所示。

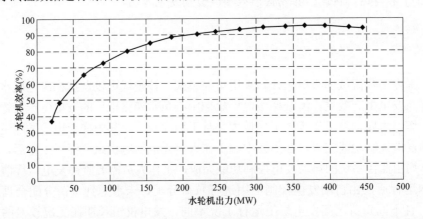

图1　发电机组运行效率图

1.2　发电机组发电耗水率

发电机组发电耗水率直接影响梯级电厂发电效益，发电机组在耗水率较小的区间内运行，可提高发电量，从而提高经济效益。通过对该发电机组进行相关耗水率测算试验，得到如下简要数据，见表2。

表2   发电机组耗水率数据

水轮机出力 （MW）	20.5	64.7	99.5	142.6	185.2	242.8	305.4	370.5	406.8
耗水率 （m³/MW）	1.61	0.90	0.76	0.68	0.64	0.62	0.61	0.61	0.61

通过该发电机组耗水率试验的详细数据，进行耗水率曲线图绘制，具体如图2所示。

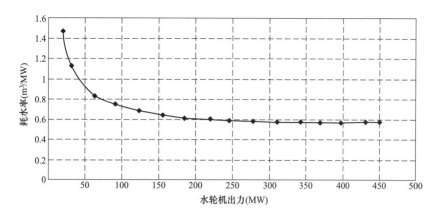

图 2　发电机组发电耗水率曲线图

1.3　发电机组主轴摆动情况

　　发电机组主轴摆动情况对发电机组安全稳定运行产生较大影响，尤其是发电机组振动区间，在此区间内发电机组主轴摆动加剧，运行工况较差，严重影响了设备健康状态，严重时可能导致导轴承轴瓦烧毁，在发电机组并网运行状态下需要尽可能地保证发电机组运行在摆动较小的负荷区间内，该试验通过对该发电机组的上导轴承、下导轴承、水导轴承的摆动情况进行测量，简要数据见表 3。

表 3　　　　　　　　　　　　　发电机组主轴摆动试验数据

有功功率（MW）	上导-X（μm）	上导+Y（μm）	下导-X（μm）	下导+Y（μm）	水导-X（μm）	水导+Y（μm）
40.6	260.6	159.7	80.1	74.2	236.5	222.1
86.2	260.3	158.3	73.4	70.9	142.7	162.2
116.6	257.6	154.1	73.9	70.9	130.4	151.8
151.4	259.8	159.8	77.5	73.5	180.3	189.7
182.4	289.3	185.3	111.3	101.4	412.8	454.4
219.1	288.2	184.5	119.4	110.6	369.1	412.5
260.9	264.1	165.4	111.1	109.2	139.7	158.2
300.8	260.5	163.1	127.2	125.7	57.7	67.2
319.4	260.1	162.9	135.2	133.9	60.8	68.8
364.9	262.2	164.1	144.7	142.7	71.4	80.6
381.4	262.2	163.1	143.3	141.6	82.3	94.1
408.8	261.9	163.2	151.2	150.1	115.2	129.3

　　通过试验数据分析，绘制发电机组主轴摆动情况曲线图，具体如图 3 所示。

1.4　发电机组振动情况

　　发电机组振动情况会对发电机组的安全稳定运行产生很大影响，尤其是对发电机组机械部件产生较大损伤，这些损伤经过长时间累计，对发电设备产生不可逆的严重影响，从而导致发电机组需要更换机械设备。通过试验，对发电机组振动情况进行测量，具体测量情况如图 4 所示。

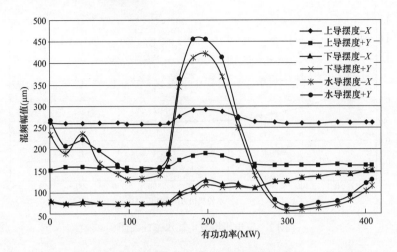

图 3　发电机组主轴摆动情况曲线图

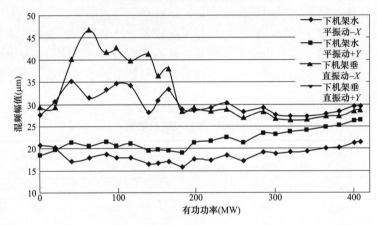

图 4　发电机组振动情况曲线图

1.5　发电机组压力脉动情况

　　压力脉动是影响水轮机稳定运行的重要因素，与发电机组振动、摆动情况相似，通过试验数据分析，发电机组压力脉动情况如图 5 所示。

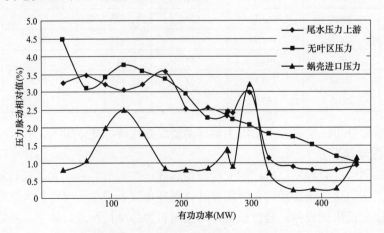

图 5　发电机组压力脉动情况曲线图

1.6 发电机组推荐运行区间设计

根据上述发电机组的运行效率、耗水率、摆动、振动、压力脉动情况，结合发电机组长期运行参数情况及设备运行维护情况，设计发电机组禁止运行区间、不推荐运行区间、振动区间、推荐运行区间。禁止运行区间主要为发电机组负荷初始阶段，此区间内发电机组运行经济性最差，并且发电机组稳定运行情况同样最差，不适宜发电机组运行，因此设计为禁止运行区间，发电机组并网运行后，运行负荷快速离开此区间。不推荐运行区间主要为发电经济性一般的负荷区间，此区间内发电机组各项运行参数情况一般，发电机组可在此区间内长期运行。振动区间为发电机组不可运行区间，该负荷区间内发电机组振动加剧，严重影响发电机组稳定运行，对发电设备健康水平产生较大影响，因此，发电机组运行负荷只能短暂地穿越此区间。推荐运行区间为发电机组高效稳定运行区间，在此区间内，发电机组运行工况最佳，可长期稳定运行并能提高发电生产效益。同时，在自动发电控制系统中进行运行策略优化，结合推荐运行区间模式，完善系统控制策略，使流域梯级电厂发电机组保持长期高效稳定运行，以某梯级电厂为例，该厂发电机组最大出力为460MW，设计运行区间，具体设计见表4。

表4	发电机组运行区间设计			MW
某厂发电机组运行区间设计情况				
区间	1号机组	2号机组	3号机组	4号机组
禁止运行区间	0~40	0~40	0~40	0~40
不推荐运行区间	40~100	40~100	40~100	40~100
推荐运行区间	100~150	100~150	100~150	100~150
振动区间	150~300	150~300	150~300	150~300
不推荐运行区间	300~320	300~320	300~320	300~320
推荐运行区间	320~460	320~460	320~460	320~460

2 自动发电控制系统运行策略优化

2.1 控制目标

自动发电控制策略为机组长期运行在推荐运行区间、数量最少的机组参与负荷调节、发电机组轮换调节负荷，此控制策略可保证发电机组长期运行在高效区间，并且尽可能地避免了发电机组频繁穿越振动区间。

2.2 单一电厂与梯级电厂集控运行

单一电厂进行负荷分配时，可能无法使更多机组处于推荐运行区间的负荷分配方式，通过联合梯级电厂，对电网负荷调整指令进行分解，进行部分负荷厂间转移，使梯级电厂更多并网运行的发电机组的负荷处于推荐运行区间内。

2.3 避开不推荐运行区间策略

发电机组可以在非推荐区间长期运行，但不利于梯级电厂经济调度工作开展，在运行中，有调整发电机组运行区间的条件时，尽量确保发电机组避开不推荐运行区间运行，主要控制目标为机组不能再禁止运行区间运行，可在非推荐运行区间短时间运行，多台机运行时尽量保证数量最少的发电机在非推荐运行区间运行。

2.4　快速进入推荐运行区间

实时监测发电机组运行负荷，确定发电机组在哪个负荷区间运行。当发电机组在禁止运行区间内运行时，立即发出报警，提示值班人员及时进行负荷调节。当发电机组在不推荐运行内区间，未到延时定值时收到新的负荷指令，立即调节该机组负荷，使该机组运行在推荐运行区间，到延时定值后，未收延时定值也未收到新的负荷指令，立即调节该机组负荷，使该机组运行在推荐运行区间。当发电机组运行在推荐运行区间内，保持当前负荷不变，如果另外的机组处于非推荐运行区间，即在允许范围内进行调节，使其他机组进入推荐运行区间运行。

3　发电机组推荐运行区间扩展应用

该应用从梯级电厂经济调度角度出发，在保证梯级电厂安全稳定运行的前提下，针对控制策略进行优化，从而降低发电耗水率，提高水能利用率，进一步提升发电效益。

3.1　机组穿越振动区控制及统计分析功能

机组运行时穿越振动区，会对水轮发电机组机械设备产生较大损伤，该自动发电控制根据发电计划、并网运行的机组台数等条件，合理地设计避开振动区运行策略，使机组减少穿越振动区次数，并做好统计分析功能，为后续优化运行策略提供依据。

3.2　不推荐区间运行时间控制

机组在不推荐区间运行时，运行工况较差，耗水率明显增加。通过策略优化，该自动发电控制运行时自动避开不推荐运行区间，使机组处于较好的工况。

3.3　发电机组优先发电功能

一个电厂内有多个外送电压等级，同时又需要某个电压等级侧优先发电时，可投入优先发电功能，投入此功能后，相关机组优先增加负荷，最后减负荷，保证其优先发电要求。电厂内某台运行机组故障，不适宜调整负荷时，可投入其非优先功能，使机组尽量保持当前状态运行，保证其安全运行。

3.4　水头滚动计算与负荷站间转移功能

对自动发电控制进行水头滚动计算，自动减少水头减低的发电机组的负荷，并进行负荷站间转移，始终保持发电机组处于高水头、最优工况的区间内运行，提高发电效益。

3.5　日计划自动分配与日发电情况统计分析

对自动发电控制根据流域电厂水情信息及电网发电计划进行日计划自动分配，该分配计划充分考虑了设备检修、设备故障、缺陷消除、水情信息、天气等因素，并做好日发电情况统计分析，为后期持续开展好发电工作打下基础。

4　存在的问题与解决措施

4.1　流域梯级电厂之间负荷能否合理分配

流域梯级电厂可能接入不同电压等级的电网系统，可能会出现流域梯级电厂集控中心无法统一进行各梯级电厂的负荷指令分配，此种情况下，会导致某一电厂接收的负荷指令不能使开机并网运行的机组的运行负荷分配在推荐运行区间。在这种情况下，需要工作人员及时手动干预发电机组负荷分配，尽量使每台发电机组靠近推荐运行区间运行。

4.2 特殊运行情况下，开停机方式合理性问题

某些特殊情况下，发电机组开停机方式必须严格执行电网调度指令，过多的发电机组并网运行、较低的负荷指令，增加了自动发电控制策略运行，导致无法使更多机组运行在推荐运行区间。这种情况下，无法进行发电机组开停，只能通过人工干预发电机组负荷分配。

5 结语

应用投入使用后，在开展流域电厂优化调度、经济调度工作中效果明显，在提高发电效益的同时，使机组长期运行在最优工况下，保障了机组安全稳定运行，具体效果如下：①发电机组健康水平显著提高。自动发电控制经过较完善的运行策略，使发电机组长期处于最优工况，经历次检修检查，发电机组各设备状态良好，优于以往的设备情况。发电设备健康水平提高，不仅保障了机组安全稳定运行，更节约了大量的检修费用；②经济调度成果大幅增加。通过自动发电控制应用，机组长期处于最优运行区间，耗水率大幅减少，同时机组减少不必要的负荷调整，机组穿越振动区次数及小负荷运行时间大大减少，并能保持机组在高水头下运行，提高了经济效益；③优先功能提高了值班员工作效率。涉及特殊运行方式时，优先功能可有效地完成工作任务，减轻了值班员手动干预负荷分配的工作压力，提高了特殊运行方式的工作效率。

参考文献

[1] 黄帆. 新一代清江智能对象化水电调平台构想 [J]. 水电站机电技术，2018，41（7）：1-3，94.

[2] 李薆，董峰. 水布垭电厂 AGC 负荷分配策略分析与优化 [J]. 水电与新能源，2017（5）：64-67.

[3] 李丽，朱华，徐麟. 小湾电厂高精度自动发电控制策略 [J]. 水电厂自动化. 2013，34（1）：71-74.

作者简介

董　峰（1987—），男，工程师，主要从事水电站运行管理工作。E-mail：562588778@qq.com

固体绝缘技术在南水北调中线工程中的应用研究

朱志伟　张　特

（南水北调中线信息科技有限公司，北京市　100038）

[摘　要]南水北调中线工程有着设备分布多、供电距离长的特点，供配电系统不仅要能够安全稳定运行，还要具有环保、维护简单等特性。本文从安全稳定性、环境耐受性等方面对南水北调中线工程高压开关设备的应用需求展开研究，并以华柴暗渠电源增设项目为例介绍了固体绝缘技术在南水北调中线工程中的应用。结果表明，固体绝缘开关柜具有体积小、安全环保、免维护、环境适应性强等特点，在水利水电行业中具有较高的应用价值。

[关键词]固体绝缘技术；开关柜；供配电系统；南水北调

0　引言

目前，开关设备大多采用 SF_6 气体作为其内部绝缘介质，此类设备具有灭弧能力强、额定电流大、体积小等优点，但由于 SF_6 气体绝缘开关柜不可避免地存在漏气风险，对人体及环境均存在一定的危害，因此，固体绝缘技术在行业内越来越被广泛关注和应用[1-2]。

固体绝缘开关柜是一种能够实现全密封绝缘的新型开关设备，可以将一次侧全部带电部件完全密封在固体绝缘介质中，避免了导体与地之间的空气介入，提高了设备自身的安全性和可靠性[3]。同时，固体绝缘开关柜还具有体积小、免维护、集成化高和环境适应性强等优点。

南水北调中线工程是我国重大战略性民生工程，供配电系统的可靠稳定运行是总干渠安全输水的重要保障[4]。本文就南水北调中线工程对于开关柜设备的应用需求进行了分析，并以华柴暗渠永久供电电源增设工程作为固体绝缘开关柜的实际应用案例进行了详细介绍。

1　项目概述

华柴暗渠作为南水北调中线工程典型通水建筑物之一，位于河北省石家庄市桥西区，由进口渐变段、进口检修闸、渠身段、出口检修闸、出口渐变段 5 部分组成，建筑物起始桩号为（227+060），终止桩号为（227+588），轴线长 720m[5]。暗渠共设置 3 孔，单孔尺寸为 8.0m），其中，进、出口检修闸室均为开敞式钢筋混凝土整体结构，分别设置单轨移动式启闭机 1 台、检修叠梁门 2 扇。

因原供电方案已不能满足华柴暗渠进出口及上下游建筑物内信息机电设备用电需求，经研讨讨论，决定在华柴暗渠进口检修闸场区内增设 1 座容量为 400kVA 的箱式变电站，电源由总干渠 35kV 输电线路"T"接引入。开关柜作为整座箱式变电站的关键设备，结合南水北调中线工程特殊的使用环境及使用要求，在华柴暗渠箱式变电站增设项目中需要进行重点讨论和设计。

2 需求性分析

南水北调中线工程沿线的运行调度、日常建设和检修维护都离不开电力设备，结合工程性质及设备使用环境的复杂性，现场应用的开关柜设备需要具有一定的特点，主要体现在如下几个方面[6]：

（1）安全稳定性高。南水北调中线工程35kV供电专网采用单链供电方式，一旦某台设备发生问题，将直接影响整段线路的供电。因此，开关柜设备作为供配电系统的重要组成部分，其安全稳定运行对于工程的安全输水调度和社会效益显现具有重要保障意义[7]。

（2）环境耐受性强。南水北调中线工程起源于湖北丹江口水库，跨越河南、河北等多个省份、直辖市，沿线气候环境千差万别，且供配电系统设备均分布于总干渠两侧，使用环境潮湿恶劣。因此，要求开关柜设备的环境耐受性极强。

（3）维护成本低。设备数量多、间隔距离长是南水北调中线工程的一大特点。因此，现场检修维护工作量较大。为降低维护成本和人员工作强度，使工程的社会和经济效益最大化，要求开关柜设备具有免维护或维护要求极低的特点[8]。

3 开关柜设计

3.1 方案比选

华柴暗渠箱式变电站高压开关柜的设计选型是华柴暗渠电源增设项目的关键部分，对箱式变电站的结构、体积及后期运行情况起着决定性作用。经研究讨论，空气绝缘开关柜、SF_6气体绝缘开关柜、固体绝缘开关柜三种方案均可满足设备绝缘要求，下面对三种方案的特点进行详细分析讨论。

方案1：采用空气绝缘开关柜（KYN61）。该方案具有环保、安全性高的优点，但箱式变电站尺寸较大，且需切割为若干份后运抵现场进行焊接拼装，箱式变电站结构稳固性较低。同时，项目的整体施工周期较长、安装成本较高。

方案2：采用SF_6气体绝缘开关柜。该方案技术成熟，开关柜体积紧凑，但不可避免存在漏气风险，对环境、人员来说均存在一定潜在伤害风险。同时，按照相关规范要求，需配套加装SF_6泄漏监测、报警、联动装置，预算成本将大幅度增加。

方案3：采用固体绝缘开关柜。该方案不仅安全环保，避免了漏气风险。同时，箱式变电站尺寸可得到有效控制，整体工程造价较低，且具有环境适应性强、免维护等优点，使设备整体安全性和经济效益显著[9]。

结合南水北调中线工程供配电系统运行情况及现场实际需求，经研究讨论，决定开拓性地使用35kV固体绝缘开关柜作为现场箱式变电站的高压配电方案。此方案的应用在保证开关柜绝缘性能的同时，从根源上消除了SF_6泄漏风险，提高了设备可靠性和稳定性，且减小了设备尺寸，降低了综合投资成本。

3.2 方案设计

根据现场供配电系统运行情况及使用需求，确定采用型号为SV1-40.5/1250的固体绝缘开关柜，额定电压为 40.5kV。开关柜采用真空灭弧方式，开关和母线分别使用环氧树脂和硅橡胶作为绝缘介质，开关防护等级为 IP67，单模块柜体尺寸为 1300mm×600mm×2300mm（长×宽×高），其外观结构如图 1 所示。

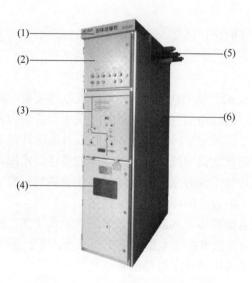

图 1   35kV 固体绝缘开关柜外观结构图

图 1 中序号（1）～（6）分别表示小母线室、控制仪表室、操动机构室、电缆室、母线室、开关室。其中，小母线室为小母线所在位置，设有上盖，可掀开对小母线进行安装和检修；控制仪表室用于安装二次控制设备及仪表；电缆室采用前后门设计，高度为 700mm，可用于电缆的安装及检修；母线室采用全绝缘母线，母线表面接地可触摸，安全可靠；开关室内相间距离为 240mm，设有泄压通道和防爆窗[10]。

其主要技术参数见表 1。

表 1   35kV 固体绝缘开关柜技术参数表

	额定电压		40.5kV
雷电冲击耐受电压		极对地	185kV
		隔离断口	215kV
工频耐受电压		极对地	95kV
		隔离断口	118kV
额定频率			50/60Hz
额定电流			1250/1600A
额定短路耐受电流			31.5kA/4s
机械寿命			10000 次

经讨论研究，确定华柴暗渠箱式变电站增设项目高压进线配电方案，如图 2 所示，其中，序号 1～4 分别表示变压器、高压进线柜、TV 柜和变压器进线柜。

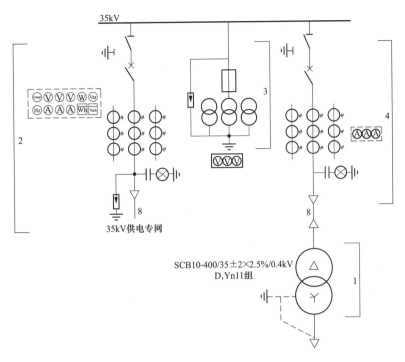

图 2 华柴暗渠箱式变电站高压进线配电图

3.3 效益分析

华柴暗渠箱式变电站安全环保、结构紧凑、安装便利，通过应用固体绝缘技术，不仅使箱式变电站的安全稳定性大幅度提升，而且能够兼具很好的经济效益，显著降低了综合投资成本[11]。设备从根源上避免了 SF_6 气体泄漏风险以及人员因触碰带电结构而造成的伤亡事故。同时，开关柜具有易安装、免维护等特点，极大地降低了现场施工周期和维护成本，现场实物如图 3 所示。

图 3 华柴暗渠箱式变电站现场图

4　结语

随着智能配电网的建设发展，各种开关绝缘技术逐渐成为众多生产企业研究的重点，南水北调中线工程作为国家代表性水利工程，所开展的新型绝缘技术应用对于整个水利水电行业电力技术发展具有重要意义。

本文针对南水北调中线工程对于高压开关设备的应用需求进行了研究，并重点介绍了固体绝缘技术在华柴暗渠电源增设项目中的应用。结果表明，固体绝缘技术的应用不仅使箱式变电站的安全稳定性得到提升，还显著降低了工程的整体投资，缩短了建设周期，减少了运维成本，并兼具环保和节能减排的社会效益。因此，固体绝缘技术在水利水电行业中具有较高的应用价值。

参考文献

[1] 白国斌. 高压开关设备设计原理及问题探析 [J]. 装备维修技术，2019（3）：208，47.

[2] 聂一雄，徐卫东，周文文，等. 12kV 固体绝缘开关柜中绝缘气隙缺陷的放电特征 [J]. 电工技术学报，2018，33（12）：2894-2902.

[3] 王海燕，陈硕，朱志豪，等. 固体开关柜环氧树脂材料绝缘特性研究 [J]. 绝缘材料，2019，52（2）：35-40.

[4] 钟光科. 35kV 输电线路在南水北调中线工程黄羑段的应用 [J]. 河南水利与南水北调，2014（13）：56-57.

[5] 黄生木. 基于南水北调中线华柴暗渠管身段土建工程的施工工艺研究 [J]. 资源信息与工程，2020，35（6）：95-97.

[6] 董庆瑞. 固体绝缘技术在中压配电系统中的应用 [J]. 橡塑技术与装备，2015，41（14）：36-38.

[7] 杨铁树. 南水北调中线 35kV 超长输电线路节能与安全改造 [J]. 水科学与工程技术，2018（3）：50-53.

[8] 何江，王勤香. 通水后南水北调中线工程的运行管理 [J]. 水利建设与管理，2015，35（3）：77-79.

[9] BLUMBERGA A，TIMMA L，BLUMBERGA D. System dynamic model for the accumulation of renewable electricity using power-to-gas and power-to-liquid concepts [J]. Environmental & Climate Technologies，2015，16（1）：54-68.

[10] 刘桂华，李水胜，董淑春，等. 固体绝缘环网柜中关键结构的设计与分析 [J]. 高压电器，2016，52（8）：136-140.

[11] 纪江辉，张杰，王小丽，等. 中压开关设备复合绝缘及固体绝缘技术研究 [J]. 电工电气，2015（6）：23-26，29.

作者简介

朱志伟（1980—），男，高级工程师，主要从事金结机电设备研制开发工作。E-mail：1421021909@qq.com

张　特（1992—），男，助理工程师，主要从事金结机电设备研究工作。E-mail：1119687160@qq.com

户外智能断路器技术在南水北调的应用研究

朱志伟　张　特

（南水北调中线信息科技有限公司，北京市　100038）

[摘　要] 南水北调工程供电系统安全稳定运行是总干渠安全输水的重要保障。本文就南水北调中线泵站工程电力系统所应用的传统跌落式熔断器技术与智能断路器技术在运维管理、运行安全可靠性等方面进行了比较，并成功地将户外智能断路器技术应用于南水北调工程供电管理中，不仅能够实现电力系统故障的快速自动识别及隔离操作，还具备远程分合闸功能，能够达到避免事故扩大化、保障现场人员安全、降低运维强度的目的。结果表明，户外智能断路器技术的成功应用不仅提高了泵站工程电力系统的安全性及稳定性。同时，也使运维成本得到了进一步降低，其形成的工程供电管理模式对南水北调工程电力系统安全运行管理起到了积极的促进作用。

[关键词] 智能断路器；工程供电管理；泵站电力系统；南水北调

0　引言

工程供电管理在保障南水北调沿线供配电系统稳定运行中发挥着重要作用，南水北调沿线的工程供电管理水平普遍高于同类工程项目，具有较高的借鉴及参考意义[1-2]。但经过长期的运行维护发现，沿线部分泵站电力系统在供电管理和效率方面具有进一步提升的空间。

本文以南水北调中线工程石家庄段 4 号强排泵站电力系统改造为切入点，重点研究讨论了泵站工程电力系统中的高压跌落式熔断器在长期运行过程中所暴露出的一些不足及改进措施，以推动南水北调中线沿线泵站工程供电管理技术改良工作稳步前进，同时为南水北调沿线其他工程供电管理提供了一定的参考依据[3]。

1　研究项目概述

1.1　供电现状

南水北调中线工程石家庄段 4 号强排泵站及其配套降压站位于石家庄市西三环外水渠沿线，于 2013 年建成投运。石家庄段 4 号强排泵站电力系统首先由 35kV 专用供电线路 T 接经户外柱上跌落式熔断器引入高压进线开关柜，再由高压出线开关柜接入 SCB10-400/35kV 干式变压器，最后经低压抽出式开关柜分配给各用电设备，石家庄段 4 号强排泵站 35kV 电气主接线图如图 1 所示[4]。

1.2　研究意义

石家庄段 4 号强排泵站室外电力控制装置采用传统跌落式熔断器，该装置结构简单，是一种较为安全可靠的电力系统基础保护装置[5]。但经过长期的运行维护发现，跌落式熔断器在实际使用过程中存在一定的不足，即当电力系统发生失电或供电故障时，故障点定位困难；熔断器单相熔丝熔断时，易造成变压器缺相运行，严重时将导致变压器烧毁；熔断器熔丝在操作过程中易出现拉伤、拉断现象，造成投、切熔断器时间延长，且熔丝极易发生误断现象[6]。上述问题不仅会影响泵站供电质量及运行安全，同时也会无形中增加运维工作强度及成本。

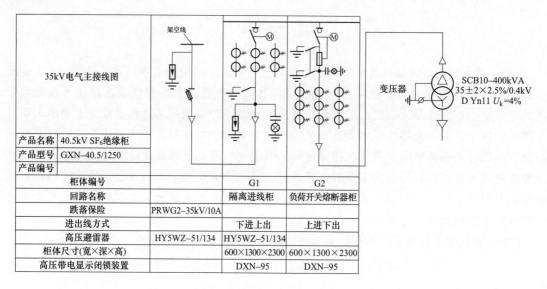

图1 石家庄段4号强排泵站35kV电气主接线图

2 户外智能断路器技术的应用

经研究后，决定引进户外智能断路器技术对石家庄段4号强排泵站电力系统进行升级改造，以确保系统安全稳定运行。改造工程主要涉及电气系统一次部分及二次部分，其中，电气系统一次部分设计包括：

（1）35kV柱上智能断路器（带隔离开关）、35kV SF$_6$气体绝缘开关柜设计选型；

（2）35kV柱上智能断路器（带隔离开关）安装形式及施工设计；

（3）35kV SF$_6$气体绝缘开关柜更换设计；

（4）电力接地网及电缆沟设计。

电气系统二次部分设计包括：

（1）系统继电保护及安全装置配置设计；

（2）电力监控系统设计；

（3）通信系统设计；

（4）电费计量系统设计；

（5）现场仪表监测装置配置设计。

2.1 户外智能断路器设计选型

根据跌落式熔断器技术参数及现场运行需求，对户外柱上智能断路器（ZW32-40.5kV）

进行设计选型，主要技术参数见表1。

表1   户外柱上智能断路器主要技术参数

参数名称		单位	参考值
额定电压		kV	40.5
额定绝缘水平	雷击冲击耐受电压	kV	185
	1min 工频耐受电压	kV	95
额定频率		Hz	50/60
额定电流		A	630/1250/1600/2000/2500/3150
额定短路开断电流		kA	20/25/31.5
额定短路开合电流		kA	50，63，80
额定短时耐受电流		kA	20/25/31.5
额定峰值耐受电流		kA	50，63，80
额定操作顺序		—	O-0.3s-CO-180s-CO
额定短路持续时间		s	4
额定短路电流的开断次数		次	30
机械寿命		—	M2 级
重量		kg	350
触头开距		mm	20
触头超行程		mm	6
平均合闸速度		m/s	0.6
平均分闸速度		m/s	1.5～2.0
触头合闸弹跳时间		ms	低于 3
触头合闸及分闸不同期性		ms	低于 2
每相回路电阻		μΩ	低于 80
动静触头允许磨损累计厚度		mm	3

    户外柱上智能断路器通过辅助电压互感器（TV）获得线路带电监测信号和断路器操作电源，以驱动断路器实现分合闸操作，其主要改造结构如图2所示[7]。

2.2 气体绝缘开关柜设计选型

    综合考虑现场空间及实际运行需求，确定柜体外形尺寸为900mm×420mm×1930mm（长×宽×高），两柜总宽度为910mm；同时，为保证改造项目的经济性，原气体绝缘开关柜中的二次保护模块、互感器、电缆附件等部件将被充分利旧[7]。

    根据原 SF₆ 气体绝缘开关柜技术参数及实际运行需求，对新换 SF₆ 气体绝缘开关柜进行设计选型，其主要技术参数见表2。

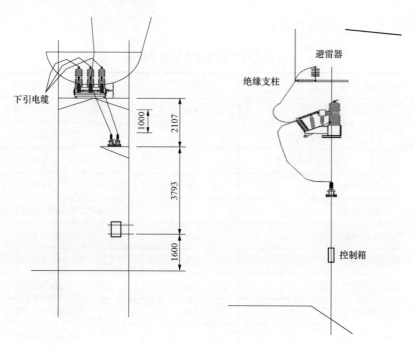

图 2　户外柱上智能断路器改造结构图

表 2　　　　　　　　　　SF$_6$气体绝缘开关柜主要技术参数

参数名称		单位	参数值
结构型式		—	固定式
额定电压		kV	40.5
额定频率		Hz	50
额定电流		A	630
温升试验电流		A	1.1 倍额定电流
额定工频 1min 耐受电压	断口	kV	118
	对地		95
额定雷电冲击耐受电压峰值（1.2/50μs）	断口	kV	215
	对地		185
额定短路开断电流		kA	20
额定短路关合电流		kA	50
额定短时耐受电流及持续时间		kA/s	20/4
额定峰值耐受电流		kA	50
辅助和控制回路短时工频耐受电压		kV	2
局部放电	试验电压	kV	1.1
	整柜局放量	pC	≤50
	各功能单元	pC	≤10
	单个绝缘件	pC	≤5

参数名称		单位	参数值
供电电源	控制回路	V	AC220
	辅助回路	V	AC220
使用寿命		年	≥20
防护等级	柜体	—	IP4X 及以上
	隔室		IP2X 及以上
	SF_6 充气室		IP67 及以上
SF_6最高充气压力（20℃时表压）		MPa	0.05
SF_6气体报警压力（20℃时表压）		MPa	0.04
SF_6气体最低运行压力（20℃时表压）		MPa	0.03
年漏气率		%	≤0.05
机械寿命	额定操作顺序	—	O-0.3s-CO-180s-CO
	额定操作次数	次	10000
内部电弧允许持续时间		s	≥0.5

3 技术应用效益分析

工程开拓创新地将户外智能断路器技术应用到南水北调沿线泵站工程供电管理中，实现了变电站及电缆线路故障的快速自动识别及隔离操作，能够最大限度地避免事故扩大化并保障现场人员安全。同时，断路器还具备远程分合闸功能，极大地降低了现场运维难度和强度[8-9]。同时，根据南水北调工程配电系统供电方案，工程对原 SF_6 气体绝缘开关柜进行换新，并增加了 SF_6 气体压力传感器、异常报警接点，使系统运行的安全性和稳定性均得到极大提升[10]。

4 结语

南水北调工程供配电系统的安全、高效、稳定运行至关重要，本文针对南水北调中线泵站工程电力系统存在的不足及改进措施进行了研究，将组合电器技术成功应用于南水北调工程供电管理中。结果表明，经改造后的泵站工程电力系统运行稳定可靠，降低了运维工作强度及成本，对南水北调电力系统安全运行管理起到了积极的促进作用。

参考文献

[1] 刘帅. 提高煤矿供电安全可靠性的对策探讨 [J]. 智能城市，2019，5（19）：99-100.

[2] 李巍，李鹏飞. 弧光探测报警系统在南水北调配电系统中的应用 [J]. 河南水利与南水北调，2018，47（6）：25-26.

[3] 李建. 供配电系统及设备安全运行管理探析 [J]. 化工管理，2019（1）：139-140.

[4] 周露. 排水泵站配电系统探讨 [J]. 电工技术，2019（24）：151-152.

［5］周健科，王震，高一波，等．跌落式熔断器运行中的主要问题研究［J］．科技经济导刊，2020，28（05）：17-19.

［6］李坤，刘康，周江洪.10kV 杆上跌落式熔断器故障分析及改进措施［J］．通信电源技术，2016，33（06）：181-182.

［7］张倩．智能型断路器在智能电网中的实践分析［J］．内蒙古煤炭经济，2019（23）：158-159.

［8］LIU Z H，DUAN X Y，LIAO M F，et al. A model-based measurement method for intelligent circuit breaker with data communication［J］．Transactions of the Institute of Measurement and Control，2018，40（6）.

［9］牟洋．典型开关站智能断路器算法设计与应用研究［D］．大连理工大学，2018.

［10］XIONG Q，Z HAO J F，GUO Z Q，et al. Mechanical defects diagnosis for gas insulated switchgear using acoustic imaging approach［J］．Applied Acoustics，2021，174.

作者简介

朱志伟（1980—），男，高级工程师，主要从事金结机电设备研制开发工作。E-mail：1421021909@qq.com

张　特（1992—），男，助理工程师，主要从事金结机电设备研究工作。E-mail：1119687160@qq.com

某大型水电站调速器一起非典型故障分析

杨华秋　郭立永　王命福　吕国涛

（雅砻江流域水电开发有限公司，四川省成都　610051）

[摘　要] 某大型水电站 2 号机组在满负荷并网运行过程中，调速器突报 A/B 套双套严重故障及调速器 B 套液压抽动报警，导致机组切至纯手动模式运行，机组负荷由 375MW 波动至 407MW。通过检查监控系统相关事件记录及对调速器控制逻辑进行检查分析，发现调速器主配阀芯位移在 5s 内超过阈值范围达到 7~8 次，远超允许波动 3 次的范围。因此，判断为主配位移阈值设置不合理，未能躲过正常运行工况。同时，由于调速器发生切换后，B 套比例伺服阀阀芯卡死在全开位，水轮机导叶全开进而引起机组功率波动至 407MW。

[关键词] 调速器；主配位移；比例伺服阀；负荷波动；双套严重故障

0　引言

某大型水电站为 2021 年 7 月新投产水电站，共设置 4 台 375MW 混流式水轮发电机组，总装机容量为 150 万 kW，机组采用南瑞公司 SAFR-2000H 型水轮机调速器，主要由电气控制柜、机械控制柜、液压机械回路及其附属设备组成。作为新投产水电站，2 号机组并网运行前，水轮机调速器已经完成各项试验，但受限于工作时限以及现场复杂的运行工况，调速器未能暴露出部分隐秘缺陷。

2021 年 9 月 5 日，2 号机组在并网运行近两个月后，调速器突报 A/B 套双套严重故障及调速器 B 套液压抽动报警，调速器由 A 套切换至 B 套后，由于 B 套比例伺服阀阀芯卡死在全开位，导致水轮机导叶全开，进而引起机组功率波动至 407MW。水轮机调速器双套严重故障，将严重影响机组的安全稳定运行，引起负荷波动进而影响系统稳定。本文通过分析调速器的控制逻辑程序，检查调速器液压控制回路阀组是否卡阻，结合机组实际运行工况，提出了调速器控制逻辑的优化方法，提升了机组运行的可靠性和稳定性。

1　调速器双套严重故障原因分析

1.1　事件概述及故障现象分析

14:12，计算机监控系统上报"2 号机组调速器电气柜 A 套严重故障，2 号机组调速器 A 套切换故障，2 号机组调速器电气柜主控 PLC 切换，2 号机组监控有功闭环退出。2 号机组调速器电气 B 套严重故障，2 号机组调速器 A 套机械手动反馈，机组有功负荷增大至 407MW"。现地调速器电气控制柜报 A 套液压抽动故障，B 套液压拒动故障"。运行人员在故障发生后，先尝试在监控系统上回关导叶限，发现远方无法调节负荷，然后于 14:31 通过现地机械纯手动方式调整负荷至 372MW。

通过分析计算机监控系统信号及负荷波动曲线，发现 2 号机组调速器在 A 套故障后立即切换至 B 套运行，切换至 B 套后负荷上串至 407MW 并保持稳定（如图 1 所示），说明调速器 B 套液压控制回路或者电气控制回路存在缺陷。通过检查此时 2 号机组导叶开度，发现导叶开度由 85%增大至 100%，并维持在 99%～100%开度之间（如图 2 所示）。如果调速器系统电气回路异常，则监控系统会报出调速器电气回路相关信号，实际上监控系统并未报出任何电气回路故障信号，因此判断为调速器 B 套液压控制回路存在故障。

由于事件的起因是调速器 A 套严重故障，导致 A/B 套发生切换，从故障现象及报警信号来看，并未发现任何异常情况，同时经检查调速器 A 套液压控制回路及电气回路，也未发现任何异常。由于该型调速器报严重故障的故障类型包括全频故障、液压拒动故障、导叶反馈总故障、伺服阀反馈故障、综合模块故障五大类，且故障后出现负荷波动，结合机组实际运行工况，判断为调速器系统液压拒动故障。因此，需要全面分析调速器系统液压抽动判断逻辑，来确定调速器系统严重故障的最终原因。

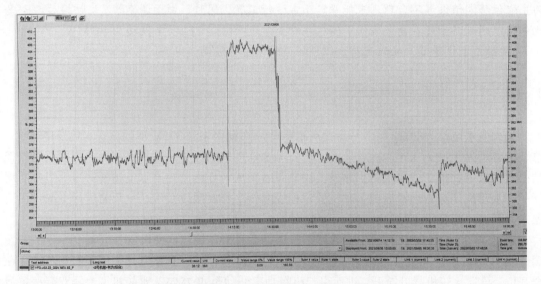

图 1　2 号机组有功功率曲线图（单位：MW）

1.2　调速器控制系统液压抽动判定逻辑

事故前调速器控制系统液压抽动判断逻辑为：5s 内，主配阀芯从零位以下向开导叶方向动作，位移超过主配零位至全开行程的 20%累计达到 3 次，且主配阀芯从零位以上向关导叶方向动作，位移超过主配零位至全关行程的 20%累计达到 3 次，则判断为液压抽动故障。

在实际运行中，调速器液压系统发生抽动可能导致机组负荷波动。液压抽动故障报警作为主配状态监视信号，主要用于提醒现场运维人员提前关注主配可能存在的异常抽动现象，并及时干预机组存在的负荷波动情形。液压抽动报警独立配置专用的主配位移传感器，该故障判断逻辑纳入调速器大故障信号，作用于调速器主备套切换。

1.3　调速器控制系统液压抽动逻辑验证

为验证调速器 A 套控制系统液压抽动故障原因，分别在 2 号机空载未并网状态和 1 号机并网状态工况下，对主配位移传感器输出电信号量进行了监测录波，通过波形来判断调速器是否达到液压抽动判断逻辑条件，监测的波形分别如图3、图4所示。

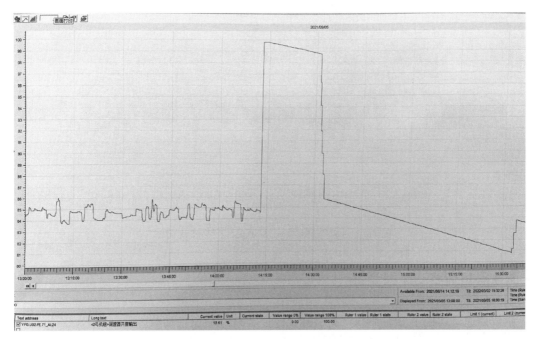

图2 2号机组导叶开度曲线图（单位：%）

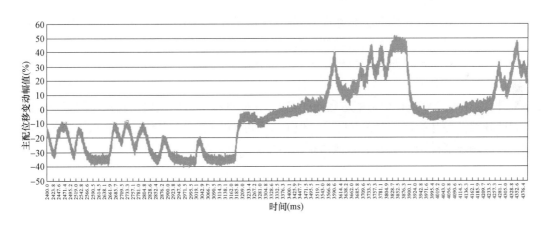

图3 2号机空载（未并网）运行状态下主配位移变化曲线

从图3可以看出，2号机在空载（未并网）运行工况下时，9.76s内主配位移量正方向有连续7次超过20%，负方向有连续8次超过20%，正方向最大位移量为50.5%，负方向最大位移量为40%，说明存在较大的可能性机组调速器控制系统达到液压抽动判断条件。

从图4可以看出，1号机并网正常运行时，216.86s内主配位移量正方向有8次超过20%负方向有13次超过20%。正方向最大位移量为39%，负方向最大位移量为32%，说明存在一定的可能性机组调速器控制系统达到液压抽动判断条件。

从两次录波监测波形可以得出以下两个结论：①机组正常运行过程中，主配位移超过20%为正常现象，原来设置的主配位移阈值±20%偏小，未能躲过正常运行工况。②在实际运行过程中，机组调速器在一定的工况情况下能满足液压抽动故障判定条件，进而导致调速器报严重故障报警信号，引发调速器 A/B 套切换。

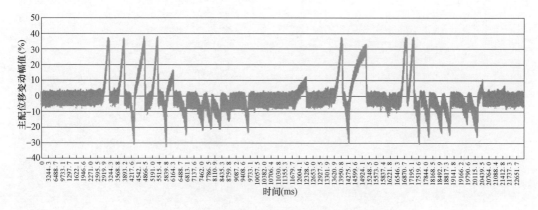

图 4　1 号机并网运行状态下主配位移变化曲线

2　调速器负荷波动原因分析

机组调速器切换至 B 套后报严重故障，调速器 B 套液压拒动故障信号到达，监控上检查发现调速器导叶开度达到 100%开度且不回关，根据现场故障现象及工作经验，需要对调速器液压系统进行解体检查方可确定具体原因。

经过对调速器液压系统伺服阀进行分解检查，发现 B 套调速器拒动故障报警原因为 B 套伺服阀阀芯卡死在开位。从 A 套自动切至 B 套时，因 B 套伺服阀阀芯卡死在开位，且伺服阀属于导叶开度控制机械油路执行机构，导叶电气开限此时无法起到限制作用，主配压阀控制腔持续通压力油，主配向开方向动作，从而控制导叶往开方向持续动作，导叶开度逐渐上升，最终上升至 100%，导致有功功率达到 407MW。在此过程中，调速器控制系统判定导叶开度大于导叶开限及导叶给定，发关导叶令，但 B 套伺服阀阀芯卡在开位，主配未按照关导叶方向动作，故调速器控制系统 B 套报液压拒动信号。

3　调速器故障现场处置措施及预控措施

某水电站此次不安全事件为一起非典型的故障，由两方面的因素同时叠加才导致机组报调速器双套严重故障且负荷出现波动。在明确具体的故障原因后，电厂采取了以下处置措施：

3.1　现场处置措施

（1）更换 2 号机调速器 A、B 套伺服阀，在更换前对备品伺服阀进行分解检查，确认阀芯动作灵活，内部无异物后进行回装，回装后开展伺服阀动作试验，确保伺服阀动作正常。

（2）由于原来设置的主配位移阈值±20%偏小，结合机组实际运行中主配位移阈值可能达到±40%的情况，采取了优化调速器液压抽动故障判定参数的措施，并预留一点的裕度，即将主配位移阈值由±20%调整为±50%。

（3）为了验证处置后调速器具备正常运行条件，开展了调速器 A/B 套空转扰动试验、A/B 套切换试验、自动手动切换试验。

（4）为了确保其他机组不发生类似问题，逐台对其他机组进行相关检查。

3.2 预控措施

（1）机组调速器双套严重故障在实际运行过程中可能造成严重的电网系统干扰，为了避免此类事件对系统造成干扰，电厂采取了将机组调速器双套严重故障动作后果由切纯手动运行修改为跳闸停机。

（2）由于机组调速器发生抽动故障后现场运行人员不能直接观测，故在调速器现地触摸屏上安装录波软件，对调速器相关运行状态数据进行实时录波，以便发生调速器抽动时运行人员及时能够干预，同时有利于后续对录波数据开展进一步研究分析。

4 结语

某大型水电站 2 号机调速器双套严重故障是一起非典型的故障，通过分析故障原因，提出了调速器主配位移出厂阈值偏低不满足实际运行工况的解决措施。同时，结合机组负荷波动情况，采取了逐步分解液压系统来检查，确定故障原因，根据此类事故可能导致的严重后果，采取了优化故障动作后果、加装录波软件等措施，提升了机组运行过程中的稳定性和可靠性。此次调速器双套严重故障的处理为水电站的安全运行提供了一定的参考价值，特别是对新投运水电站的安全运行具有重大意义。

参考文献

[1] 马剑滢，牛喜贵. 调速器频繁抽动原因分析及解决办法 [J]. 水电站机电技术，2017，40（8）：68-71.
[2] 李士哲，李金辉. 某大型水电站机组开机过程中调速器故障原因分析 [J]. 四川水力发电，2021，40（5）：114-117.

作者简介

杨华秋（1984—），男，高级工程师，主要从事水电站设备运行管理工作。E-mail：yanghuaqiu@ylhdc.com.cn
郭立永（1995—），男，助理工程师，主要从事水电站设备运行管理工作。E-mail：guoliyong@ylhdc.com.cn
王命福（1992—），男，中级工程师，主要从事水电站设备运行管理工作。E-mail：wangmingfu@ylhdc.com.cn
吕国涛（1993—），男，中级工程师，主要从事水电站设备运行管理工作。E-mail：lvguotao@ylhdc.com.cn

振弦式渗压计在水利工程中的应用研究

高　强　聂海成　丁孝宇

（中国电建集团北京勘测设计研究院有限公司，北京市　　100024）

[摘　要]振弦式渗压计具备可靠度高、抗干扰能力强、信息传递平稳等优点，在当前水利工程安全监测中的运用越发广泛，渗流监测不但可以监测水利工程的渗漏状况和因气象、地理条件等原因所引起的水渗流现象，有效监控施工安全，且能精确评估施工运行状况，所以仪器的安装质量和存活率尤为重要。本文将结合国家重点水利项目，对振弦式渗压计在隧洞监测施工中的装置原理和使用情况进行阐述。

[关键词]渗流；隧洞工程；安全监测；振弦式渗压计

0　引言

随着我国经济的持续高速发展，我国对水利基础设施的投入力度不断加大，振弦式渗压计在工程监测中也被广泛应用，主要用于长期运行的堤坝、隧洞等。在长期的工程应用实践中，渗压计的安装技术虽已较为成熟，但往往一些细节问题容易被忽视，导致仪器埋设成功率低。本文以隧洞内振弦式渗压计安装为例，讨论其准备工作及安装埋设过程中存在的问题。

1　工程概况

项目为某水利枢纽工程，工程规模为大（2）型水库，水库正常蓄水位为58m，总库容为1.91亿 m^3，电站装机容量为5000kW，主坝为碾压混凝土重力坝，坝长294.5m，最大坝高52m。水库枢纽工程包括挡水建筑物、泄水建筑物、引水发电系统、引水隧洞和过鱼设施，主要由1座主坝、4座副坝、1座引水隧洞及2座电站组成。

2　渗流监测布置

引水隧洞孔隙水压力计监测洞室岩体内部渗透水压力变化情况，在综合考虑工程地质条件、围岩状态、开挖形式的基础上，选取了隧洞的典型断面进行数据模拟及分析计算，根据安全监测的布置原则，确认布置位置和重点防控点[1]，在引水隧洞洞身桩号：0+221m、0+273m的顶拱和左边墙位置分别布置孔隙水压力计2支；具体位置如图1所示。

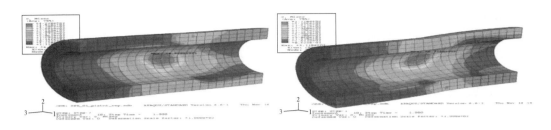

图 1　振弦式渗压计布置图

3　振弦式渗压计工作原理分析

引水隧洞水压荷载通过振弦式渗压计透水石作用到膜片上，膜片形变引起钢弦应力转变，导致振弦震动频率发生变化，通过屏蔽电缆传输后测量，可测得此渗压计埋设点附近的渗透水压力[2]。根据设计需求和耐久性考虑，本工程渗压计采用的振弦为国外进口。振弦式渗压计构造图如图 2 所示。

图 2　振弦式渗压计构造图

4　振弦式渗压计安装

4.1　仪器检测及率定

在仪器安装前首先要对渗压计设备进行检测，检查其是否满足设计要求，进行仪器率定，检查出厂报告和合格证等文件。

仪器出场均进行了自检和率定，这些数值和读零均在实验室及特定环境下进行，设备运送至现场由于温度等原因需要重新进行率定检测，读零校正，通过温度补偿计算，与出场仪器保持一致，具体计算公式如下：

在渗压计受到渗透（孔隙）液压和环境温度的双重影响下，或大气压力有较大变化时，应予以修正。

$$P_m = k\Delta F + b\Delta T = k(F_0 - F) + b(T - T_0) + (Q_0 - Q) \tag{1}$$

式中　P_m——被测渗透（孔隙）水压力量，kPa；

　　　k——孔隙水压力计的测量灵敏度（压力量最小读数），kPa/F；

　　　F——孔隙水压力计的实时测量值，F；

　　　F_0——孔隙水压力计的基准值，F；

　　　ΔF——渗压计基准值相对于实测值的变化量，F；

　　　Q_0——大气压力测量基准值，kPa；

　　　Q——大气压力实时测量值，kPa；

T ——温度的实时测量值，℃；

T_0 ——温度计的基准值，℃；

ΔT ——渗压计温度实测值相对于基准值的变化量，℃；

b ——渗压计的温度修正系数，kPa/℃。

4.2 渗压计预饱和

孔隙水压力计预饱和效应，因为孔隙水压力计的渗漏水板具有相应的渗透系数，而水压又是在通过渗漏水板后直接作用于前孔隙水压力计的感应膜上，所以渗漏水板和感应膜之前的贮液腔之间不能产生气泡，否则会造成仪器测值严重滞后，直接埋设前，必须驱除孔隙水压力计端部的渗漏水板内的空气。具体操作方式：先将透水石单独取下，将透水部件放置水中浸泡 2h 以上，排除透水石中的气泡，使其充分饱和[3]，最后将孔隙水压力计主体和透水部件浸没在水中重新装配。去除透水部件中气泡最佳的方法是，将其放置于沸水中煮透，然后将用煮透水部件的少量热水连同透水部件一同倒入盛有冷水和孔隙水压力计主体的容器内组装[4]。

4.3 渗压计安装

振弦式渗压计常用的埋设方法包括钻孔和挖坑埋设，隧洞采用钻孔方式安装，在指定位置钻直径不大于 100mm 孔后，用清水将孔内冲洗干净，埋设前测好孔深，先向孔内倒入 40cm 深的砂砾石[5]，准备干净的土工布袋，内部装满洁净的中粗砂后将预饱和的渗压计放置其中，扎好布袋后缓慢推送至孔内指定高程。土工布袋包裹中粗砂较软，尤其是顶拱位置的渗压计安装较为困难，为增加其稳定性，需要提前在土工布袋内放置支撑，能有效避免仪器错位问题，从而准确到达设计高程，安全过程中需要随时测读监测仪器的状态是否正常[6]。

渗压计钻孔封孔采用 1:2 的水灰比泥浆，由于安装期间项目现场为雨季，隧洞内渗水较大，所以适当减少水灰比，采用人工填充涂抹的方式。

5 数据采集和分析

5.1 初始值选取

初始值选取的准确性直接影响到后期观测成果的计算的准确性，需在安装完成后 30～60min 后且在温度相对稳定的状态下进行测读，防止测读数值因时间温度等因素影响，导致数值偏差，出现读取值为负数。

5.2 数值异常处理

（1）渗压计测读的数值及温度出现异常是由多方面造成的，常见的数值异常一般由接线造成，线芯完成接线后必须整体包裹电工绝缘胶带，热缩管必须整体包裹住绝缘胶带，防止焊接毛刺与屏蔽线缆接触，从而造成短路，绝缘性能下降，出现数值异常。

（2）接头缠线过多。电缆的剥线长度过长，焊接完成后，需要缠绕包裹更多的绝缘胶带及套管，这往往会导致电缆接头位置粗大，配套热缩管因尺寸小无法使用，更换大尺寸套管后热缩效果不理想，容易造成热两端热缩不紧密，导致密封性下降[7]。

针对上述问题，建议使用合格的配套材料及模具，尝试使用焊接接头端子套管等成型产品，保证仪器运行稳定性，进而提高工作效率。

5.3 渗压（水头）计算

本文第 4.1 节列出了渗压计埋设点压力 P_m 的计算方式，根据仪器参数每 1m 的水柱等于

9.81kPa，由此得出计算当前水头公式

$$H_i=P_m/9.18+H_o \qquad (2)$$

式中　P_m——被测渗透（孔隙）水压力量，kPa；

　　　H_i——孔隙水压力计换算水头，m；

　　　H_o——孔隙水压力计的埋设高程，m。

6　结语

渗流监测是工程安全监测的重要组成部分，是判断工程是否安全的重要依据[8]。埋设仪器的操作方法和存活率直接关乎工程的安全监测，只有扎实地掌握安装原理，熟知仪器的注意事项，把安装埋设工作做得准确、扎实，保证仪器存活率，才能为工程全生命周期提供数据支撑。

随着科技不断发展进步，我国工程监测自动化的应用水平也取得了很大进步，很多新材料、新技术虽处于研发实践阶段，暂时无法完全实现智能监测，但仍然是渗流监测技术发展的新方向，具有一定的现实意义,振弦式传感技术的不断发展也必然会带来广阔的应用前景。

参考文献

[1] 徐俊豪，李宏恩，刘晓青. 考虑典型破坏模式的深埋隧洞安全监测布置方法研究 [J]. 水利水电技术，2019，50（10）：125-130.

[2] 战晓林，王俊超. 振弦式渗压计在堆石坝安全监测系统中的应用[J]. 科技创新与应用，2018(21)：115-117.

[3] 魏德荣，赵花城. 电力行业标准 DL/T 5178—2003《混凝土坝安全监测技术规范》修订介绍 [J]. 大坝与安全，2003（6）：3-6.

[4] 瞿卫华，李高文，黎峰，等. 清江水库大坝常规渗流与降雨入渗监测设计 [J]. 吉林水利，2017（10）：7-9+12.

[5] 国家能源局大坝安全监察中心. GB/T 51416—2020. 混凝土坝安全监测技术标准 [S]. 北京. 中国计划出版社. 2020.

[6] 国家电力公司大坝安全监察中心. DL/T 5178—2003. 混凝土坝安全监测技术规范 [S]. 北京. 中国电力出版社. 2016.

[7] 张军荣，廖占勇. 振弦式渗压计埋设过程中容易被忽视的几个细节 [J]. 水电自动化与大坝监测，2011，35（03）：71-72，78.

[8] 张晓廷，刘佳，赵景飞，等. 大坝坝基中振弦式渗压计安装 [J]. 水利水电施工，2011（6）：82-83.

作者简介

高　强（1993—），男，中级工程师，主要从事水利水电工程三维设计及 BIM 应用工作。

基于 GIS 系统容性感应电压的
防误操作方法浅谈

陈文波　孙利平　王　晋　王基发

（长江电力溪洛渡水力发电厂，云南省昭通市　657300）

[摘　要] 目前 500kV GIS 高压配电装置已广泛运用于大型输变电站及发电厂升压站，其具有占地面积小、可靠性高、维护工作量小的优点，已在输变电系统中占据极其重要的地位。500kV 系统一旦发生接地故障，不仅会对设备产生危害，甚至会影响系统的安全可靠运行。如何有效地避免因误操作或者设备不可靠动作造成接地故障，保证设备及人身安全也变得极为重要。本文主要通过 500kV 断路器容性感应电压分析，结合实际工作经验，提出了基于系统容性感应电压判断接地与否的方法，并通过对系统实际变化过程中的参量分析进行了验证。因而，在实际操作过程中可以借鉴此方法有效防止误操作。

[关键词] 500kV；接地；容性感应电压；断路器；母线

0　引言

目前，500kV 系统接地故障时有发生，除因天气等原因造成接地故障外，因误操作或者设备原因造成接地故障案例也不在少数。本文通过对 500kV 升压站进出线停送电等各种常见操作过程中的容性感应电压分析，判断系统接地与否，对操作的正确性判别、设备接地故障排除提供依据。

目前，为避免操作中接地故障发生，已设置很多闭锁条件，但在某些特定情况下，容性感应电压不可避免，因而设置闭锁条件时，存在电压门槛值高。常利用断路器或者隔离开关的分合节点作为判定条件，若此时因设备故障有接地点或者是接地开关本体分合不到位，二次设备便无法判定系统是否接地。这时利用参数变化判定接地就显得很有必要。因此，本文提出利用系统容性感应电压判别接地的方法，为避免误操作提供了依据。

1　容性感应电压

基于系统特性，在 500kV 系统中产生的容性感应电压基本分为两种，断路器断口产生的容性感应电压以及架空线路容性感应电压。

1.1　断口容性感应电压

将断路器断口理想状态下等效为一容抗较大的电容。断路器合闸时，断路器为一良导体，断路器分闸时，断路器触头间会形成一个电容，断路器处于冷备用状态，在隔离开关处有明显的断开点，断路器断口与两侧系统没有明显的电气连接，因而不会有断路器容性感应电压产生，断路器在热备用状态，断路器断口与两侧系统有明显电气连接，因而会产生断路器容性感应电压。

1.2 架空线路容性感应电压

架空线路在实际运行过程中相当于一个大电容，当线路热备用时，会产生一对地容性感应电压，而当线路冷备用时，线路与两侧系统有明显的断开点。因此，冷备用时不会有容性感应电压的产生。

2 常见操作过程中容性感应电压分析

本文以某电厂主接线图为例，如图 1 所示，断路器在热备用状态下才会有断口容性电压的产生。因此，本文均基于断路器热备用状态进行分析。

2.1 进线停、送电过程中容性感应电压分析

以第三串 15B 进线充电为例，图 2 所示为 15B 进线充电时序图，当 15B 进线隔离开关 52316 合闸时，相当于系统电压加在变压器 15B 与断路器 5231、5232 构成的电气回路上（正常情况下变压器电抗不会与断路器断口电容相等），当 15B 进线回路上某点接地时，15B 进线 TV 15JYH 测得的电压将为零，因而可以通过断路器断口容性感应电压判断进线是否接地；而当 15B 进线隔离开关 52316 处于拉开状态时，断路器 5231 及 5232 靠 15B 进线 T 区侧相当于电容的一级，再综合考虑 TV 的影响，从而 15B 进线 TV 15JYH 测出有一定感应电压，此时若有进线 T 区处有接地，15B 进线 TV 15JYH 测得的电压也将为零，但因存在明显断开点无法判别进线隔离开关 52316 靠 15B 侧电气设备是否接地。

进线停电时同理，15B 进线停电时序图如图 3 所示。

综上所述，进线停、送电时，进线断路器热备用时，可以利用断路器断口容性感应电压判别进线以及进线 T 区是否接地，但在进线隔离开关拉开时，无法判别进线隔离开关靠进线变压器侧设备是否接地。当发现有相应现象时，应立即停止送电，查找故障点并隔离。

2.2 出线停、送电过程中容性感应电压分析

以第五串出线送电为例，图 4 所示为某电厂线路送电录波分析图，当出线隔离开关 52536 为合闸状态时，线路容抗与出线断路器 5252、5253 容抗各分得一部分电压，因而正常情况下出线 TV 7CYH 是可以测得一定感应电压的，若线路或者出线 T 区内有接地，则出线 TV 7CYH 将测得电压为零，因此是可以通过容性感应电压进行判别的。但出线隔离开关 52536 分闸时，线路与系统有明显的电气隔离点，此类情况就与进线停、送电类似，仅可以利用容性感应电压判别出线 T 区内是否接地，不能判别出线隔离开关 52536 靠线路侧以及线路是否接地。

出线停电时同理，线路停电录波分析图如图 5 所示。

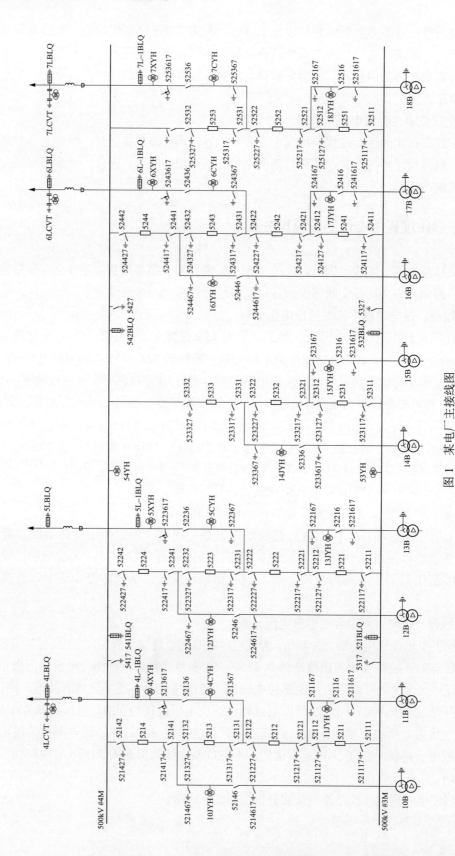

图 1 某电厂主接线图

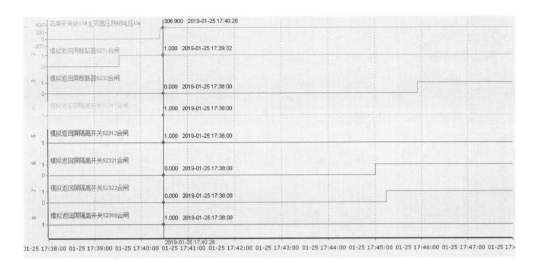

图 2　15B 进线充电时序图

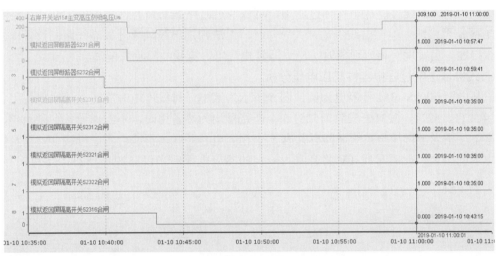

图 3　15B 进线停电时序图

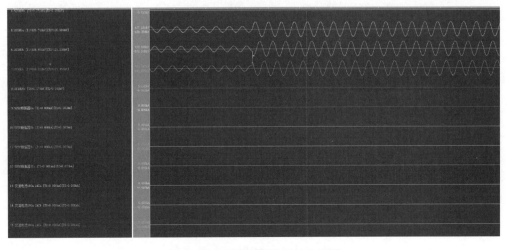

图 4　某电厂线路送电录波分析图

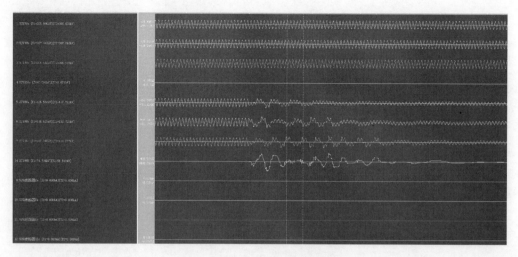

图 5 某电厂线路停电录波分析图

综上所述，出线停、送电操作过程中，可以通过断路器断口容性感应电压判别线路或者出线 T 区是否接地，但在出线隔离开关拉开时，无法判别出线隔离开关靠线路侧设备以及线路是否接地。当发现有相应现象时，应立即停止送电，查找故障点并隔离。

2.3 母线停、送电过程中容性感应电压分析

以某电厂 500kV 3M 号停电为例，图 6 所示为某电厂母线停电时序图，母线热备用状态下，当 5211、5221、5231、5241、5251 5 个断路器均为热备用时，不考虑设备细微差异，理想状态下，相当于母线与系统之间有共有 5 个相同电容并联，再综合考虑母线 TV 以及母线对地电容的因素，此时母线 TV 将会测得一定的感应电压；当仅 5221、5231、5241、5251

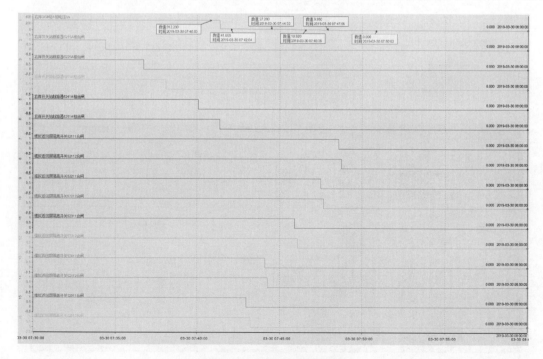

图 6 某电厂母线停电时序图

4 个断路器热备用时，相当于母线与系统间有 4 个同种电容并联，此时母线 TV 测得的电压相较于 5 个母线断路器均为热备用时有一定比例的下降；3 个母线断路器、2 个母线断路器或者 1 个母线断路器热备用时以此类推。当在母线热备用状态下，母线或者母线断路器靠母线侧电气部分有接地时，母线 TV 测得电压将会为零。母线送电时与停电同理。当母线停送电过程中，在热备用状态下发现有类似现象时，应立即停止送电，查找故障点并隔离，有条件应进行零起升压排除故障。

从以上几种情况可以得出结论，当 500kV GIS 操作中遇到相应 TV 电压不均衡或是异常时，可以利用容性感应电压判别各电气设备是否异常，以此避免误操作。

3 结语与展望

3.1 结语

500kV 系统在操作过程中发生故障时有发生，接地故障在其中占有较大比例。针对这种状况，本文提出了一种基于 GIS 系统容性感应电压判别接地故障的方法，并对其进行了分析以及实践探讨，以此避免误操作。

（1）进线停送电过程中，在断路器热备用情况下，进线隔离开关在拉开状态下，可以利用断路器容性感应电压判别进线 T 区是否接地，但无法判别进线隔离开关靠变压器设备以及变压器是否接地；进线隔离开关在合闸情况下，可以利用容性感应电压判断进线电气设备是否接地。

（2）出线停送电过程中，在断路器热备用情况下，出线隔离开关在拉开状态下，可以利用断路器容性感应电压判别出线 T 区是否接地，但无法判别出线隔离开关靠线路侧设备以及线路是否接地；出线隔离开关在合闸情况下，可以利用容性感应电压判断出线 T 区以及线路是否接地。

（3）母线停送电过程中，在母线热备用情况下，可以利用容性感应电压判断母线是否接地。

3.2 展望

充分利用断路器容性感应电压的特性，观察系统运行方式变化积累经验，可有效避免误操作以及设备接地故障带来的事故扩大，对人身以及设备的安全都有着极大的保障。本文主要借助基本理论以及实际操作经验分析，主要存在以下几个问题：①设备参数，例如示例中线路等效电容、断路器断口等效电容未在文中有实际举例；②设备等效理想化，如文中没有考虑到 TV 的电感效应；③实际分析曲线精度不高。因此，在未来的研究中还需更全面的理论、试验以及仿真支持。

参考文献

[1] 水利电力部西北电力设计院. 电力工程电气设计手册（电气一次部分）[M]. 北京：中国电力出版社，2018：70-71.

[2] 赵智大. 高电压技术（3 版）[M]. 北京：中国电力出版社，2013.

[3] 王成江. 发电厂变电站电气部分（第二版）[M]. 北京：中国电力出版社，2017.

[4] 杨保初. 高电压技术 [M]. 重庆：重庆大学出版社，2001.

［5］薛峰. 怎样分析电力系统故障录波图［M］. 北京：中国电力出版社，2014.

作者简介

陈文波（1990—），男，工程师，从事水电站运行管理工作。E-mail：chen_wenbo@ctg.com.cn

孙利平（1990—），女，工程师，从事水电站运行管理工作。E-mail：sun_liping@ctg.com.cn

王　晋（1987—），男，高级工程师，从事水电站运行管理工作。E-mail：wang_jin1@ctg.com.cn

王基发（1986—），男，高级工程师，从事水电站运行管理工作。E-mail：wang_jifa@ctg.com.cn

基于手机移动端的水电站运行管理辅助应用开发

高　翔　苏　宇　刘明敏

（长江电力溪洛渡水力发电厂，云南省昭通市　657300）

[摘　要]水电站运行人员在工作过程中，需要随时掌握的信息量巨大，且有些信息使用频率不高又事关重大；同时因为设备自动化水平的提高，很多水电站已经实现了无人值班或少人值守，这此都对现有人员的能力提出了更高一步的要求。为了让运行人员能够充分掌握设备运行关键信息，利用信息化的便捷性，迅速获取有效信息，提高工作质量和效率，保证人员和设备运行安全，本文讲解了一种基于手机移动端水电站运行管理辅助应用的开发过程，该工具充分利用了手机平台优势，实现了一个具有多种功能的工具箱应用，可全面为水电站运行工作提质增效，同时该应用所包含的功能以及开发过程，可以借鉴于其他水电厂，具有普适性和推广价值。

[关键词]水电厂运行；运行管理创新；移动办公

0　引言

运行值班人员负责全厂机电设备的安全稳定经济运行，在履行电能质量监控及设备状态分析、设备缺陷及系统隐患排查、调度指令执行及设备方式调整等职责时，涉及的规程、标准、方案等文件要求较多，单靠人员记忆难免有所疏漏，纸质文件及电脑程序又不利于及时查找及随身携带，导致在巡检、操作、定期工作、应急逃生等场景可能出现一定的安全风险。

随着手机的广泛应用及现场网络信号的改善，依托手机平台的优势开发出一款工具箱应用，对运行常用信息、定期工作、规范要求等进行整理归纳，方便员工随身携带查询，可以在提高工作效率的同时降低工作遗漏的概率，从而降低安全风险。2019 年某平台推出了小程序应用服务，小程序的特点就是轻量化、便捷化、无视操作系统、无需架设服务器、信息安全，这与运行人员的需求完美契合。笔者也是某电厂几位从事长期运行管理工作的老"运行人"，于是据此开发出了一款手机移动端水电站运行管理的辅助应用，来全面为工作提质增效。

1　设计灵感与开发过程

1.1　设计灵感

设计灵感诞生于一次闲聊，由于运行倒班的特性，需要一份不断更新的值班表，作为一个需要经常查阅的表格，在使用时不管是纸质还是电子文档都很难快速、准确地查询，所以笔者在聊天中诞生了一个念头，想开发一个电子的值班表，这个值班表可以根据日期和人员直接告诉使用人员接下来应该上什么班，或者查询具体时间段内的排班情况。适逢某平台推出了小程序应用服务，于是笔者便利用小程序做出了一个运行值班表。运行电子值班表投入使用后，笔者发现其查询快速精确，使用便捷，对比纸质表格有很大优势。

开发运行电子值班表的过程引发了笔者新的灵感，可以利用日期来提醒运行人员执行当班的定期工作，进行设备试验轮换。于是又继续开发了新功能——定期工作提醒。通过一段时间的使用，笔者发现手机端应用在信息获取便捷性上有很大优势，可以极大地提高信息获取效率。开发过程中，思路也逐渐打开，开始全面系统地构想更多新功能：查询办票人员资质、查询操作需要的工器具钥匙、查询机组水头对应出力等。在此基础上笔者设想，运行人员的工作繁杂，涉及的规程、标准、方案等文件要求较多，如果能用类似的方法对运行常用信息、定期工作、规范要求等进行整理归纳，方便员工随身携带并及时查询，可以在提高工作效率的同时降低工作遗漏的概率，从而降低安全风险。至此笔者决定：开发一款水电站运行管理的手机应用，来全面为运行工作提质增效。

1.2　开发过程

在确认开发目标之后，笔者首先确立了应用的开发定位：简单、实用、模块化、拓展性强、符合保密要求的运行人员工作辅助程序。根据开发目标和定位，确定了开发平台为小程序并决定从电厂运行工作实际出发来确立开发方向。根据运行工作的具体内容和特点，从运行操作、办票、监屏、巡检、应急处置、日常提醒、运行管理等方面开发研究功能模块。

由于设想的工程量较大，采取了一种符合实际的开发方法，即每个功能程序相对独立，作为一个沙箱模块，每当产生新的设计目标，直接新增加一个模块。在一段时间内只针对1～2个模块来做开发和优化，直到其功能符合预期。在开发过程中不断根据工作来寻找新模块的设计灵感。

运行人员操作过程中，部分操作需要携带的辅助工具很多（安全工器具、专用工具、标示牌、钥匙等），很容易发生遗漏，影响工作安全和效率。针对此种情况，笔者开发出"操作工具钥匙"模块（如图1所示），该模块可以对运行典型操作所需的工器具和钥匙提供参考。运行人员可在操作出发前查看，对照检查相关操作所需的辅助工具，避免因为工具遗漏造成操作中断和额外风险。

图1　"操作工具钥匙"模块示例

在运行人员进行电能质量监控时，电厂的出力和开机台数有着严格的限制。某电厂有三种机型，每种机型的出力限制根据水头有所不同，如果直接根据负荷来计算开机台数需要考虑三种机型的不同。笔者想到可以通过公式根据当前的水头、负荷计划来自动计算开机台数来提供参考，基于此开发出了"水头出力查询"（如图 2 所示）"开机台数计算"2 个模块来辅助运行人员进行电能质量监控。

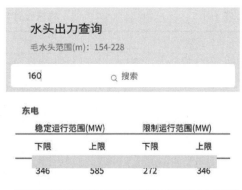

图 2 "水头出力查询"模块示例

某电厂为地下厂房，加上隶属梯级电站、多地值班的原因，人员安排上分布广、轮换多、计划性强。笔者开发出了"值班人员信息"模块（如图 3 所示），该模块可以显示运行当班人员的工作安排。通过该模块可以分块显示当班值、待令组、部门领导、防汛突击队、志愿消防队的人员安排情况，可以在出现问题的情况下及时获取 24h 各值班点的人员安排。

图 3 "值班人员信息"模块示例

在小组成员挖掘的同时，笔者收集运行同事们新的设想或者新的工作需求，来不断完善该应用。比如有同事提出，能否增加管理设备标识的功能，笔者研究后开发出"标识跟踪管理模块"，可以登记设备标识牌缺失、增补情况，并增加了审核机制和统计功能。

最终笔者开发完成了 8 类 20 个功能模块，模块之间互相独立，并随时可以根据需要增加新的模块，实现了开发需求，达到了开发目标。

2 功能设计与实现效果

经过笔者团队的开发完善最终完成开发的模块功能见表1。

表1 模块设计与实现效果对照表

模块名称	功能类别	功能简介	实现效果对比	
			前	后
定期工作	日常提醒	按照打开日期自动显示当前当班值和需要执行的定期工作	需要用电脑打开办公平台定期工作模块，读取列表之后通过定期工作周期人工筛查，用时大约5min且有可能遗漏	随时随地在手机查看需执行定期工作，用时20s以内不存在遗漏
绝缘值	运行操作	可以提示发电机和变压器的绝缘值、快速计算定子吸收比	需要查阅相应设备运行规程规定，需要电子资料或纸质资料，用时约3min	可随时随地在手机查看发电机和变压器的绝缘值，用时20s以内
巡检二维码	运行巡检	输入编码后生成运行巡检路线中意外缺失的二维码条码	如有条码缺失，无法扫描	输入巡检设备编码之后生成巡检条码，避免设备条码缺失，PDA无法扫描
开机台数计算	运行监屏	输入左/右岸总有功和水头之后，自动计算给出推荐的开机台数和出力分配情况	计算器计算和查表，用时3min左右且可能计算错误	自动根据水头出力范围自动计算推荐的开机台数和平均负载大约30s
值班表	日常提醒	显示往前一周和往后一月的运行值班表，优先显示打开模块的人员所在值班表	需要查找纸质或者电子档值班表（近3年数据），大约3min以上，且极易看错	根据打开人员的值别和时间自动显示一个月的值班表，大约20s
工作常用语	运行监屏	提示调度台值班与成都梯调、维护、领导等沟通交流的常用语	需要依靠人员自身积累	随时查看总结的与外部沟通的常用语，给A岗及以下员工参考
水头出力查询	运行监屏	输入水头后显示当前水头三种机型的出力范围和限制运行范围	需要查找纸质或电子档的水头与出力对应表（包含全部水头），需要电子资料或纸质资料，大约3min，且存在误看风险	使用手机输入水头后查询当前三种机型的出力范围和限制运行范围，用时25s
励磁均流系数	运行巡检	输入励磁系统每个功率柜电流之后计算励磁系统均流系数	通过公式手动计算，大约5min，且公式容易遗忘，容易计算错误	输入励磁单个功率柜电流之后可以计算均流系数，大约30s
逃生路线	应急处置	提示发生火灾/地震/透水等事故后地下厂房的最优逃生路线	不常用资料需要自己去查找，大约3min且在紧急情况下有找不到的可能	随时查看厂房内逃生路线，且配有简要的立体图，便于紧急情况下参考，用时大约20s
外部办票资质	运行办票	输入外部人员拼音首字母可查询外部人员的办票资质情况	需要查阅大量的纸质文档，用时为3~10min，极易遗漏	输入首字母以后查询外部人员的工作票负责人和签发人资质，大约25s
工期计算	运行办票	输入工作开始日期和工期天数之后生成结束日期	平时需要打开日历查看，且容易有1天的误差	输入开始日期和工期后自动计算结束日期，大约25s，对于跨月和工期较长（B修）的工作效果更好

模块名称	功能类别	功能简介	实现效果对比	
			前	后
正压式呼吸器	应急处置	提示正压式呼吸器的穿戴和脱卸方法	不常用资料需要自己去查找，大约3min且在紧急情况下有找不到的可能	随时查看正压式空气呼吸器的穿戴和脱卸方法，用时大约20s
操作工具钥匙	运行操作	提示常见操作任务中需要携带的机械钥匙和工器具	需要靠工作经验的积累，人的影响因素较大	随时查看运行常见操作任务需要携带的钥匙和工器具列表，避免去操作过程中发现工具遗漏，耽误时间，用时大约30s
左岸切机码转换	应急处置	输入左岸稳控装置4位切机码之后生成具体的切机指令	需要对指令进行2进制换算后与机组对应，大约5min，且必须人员知道换算方法和对应情况	输入左岸稳控装置切机码之后生成具体切机指令，大约30s
标识跟踪管理	专项工作	跟踪管理设备的标识脱落和缺失情况，可实现填报、审核、奖励、自动统计等功能	使用电脑在办公平台的表格进行登记，繁琐且耗时久，员工积极性下降	规范化了运行部标识管理工作流程，在手机即可实现申报、审核、奖励、统计等功能
学分自助填报	专项工作	跟踪记录运行部员工参与内外部培训情况、自动计算学时	使用电脑在办公平台的表格进行登记，容易遗漏	员工在手机上可完成培训统计任务，自动计算学时与规定值差距，一键导出个人/班组参与培训情况表
岁修关键节点	运行操作	提示机组岁修过程中的关键点	需要工作经验积累总结，人的影响因素较大	在手机上随时查看机组岁修过程中的要点和难点，防止因为人员的原因导致工作延期或者发生其他风险
值班人员信息	专项工作	显示运行所有人员的班次、工作位置、休假情况等	需要打电话询问具体情况	可以快速查看所有工作地点的人员安排情况、待令人员安排、应急人员安排、工作组人员安排、部办人员安排，方便工作中联系沟通
防疫订餐	防疫抗疫	收集运行部在工区隔离员工的个性化订餐需求、一键导出订餐表	使用群或者多人编辑表格收集	可以在手机端自主填报疫情隔离期间的个性化订餐需求并一键生成报表
防疫安排	防疫抗疫	显示运行部疫情期间的防疫政策和安排	需要逐级通知，有时效性	随时查看运行部疫情期间的最新隔离、乘车、上班、就餐等政策安排

3 开发过程总结

本应用投入运行以来，为运行工作提供了很大的便利，极大提高了运行人员获取信息的效率和质量，促进了工作质量和效率的提升，同时也为运行工作与信息化相结合、提质增效提供了新的思路和途径。目前该研究方向和功能与在手机OA移动办公相似，但作为小程序平台，其相比手机上的OA移动办公软件专业化程度有不足，但是其轻量化、更新迭代快捷、使用方便、跨平台，可以作为手机OA移动办公的信息补充，或者进一步研究软件与手机OA移动办公软件结合。

对于本应用的拓展功能，笔者还做了以下设想：①可以让应用通过天气预报获取未来几小时内的天气，通过国家地震台网获得地震信息，然后自动判断是否会触发自然灾害预警，自动列出各种灾害发生后的响应程序。②可以在应用中创建一个类似维基百科的知识分享平台，让运行员工把自己平时积累的某一点工作经验共享出来，形成一个实用的运行知识库。③在应用中实现一个类似网游里面常见的任务悬赏功能，让员工根据自己的特长主动选择承担工作，实现正向的激励反馈。④更进一步地完善开机台数计算模块，用图像识别的方式自动分析计划曲线，实现更精确的开机提醒。⑤密钥匹配功能、人员自动定位能力、部门通知发送能力等新鲜功能。

当前受制于开发能力、平台限制、保密需求等，这些功能并未实现，但是相信这些更加智能和高效的方法未来肯定会实现。可以在此基础上进一步研究水电厂的信息化和智能化技术。也许有一天，可以在更广阔的平台开发出更加高效率、智能化的应用，彻底改变整个运行人员的工作流程。

4 结语

如今水电厂智能化不断发展，运行人员的数量逐渐减少，对于人员的素质要求越来越高，如何提高每个人员的工作质量和效率成为不得不面对的问题。在现有的条件下，利用智能手机作为突破口是一个不错的选择。本文介绍了某水电厂利用手机移动端开发的运行辅助管理应用，可以帮助运行人员更好地做好工作，提高效率。这次移动应用的开发，其实是一次对水电厂运行专业创新方向的探索，是以解决问题为目标的工具、管理、制度上的创新。如今信息化、大数据逐渐走进水电行业，如何更好地利用这些科学手段推动水电厂运行工作的变革是未来的重点研究方向。希望笔者的这一次尝试也可以给其他人提供参考。

作者简介

高　翔（1989—），男，工程师，主要从事水电站运行管理工作。E-mail：gao_xiang2@cypc.com.cn

苏　宇（1988—），男，工程师，主要从事水电站运行管理工作。E-mail：su_yu@cypc.com.cn

刘明敏（1985—），男，高级工程师，主要从事水电站运行管理工作。E-mail：liu_mingmin@cypc.com.cn

某水电站水淹厂房事故处置措施探讨

杜沅枫　刘道源　薛　函　刘文俊　邓太亮

（雅砻江流域水电开发有限公司，四川省成都市　610000）

[摘　要] 某水电站为避免发生水淹厂房事故，对站内设备设施进行了专项排查，模拟了几类典型易发事故并制定了该事故情况下的处置措施，以保证事故处置及时、准确，为电站安全稳定运行提供了可靠保障。

[关键词] 水淹厂房；技术措施；处置措施

0　引言

　　电力行业近年来一直高度重视水淹厂房的防范，但因自然灾害或机电设备故障导致的水淹厂房事故屡屡发生，严重影响电力行业的安全生产，对此各水电站均针对水淹厂房事故制定了一系列预控措施。

　　四川某水电站共有 4 台单机容量为 375MW 的混流立轴水轮发电机组，是"西电东送"项目重要电源点，若该电站发生水淹厂房事故，其影响、损失巨大。为杜绝水淹厂房事故的发生，该电站建立和完善了一系列技术措施，并多次组织专项排查，本文就排查情况进行阐述，并模拟了几类典型易发事故，制定了该事故情况下的处置措施[1]。

1　防水淹厂房系统配置情况

1.1　检修、渗漏排水系统

　　站内配置有机组检修排水系统、无油渗漏排水系统、含油渗漏排水系统，每个系统设置独立控制系统，且检修排水泵可长时间运行。

1.2　集水井水位监测系统

　　各集水井水位监测配置有两套液位变送器和一套液位开关，液位变送器主用，液位开关备用，信号均上送监控。

1.3　紧急落进水口闸门按钮

　　各机组水机保护柜和中控室均设置紧急落进水口闸门按钮，紧急停机按钮独立于监控系统的事故停机流程，直接作用于进水口闸门控制系统落门电磁阀，可实现远方落门。

1.4　机械过速装置

　　各机组配置有机械过速装置，机械过速保护动作将直接快速关闭导叶，并启动机组紧急停机流程，落进水口事故闸门。

1.5 顶盖排水系统

各机组顶盖设置有顶盖排水控制系统，根据液位变送器、浮子开关反馈的水位信号控制2台排水泵的运行，确保机组顶盖处无积水。

1.6 防水淹厂房系统

发生水淹厂房时，能通过PLC自动或手动按钮启动4台机组紧急落门停机流程，同时启动声光报警器和警铃报警。

1.7 控制保护通信系统

（1）调速器系统紧急停机回路具备得电关闭功能。
（2）调速器电调柜、液压操作柜均具备双套冗余电源丢失后失电关闭功能。
（3）机组水机保护柜在机组现地控制单元完全失效的情况下仍能保障机组可靠停运。
（4）进水口闸门失电后可以通过机械回路快速关闭闸门，紧急闭门令不经过PLC。

1.8 工业电视系统

水车室、渗漏集水井、廊道及水位信号器、蜗壳进人门、尾水进人门等重要部位均安装有摄像机，值班人员可直接调用相关区域实时监控画面。

2 排水能力分析

站内共5台检修泵，单台泵排水流量为720m³/h；4台无油渗漏泵，单台泵排水流量为400m³/h；3台含油渗漏泵，单台泵排水流量为60m³/h；即事故情况下，全启检修、渗漏排水泵，最大排水能力为

$$Q_m = Q_J + Q_S = 720\times5 + 400\times4 + 60\times3 = 5380 m^3/h \tag{1}$$

式中　Q_m——最大排水流量，m³/h；
　　　Q_J——检修泵排水流量，m³/h；
　　　Q_S——渗漏泵排水流量，m³/h。

若进人门螺栓断裂导致漏水，则按照水力学原理，根据孔口出流公式，最大漏水流量估算为

$$Q = AV = A\varphi\sqrt{2gh} = 3.14\times0.01^2\times48\times0.7\times\sqrt{2\times9.8\times(2090-1973)} = 1814.4 m^3/h \tag{2}$$

式中　Q——漏水量，m³/h；
　　　A——漏水面积，m²；
　　　V——出流速度，m/s；
　　　φ——出流损失系数，一般取0.7；
　　　g——常量，一般取9.8N/kg；
　　　h——水头，m。

若为管路及阀门破损导致漏水，电站大部分水管路管径为DN500，假设漏水面积为管路截面积的一半，则估算漏水量为

$$Q = AV = A\varphi\sqrt{2gh} = 3.14\times0.25^2\times0.5\times0.7\times\sqrt{2\times9.8\times(2090-1965)} = 122237.6 m^3/h \tag{3}$$

式中　Q——漏水量，m³/h；
　　　A——漏水面积，m²；

V ——出流速度，m/s；

φ ——出流损失系数，一般取 0.7；

g ——常量，一般取 9.8N/kg；

h ——水头，m。

通过分析可得出厂房检修渗漏泵排水能力虽强，但仅能在事故初期遏制水位上涨，如遇事故扩大或者管路爆裂、阀门损坏等大量来水情况时均无法有效控制水位。因此，制定事故处置措施十分必要，以保证人员快速响应并正确进行事故处置[2]。

3 水淹厂房典型易发事故及现象

3.1 水淹厂房典型易发事故

电站通过专项隐患排查，梳理分析得出可能发生的水淹厂房事故主要有以下三大类[3]：

3.1.1 机组进人门、阀门、法兰及管路损坏漏水导致水淹厂房

（1）机组蜗壳进人门、尾水进人门把合螺栓断裂、松动、缺失导致大量漏水。

（2）机组蜗壳取水管或蜗壳取水阀有焊缝、裂纹等缺陷导致大量漏水。

3.1.2 1号机坝前取水阀 1202DD 损坏或前端进水处管路破裂漏水导致水淹厂房

技术供水取水口布置于蜗壳进口延伸段，每台机组设一根取水管，同时为保证电站投运初期主变压器空载运行冷却供水和全厂消防供水，在 1 号机组检修闸门与快速闸门之间设取水口。

3.1.3 公用供水管返送检修机组蜗壳导致水淹厂房

技术供水系统采用公用供水方式，设计有 1 根公用供水总管，水源取自 4 台机组各自的 2 个蜗壳取水口，当机组检修时存在运行机组的公用供水管反送至检修机组蜗壳的风险。

3.2 水淹厂房事故现象

（1）厂内无油渗漏集水井水位异常升高，4 台无油渗漏泵相继启动；厂内含油渗漏集水井水位异常升高，3 台含油渗漏泵相继启动。

（2）查看工业电视画面，可发现某部位出现大量跑水情况。

（3）监控系统可能报浮子开关水淹厂房液位高、过高报警。

（4）现场检查某部位大量跑水。

（5）可能有部分设备跳闸。

（6）防水淹厂房系统可能动作，1～4 号机进水口事故闸门全关。

4 水淹厂房事故处置措施

4.1 机组蜗壳进人门或尾水进人门螺栓断裂漏水

（1）立即通过工业电视确认蜗壳进人门或尾水进人门跑水情况，确认现场确实发生大量跑水时，立即用广播通知地下厂房作业人员由电缆竖井向大坝应急集合点撤离，并安排人员指挥疏散和逃生。

（2）若防水淹厂房系统未动作，CCS 上按下"紧急落门停机"按钮，注意监视落门停机情况，并加强监视系统电压和频率，必要时手动帮助，并启动《水淹厂房事故应急预案》。

（3）若防水淹厂房系统动作，检查 1～4 号机进水口事故闸门全关正常、机组停机正常，并加强监视系统电压和频率，必要时手动帮助，申请启动《水淹厂房事故应急预案》。同时，为防止 4 台机进水口闸门均关闭后，运行中的主变因失去冷却水而跳闸，造成全厂厂用电停电，应立即安排人员将 10kV 901M、903M 供电转为 9001、9003 供电。

（4）做好通过柴油机启动带厂用电操作准备、表、中孔紧急操作准备。

（5）立即通知检修人员落尾水检修闸门。

（6）安排人员穿好绝缘靴、救生衣，在确保安全的情况下搬运消防沙袋至水轮机层各楼梯口、检修渗漏排水泵房至一副厂房楼梯口，设置挡水墙，防止漏水影响现场设备正常运行。并组织开展厂房漏水的疏、堵、排工作，做好机组和带电设备的隔离。

（7）密切监视厂内渗漏集水井水位及渗漏泵运行情况，若厂内渗漏排水泵运行超时停泵、集水井水位持续上升，立即手动启动渗漏排水泵持续抽水。

（8）确认进水口事故闸门已全关后，安排值班员做好个人防护措施，进行压力钢管排水、尾水管排水，并汇报相关领导。

（9）做好安全措施后通知检修人员对蜗壳进人门或尾水进人门漏水检查处理。

4.2 机组蜗壳取水管或蜗壳取水阀漏水

（1）立即通过工业电视确认尾水廊道层漏水情况，确认现场确实发生大量跑水时，立即用广播通知地下厂房作业人员由电缆竖井向大坝应急集合点撤离，并安排人员指挥疏散和逃生。

（2）通过工业电视认，若漏水点在蜗壳取水阀出水侧，立即申请停机，待停机后，关闭漏水点两侧阀门进行隔离。做好隔离措施后，通知检修人员处理。

（3）若漏水点在蜗壳取水阀进水侧，且防水淹厂房系统未动作，CCS 上按下"紧急落门停机"按钮，注意监视落门停机情况，并加强监视系统电压和频率，必要时手动帮助，并申请启动《水淹厂房事故应急预案》。

（4）若防水淹厂房系统已动作，检查 1～4 号机进水口事故闸门全关正常、机组停机正常，并加强监视系统电压和频率，必要时手动帮助，申请启动《水淹厂房事故应急预案》。同时，为防止 4 台机进水口闸门均关闭后，运行中的主变因失去冷却水而跳闸，造成全厂厂用电停电，应立即安排人员将 10kV 901M、903M 供电转为 9001、9003 供电。

（5）做好通过柴油机启动带厂用电操作准备、表、中孔紧急操作准备。

（6）立即通知检修人员落尾水检修闸门。

（7）安排人员穿好绝缘靴、救生衣，在确保安全的情况下搬运消防沙袋至水轮机层各楼梯口、检修渗漏排水泵房至一副厂房楼梯口，设置挡水墙，防止漏水影响现场设备正常运行，并安装临时排水设备备用。并组织开展厂房漏水的疏、堵、排工作，做好机组和带电设备的隔离。

（8）密切监视厂内渗漏集水井水位及渗漏泵运行情况，若厂内渗漏排水泵运行超时停泵、集水井水位持续上升，立即手动启动渗漏排水泵持续抽水。

（9）确认进水口事故闸门已全关后，安排值班员做好个人防护措施，进行压力钢管排水、尾水管排水，并汇报相关领导。

4.3 1 号机坝前取水阀 1202DD 或前端进水处管路破裂漏水导致水淹厂房

（1）立即通过工业电视确认尾水廊道层漏水情况，确认现场确实发生大量跑水时，并用广播通知地下厂房作业人员由电缆竖井向大坝应急集合点撤离，并安排人员指挥疏散和逃生。

（2）立即通知检修人员落 1 号机进水口检修闸门。

（3）若防水淹厂房系统未动作，立即将 1 号机停机，并落 1 号机进水口工作闸门及检修闸门，申请启动《水淹厂房事故应急预案》。

（4）若防水淹厂房系统已动作，检查 1～4 号机进水口事故闸门全关正常、机组停机正常，并加强监视系统电压和频率，必要时手动帮助，申请启动《水淹厂房事故应急预案》。同时，为防止 4 台机进水口闸门均关闭后，运行中的主变因失去冷却水而跳闸，造成全厂厂用电停电，应立即安排人员将 10kV 901M、903M 供电转为 9001、9003 供电。

（5）做好通过柴油机启动带厂用电操作准备、表、中孔紧急操作准备。

（6）安排人员穿好绝缘靴、救生衣，在确保安全的情况下搬运消防沙袋至水轮机层各楼梯口、检修渗漏排水泵房至一副厂房楼梯口，设置挡水墙，防止漏水影响现场设备正常运行。

（7）密切监视厂内渗漏集水井水位及渗漏泵运行情况，若厂内渗漏排水泵运行超时停泵、集水井水位持续上升，立即手动启动渗漏排水泵持续抽水。

（8）待 1 号机进水口检修闸门已全关，尾水廊道水位可控后，组织人员做好个人防护后开展厂房漏水的疏、堵、排工作。

（9）若水位持续上涨，无法控制，立马组织人员撤离。

4.4 公用供水管返送检修机组蜗壳、进水口检修闸门或尾水检修闸门漏水

（1）立即通过工业电视确认尾水廊道层漏水情况，并用广播通知地下厂房作业人员由电缆竖井向大坝应急集合点撤离，并安排人员指挥疏散和逃生。

（2）若防水淹厂房系统未动作，令值班员穿好救生衣，做好个人防护后，在保证安全的情况下检查检修机组与公用供水管联络阀、机组蜗壳取水阀是否可靠关闭，若未可靠关闭，则尝试再次关闭该阀门，若关闭后漏水仍存在，则关闭联络阀两侧阀门或蜗壳取水阀出水侧阀门进行隔离。

（3）若防水淹厂房系统已动作，检查 1～4 号机进水口事故闸门全关正常、机组停机正常，并加强监视系统电压和频率，必要时手动帮助，申请启动《水淹厂房事故应急预案》。同时，为防止 4 台机进水口闸门均关闭后，运行中的主变因失去冷却水而跳闸，造成全厂厂用电停电，应立即安排人员将 10kV 901M、903M 供电转为 9001、9003 供电。

（4）做好通过柴油机启动带厂用电操作准备、表、中孔紧急操作准备。

（5）做好隔离措施后通知检修人员检查处理漏水点。

5 结语

水淹厂房事故损失巨大，如何防止水淹厂房已成为各水电厂研究的重点。本文阐述了某电站通过专项排查，并结合厂站自身特点，在已有的技术措施基础上，制定了易发事故的处置措施，结合实战演练，进一步提升了该水电站水淹厂房事故处置能力，同时也为其他水电站在制定防水淹厂房措施方面提供了参考。

参考文献

[1] 田树平，何江. 抽水蓄能电站水淹厂房风险分析及应急措施 [J]. 内蒙古电力技术，2019，37（6）：21-25.

［2］董超，王乐，毛婵．呼和浩特抽水蓄能电站水淹厂房风险分析及防控措施［J］．水电与新能源，2019，33（10）：54-55.

［3］王群，崔光哲，刘建军．两江水电站水淹厂房事故分析与防范措施［J］．吉林劳动保护，2019（7）：24-26.

作者简介

杜沅枫（1994—），男，工程师，主要从事发电厂设备运行管理工作。E-mail：747251017@qq.com

基于 FDS+STEPS 的双洞单向隧道火灾与疏散仿真研究

张鹏林

（中国电建集团成都勘测设计研究院有限公司，四川省成都市　610000）

[摘　要] 公路隧道具有相对封闭的空间特点，一旦发生火灾，整个隧道的通行能力以及人民群众的生命安全都将受到严重威胁。本文首先基于 FDS 软件模拟了双洞单向隧道内的火灾，得到了不同时刻隧道内部的温度、能见度以及 CO 和 O_2 的浓度分布。然后利用 STEPS 软件建立了考虑车辆阻碍作用的疏散模型，模拟了发生火灾后人员在疏散过程中的动态分布。最后结合 2 项数据，分析了不同反应时间下人员的伤亡评估。结果表明：隧道内发生规模为 50MW 火灾时，影响人员生存的因素在垂直于隧道轴向平面的分布规律为高度越高，越不利于人员生存。模拟结果表明在此规模的火灾下人员逃生至相邻隧道即处于安全状态，若在拥堵状态下使全部人员安全逃生，其反应时间不得超过 30s。

[关键词] 隧道；火灾；FDS；STEPS；反应时间

0　引言

随着我国不断扩大交通基础设施建设规模，公路网络不断完善，公路建设已不断向我国西部多山地区延伸，并建成通车了一大批长大公路隧道。隧道为人民群众的生产出行带来了极大的便利，但是也带来了潜在的安全威胁。近年来，世界各地隧道火灾事故时有发生[1-3]。由于隧道相对封闭的特点，隧道火灾一般都会导致巨大的人员伤亡与经济损失[4, 5]。为了减小隧道火灾造成的损失以及保证人员的生命安全，越来越多的学者开始关注隧道火灾的演变特性以及高效的疏散救援方式。

为了研究隧道火灾的演变特性，一些研究人员[6-8]利用真实的隧道进行火灾试验。虽然全尺寸试验获得了真实的数据，但由于其巨大的人力物力投入，使其不能全面地考虑各种工况。因此，全尺寸试验数据的普适性仍存在一定的缺陷。为了解决上述问题，研究人员采用不同尺度的模型试验[9-11]，以降低试验成本。但模型试验仍不能实时观察火灾烟气的扩散现象和温度分布。随着计算机硬件和软件技术的快速发展，越来越多的研究工作通过数值方法进行。与试验方法相比，数值模拟具有方便、成本低等一系列优点。Tilley[12] 利用 FDS 软件讨论了无烟高度位置和临界速度对烟气分层的影响。谢雄耀等[13] 采用 CFD 对我国高速铁路隧道火灾进行模拟，研究了人员疏散时的温度场变化和烟气扩散规律。冯炼和王泽宇[14] 利用 CFD 分析了一个典型的隧道火灾场景，以预测隧道内的温度分布。类似的工作也可以在这些文献中找到[15-17]。隧道发生火灾后，高效的疏散也能极大地减少人员的伤亡。因此也有大量研究人员致力于隧道火灾的人员疏散研究。目前主流的疏散模拟软件有芬兰国家技术研究中心开发的 Evac，美国 Thunderhead engineening 公司开发的 Pathfinder 以及英国 Mott MacDonald 公司开发的 STEPS。汪志雷等[18]利用 Evac 模拟了地铁列车在区间隧道发生火灾时列车进站疏散和就地疏散两种方式的疏散情况。刘松涛等[19]通过 Pathfinder 对不同列车停靠位置处的疏散路径进行数值模拟分析，得到了人员最优疏散模式。张念[20]运用采用 STEPS 对特长隧道避难室、横通道定点停车和随机停车的疏散情形进行模拟分析，针对关角隧道提出优化救援方案。

本文首先采用 FDS 软件模拟了某隧道内规模约 50MW 的火灾，研究火灾发生后温度、能见度以及 CO 和 O_2 浓度沿隧道轴向及垂直于隧道轴向上的变化。然后采用 STEPS 软件模拟了拥堵路况下的疏散过程，得到了人员的动态分布情况。最后结合隧道内部的温度分布与 Crane 的失能判断公式，预测了不同反应时间下人员的伤亡情况。

1 模型建立

1.1 某双洞单向隧道简介

某双洞单向隧道左洞长 1305m，右洞长 1302m，设计时速为 100km/h，双向四车道，隧道建筑限界为 11m×5m。在距右洞进口 325m 与 975m 处设有两处人行横通道，截面为 2m×2.5m。在距右洞进口 651m 处设有一处车行横通道，截面为 4.5m×5.0m。射流风机距离入口洞口 100m 左右及出口洞口 150m 左右开始布设，组间距离 150m 左右，每两台为一组，采用上置式悬挂安装，射流风机的出风量为 31.1m³/s。

1.2 模型建立

1.2.1 FDS 模型

在建立 FDS 数值模型之前，首先需确定模型的网格尺寸。有研究表明[21]，当以网格尺寸大于 1.0m 的模型模拟隧道火灾时，FDS 的模拟结果与拥有更小网格模型的模拟结果显著不同，且更小的网格能够更好地体现模型的几何特征。因此，本文选择的网格尺寸为 0.5m。为了不使模型过于复杂，将左洞的模拟长度设置成与右洞一致，且左洞出口与右洞进口完全处于同一平面。此外，实际车行横通道与隧道轴线呈 45°，但在模型将其设置为垂直于隧道轴向。建立 FDS 模型如图 1 所示，需要指出的是，由于 FDS 软件建模只能是长方体模型，因此具有曲线边界的隧道只能通过多个长方体模型叠加逼近，最终生成的边界为锯齿状，如图 1（a）所示。为了研究火灾发生后隧道内部的温度、能见度及 CO 和 O_2 浓度，需要在隧道内部设置监测点。人员在逃生过程中的主要活动空间为路面以上 0～2m，因此，重点监测该范围内的能见度、有害气体浓度及温度变化，监测点设置如图 1（a）中绿色点，每个监测断面设置 4 层，5 列共 20 个监测点，每 10m 设置一个监测断面。模型中人行横通道、车行横通道、风机以及火源的设置位置如图 1（b）所示。火源设置在右洞中，距右洞进口 552m。根据本隧道的交通量预测以及车辆构型预测，取最大火灾热释放率为 50MW，火源尺寸根据模拟的热释放率对应的车辆平面尺寸确定，取 6m×2m×1m，火源点设置于路面中央。汽车燃烧产物与庚烷燃烧产物类似，因此选择庚烷为燃烧材料，模型中设置了 CO 的产出比为 0.006kg/kg，烟尘的产出比为 0.015kg/kg[21]。

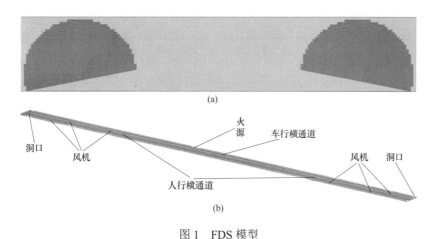

图 1 FDS 模型

（a）模型轮廓及监测点布置；（b）隧道内横通道及风机位置

1.2.2 STEPS 模型

由于在隧道内疏散时，停放的车辆作为障碍物对人群疏散的影响不可忽视，而 STEPS 在计算隧道内人群疏散时可以很方便地根据车型比例生成隧道内车辆。因此，选择 STEPS 作为疏散模拟工具。模型中人员的数量由隧道内部的车辆数量决定，需先确定隧道内部的车型构成比例、承载人数以及车辆尺寸，然后再建立能够体现停放车辆影响的模型。该隧道 2025 年的车型构成比例、承载人数以及车辆尺寸见表 1。

表 1   车型构成比例、承载人数以及车辆尺寸

车辆种类	车辆比例	车辆模型尺寸	承载人数
小客	66.35	4.734m×1.818m×1.6m	3
小货	8.58	5.505m×1.998m×2.47m	2
大货	14.64	10.545m×2.48m×3.17m	2
拖挂	3.25	20m×2.55m×3.6m	2
大客车	7.18	10.617m×2.5m×3.17m	40

另外，人群的疏散情况受个体的行动速度、耐心以及尺寸等低级属性影响，而这些低级属性主要由年龄与性别两个高级属性决定。比如，老年人反应较为迟钝，行动较为迟缓，但其耐心高于其他年龄段的人员；成年男性移动速度最高，耐心要稍低于老年人，但高于成年女性以及青少年，其体格也大于其他年龄段的人员；儿童的体格最小，移动速度略低于成年人，但耐性极低。因此，在疏散模拟开始前，应首先准确设定人群结构。人员结构及不同类型人员的移动速度、耐心及体格参考文献 [22] 中给出的数据，如表 2 所示。本文只研究在拥堵的交通状况下隧道内部发生火灾时人员的疏散过程，将拥堵情况下的车距设置为 1.5m，建立与实际车辆构型比例对应的模型如图 2 所示。

表 2   各类人群行动速度、体型与耐性一览表 [22]

人群类别	疏散速度（m/s）	耐性	身高（m）	肩宽（cm）	胸厚（cm）	人员比例（%）
少年	0.9	0	1.4	35	18	5

人群类别	疏散速度（m/s）	耐性	身高（m）	肩宽（cm）	胸厚（cm）	人员比例（%）
青年	1.0	0.2	1.6	38	19	10
成年男性	1.3	0.6	1.75	44	21.7	35
成年女性	1.1	0.4	1.6	40	21.4	30
老年人	0.8	1.0	1.6	40	21.4	20

图 2　STEPS 模型

2　模拟结果分析

火灾发生后，隧道内不同位置截面上的温度、能见度、CO 浓度以及 O_2 浓度分布不同，但是却有相似的分布规律。图 3 所示为隧道火灾发生 180s 后距洞口 630m 处截面上的温度、能见度、CO 浓度以及 O_2 浓度分布。由图 3（a）可知，此时隧道顶部的空气温度都达到了 275℃，但是路面的最低温度仍为 25℃，其基本分布规律为高度越高，温度越高。而能见度与温度的分布规律恰好相反，隧道顶部的能见度仅为 1.5m，而隧道路面上的能见度约为 31.5m，如图 3（b）所示。CO 浓度的分布规律则与温度的分布规律类似，如图 3（c）所示，而 O_2 浓度的分布规律则与能见度的分布规律类似，如图 3（d）所示。

综上所述，其基本规律为高度越高，温度越高，能见度越低，CO 浓度越高且 O_2 浓度越低，其他位置截面上的分布规律亦是如此。造成这一现象的原因是火灾产生的高温烟雾密度要低于空气密度，因此聚集在隧道顶部。由于逃生人员主要活动于路面以上 0～2m 的逃生空间内，所以这一特性对于人员逃生是有利的。

在评估人员伤亡时，应考虑逃生空间范围内的温度，能见度及 CO 和 O_2 浓度。根据位于逃生空间范围内的监测点记录的数据，得到不同时刻右洞内逃生空间的温度、能见度、CO 浓度及 O_2 浓度沿隧道轴向的变化情况，如图 4 所示。图 4（a）记录了四个不同时刻（50s，100s，180s，300s）右洞内部逃生空间的温度沿隧道轴向方向的变化。从图中可以发现，在右洞进口至火源的区间内，温度变化不大，在火源附近温度急剧升高。这是由于风机的存在使隧道内部的空气从进口向出口流动，火灾产生的高温烟雾主要向出口方向扩散，导致右洞进口至火源区间的温度变化不大。在火灾发生 50s 后，右洞内部温度变化长度约为 50m；当火灾发生 150s 后，右洞温度变化的范围约为 150m；当火灾发生 180s 后，在火源至右洞出口的范围内温度都发生变化，且在火源至第二个人行横通道的区间一直呈下降趋势，这可能是车行横通道与人行横通道的分流效果和风机输送空气的冷却效果共同作用导致的。但由于第二个人行横通道与右洞出口之间无可以分流的通道，所以温度呈现先上升后下降的趋势。图4（b）记录了4个不同时刻右洞内逃生空间的能见度沿隧道轴向方向的变化，其变化趋势与温度的变化趋势恰好相反。这是由于温度与能见度的变化都是由高温烟雾造成的，烟雾聚集的地方温度高且能见度低。同理，CO浓度的变化趋势与温度变化的趋势相同，如图4（c）所示，而O_2浓度的变化趋势与温度变化趋势相反，如图4（d）所示。

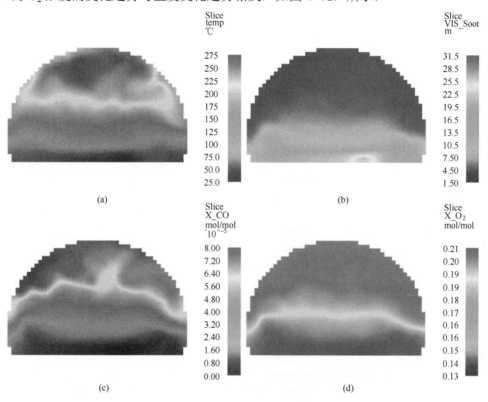

图 3　隧道火灾发生 180s 后距洞口 630m 处截面上的温度、能见度及 CO 和 O_2 浓度

（a）温度；（b）能见度；（c）CO 浓度；（d）O_2 浓度

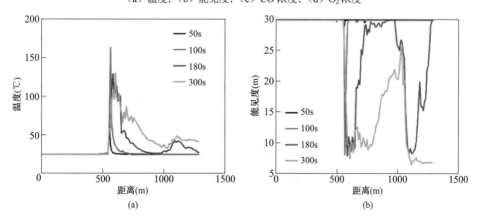

图 4　右洞逃生空间的温度、能见度及 CO 和 O_2 浓度沿隧道轴向变化（一）

（a）隧道内不同位置的温度；（b）隧道内不同位置的能见度

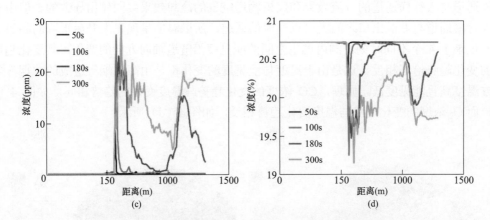

图 4　右洞逃生空间的温度、能见度及 CO 和 O_2 浓度沿隧道轴向变化（二）
（c）隧道内不同位置的 CO 浓度；（d）隧道内不同位置的 O_2 浓度

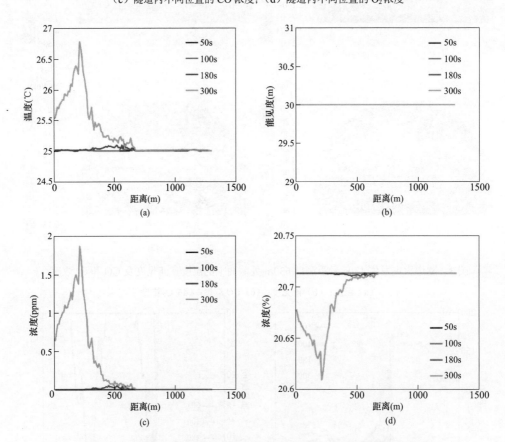

图 5　左洞逃生空间的温度、能见度及 CO 和 O_2 浓度沿隧道轴向变化
（a）隧道内不同位置的温度；（b）隧道内不同位置的能见度；（c）隧道内不同位置的 CO 浓度；
（d）隧道内不同位置的 O_2 浓度

　　图 5 所示为左洞逃生空间内不同时刻的温度、能见度、CO 浓度以及 O_2 浓度沿隧道轴向的变化情况。由图 5（a）可知，火灾产生高温烟雾主要通过车行横通道扩散至左洞，引起车

行横通道至左洞出口区间内逃生空间的温度变化，但是这一温度变化幅度很小，最高约为 1.75℃，这一温度改变并不会引起人员伤亡。图 5（b）显示左洞逃生空间内的能见度完全不受影响。如图 5（c）所示，左洞逃生空间内 CO 浓度的变化趋势与温度变化的趋势相同，其浓度最高值仅为 1.9ppm。如图 5（d）所示，O_2 浓度的变化趋势与温度变化趋势相反，左洞内氧气浓度的最低值仅比初始值减小了约 0.1%。

3　人员伤亡情况评估

研究显示[21]，CO、O_2 的安全界限为 1200ppm、14%。从上一节的研究结果可以发现，左洞逃生空间的温度、能见度、CO 浓度以及 O_2 浓度都不足以对人员造成威胁。因此可以认为逃生至左洞后即处于安全状态。根据 CO 和 O_2 的安全界限可知，右洞中仅有温度可能会对人员造成伤害。Crane 使用最小二乘线性回归方程技术对数据进行了分析，得出了人员在正常着装高温环境下的失能时间[17]

$$t_c = Q_0 / T^{3.61} \tag{1}$$

式中：t_c 为人体高温环境下的失能时间；T 为环境温度；$Q_0 = 4.1 \times 10^8$。将上式转换可以得到人员安全逃生的判断条件

$$T^{3.61} t \leqslant Q_0 \tag{2}$$

考虑到人员在疏散过程中周围温度不断变化，可将上式改写为

$$\sum_0^t T_i^{3.61} \Delta t \leqslant Q_0 \tag{3}$$

式中：t 为整个逃生时间，Δt 取 1s；T_i 为第 i 秒时人员所处环境的温度。

提取右洞内人员疏散过程，图 6 显示了右洞内总人数随着疏散时间的增加变化情况。从图中可以发现在 0～200s 的区间内，曲线基本呈固定斜率下降，可以认为人员按一定速率从人行横通道、车行横通道以及洞口逃生。在 200s 以后曲线的斜率变缓，通过模拟发现洞口及车行横通道附近的人员都成功逃生，但是在第二个人行横通道处出现拥挤排队现象，导致疏散速度减缓。所有人员疏散所需时间为 295s。

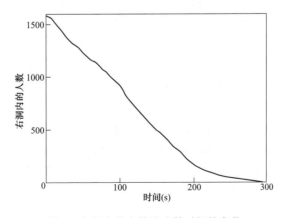

图 6　右洞内的人数随疏散时间的变化

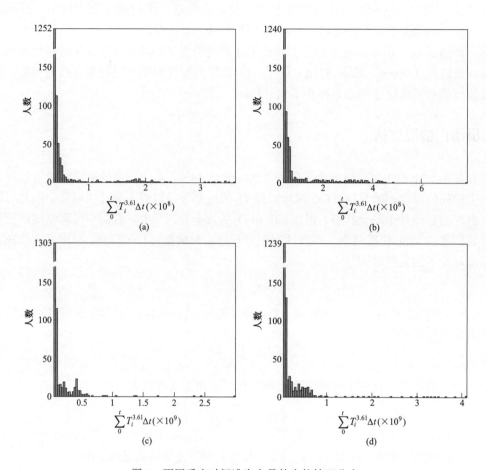

图 7　不同反应时间逃生人员的失能情况分布

（a）反应时间为 30s；（b）反应时间为 60s；（c）反应时间为 90s；（d）反应时间为 120s

　　在发生火灾后，在外界环境以及人员侥幸心理的影响下，人员往往不能一发生火灾就立即逃生，通常需要一定的反应时间。为了研究反应时间对人员伤亡造成的影响，本文分别计算反应时间为 30s、60s、90s 和 120s 时人员的伤亡情况。由于火灾发生后隧道内的温度与人员疏散过程中人员的动态分布情况由两个软件计算得到，若要通过式 3 判断伤亡人数，则需通过自编程序分析两者的模拟结果。

　　本文通过 Matlab 编写程序，计算所有人员的失能情况，得到不同反应时间逃生人员的失能情况分布，如图 7 所示。由图 7（a）可知，当反应时间为 30s 时，失能最多为 3.63×10^8，所有人员的失能都小于 Q_0，这意味着在火灾规模为 50MW 时，在火灾发生后 30s 内逃生，不会造成人员伤亡。当反应时间为 60s 时，失能大于 Q_0 的人数为 12，即会造成 12 人伤亡，如图 7（b）所示。当反应时间分别为 90s 和 120s 时，造成的伤亡人数分别为 54 和 104，如图 7（c）和（d）所示。据此可以确定，在拥堵状态的隧道内发生规模为 50MW 的火灾时，如若不造成伤亡，人员的最长反应时间约为 30s。若反应时间超过 30s，则必然会造成一定规模的伤亡，且反应时间越长，伤亡越大。

4 结语

本文首先采用 FDS 软件模拟得到了某隧道发生规模为 50MW 火灾时其内部的温度、能见度及 CO 和 O_2 浓度分布情况。然后根据实际车型比例建立了考虑车辆阻碍作用的隧道疏散模型。最后根据通过 Matlab 编写程序，结合两者数据，分析不同反应时间人员伤亡情况，结果表明：

（1）垂直于隧道轴向的截面上，其温度、能见度以及 CO 和 O_2 浓度的分布规律为高度越高，温度越高，能见度越低，CO 浓度越高且 O_2 浓度越低。

（2）隧道内发生规模为 50MW 的火灾时，对相邻隧道逃生空间内的温度、能见度以及 CO 和 O_2 浓度影响很小，所以可以认为逃生至相邻隧道即处于安全状态。

（3）在发生 50MW 规模的火灾时，拥挤隧道内人员逃生的反应时间约为 30s，反应时间超过 30s 后则会造成一定的伤亡，反应时间越长，伤亡越大。

参考文献

[1] LI Y Z, INGASON H. Overview of research on fire safety in underground road and railway tunnels [J/OL]. Tunnelling and Underground Space Technology, 2018, 81（May）: 568-589. https: //doi.org/10.1016/ j.tust.2018.08.013. DOI: 10.1016/j.tust.2018.08.013.

[2] TANG F, CHEN L, CHEN Y, et al. Experimental study on the effect of ceiling mechanical smoke extraction system on transverse temperature decay induced by ceiling jet in the tunnel [J/OL]. International Journal of Thermal Sciences, 2020, 152（June 2019）: 106294. https: //doi.org/10.1016/j.ijthermalsci.2020.106294. DOI: 10.1016/j.ijthermalsci.2020.106294.

[3] REN R, ZHOU H, HU Z, et al. Statistical analysis of fire accidents in Chinese highway tunnels 2000-2016 [J/OL]. Tunnelling and Underground Space Technology, 2019, 83（December 2017）: 452-460. https: //doi.org/10.1016/j.tust.2018.10.008. DOI: 10.1016/j.tust.2018.10.008.

[4] YAN G, WANG M, YU L, et al. Effects of ambient pressure on smoke movement patterns in vertical shafts in tunnel fires with natural ventilation systems [J]. Building Simulation, 2020, 13（4）: 931-941. DOI: 10.1007/s12273-020-0631-4.

[5] BARBATO L, CASCETTA F, MUSTO M, et al. Fire safety investigation for road tunnel ventilation systems -An overview [J/OL]. Tunnelling and Underground Space Technology, 2014, 43: 253-265. http: //dx.doi.org/ 10.1016/j.tust.2014.05.012. DOI: 10.1016/j.tust.2014.05.012.

[6] 田向亮, 钟茂华, 刘畅, 等. 不同阻塞条件下的隧道火灾全尺寸试验研究 [J]. 煤炭科学技术, 2021.

[7] 王彦富, 蒋军成, 龚延风, 等. 全尺寸隧道火灾实验研究与烟气逆流距离的理论预测 [J]. 中国安全科学学报, 2007, 17（8）: 5.

[8] LIU Z G, KASHEF A H, LOUGHEED G D, et al. Investigation on the Performance of Fire Detection Systems for Tunnel Applications--Part 2: Full-Scale Experiments Under Longitudinal Airflow Conditions [J]. Fire Technology, 2011, 47（1）: 191-220. DOI: 10.1007/s10694-010-0143-3.

[9] 闫治国, 杨其新, 朱合华. 秦岭特长公路隧道火灾试验研究 [J]. 土木工程学报, 2005, 38（11）: 6.

[10] BLANCHARD E, BOULET P, DESANGHERE S, et al. Experimental and numerical study of fire in a

midscale test tunnel[J/OL]. Fire Safety Journal, 2012, 47: 18-31. http://dx.doi.org/10.1016/j.firesaf.2011.09.009. DOI: 10.1016/j.firesaf.2011.09.009.

[11] 刘晓阳, 李炎锋, 张靖岩, 等. 通过模型试验与数值模拟对隧道火灾烟气控制策略的研究 [J]. 建筑科学, 2012, 28 (1): 4.

[12] TILLEY N, RAUWOENS P, MERCI B. Verification of the accuracy of CFD simulations in small-scale tunnel and atrium fire configurations [J/OL]. Fire Safety Journal, 2011, 46 (4): 186-193. http://dx.doi.org/10.1016/j.firesaf.2011.01.007. DOI: 10.1016/j.firesaf.2011.01.007.

[13] 谢雄耀, 丁良平, 李永盛. 高速铁路隧道火灾列车继续运行疏散模式 CFD 分析 [J]. 同济大学学报（自然科学版）, 2010, 38 (12): 1746-1752.

[14] 冯炼, 王泽宇. 带竖井长大公路隧道火灾通风的 CFD 分析 [J]. 公路, 2007 (4): 4.

[15] 黄健博. 基于正交试验分析地铁隧道火灾能见度影响因素 [J]. 消防科学与技术, 2017, 36 (11): 3.

[16] 于丽, 王明年. 火灾模式下公路隧道竖井温度场分布试验研究 [J]. 公路工程, 2008, 33 (4): 4.

[17] 王星, 任博, 王永东, 等. 长大双洞公路隧道联络通道间距设置研究 [J]. 地下空间与工程学报, 2020, 16 (4): 11.

[18] 汪志雷, 华敏, 徐大用, 等. 地铁隧道火灾人员疏散模拟研究 [J]. 消防科学与技术, 2014, 33 (6): 4.

[19] 刘松涛, 卫文彬, 欧宸. 双洞单线隧道列车中部火灾疏散模式优化研究 [J]. 铁道工程学报, 2016, 33 (1): 6.

[20] 张念. 高海拔特长铁路隧道火灾燃烧特性与安全疏散研究 [D]. 北京: 北京交通大学, 2012.

[21] 曹雅婷. 公路隧道拥堵条件下火灾危险性数值模拟研究 [D]. 淮南: 安徽理工大学, 2015.

[22] 朱剡. 基于 STEPS 软件的历史地段人员疏散避难仿真模拟研究 [D]. 天津: 天津大学, 2014.

作者简介

张鹏林（1994—），男，工程师，主要从事隧道工程设计工作。E-mail: zhang_penglin@chidi.com.cn

一等水准 GNSS 与精密监测机器人联合测绘在应急监测中的应用研究

杜文博

（南水北调中线信息科技有限公司，河北省石家庄市 050035）

[摘 要]随着全球导航卫星系统（GNSS）与精密监测机器人技术的不断发展与完善，其在水利工程外观变形监测方面得到越来越广泛的应用。本文结合工程实际系统介绍了 GNSS 静态测量与精密监测机器人点位测设技术联合测绘在渠道应急监测方面的应用研究，联合测绘点位精度满足渠道外观应急监测要求，精度可靠，为解决作业区域工作基点不稳定、渠道收敛观测无方向性等问题提供实践支持。

[关键词]GNSS 静态测量；点位测设技术；联合测绘；应急监测

0　引言

目前南水北调中线干线工程外观监测以地表测点水平位移监测和垂直位移监测为主。水平位移和垂直位移均需要稳定的参考基准点和基准框架，虽然外观测量工作基点每年进行复测修正，但是在实际监测中，受基点标石埋设位置、地质条件、埋设质量、环境变化等因素影响，工作基点变化仍然时有发生，尤其是当遇到灾害性天气进行应急监测时，数据时效性和数据质量常受影响。

本文以河南测区某段渠道外观应急监测为实例，首先利用 GNSS 静态测量技术和国家高等级点测量获得工作基点正确的平面坐标和高程基准，其次利用精密监测机器人点位测量技术获得监测点的空间几何关系，通过坐标系转换变为现场工程独立坐标用于周期监测数据比较。实践表明，GNSS 静态测量技术和精密监测机器人点位测设技术联合测绘可解决应急监测中作业区域工作基点不稳定、渠道收敛观测无方向性等问题，可以为同类工程提供实践支持。

1　测量原理

1.1　GNSS 静态测量技术

GNSS 静态相对定位技术，是以若干台的 GNSS 接收机来跟踪卫星信号，就所观测的载波相位观测的数值，使用求差的方法，从而得出各个观测站之间的基线向量也就是坐标差。再用基线向量和坐标来对其他各个观测点的坐标进行计算[1]。GNSS 静态相对定位技术可以消除或大幅削弱对流层误差、电离层误差和卫星钟差等，可以获得很高的相对定位精度。

本项目采用的是华测 P5 北斗参考站接收机+C220GR 3D 扼流圈天线组成的 GNSS 系统，该系统可以提供相对定位优于平面精度：$\pm(2.5+0.5\times10-6\times D)$mm。

1.2 精密监测机器人点位测量技术

变形监测中使用的精密测量机器人是一种能代替观测人员进行自动搜索、跟踪、辨识和精确照准目标并获取角度、距离、三维坐标以及影像等信息的智能型全自动电子全站仪[2]。它是在普通全站仪基础上集成压电陶瓷驱动马达技术、CCD 影像传感器构成的视频成像系统，并配置智能化的控制及专业应用软件，可在短时间内对多个观测目标进行持续和重复观测。本项目使用的是 Leica TM50 精密测量机器人，角度测量精度为 0.5″，距离测量精度为0.6mm+1ppm，测程为 1.5～3.5km。

2 应用研究

2.1 工程概况及项目背景

2021 年河南测区受连续暴雨影响，南水北调干线工程某管理处测段渠道断面出现滑坡险情，安全监测外观队伍受河南分局委托对其进行应急监测。该渠道断面区域为深挖方区，地质条件以膨胀岩土为主，渠道左岸为五级马道且坡度较大，右岸为二级马道，马道之间边坡均用防水雨布覆盖，并有施工队伍现场施工，作业区域狭窄、受扰动大、监测环境复杂。经过现场勘察和历史数据分析，现场多数工作基点处于变形区域内，工作基点不稳定，为保证监测工作持续开展，根据现场环境和设备设施条件，拟采用 GNSS 与精密监测机器人联合测绘对应急监测区域的监测点（新增点）进行变形监测，现场单站监测示意图如图 1 所示。

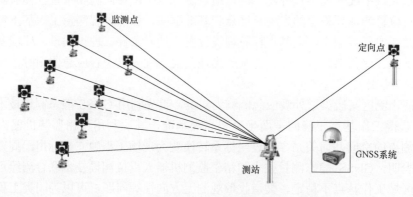

图 1　GNSS 与精密监测机器人联合测绘示意图

2.2 渠道监测点的精度要求

现场勘测后，根据 SL 551—2012《土石坝安全监测技术规范》条文规定，监测方案经过拟定监测方法、线路图形设计、测点精度估算，确定监测仪器及施测等级，垂直位移与水平位移最弱工作基点相对于邻近基准点点位中误差不大于±2mm；垂直位移与水平位移监测点的监测精度为：相对于邻近工作基点≤±3.0mm。

2.3 监测点位精度估算

2.3.1 GNSS 监测控制网现场试验

GNSS 监测控制网现场试验，将待定点和原有控制点以网连接的形式组成观测图形，按

2h、4h、6h 不同观测时段进行同步观测，获得 GNSS 各时段的计算结果，获得待定点点位精度指标，从而最终确定 GNSS 仪器设备和观测技术指标要求。本项目采用 6 台华测 P5 北斗参考站接收机+C220GR 3D 扼流圈天线在选定的相对稳定工作基点上进行架设，采集两个时段，每时段 6h（可以拆解时段），数据经过内符合检查，固定单点平差，对精度进行估算，时长 4h 两期数据比较分析见表 1。

表 1   GNSS 静态测量两期数据分析表

GNSS控制点名称	时段一			时段二			坐标变化（mm）			备注
	北坐标（m）	东坐标（m）	高程（m）	北坐标（m）	东坐标（m）	高程（m）	ΔN	ΔE	ΔH	
D6	1000.0000	1000.0000	100.0000							约束点
SYD92	430.5296	744.6046	74.6692	430.5289	744.6054	74.6680	0.7	−0.8	1.2	
SYD24	629.6537	909.9590	75.6307	629.6535	909.9588	75.6310	0.2	0.2	−0.3	
SYD42	1055.9536	1142.0848	74.8685	1055.9531	1142.0845	74.8703	0.5	0.3	−1.8	
SYD79	424.5600	592.8141	81.1743	424.5605	592.8142	81.1748	−0.5	−0.1	−0.5	
SYD84	344.1430	684.0409	78.1466	344.1436	684.0408	78.1462	−0.6	0.1	0.4	

2.3.2 监测点三维坐标精度估算

拟采用 Leica TM50 测量机器人对监测区域内棱镜群进行数据采集，假定控制点稳定，架站点和定向点采用强制对中装置，在监测期间对中底座一直安装在监测墩上，仅对上面的仪器和棱镜连接器进行拆卸，滑坡区域的监测点棱镜直接连接在水泥桩上。Leica TM50 测量机器人（标称精度：测角为 0.5″，测距为 0.6mm+1ppm），按照一测回进行测点精度估算，数据模型采集示意图如见图 2 所示。

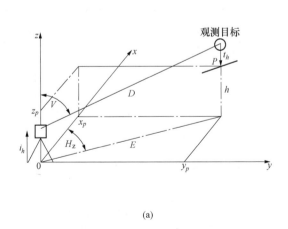

(a)   (b)

图 2   数据模型采集示意图（单位：南水北调中线信息科技有限公司）

（a）数据精度估算模型；（b）现场监测目标

仪器高和棱镜高均为固定值，忽略对中和量高误差影响，因此测量误差只与观测量有关。

监测点平面坐标和高程计算公式如下

$$x_P = D \times \sin V \times \cos H_z$$
$$y_P = D \times \sin V \times \sin H_z \quad (1)$$
$$h = D \times \cos V + t_h - i_h$$

按误差传播定律求全微分，化成中误差表达式，将方位角误差以 s 表示

$$m_{x_P}^2 = \cos^2 V \times \cos^2 H_z \times m_s^2 + S^2 \times \sin^2 V + \cos^2 H_z \times \frac{m_V^2}{p} + S^2 \times \cos^2 V \times \sin H_z \times \frac{m_{H_z}^2}{p^2}$$

$$m^2 y_P = \cos^2 V \times \sin^2 H_z \times m_s^2 + S^2 \times \sin^2 V + \cos^2 H_z \times \frac{m_V^2}{p} + S^2 \times \cos^2 V \times \sin H_z \times \frac{m_{H_z}^2}{p^2}$$

监测点的平面点位中误差可由下式计算

$$m = \sqrt{m_{x_p}^2 + m_{y_p}^2} \quad (2)$$

将 m_{x_p}、m_{y_p} 代入上式，并取 $m_V = m_o$，$m_{H_z} = \sqrt{2} m_o$（其中 m_0 为方向中误差）得出

$$m = \sqrt{\cos^2 V \times m_s^2 + \frac{S^2 \times (1 + \sin^2 V) \times m_o^2}{2 \times p^2}} \quad (3)$$

同理，监测点的高程点位中误差可由下式计算

$$m_h = \sqrt{\sin^2 V \times m_s^2 + \frac{S^2 \times \cos^2 V \times m_o^2}{p^2}} \quad (4)$$

我们将方向中误差 0.5"，测距精度（0.6mm+1ppm）代入计算公式，距离控制在 400m 之内，推算监测点平面、高程点位中误差与竖角、斜距的关系见表 2。

表 2　　　　　　　　　平面、高程点位中误差与竖角、斜距的关系计算表

距离（m） 角（°）	平面点位中误差（mm）				高程点位中误差（mm）			
	100	200	3 0 0	400	100	200	300	400
2°	0.72	0.87	1.04	1.21	0.24	0.49	0.73	0.97
4°	0.72	0.87	1.04	1.21	0.25	0.49	0.73	0.97
6°	0.72	0.87	1.03	1.21	0.25	0.49	0.73	0.97
8°	0.71	0.86	1.03	1.21	0.26	0.49	0.73	0.97
10°	0.71	0.86	1.03	1.21	0.27	0.50	0.73	0.97
12°	0.71	0.86	1.03	1.20	0.28	0.50	0.74	0.97
14°	0.70	0.85	1.02	1.20	0.29	0.51	0.74	0.97
16°	0.70	0.85	1.02	1.20	0.30	0.52	0.74	0.97
18°	0.69	0.84	1.01	1.19	0.32	0.52	0.75	0.97
20°	0.68	0.83	1.01	1.19	0.33	0.53	0.75	0.97

3 数据处理与分析

3.1 工作基点稳定性分析

应急监测前期，为获得监测点稳定可靠的监测数据和初步判断工作基点相对稳定性，监测队用 GNSS 静态测量技术对工作基点水平坐标进行定期检核；工作基点的高程延用渠道原 1985 年国家高程基准，水准基准点组和工作基点联测按国家一等水准测量要求。复测数据处理采用限差比较检验法对其稳定性进行分析判断，即将每次 GNSS 静态复测水平数值、一等水准测得高程数值与首期基准值做差，当差值小于其允许误差（2 倍点位中误差）时，认为工作基点相对稳定或变化不显著，项目中采用仪器进行内符合检验时精度比规范要求精度偏高，为避免数据修正频繁造成数据繁杂混乱，限差按照规范工作基点点位中误差限差要求执行，当工作基点检核数据发生突变（或累计变形量）小于±2mm 时不进行修正。

3.2 空间坐标系转换

GNSS 静态测量时，采集的变形监测控制网中的工作基点为世界大地坐标系（WGS-84）下的坐标（L，B，H），而现场监测为更好地反映监测点相对渠道中心的变形，需建立以工作基点为坐标原点，以指向天向为 Z 轴正方向，以顺水流下游方向作为 X 轴正方向，垂直 X 轴指向渠内作为 Y 轴正方向的测区独立用户坐标系（x，y，$H_{常}$）。为保持数据的一致性，方便监测数据周期性复测比较，需建立两者之间的坐标转换模型，将观测成果转变为用户坐标系。为简化转化过程，分两步进行数据转换：一是测点 WGS-84 椭球大地坐标系和空间直角坐标系的转换，采用 GNSS 随机软件自身解算；二是 WGS-84 空间直角坐标系与用户坐标系的转换，在这里采用尔莎模型公式[3]（B 模型），已知 3 个重合点的参数公式为

$$\begin{bmatrix} X_2 \\ Y_2 \\ Z_2 \end{bmatrix} = (1+m)\begin{bmatrix} X_1 \\ Y_1 \\ Z_1 \end{bmatrix} + \begin{bmatrix} 0 & \varepsilon_Z & -\varepsilon_Y \\ -\varepsilon_Z & 0 & \varepsilon_X \\ \varepsilon_Y & -\varepsilon_X & 0 \end{bmatrix}\begin{bmatrix} X_1 \\ Y_1 \\ Z_1 \end{bmatrix} + \begin{bmatrix} X_0 \\ Y_0 \\ Z_0 \end{bmatrix} \tag{5}$$

式中：任意点在以 O_1 和 O_2 为原点的两坐标系中的坐标分别为 (X_1, Y_1, Z_1) 和 (X_2, Y_2, Z_2)；X_0, Y_0, Z_0 为平移参数；$\varepsilon_x, \varepsilon_y, \varepsilon_z$ 为旋转参数；m 为尺度变化参数。在实际工程中，由于变形监测研究的时周期性的相对位移量，3 个旋转参数和尺度变化参数可认为固定不变，不用求出，用一个公共点进行换算，即使用三参数转换法进行数据计算。

3.3 项目中极坐标与收敛测量方法改进

3.3.1 极坐标法测量改进

在进行极坐标测量时，常规的极坐标测量方法，是在完成设站后采用单点检核，即通过检核后视定向点数据来判断基点其稳定性，当在限差之内时，开始采集监测点数据。但改进后的极坐标在设站完成后，通过引进对比设站和数据后处理的方法对监测点开展不间断数据监测，即精密测量机器人架设在点 O，在完成设站后对定向点 B、检核点 C 进行分别校核，判断架设站其稳定性。当发现工作基点发生突变（或累计变形量超限）时，利用其他稳定基点和本工作基点同时对相同监测点（3～5 个）进行数据采集，建立空间几何关系，结合使用四参数转换模型[4]（2 个平移参数、1 个旋转参数、1 个尺度因子）对工作基点 O 进行数据修正，可解决 GNSS 静态测量不具备观测或 GNSS 数据更新不及时、工作基点变动数据修正问

题，达到数据连续、实时动态监测的目的。

3.3.2 收敛法改进

传统的测距收敛法在渠道应用时，仅能获取渠道左右岸监测点的水平距离，在观测后通过观测值与上期值的差值对两点在垂直渠道水流方向的相对变化进行预警，属于一维数据监测，在监测方面存在不足：监测方向单一，当测点在沿着渠道水流方向发生变化时，无数据；数据单一，当涉及渠道左岸、右岸具体测点变化多少时，无法获得准确数据；容易误判，当两点变形方向相同，测距数值差值可能为零，存在误判现象；数据分析困难，当断面上多个测点发生变化时，无法通过数据对断面变化趋势做出判断。

改进后通过 GNSS 静态测量及坐标转换后获得架设点坐标，以架站点 L_1 为坐标为原点 O (X, Y)，以顺水流下游方向作为 X 轴正方向，垂直 X 轴指向渠内作为 Y 轴正方向，建立本断面独立坐标系，距离收敛法监测示意图如图 3 所示。收敛观测获得 R_i 监测点的水平距离 L_i，在坐标系中进行矢量分解值 Y_i；当坐标原点 L_1 稳定时，各期间隔位移计算公式如下

$$\Delta Y = Y_{i+1} - Y_i \tag{6}$$

当工作基点发生如图所示变化时，工作基点坐标 O (X_0, Y_0) 变为 O' (X_1, Y_1)，间隔位移公式为

$$\Delta Y = (Y_{i+1} - V) - Y_i \tag{7}$$

式中　V——原点在 Y 轴上的坐标分量修正值。

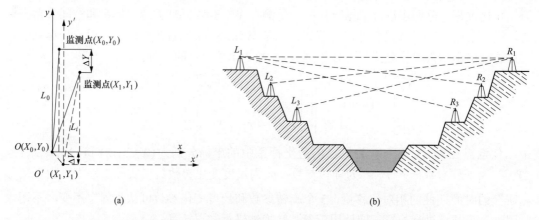

图 3　距离收敛法监测示意图（单位：南水北调中线信息科技有限公司）

（a）收敛坐标修正分量图；（b）渠道收敛监测示意图

3.4　监测数据周期性比较

以监测项目中重点关注断面 SYD0+650 左岸部分测点为例，项目监测期间用 GNSS 静态测量定期对工作基点进行稳定性判断及分析，工作基点 SYD92 在应急监测期间内在北方向、东方向位移累计变化为（-0.7，0.9）mm，小于允许误差 ±2mm，工作基点稳定。断面左岸监测点 SYD13、SYD14、SYD15、SYD50 垂直于渠道指向渠道中心的累计变形量如图 4 所示，通过曲线图显示 Leica TM50 测量机器人用改进的极坐标测量方式，在高频率（每天）监测过程中监测点数据（ΔY=测量误差+实际变形值）优于规范中水平位移监测点相对于邻近工作基点 ≤±3.0mm 精度要求。

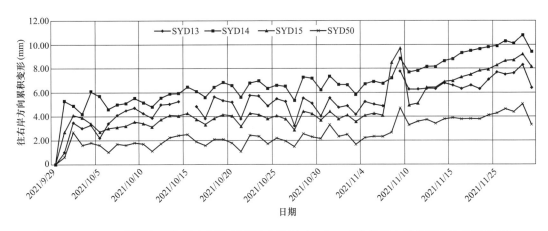

图 4　SYD0+650 断面左岸监测点累计变形量曲线图（单位：南水北调中线信息科技有限公司）

4　结语

（1）本文从工程实际出发结合现场监测环境，用 GNSS 静态测量技术解决了在狭长区域内工作基点不稳定、基准数据不连续性问题，通过极坐标法精度估算模型可为监测点垂直位移观测提供理论支撑，实现对垂直位移由接触式测量（几何水准测量）向更加安全的非接触式测量方式转变，为应急监测尤其是存在滑坡风险的渠段，提供可靠的、满足精度要求的安全监测模式。

（2）文中在项目实践中对传统极坐标和收敛观测方法进行了改进，使监测点数据持续、数据波动可控，收敛点具有方向性，更能反映渠道边坡变形趋势。

（3）狭长变形区域的应急监测，监测精度和方法始终是变形监测研究的重点，通过采用更增加 GNSS 采集时段长度、增加测量机器人测回数、极坐标双站测量等措施，能够更充分地发挥 GNSS 静态测量与精密测量机器人联合测绘的监测优势。

参考文献

[1] 邱淼. 静态 GPS 测量及数据处理研究 [J]. 科技资讯，2014，（34）：28-28.

[2] 梅文胜，张正禄. 测量机器人在变形监测中的应用研究 [J]. 大坝与安全，2002，（5）：33-35.

[3] 朱小美，张官进. 基于 MATLAB 的布尔莎模型七参数解算实现 [J]. 北京测绘，2015，（5）：61-65.

[4] 张勇. 平面四参数法 GPS 坐标转换技术的应用分析. [J]. 城市勘测，2005，（2）：28-30.

作者简介

杜文博（1984—），男，高级工程师，主要从事工程测量、变形监测工作。E-mail:270964811@qq.com

南水北调中线唐河节制闸站流量计防雷击改进研究

李　巍　郝红勋

（南水北调中线工程建设管理局河北分局，河北省石家庄市　050000）

[摘　要]本文通过对南水北调中线干线工程唐河节制闸出口雷击事件进行分析处理和探索，介绍了防雷过程中实施措施以及施工工艺，希望通过本案可以给水利行业建设以启迪，减少雷击造成的人员伤亡和财产损失。

[关键词]雷击现象；防雷；等电位体；施工方案

0　引言

随着我国现代化、信息化、数字化的发展，在建设的过程中，由于天气、地理位置、地质环境等因素，设备设施运行时，时常发生雷击现象。雷击事件的发生，对生命，财产造成了很大的损失，雷击现象由于发生速度快，过程难以捕捉，且雷的能量巨大，使得人们对雷的研究出现种种困难，防雷的应用和研究成为实践性很强的学科，如何解决雷击问题，成为数字化建设过程中需要解决的重要问题，本文以解决南水北调中线唐河节制闸出口出现的流量计雷击问题为切入点，系统地介绍了防雷的思路和方法。希望通过该案例能对水利行业建设中如何解决防雷问题有所启示。

1　发生雷击的情况和分析

在南水北调开始通水后，唐河节制闸出口闸室内流量计于 2015 年 4 月 16 日、2015 年 5 月 8 日晚 6 时先后遭到雷击，两次雷击均致使流量计损坏严重。流量计内部的电源模块损坏和电路板的多个部位出现不同程度的碳化，经过现场排查，发现存在以下几个形成雷电的条件。

（1）地质条件：该段位置下部为沙土地，且地面以下 6m 仍为砂石。

（2）地形条件：该处位于唐河和南水北调工程交界处。

（3）地物条件：该处闸站为两层楼孤立于空旷地中，该处符合雷雨云与大地的放电通道。

（4）唐河节制闸出口闸站内有 35kV 中心开关站 1 座且中心开关站周围存在杆塔和高压线。

（5）探测到唐河节制闸建筑的防雷阻值为 10.5Ω，处于临界值，考虑到阻值随着年降雨量呈现波动，在降雨较少的年份阻值就会偏高，反之阻值较低。结合周围的环境情况该站存在改造的必要。

2 防雷措施和施工工艺

2.1 防雷措施

2.1.1 均压等电位联结施工

等电位联结是将建筑物中各电气装置和其他装置外露的所有金属物，如自来水管及其他金属管道、电缆金属屏蔽层、电力系统进户处的中线（N 线）及其他可导电部分与人工或自然接地体做的良好联结。目的是减小雷电流在它们之间形成电位差对工作人员及设备进行危害，使整座建筑物成为一个良好的等电位体。

唐河节制闸站的等电位联结需要按国标 GB 50057—2010《建筑物防雷设计规范》进行完善，应将进出建筑物的各种金属管道、穿流量探头信号线的镀锌钢管、穿水位探头信号线的镀锌钢管、进入建筑物电源线中的 PE 线或三相四线制的引入 N 线等都在进入建筑物的界面处和建筑物基础接地端子做可靠地等电位联结。

2.1.2 屏蔽施工

空间屏蔽：空间屏蔽利用建筑物内结构钢筋就可以达到粗屏蔽防护，不需再另行设计加装空间屏蔽金属网。

线缆屏蔽：唐河节制闸站的水位测量信号线、流量测量信号线的屏蔽钢管及传输线路屏蔽层都要进行良好的、切实可靠的接地屏蔽，条件允许的必须要做到金属屏蔽层首、尾两端接地。做好线路屏蔽也是减少雷电浪涌冲击计量电子设备的重要措施之一。

2.1.3 雷电波侵入防护电涌保护器（SPD）安装

（1）入户电源一级 SPD 的安装。在唐河节制闸站建筑物入户端的 2 个配电箱中，按原整改设计方案，安装 2 组 JCF-DM275/25F 放电间隙型箱式 SPD，需外挂开关箱。开关箱内 SPD 安装示意图如图 1 所示。

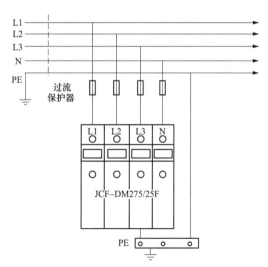

图 1 开关箱内 SPD 安装示意图

（2）水位测量信号线 SPD 的安装。水位观测计量系统信号 SPD 安装在建筑物室内唐河倒虹吸出口节制闸远程 I/O 柜处，型号为 JCF-SC-2P/24（U_n=24V、I_n=5kA）SPD。水位信号

SPD 安装图如图 2 所示。

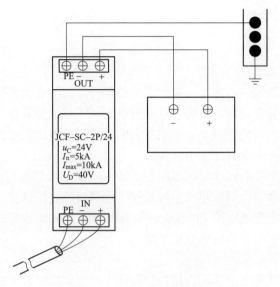

图 2 水位信号 SPD 安装图

（3）流量计量系统电源 SPD 的安装。在低压整流电源 220V 交流输入端安装 JCF-SP275（U_n=220V、U_P=700V、I_n=5kA）SPD，单相电源 SPD 安装示意图如图 3 所示；在 24V 直流输出端安装 JCF-SP32（U_n=24V、U_P=60V、I_n=5kA、I_L=1.0A）SPD，直流电源 SPD 安装示意图如图 4 所示。

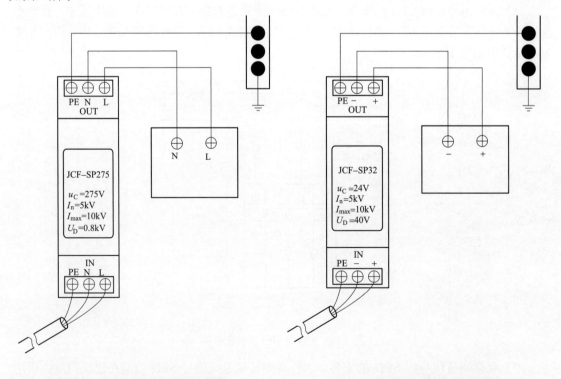

图 3 单相电源 SPD 安装示意图　　　　图 4 直流电源 SPD 安装示意图

（4）接地体施工方案。由于唐河倒虹吸出口启闭机室目前接地使用的接地极为普通材料，所以很难降阻到 1.0Ω。

在沙土地构建接地地网选择的材质必须要耐腐蚀、导电性强，因此本方案使用的材质为铜，材料为高效离子接地极。在唐河倒虹吸出口启闭机室以南道路以外 5m 处使用 JCF-LJD-50/2500 高效离子接地极打入地下 3m，采用水平、辐射形接地形状每隔 5m 埋入 1 根接地极，共 25 根。垂直接地和水平接地体四周采用换土再添加降阻剂的方法施工。接地极之间的连接采用铜绞线热熔焊接，最后将原唐河倒虹吸出口启闭机室接地点与离子接地极接地连接使其达到等电位的效果。

2.2　对接地体的施工工艺

（1）唐河倒虹吸出口启闭机室本次施工的辅助接地网要和原建筑基础接地网可靠连接，连接不少于 2 处。

（2）唐河倒虹吸出口启闭机室辅助接地网采用垂直接地极为主，以水平接地为辅组成复合接地网。对唐河倒虹吸出口启闭机室的基础接地装置要严格按方案的要求实施定位、开挖水平接地沟槽、加装离子接地极、水平放线。水平接地网敷设深度为 0.8m。

（3）水平接地沟槽挖好经过质量验收合格后，垂直打入高效离子接地极，铺入水平接地体，进行可靠焊接。

（4）接地网中各焊接搭接部位长度要大于 100mm，焊接点要清理干净，要进行双面可靠焊接，无裂缝、夹渣等缺陷。对焊接完成部位要采用防腐沥青漆进行防腐处理。以上经过检查合格后，方可采用添加降阻剂的换土回填，回填的换土要均匀，回填分三层进行夯实。

接地装置应满足 GB 50065—2011《交流电气装置的接地设计规范》中"第 3.2.1 条 电力系统、装置或设备的下列部分（给定点）应接地"的规定，如屋内外配电装置的金属架构和钢筋混凝土架构，以及靠近带电部分的金属围栏和金属门；电力电缆接线盒、终端盒的外壳，电力电缆的金属护套或屏蔽层，穿线的钢管和电缆桥架等。

（5）唐河倒虹吸出口启闭机室接地网施工完成后实测接地电阻值要小于 1Ω。

其他施工要求，均应按照 GB 50169—2016《电气装置安装工程接地装置施工及验收规范》的要求实施。

施工到这里基本处理已完成雷击薄弱环节。

3　流量计再次雷击后分析

（1）2017 年 7 月 9—10 日唐河节制闸出口流量计再次遭到两次雷爆，将流量计 24V 直流电源和设备自带的德国 DEHN 牌直流 24V 电涌保护器同时击坏，再次经过详细勘察分析原因，发现由于水位、流量计线路屏蔽金属管沿渠道路沿石敷设，水平屏蔽管浇筑在水泥层里，没考虑到流量计屏蔽管远端接地，该情况存在雷暴沿着渠道内水面进行传导，通过水位计信号线击毁流量计的通道。

（2）防雷措施。这次增加远端屏蔽接地装置，对流量计金属屏蔽管重新进行两端屏蔽接地。前端（流量计探头附近）和新施工接地体连接，末端和建筑物基础接地连接。

（3）施工工艺。此次屏蔽接地施工要求：流量计前端接地位置选在坝上水泥道路外侧，基坑直径 2.0m、深 2.5m，垂直接地体采用 3 根 2m 长的∠5×5×50mm 热镀锌角钢焊成三角形埋入，回填时适当换些好土再加一袋 50kg 降阻剂。阻值小于 4Ω。

水平接地体和接地引到流量计线路屏蔽管前端使用—4×40mm 热镀锌扁钢，穿过水泥路面时切开路面敷设并恢复路面。末端和建筑物基础接地连接。

经过以上的防雷再处理，在以后的 4 年多的时间里未曾出现雷击情况。雷击的通道从根本上堵死，解决了问题。

通过该雷击案例的分析和问题解决，尤其是对不常见的水面雷暴情况进行防雷处理，为我们的现代信息化数字化建设积累了一定经验，对防雷的改造具有一定的指导价值。在发生雷击情况后，必须研判现场情况，发掘出现雷击的可能通道，将防雷工程做扎实，这样才能为工程的安全运行打好结实的基础。

参考文献

[1] 陈达杨，于东海，郑水平. 一次雷击事故的分析及防雷措施 [J]. 广东气象，2014，36（2）：71－73.

[2] 滕军. 水利工程电气自动化系统防雷措施探讨 [J]. 治淮，2019（3）：49-50.

[3] 中华人民共和国住房和城乡建设部. GB 50343—2012，建筑物电子信息系统防雷技术规范 [S]. 北京：中国建筑工业出版社，2012.

[4] 中华人民共和国住房和城乡建设部，中华人民共和国国家治理监督检验检疫总局. GB 50057—2010，建筑物防雷设计规范 [S]. 北京：中国计划出版社，2011.

[5] 中华人民共和国住房和城乡建设部，中华人民共和国国家治理监督检验检疫总局. GB 50065—2011，交流电气装置的接地设计规范 [S]. 北京：中国计划出版社，2011.

作者简介

李　巍（1968—），男，高级工程师，主要从事水利水电工程运行管理工作。E-mail：1508873690@qq.com

郝红勋（1982—），男，工程师，主要从事水利水电工程运行管理工作。E-mail：1054431365@qq.com

电池储能提升配电系统弹性可行性研究

李宪栋　尤相增

（黄河水利水电开发集团有限公司，河南省济源市　459017）

[摘　要]配电系统弹性提升是应对小概率高损失极端事件的需要，充分挖掘配电系统现有弹性资源是提升其弹性的有效途径。本文探讨了利用电池储能系统提升配电系统弹性的可行性，结合工程实例分析了电池储能系统作为水利枢纽配电系统闸门应急电源的可行性。

[关键词]配电系统；应急电源；电池；储能

0　引言

电力系统弹性是指其抗击小概率高损失极端事件的能力，包括预防性能力、实时性调度能力和恢复性能力[1-3]。电力系统弹性提升措施包括规划阶段进行网络结构增强和合理配置应急电源等工程措施，运行阶段通过实时性调度改变系统电源和网络结构消纳极端事件冲击能力[4-5]，事后恢复阶段对电源和负荷的及时性恢复[6]。开展新技术攻关、充分挖掘电力系统弹性资源、从物理层和信息层协同增强其弹性是研究的热点[2-4, 7-10]。

传统配电系统无内部电源，不利于应对电网大面积停电造成的极端事件。增设应急电源可以提升配电系统弹性。除柴油发电机外，分布式电源和储能设备成为配电系统应急电源的新选择。分布式电源占地面积较大，充分利用直流系统蓄电池的储能功能作为配电系统应急电源是提升配电系统资产利用率和弹性的有益尝试。本文结合某水利枢纽工程实际，探讨电池储能系统作为应急电源提升配电系统弹性的可行性。

1　水利枢纽配电系统弹性提升措施分析

水利枢纽配电系统主要包括闸门系统、排水系统、监测系统和照明系统。其中闸门设备和排水系统设备非连续性工作，闸门启闭操作根据枢纽运行情况具有不确定性，排水系统根据渗漏水量按照水位控制运行。监测系统和照明系统需要连续运行。

1.1　水利枢纽配电系统弹性分析

某水利枢纽配电系统设置为 10kV 和 400V 系统两级供电。10kV 配电系统采用单母线分段主接线，每段母线设置两路电源，两段母线之间设有分段断路器和备自投装置。400V 系统按照泄洪系统水工金属结构布置情况分别设置流道事故闸门动力中心、工作闸门动力中心和控制楼配电中心。400V 系统动力中心均采用双电源供电并设有备自投装置。

该配电系统采用的双路供电网络结构设计为配电系统高可靠性供电奠定了较好的基础。单一电源失电可以通过投入备用电源来实现连续供电，备自投装置的设置可以进一步提升配电系统连续供电能力。配电系统 10kV 系统备自投装置只能保证在两段母线主用电源投入时实现备用电源自动投入。在未配置计算机监控系统情况下，主用电全部失电时需要人员参与投入备用电源。

该配电系统未设置应急电源，在遭遇电网大面积停电极端情况下配电系统供电恢复能力不足。如果遇到枢纽高水位运用关键时期将会造成严重的安全风险。此水利枢纽配电系统弹性提升建设非常必要。

1.2 水利枢纽配电系统应急电源设置

为水利枢纽配电系统设置应急电源，可以保证在遭遇电网大面积停电极端情况下恢复重要负荷供电，从而提升枢纽运行安全水平。应急电源设置一般选择柴油发电机。柴油发电机配置在 10kV 系统可以提高枢纽配电系统应急供电的灵活性，实现对分散的闸门配电中心的灵活供电。由于水利枢纽水工配电系统 10kV 系统配电中心无足够的增设柴油发电机的空间，同时为了兼做枢纽电站厂用电系统应急电源，柴油发电机布置在枢纽开关站出线场。

利用柴油发电机为水工配电系统供电需要通过较长距离的高压电缆线路，存在供电电缆故障导致应急电源供电不可靠情况。为提升水工配电系统应急供电保障水平，在重要的枢纽泄洪系统配电中心增设了应急电源接入柜，并购置了移动应急发电车，可以实现根据需要利用应急发电车为泄洪系统供电。

柴油发电机和应急发电车及配套应急电源接入柜的设置提升了枢纽水工配电系统外部供电可靠性，但并未提升水工配电系统抗击外部电源供电丢失的情况，依靠外部应急电源存在一定的无法保障风险。理想的情况是在枢纽水工配电系统内部设置应急电源。水工配电系统直流系统蓄电池可以作为应急电源为系统供电。水工配电系统分别在 10kV 系统配电中心附近和进水塔设置了两套直流系统，直流系统蓄电池作为水工配电系统 10kV 系统和 400V 系统应急电源，可以提升水工配电系统的弹性，提高其抵御外部系统电源丢失风险的能力。

2 电池储能系统

电池储能系统包括储能电池、变流器和控制器。电池应急电源系统在控制系统和消防系统已有广泛应用，但一般限于较小容量和功率应用。用于水利枢纽配电系统为闸门提供动力电源，需要大功率大容量的电池应急电源系统。随着储能技术的发展，电池储能系统更广泛地参与电力系统功率调节成为可能[11-14]，这为电池储能系统参与大功率应急电源建设提供了可行性。

2.1 储能电池

储能电池是电池储能系统的关键部分。电化学储能系统中主流电池应用包括锂离子电池、液流电池、钠流电池和铅蓄电池[15]。锂离子电池在新能源汽车动力电池和通信系统储能电池中得到了广泛应用，高比功率、高能量、低成本和长寿命是其主要特点。液流电池具有低成本、高能量效率、安全、循环寿命长和功率密度高等特点，技术成熟，可应用于大中型储能场景。钠流电池具有能量密度高、充放电能效高、循环寿命长的特点，但安全性有待提高。铅蓄电池具有明显的成本低和技术成熟度高的特点，已经在新能源接入和电力系统中开始应用。储能系统电池的典型特点包括高安全、低成本、长寿命和环境友好。

电池容量是决定电池储能系统应用场景的关键，主要由制造水平决定。当前在综合功率器件容量限制、电池系统技术限制和储能系统安全性设计要求限制条件下，链式电池储能系统最大容量设计为 32MW[16]。投入实际工程应用的辅助火电机组 300MW 火电机组调频运行的锂离子电池储能系统容量达到了 9MW/4.5MWh。在已投运的电池储能系统中，锂离子电池占比达到 90% 左右，新增电池储能系统中 99% 以上是锂离子电池[17]。经济分析表明，大工业用户侧电池储能系统配置中，按照目前电价情况测算，铅炭电池经济性最好，其次是铁锂电池、钠流电池和液流电池[18]。电动机直接启动情况下，电源容量应设为同时工作电机容量的 5 倍以上；电动机变频启动情况下，电源容量应设为同时工作的电机总容量的 1.1 倍[19]。

2.2 变流器

储能系统变流器连接电池储能系统与电力系统，承担着控制电池与电力系统能量交换的任务。基于电力电子技术的变流器可以实现四象限灵活调节控制，是储能系统参与不同应用场景的关键设备。电池储能系统参与电网调频在响应速度和控制策略方面优于火电机组、燃气机组和水电机组[20]。

变流器控制包括外环电压控制和内环电流控制。外环控制根据变流器运行状态和外部功率控制指令生成内环电流控制的 dq 轴电流参考值，内环控制根据并网点交流电压快速生成电流指令对调制波进行调节控制。常见的功率控制模式包括定电压控制模式、定有功功率控制模式和电压下垂控制模式。定电压控制模式通过调节变流器两侧功率来维持并网点电压恒定，定有功功率控制模式通过改变并网点电压来维持变流器两侧交换功率恒定，电压下垂控制模式按照设定的下垂系数对变流器并网点电压和交换功率进行控制。变流器下垂电压控制满足如下关系式

$$（P_1-P_2）+\beta（U_1-U_2）=0 \tag{1}$$

式中　P_1、P_2 ——分别为有功功率设定值和实测有功功率值；

　　　U_1、U_2 ——分别为电压设定值和实测电压值；

　　　β ——下垂系数。

2.3 控制器

控制器主要完成对储能电池组电池的充放电控制及电池之间的综合协调控制。为了延长电池寿命，电池充放电控制需要结合其荷电状态（SOC）进行优化控制。储能系统控制器完成对电池及电池组的充放电状态及 SOC 的监测和控制。典型的储能系统控制器包括模组级电池管理单元、簇级电池控制单元、系统级控制单元和子阵级智能控制单元。模组级电池管理单元完成对单个电池模组的状态采集监视和控制，负责电池的被动均衡管理和故障退出；簇级电池控制单元完成对电池簇电压电流的监视控制，包括对电池间的均衡 SOC 控制；系统级控制单元完成对采集的簇级数据的计算分析和处理，包括簇间管理和环境管理；子阵级智能控制单元完成对电池系统三级保护之间的协调控制及与变流器保护的动作时序和逻辑控制。

3 电池储能系统应急电源选择

结合某水利枢纽水工配电系统工程实例对电池储能系统作应急电源可行性进行探讨。

3.1 电池储能系统容量确定

某水利枢纽泄洪系统设有明流洞、孔板洞和排沙洞，每条泄洪洞均设有 1 套事故闸门和 1 套工作闸门。事故闸门采用卷扬机启闭系统，工作闸门采用液压控制系统。闸门控制系统

采用变频器控制。水利枢纽水工配电系统承担为闸门系统供电功能，闸门系统是水利枢纽配电系统中重要的大功率负荷。水利枢纽水工配电系统应急电源容量设置应能保证闸门系统中功率最大的一套门正常启闭。水利枢纽各闸门启闭系统电机额定功率见表 1，其中最大功率负荷为孔板洞事故闸门启闭系统。

表1   某水利枢纽闸门启闭系统负荷

泄洪孔洞闸门	电机额定功率（kW）
明流洞事故门	264
明流洞工作门	180
孔板洞事故门	528
孔板洞工作门	300
排沙洞事故门	264
排沙洞工作门	264

在枢纽闸门启闭系统中，孔板洞事故门需要同时启用 4 台额定功率为 132kW 的电机，最大功率为 528kW。孔板洞事故门启动过程中监测到的单个变频器最大输出功率为 43.16kW（见附录），闸门提升时间为 30min，闸门提升过程中对功率变化要求为分钟级，电力电子变流器功率变化可以达到毫秒级，满足闸门提升功率控制要求。

按孔板洞事故门启闭试验数据配置应急电源容量应为

$$C=1.1\times43.16\times4\times0.5=94.96（kWh）\qquad(2)$$

按照孔板洞电机额定容量配置应急电源容量为

$$C=1.1\times528\times0.5=290.4（kWh）\qquad(3)$$

目前储能工程经验数据[21]表明，锂电池储能项目单位电量成本为 2000 元/kWh，充放电效率为 0.93，荷电状态下限为 0.2，上限为 1，项目周期为 8 年，年运维成本为 25 元/kWh，功率容量比为 0.5。

电池储能系统投资容量需要选择

$$C=290.4\div（1-0.2）=363（kWh）\qquad(4)$$

3.2 电池储能系统容量选择

根据负荷计算确定电池容量后，结合电池储能系统市场供应情况进行选择。对于已经投运的水利枢纽水工配电系统，现场设备布置已经确定，供选择的设备布置空间有限，储能系统占地面积是重要考虑因素。

结合厂商生产型号，可以选择 500kWh/200kW 电池储能系统。目前商用的锂电池集装箱系统参数见表 2。综合考虑功率容量和占地面积，可以选择 SDL10-250/600 型电池储能系统，其额定容量为 600kWh，额定功率为 250kW，占地面积约 8m^2。

表2   商用电池储能系统参数比较

储能系统	额定容量/功率 （kWh/kW）	尺寸参数（mm）	重量（t）	循环次数
SDC-ESS-S691V552	552/500	7520×2438×2591	15	≥5000
SDL10-250/600	600/250	2991×2438×2896	8	
SDC-ESS-S691V386	386/150	2991×2438×2896	8	≥5000

3.3 电池储能系统布置

电池储能集装箱防火间距要求离办公用房最小距离为10m。水利枢纽 10kV 配电系统位于控制中心附近，不适合布置电池储能集装箱。在枢纽泄洪系统事故闸门集中的配电中心区域选择电池储能系统布置地点。此区域原先布置有直流系统，主要为事故闸门备用电源，直流系统负荷为 200Ah。可以考虑将直流系统升级为电池储能系统，为直流系统供电，同时兼做水工配电系统应急电源。

4 结语

本文从配电系统弹性提升技术角度对电池储能系统作为水利枢纽配电系统应急电源的可行性进行了探讨。电池储能系统作为配电系统应急电源可以充分挖掘配电系统中直流系统蓄电池组的功能，为充分利用现有资源提升配电系统弹性提供了具体可行的技术方案。结合某水利枢纽水工配电系统实例，从供电功率、响应速度和占地面积方面探讨了电池储能系统作为闸门系统应急电源的技术可行性。

参考文献

[1] 鞠平，王冲，辛焕海，等. 电力系统的柔性、弹性与韧性研究 [J]. 电力自动化设备，2019，39（11）：1-7.

[2] 别朝红，林超凡，李更丰，等. 能源转型下弹性电力系统的发展与展望 [J]. 中国电机工程学报，2020，40（9）：2735-2745.

[3] 邱爱慈，别朝红，李更丰，等. 强电磁脉冲威胁与弹性电力系统发展战略 [J]. 现代应用物理，2021，12（3）：3-12.

[4] 彭寒梅，王小豪，魏宁，等. 提升配电网弹性的微网差异化恢复运行方法 [J]. 电网技术，2019，43（7）：2328-2335.

[5] 章博，刘晟源，林振智，等. 高比例新能源下考虑需求侧响应和智能软开关的配电网重构 [J]. 电力系统自动化，2021，45（8）：86-94.

[6] 朱溪，曾博，徐豪，等. 一种面向配电网负荷恢复力提升的多能源供需资源综合配置优化方法 [J]. 中国电力，2021，54（7）：46-55.

[7] 王守相，刘琪，赵倩宇，等. 配电网弹性内涵分析与研究展望 [J]. 电力系统自动化，2021，45（9）：1-9.

[8] 刘瑞环，陈晨，刘菲，等. 极端自然灾害下考虑信息-物理耦合的电力系统弹性提升策略：技术分析与研究展望 [J]. 电机与控制学报，2022，26（1）：9-23.

[9] 赵曰浩，李知艺，鞠平，等. 低碳化转型下综合能源电力系统弹性：综述与展望 [J]. 电力自动化设备，2021，41（9）：13-23，47.

[10] 杨飞生，汪璟，潘泉，等. 网络攻击下信息物理融合电力系统的弹性事件触发控制 [J]. 自动化学报，2019，45（1）：110-119.

[11] 饶宇飞，高泽，杨水丽，等. 大规模电池储能调频应用运行效益评估 [J]. 储能科学与技术：1-9.

[12] 孙丙香，李旸熙，龚敏明，等. 参与 AGC 辅助服务的锂离子电池储能系统经济性研究 [J]. 电工技术学报，2020，35（19）：4048-4061.

[13] 丁勇，华新强，蒋顺平，等. 大容量电池储能系统一次调频控制策略 [J]. 电力电子技术，2020，54（11）：38-41，46.

[14] 王凯丰，谢丽蓉，乔颖，等. 电池储能提高电力系统调频性能分析 [J]. 电力系统自动化：1-13.

[15] 缪平，姚祯，John LEMMON，等. 电池储能技术研究进展及展望 [J]. 储能科学与技术，2020，9（3）：670-678.

[16] 刘畅，蔡旭，李睿，等. 超大容量链式电池储能系统容量边界与优化设计 [J]. 高电压技术：1-11.

[17] 李建林，梁忠豪，李雅欣，等. 锂电池储能系统建模发展现状及其数据驱动建模初步探讨 [J]. 油气与新能源，2021，33（4）：75-81.

[18] 袁家海，李玥瑶. 大工业用户侧电池储能系统的经济性 [J]. 华北电力大学学报（社会科学版），2021（3）：39-49.

[19] 韩坚，王亚楠，顾伟峰. 基于电池储能系统的风电机组极端工况备用电源的设计 [J]. 船电技术，2021，41（7）：27-30.

[20] 吴启帆，宋新立，张静冉，等. 电池储能参与电网一次调频的自适应综合控制策略研究 [J]. 电网技术：1-10.

[21] 郑睿敏，谭春辉，侯惠勇，等. 用户侧电池储能系统容量配置探讨 [J]. 电工技术，2020（5）：60-62.

作者简介

李宪栋（1977—），男，高级工程师，主要从事水利水电工程电气系统运行管理工作。E-mail：lxdxlddc@163.com

附录：孔板洞事故门启动过程功率变化情况表

孔板洞事故闸门运行参数

序号	运行状况	运行时间	运行速度	闸门开度（m）	荷重（t）	变频器	运行频率（Hz）	直流母线电压（V）	输出电压（v）	输出电流（A）	输出功率（kW）
1	A门从0m提升至1m	14:03—14:07	0.4m/min	0.25	8.48	A门1号	10	539.7	75.5	105.4	4.8
						A门2号	10	539.6	75.5	107.8	4.9
				0.43	166.28	A门1号	10	534.9	76.4	120.5	8.7
						A门2号	10	534.8	76.4	122.5	8.8
2	双门从1m提升至5m	14:08—14:18	0.4m/min	3.0	166.28	A门1号	10	532.8.7	76.5	119.5	8.5
						A门2号	10	532.8.6	76.6	121.7	8.6
				2.94	167.81	B门1号	10	531.8	76.6	117.8	8.8
						B门2号	10	531.3	76.6	118.1	8.7
				4.96	168.06	A门1号	10	532.5	76.5	110.2	8.7
						A门2号	10	532.5	76.6	122.5	8.7
				4.89	169.20	B门1号	10	531.7	76.7	118.8	9.0
						B门2号	10	531.3	76.6	118.7	8.8
3	双门从5m提升至8m	14:18—14:21	1.01m/min	5.26	167.12	A门1号	25.2	528.4	190.0	122.8	21.1
						A门2号	25.2	528.3	190.0	125.4	21.3
				5.19	169.61	B门1号	25.2	527.4	189.9	120.9	21.5
						B门2号	25.2	526.5	189.7	121.2	21.2
4	双门从8m提升至10.3m	14:21—14:22	1.51m/min	8.57	166.16	A门1号	37.7	524.9	282.7	124.5	31.3
						A门2号	37.7	524.9	282.7	126.5	31.4
				8.50	166.74	B门1号	37.7	524.1	282.7	123.4	32.5
						B门2号	37.7	523.6	282.3	123.3	31.7
5	双门从10.3m提升至22m	14:22—14:29	1.8m/min	10.54	162.35	A门1号	45.0	523.4	337.4	125.7	37.8
						A门2号	45.0	523.3	337.4	127.9	37.9
				10.47	166.52	B门1号	45.0	522.6	337.1	123.1	38.1
						B门2号	45.0	522.1	336.7	123.3	37.3
6	双门从22m下降至1m	14:30—14:43	1.8m/min	15.05	172.49	A门1号	−45.0	617.2	334.5	108.8	20.9
						A门2号	−45.0	613.4	334.5	111.0	20.7
				15.08	177.75	B门1号	−45.0	617.9	334.0	108.1	23.2
						B门2号	−45.0	615.5	333.4	108.3	22.6
7	双门从1m下降至0.41m	14:43—14:45	0.4m/min	0.81	175.76	A门1号	−10.0	616.7	73.3	110.2	4.7
						A门2号	−10.0	613.3	73.3	112.6	4.7
				0.82	181.50	B门1号	−10.0	617.7	73.1	108.7	4.9
						B门2号	−10.0	615.1	73.0	109.0	4.7

智慧水电厂建设模型与实施路径探索

赵本成　　艾麒麟　　刘明敏

（中国长江电力股份有限公司溪洛渡水力发电厂，云南省昭通市　657300）

[摘　要] 本文研究水电厂的生产运行管理需求，结合技术发展发挥数据的生产要素作用，探索全方位建设智慧水电厂的方法，初步提出智慧水电厂建设模型与实施路径，为水力发电企业建设智慧水电厂提供参考和借鉴。

[关键词] 智慧；水电厂；模型；实施路径

0　引言

2020 年，中共中央、国务院发布《关于构建更加完善的要素市场化配置体制机制的意见》，将数据作为新型生产要素写入文件，当前智慧水电厂建设方兴未艾，处在数字化转型的重要时期，就水力发电企业而言，如何厚植数据生产要素，深入推进智慧水电厂建设是亟需研究的课题。由于水电站大多处于偏僻地区且除发电外大多兼具防洪、航运等功能，往往具有电网辅助服务要求高、设备分布广、环境复杂且需兼顾员工城市办公等特点，在智慧水电厂建设过程中对生产运行、设备管理、枢纽管理、城市办公、质量管理等方面提出了更高要求。本文根据水电厂生产运行管理需要，以发挥数据的生产要素功能为着力点，提出了智慧水电厂建设模型与实施路径。

1　智慧水电厂建设模型

当前权威机构未对智慧电厂制定相应定义和统一标准，专家学者对其概念、内涵等见解各异，文献 [1] 指出智慧电厂是在应用现代化数字信息化技术、通信技术和智能传感与执行、控制、决策等相关技术的基础上，通过智能化的模式来进行发电和管理，提高发电厂效率并确保其安全和环保，保证与智能电网相互协调的发电厂。因水电厂除发电外兼具水利枢纽功能，当前无细分的智慧水电厂建设模型供参考。本节在研究典型水电厂运行管理需求的基础上，以问题导向和目标导向，研究设备、技术、土地、劳动力、管理等生产要素产生的数据并发挥其生产要素功能，提出包含智慧生产、智慧诊断、智慧枢纽、智慧办公、智慧管理的建设模型（如图 1 所示）。

1.1　智慧生产

随着国家电力体制改革的深化，辅助服务分担机制逐步建立，设备运行可靠性已直接与经济效益挂钩，电力生产核心技术能力从保障电能本身可靠质量、安全稳定性的能力进一步扩展到提供辅助服务能力。智慧电力生产，即是匹配智慧电网要求和发展，以目标导向，提升机组一次调频、AGC、AVC 辅助服务能力，满足非计划停运时间、备用容量、AGC 投运率等考核指标，实现设备智能传感、计算、决策和执行，减少流程性工作的人为操作和干预，将复杂操作变成智慧计算和决策，降低事故发生率。

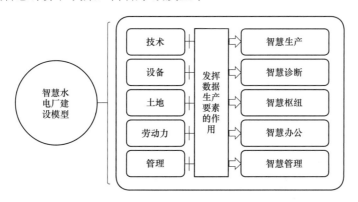

图 1　智慧水电厂建设模型

1.2　智慧诊断

设备稳定运行是电站效益充分发挥的前提，提升设备管理能力是企业终身探索的课题。随着管理持续改进，故障率高、风险大、效率低的设备管理方式必然会被故障率低、安全性高、效率高的设备管理方式取代。全生命周期、全过程控制是设备管理的有效方式，是否有效实施该管理模式是成败的关键，但其庞大的数据库、超长的时间周期往往使得该模式无法有效运转。智慧管理设备，不是以科技取代人的设备管理地位，而是以大数据技术为基础，将技术人员从庞大的设备管理信息量中剖离数据积累、整理、分析、判断等职能，辅助提供决策功能，发挥数据作用，巩固和强化技术人员在设备管理链条中的决策主导地位。

1.3　智慧枢纽

水电厂异于其他类型电厂，一般兼具水土资源利用的水利枢纽功能，承担着防洪、航运、灌溉、拦沙、环保等功能，如汛期等特殊时期，枢纽防洪功能超过发电的重要程度，且因所处环境受水情和地质影响大，因此智慧水电厂建设应综合考虑整个枢纽系统。智慧枢纽管理，是将整个枢纽产生的信息归集到一个数据平台，通过设置的数据关联性模型，分析数据联动性，执行决策命令，最终使各枢纽功能系统优化运行，提升有效投运时间，同时增强系统联动性，提高设备设施抵御风险能力，降低故障和灾害率，提升枢纽安全水平。

1.4　智慧办公

生产要素中人作为劳动力是生产中最活跃的因素，劳动力实现价值的方式，对生产结果具有重大影响。因水电站大多地处偏远，员工不能兼顾家庭成为制约员工实现生产价值的重要影响因素，因此实现员工部分时间在城市办公和生活至关重要。根据水电厂距离城市中心的偏远程度，人员在项目地工作/生活、在生活区生活/工作轮换方面，具有不同程度的需求。智慧水电厂建设应贯彻以人民为中心的发展思想，实现城市办公提升工作对家庭的友好性，智慧城市办公，即是以通信技术为基础，搭建远程办公平台，辅助先进技术作为智慧助手，提升两地联合办公效率，基本实现员工在项目地主要开展设备检修维护工作，在城市办公主要开展调度、自动控制、文件台账管理等工作。

1.5　智慧管理

管理作为生产要素之一，含义丰富，如人员管理、成本管理、安全管理等，因管理涉及业务较多且都与质量相关，本文基于全面质量管理研究智慧管理方式，即应用信息化平台、迭代分析等技术手段，更加智慧地实施制定方针目标、明确职责、建立运行管理体系、检查评价对标、改进创新等管理过程，使各类业务管理过程中产生的数据与设备运行数据、绩效考核数据关联起来，使管理过程始终处于受控状态，最终实现更好的绩效结果。

此外，水电厂生产要素还有资本等，相对其他普适性生产要素，资本作为生产要素更侧重企业本身管理要求。限于篇幅，本文在智慧电厂建设模型中不做研究。

2　智慧水电厂实施路径

将数据作为新型生产要素，体现了互联网大数据时代企业管理的新特征，智慧水电厂实施路径，也深度契合新时代企业发展的方向。总的来说，智慧水电厂实施路径即充分发挥数据生产要素作用，推进数据共享、提升数据价值、加强数据整合和关注数据安全，利用互联网、大数据、云计算、人工智能、通信等新技术，全面融合流程、制度、体系、设备、人员、系统等要素，建立新型电厂管理模式，达到电力生产可靠性强、设备安全性好、枢纽风险性小、员工安居乐业、质量引领发展，实现水电厂长期安全稳定运行，枢纽综合效益充分发挥。

2.1　适配智慧电网需要，增强电力生产可靠性

从提升设备本身智慧化程度着手，一是适配电网管理要求，针对《并网运行细则》考核要求及《辅助服务细则》补偿方式，实施设备改造，提升并网运行及辅助服务指标；二是补齐基础监测短板，消除设备监测盲区，如研究 GIL、GCB、GIS 等封闭设备状态监测诊断，开发螺栓在线监测系统等；三是增强监测信号判别和处置能力，强化监视和控制系统信号智慧识别、记忆与自适应处置能力。

2.2　挖掘设备数据价值，提升设备设施安全性

持续整合数据不断迭代提升设备状态诊断能力，一是将原始技术资料、生产管理资料、设备家族史履历、运行数据等整合，形成设备全生命周期本质安全档案；二是以设备智能巡检、数据趋势分析结果为新的数据源，比对全生命周期本质安全档案，引导管理系统预判故障；三是充分利用 PDCA 管理要求，迭代数据收集和判别的算法，使设备控制更加自主、生产管理更加智能、风险决策更加科学。

2.3　加强数据信息联动，提升枢纽风险预控能力

主要是提升枢纽风险预控能力，提升水资源利用率，一是建立大坝安全监测平台，实现健康状态监测、分析评估、预测预警、决策支持等功能；二是探索枢纽管理关键规律，如水位加卸载对设备运行、联调发电、大坝变形、消能设施、灌溉设施、库岸边坡的影响等，实现管控一体化、决策智能化、管控全覆盖；三是增强厂房、项目地、周边地质监测能力，应用遥感、无人机、激光探测、智能识别等技术，强化枢纽保卫、消防、环保、车辆、防洪等联控，管控枢纽运行内外部风险，提升枢纽管理水平。

2.4　搭建智慧办公平台，两地办公助力长治久安

实现生产管理、办公管理两地化，同时提升智慧办公程度，一是充分应用网络通信技术，实现调控一体化，将电力生产指挥中心从电站所在地复制到城市中心，实现"无人值班、少

人值守";二是配备远程诊断分析平台、图像监视系统,建立会诊会商机制实现巡检、监视、事故处理的有效沟通;三是建立两地办公配套机制,开发异地办公协作平台、任务智能分发系统,实现视频会议保障、会议自动签到、培训学分自动统计等;四是广泛应用现场机器人和虚拟数字人,降低现场劳动强度。

2.5 管理信息融通生产数据,实现质量引领企业发展

以全面质量管理为理论基础,建立全质量管理信息平台,一是以智慧水电厂质量环境职业健康安全指标、电力安全生产可靠性指标、经营管理指标、创新及综合管理重点工作,对接生产管理系统和办公协作平台,实现目标指标自动分配、智能预警、及时纠偏;二是明确全员职责,结合安全风险分级管控、隐患排查治理、管理体系内外审、经营合规审计等流程,智慧提醒业务过程中的质量控制关键环节;三是实现管理体系有效运行,实现制度和标准中的记录清单数据自动采集或归档,实现标准体系文件联动修订等;四是汇总多维度的管理评审、合规评价、检查考核结果,共同指导改进;五是提倡形成适应各自业务的管理理念和管理手段,不断改进和创新管理方式方法。

3 结语

本文在梳理智慧水电厂生产运行管理需求的基础上,初步提出了全方位的智慧水电厂建设模型与实施路径,由于水电厂的具体情况各不相同,是一个不确定因素较多的系统性研究课题,本文以充分发挥数据生产要素作用为着力点,初步提出智慧水电厂建设模型与实施路径,希望能为水力发电企业研究智慧水电厂建设提供参考和借鉴。

参考文献

[1] 徐剑,张磊磊. 智慧电厂新技术应用现状及发展研究 [J]. 科学技术创新,2019 (31):73-74.

[2] 张晋宾,周四维,陆星羽. 智能电厂概念、架构、功能及实施 [J]. 中国仪器仪表,2017 (4):33-39.

[3] 唐勇,刘鹤,张力,等. 瀑布沟电厂智慧水电建设实践 [J]. 热力发电,2019,48 (9):156-160.

[4] 黄福强,张辉,杨帆,等. 技术经济视角下的智能化水电站构想 [J]. 水电与新能源,2018,32 (1):18-21,25.

作者简介

赵本成(1990—),男,工程师,主要从事水电站技术与质量管理工作。E-mail:zhao_bencheng@ctg.com.cn

艾麒麟(1985—),男,工程师,主要从事水电站运行管理工作。E-mail:ai_qilin@ctg.com.cn

刘明敏(1993—),男,工程师,主要从事水电站运行管理工作。E-mail:liu_mingmin@ctg.com.cn

GNSS 观测系统在南水北调中线工程变形监测的应用研究

冯建强　范　哲　逯金明　高振铭

（南水北调中线信息科技有限公司，北京市　100038）

[摘　要] 为替代传统人工变形观测，降低工程运营成本，提高观测实时性，基于 GNSS 的自动化变形观测技术备受瞩目。通过总体设计、嵌入式软件开发、硬件集成、服务器平台搭建，搭建一套具有自主知识产权的 GNSS 的观测系统。为验证系统样机观测精度，在南水北调中线工程沿线渠道开展基于短基线精度测试试验。试验结果表明，自主研发的 GNSS 接收机在短基线观测条件下内、外符合精度较好，数据准确性置信水平较高，可为南水北调中线干线工程自动化变形监测提供服务。

[关键词] GNSS 观测系统；自主研发；南水北调中线工程；精度测试

0　引言

随着北斗三号组网成功，北斗产业高速发展，基于全球导航卫星系统（Global Navigation Satellite System，GNSS）技术在变形监测行业的应用越来越广泛，GNSS 接收机观测值精度指标的重要性愈加凸显[1]。大量工程实践表明，长时序变形监测水平精度最优可达到 ±2mm，垂直精度最优可达到 ±5mm。南水北调中线干线工程是一项跨流域、长距离的特大型调水工程，工程全长约 1432km。目前变形监测主要以人工观测为主，与 GNSS 自动化监测系统相比，存在自动化程度低、工作量大、易受气候和其他外界条件影响等显著缺点，难以满足高精度和高时效兼顾的监测需求。针对南水北调中线工程实际工程特点，GNSS 导航定位系统变形监测自动化系统研究对工程安全运行具有重要指导意义，同时也存在两大问题：第一、与现有人工观测相比，GNSS 观测精度相对较低，尤其是垂直位移监测方面；第二，南水北调中线工程线路长、规模大、成本较高，需大量的设备投入（包括前期建设，运行期维护、设备迭代更新）。针对存在的问题，基于南水北调中线工程变形监测应用的研究进行 GNSS 观测系统自主研发。本文结合南水北调工程实际作业条件，对自主研发的 GNSS 系统进行静态短基线精度评定，对其适用性和可行性开展初步研究。

1　自主研发 GNSS 观测系统

依托自动化监测系统平台自主研发测地型 GNSS 接收机以高精度定位板卡进行二次开发，具有较强的扩展性和灵活性，能够契合工程实际需求，同时可以有效降低监测成本。自主研发测地型 GNSS 接收机通常以双频或多频进行设计，同时接收双频或多频载波信号，利用双频观测值组合消除电离层对电磁波信号的延迟影响，可用于长距离精密定位，符合南水北调中线工程大规模线性工程的特点。GNSS 接收机研发过程涵盖机械设计、硬件集成、嵌入式开发、无线传输、系统集成等方面。

芯片、模块、天线、板卡等 GNSS 系统应用基础产品选择是影响 GNSS 接收机观测精度的直接因素。长期以来，高精度定位市场以 Trimble、Ublox、Leica 、Novatel 、Septenrio 等国际品牌为主。随着北斗产业高质量发展，我国已建立实施北斗基础产品认证制度，为北斗基础产品高速发展营造了良好环境。GNSS 融合定位系统已进入了全新的发展阶段，国产化 GNSS 基础产品在精度方面也迈上新的台阶，静态定位精度最优可达到±2.5mm。从观测精度、成本和国家战略方面考虑，自主研发 GNSS 接收机充分考虑国产化，选择某国产品牌 H 高精度板卡（静态基线精度 2.5mm+1ppm）搭载测量型 GNSS 天线（相位中心误差为±2mm），支持多系统多频数据采集。

自主研发 GNSS 接收机产品如图 1 所示。

图 1　自主研发 GNSS 接收机产品

2　精度测试

为详细对比自主研发 GNSS 接收机的整体性能和精度，基于南水北调中线干线工程实际作业环境对自主研发 GNSS 接收机进行短基线相对静态观测（如图 2 所示），分别从内符合精度评定和外符合精度评定两个方面对观测值的可靠性、稳定性、精确度进行综合测评。同时以综合性能较好的某国外 L 品牌高精度 GNSS 接收机（以下简称"GNSS 接收机 L"）为例，在相同观测条件下进行同步观测。通过横向比对，研究分析自主研发 GNSS 接收机在精度、可靠性方面的优劣。

测试现场选取 4 个具有强制对中装置的观测墩，各观测墩平均分布在工程渠道两侧，基本处于稳定状态，并且对空条件良好、周边无强信号干扰源，具有良好的通视条件，满足《全球导航定位系统 GPS 测量规范》相关技术标准要求。同时为进一步排除观测精度受外部变形实际影响，在 GNSS 观测前后分别采用高精度全站仪进行测量，验证其稳定性。

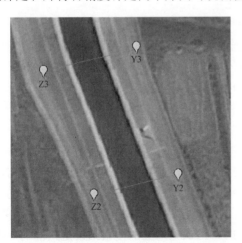

图 2　自主研发 GNSS 接收机测试现场基线分布情况

2.1　测试流程

自主研发 GNSS 接收机测试流程如图 3 所示。

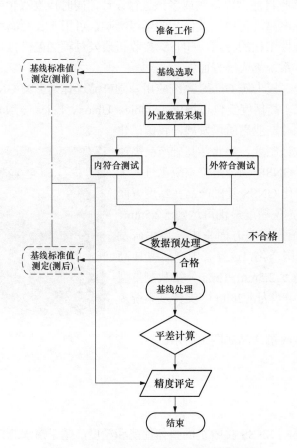

图3 自主研发 GNSS 接收机测试流程图

2.2 基线标准值测定

外符合精度评定以标准值作为比对基准，所以标准值的测定精度将直接影响其外符合精度评定结果。本次测试，采集数据前后使用高精度全站仪 Leica TM50（0.6mm+1ppm），对短基线进行对向观测测定基线长度，每次设站观测 6 个测回，每测回分别盘左、盘右各读数 3 次，取均值作为观测值。观测过程中，同步测定温度、气压、湿度等气象参数，实时进行气象改正。通过加常数、乘常数后处理获取基线精确标准值。同一基线前后两次测定长度互差均应小于 1mm，最终取前、后两次基线长度值的算术平均值作为基线已知标准值。

2.3 Ratio 检验

Ratio 是在采用搜索算法确定整周未知数参数的整数值时，产生次最小的单位权方差与最小的单位权方差的比值，其比值越大，观测数据质量越可靠[2]。它是基线解算质量评定的重要指标。这一衡量指标取决于多种因素，既与观测值的质量有关，也与观测条件的好坏有关。大量实践表明，基于较短基线观测 Ratio 值大于 3 时，可认为对应的搜索结果是正确的，观测质量较为可靠[3]。自主研发 GNSS 接收机 Ratio 小于 3 的时段约占总观测时段的 20.8%，国外高精度 GNSS 接收机 L 观测值 Ratio 均大于 3。相比较而言，自主研发 GNSS 接收机数据质量较差。鉴于现场观测条件基本相同，观测条件对 Ratio 造成的差异性影响较小，从而表明 GNSS 系统基础产品自身整体性能的稳定性对自主研发 GNSS 接收机 Ratio 指标值影响较大。

2.4 内、外符合精度测试

内符合精度主要反映各观测值之间的离散度，也就是精密度，一般用标准差（STD）来度量。它体现的是 GNSS 接收机自身系统的可靠性和稳定性。外符合精度则是以外部参考标准值作为比对基准，主要反映观测值与标准值的偏差程度，也就是设备的精确度，通常用误差的均方根（RMS）来度量。基于南水北调中线工程布设短基线（最大基线长约 150m），采用相对静态定位对同一基线进行同步观测 6 个时段，每个时段观测时长不少于 1h。参照 GB/T 18314—2009《全球导航定位系统 GPS 测量规范》和 CH 8016—1995《全球定位系统 GPS 测量型接收机检定规程》规范对同一基线任意时段观测值互差应小于 $2\sqrt{2}$ 倍仪器标准误差 δ [1]；同一基线任意时段观测值 $d_{测}$ 与已知标准值 $d_{标}$ 之差应小于仪器的标准误差 δ [1]。以 GNSS 接收机 L 标称精度 3mm+0.3ppm 作为参考，仪器标准误差计算公式为

$$\delta = \sqrt{a^2 + (b \times d)^2} \tag{1}$$

式中 δ ——标准误差，mm；

  a ——仪器固定误差，mm；

  b ——仪器比例误差系数，ppm；

  d ——基线长度，km。

内符合精度是同一基线多次测量结果与其最或然值之差，体现 GNSS 接收机系统自身的稳定性和可靠性。对每条基线的测量结果与其最或然值之差进行统计分析。同一基线重复观测值为 l_1，l_2，$\cdots$，l_m，各观测值与最或然值的差值为 $\overline{V}_i = L_i - \overline{l}$，则 GNSS 接收机的内符合精度计算公式为

$$\sigma = \sqrt{\frac{\overline{V}^T P \overline{V}}{n-1}} = \sqrt{\frac{\sum_{m=1}^{n}(l_m - \overline{l})^2}{n-1}} \tag{2}$$

式中 σ ——GNSS 接收机的内符合精度；

  V ——观测值与其最或然值的差值；

  n ——观测时段数；

  P ——观测值的加权矩阵。

外符合精度通过短基线直接比较法对同一基线观测值与已知标准值的差值来验证分析 GNSS 接收机外符合精度水平。各观测值相对于真值的改正值 $\hat{v}_i = L_i - \hat{l}$，则外符合精度计算公式为

$$\sigma = \sqrt{\frac{\hat{V}^T P \hat{V}}{n}} = \sqrt{\frac{\sum_{m=1}^{n}(l_m - \hat{l})^2}{n}} \tag{3}$$

式中 σ ——GNSS 样机的外符合精度；

  V ——观测值与标准值的差值；

  n ——观测时段数；

  P ——观测值的加权矩阵。

自主研发 GNSS 接收机现场采集数据如图 4 所示。

3　精度分析

图 4　自主研发 GNSS 接收机现场采集数据

自主研发 GNSS 接收机精度测试共计同步观测 24 个时段，基线解算后对重复基线、环闭合差进行检核，以 GNSS 接收机 L 标称精度作为参考标准，按式（1）计算结果为±3.0mm。内符合基线检核各基线互差均小于 $2\sqrt{2}\delta$，满足《全球定位系统 GPS 测量型接收机检定规程》比对要求。

内符合精度分析指利用各基线观测值与最或然值差值对 GNSS 接收机自身系统的可靠性和稳定性进行评定。比对结果显示有 3 个观测时段差值大于±1mm，最大差值为–2.1mm，其他时段差值均在±1mm 内。对各基线比对差值进行统计分析，按公式（2）计算各基线标准差（STD）为±0.34～±1.41mm（见表 1）。外符合精度反映的是观测值与标准值的偏差程度。各基线观测值与测定标准值

比较，有 1 个时段偏差值较大（–3.72mm），超出仪器标准误差δ，其他大部分偏差值分布在 1～2mm，均小于标准误差δ。由式（3）计算各基线均方根（RMS），误差为±0.94～±2.02mm（见表 1）。相同观测条件下，GNSS 接收机 L 内符合测试比对结果最大差值为 1.4mm（基线长约 150m），其他时段均分布在±1mm 以内；外符合测试比对结果大部分偏差值分布在±1mm 以内。具体如图 5 和图 6 所示。

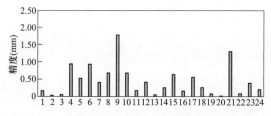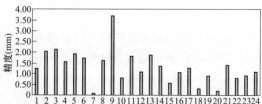

图 5　自主研发 GNSS 接收内、外符合精度统计

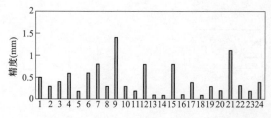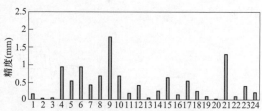

图 6　国外 GNSS 接收机 L 内、外符合精度统计

通过综合评定分析，本次基于较短基线距离观测条件测定（基线长度相近，最长约 150m，

比例误差带来的差异性影响极小，可以忽略不计）自主研发 GNSS 接收机内符合精度为
±0.67mm，外符合精度为±1.46mm。测评结果表明基于短基线距离，自主研发 GNSS 接收
机系统自身离散程度较低，稳定性、可靠性较好，观测数据准确性置信水平较高，从基线解
算精度方面看，可以满足 GNSS 接收机 L 接收机标称精度。与 GNSS 接收机 L 横向比对，自
主研发 GNSS 接收机在观测精度和稳定性方面存在一定差距，其原因在于 GNSS 基础产品选
型和集成工艺仍存在较大的提升空间，GNSS 天线相位中心稳定性和抗多径干扰能力相对较弱，
导致其稳定性和电磁兼容性较国外 GNSS 接收 L 水平较差，同时 4G 无线通信模块对信号接
收造成一定程度的干扰。在后续改进方面需进一步提高集成工艺水平和基础产品稳定性、可
靠性和电磁兼容性。

表 1　　　　　　　　自主研发 GNSS 接收机内、外符合精度统计表　　　　　　　　mm

基线名称	标准差（STD）	均方根（RMS）	备注
Z2-Y2	±0.34	±1.80	
Y2-Y3	±1.41	±2.02	
Z3-Y3	±0.43	±1.26	
Z2-Z3	±0.56	±0.94	
综合统计	±0.67	±1.46	

4　结语

　　GNSS 技术在南水北调中线工程变形监测的应用潜力巨大，将对推进南水北调中线工
程高质量发展发挥重大作用，可为其他国内调水工程变形监测提供参考和借鉴。本文针
对自主研发 GNSS 观测系统和精度测试试验进行了简要介绍。试验结果表明，自主研发
GNSS 观测系统在短基线观测条件下的内、外符合精度水平较好，数据准确性置信水平较
高，能够满足南水北调中线工程水平方向变形监测需求。后续试验将大规模组建 GNSS
观测网，持续改进观测系统的供电、通信和防雷接地等措施，并对中短、长距离基线进
行进一步测试。

参考文献

[1] 陈澍, 任永超, 张绪丰, 等. GNSS 接收机原始观测值精度测试与分析 [J]. 导航定位学报, 2022（1）:
　　144-150.
[2] 魏峰, 张健, 彭伟. 基于 TBC 软件的基线处理及其质量控制, [J], 绿色科技, 2013（10）: 227-229.
[3] 桑吉章, 刘经南. GPS 双差解的 RATIO 定义及作用 [J]. 武测科技, 1993（1）: 5-8.
[4] 游振东. GNSS 接收机内部性能检测方法的研究, [D], 武汉: 武汉大学, 2005.
[5] 陈国成, 陈嘉庆, 叶文芳, 等. BDS GNSS 接收机发展趋势 [J]. 数字通信世界, 2018（2）: 25-26.

作者简介

　　冯建强（1987—），男，工程师/注册测绘师，主要从事工程安全监测、工程测量等工作。E-mail:

865518929@qq.com

范　哲（1985—），男，高级工程师，主要从事工程安全监测工作。E-mail：noodles0305@163.com

逯金明（1986—），男，工程师/注册测绘师，主要从事工程测量、海洋测绘等工作。E-mail：564608232@qq.com

高振铭（1992—），男，工程师，主要从事嵌入式软硬件开发及物联网开发工作。E-mail：304239453@qq.com

高寒地区混凝土坝温控防裂措施研究

邵　帅　黄　玮　王祥峰

（中国电建集团成都勘测设计研究院有限公司，四川省成都市　610072）

[摘　要] 水电工程由于其特殊性，须按照施工进度要求进行施工，大坝混凝土施工冬季不能停工，高寒条件下的混凝土坝温控防裂的问题突出。本文基于西南高寒地区某水电站典型混凝土坝段，开展了混凝土施工期温度和温度应力仿真分析，分别对通水水温、通水时长及水管间距对大坝混凝土温度及温度应力的影响进行了敏感性分析。同时，还分析了大坝混凝土高温及高温度应力区域产生的原因，并提出了高寒地区混凝土温控防裂措施的建议。

[关键词] 高寒地区；大体积混凝土；温控防裂

0　引言

大坝是水电工程中的重要建筑物，部分水电工程采用混凝土坝作为挡水建筑物，混凝土坝中必然会存在大体积混凝土，因此，存在水化热问题。同时，我国西南地区水能资源量约占全国水能资源总量的 60%[1~2]，大部分水电工程都位于西南部，而西南地区中水能资源蕴藏丰富的地区大部分为高寒高海拔地区。另外，水电工程由于其特殊性，须按照施工进度要求进行施工，大坝混凝土施工冬季不能停工。因此，随着中国水电开发的不断深入，采用混凝土坝作为挡水建筑物的水电工程将面临高寒条件下的大体积混凝土温控防裂问题。

李梁等[3]在分析粉煤灰对混凝土热力学性能影响的基础上，结合高寒地区气候特点，对混凝土施工进行仿真模拟，推荐不同等级粉煤灰在混凝土大坝中的最佳利用方案。杨映等[4]以高寒地区某大坝为例研究了混凝土坝强约束区在浇筑温度难以得到控制情况下的温控防裂措施。李绍辉等[5]结合丰满大坝重建工程研究了大坝各部位越冬保温设计方案。王月等[6]针对高寒地区某进水塔通过数值模拟进行敏感性分析，获得最有利的温控措施。赵卫等[7]利用离散元方法对高寒地区混凝土坝保温层冰拔破坏进行数值模拟，对高寒区混凝土坝保温层抗冰拔防护提出了建议。汪军等[8]以高寒地区为背景，对基础约束区混凝土温控措施标准进行了研究探讨。王志臣等[9]研究了严寒地区碾压混凝土温度控制措施，提出了全方位保温方案。

目前，针对西南高寒地区用混凝土的研究，在混凝土配合比和混凝土原材料选用方面有一定进展，可以通过调整和设计合适的混凝土配合比和选用适当的原材料来控制混凝土的热力学性能，但是仅仅通过设计方案优化，不能满足高寒地区混凝土温控防裂的要求，并且受制于多方面的原因，混凝土的实际性能可能无法达到设计要求，所以采取相应的施工措施是有必要的。本文以西南高寒地区某水电站为例，对多种温控防裂方案进行仿真模拟，研究各个方案下大坝混凝土的温度场及温度应力场，为高寒地区温控防裂方案选择提供依据。

1 温度场计算的基本理论

1.1 温度场计算

根据固体热传导理论[10]，由热量的平衡原理可得，不稳定温度场[11] $T(x, y, z, t)$ 满足热传导连续方程

$$\frac{\partial T}{\partial t} = \alpha \left(\frac{\partial^2 T}{\partial x^2} + \frac{\partial^2 T}{\partial y^2} + \frac{\partial^2 T}{\partial z^2} \right) + \frac{\partial \theta}{\partial \tau} \tag{1}$$

式中　T——混凝土温度，℃；

　　　α——导温系数，m^2/h；

　　　θ——绝热温升，℃；

　　　τ——龄期，天；

　　　t——时间，天。

当式（1）中，$\partial T / \partial t \neq 0$，$\partial \theta / \partial \tau \neq 0$ 时，即水泥水化热存在、混凝土结构的温度继续变化，此时为不稳定温度场。

混凝土完全冷却后的运行期，初始温度和水化热的影响完全消失，温度场不再随时间变化，而只是坐标的函数。即在式（1）中，$\partial T / \partial t = 0$，$\partial \theta / \partial \tau = 0$，此时的热传导方程变为

$$\frac{\partial^2 T}{\partial x^2} + \frac{\partial^2 T}{\partial y^2} + \frac{\partial^2 T}{\partial z^2} = 0 \tag{2}$$

此时，温度场不随时间而变化，这种温度场称为稳定温度场。

1.2 水管冷却效果模拟

目前，采用大型商业软件 ANSYS 进行有限单元计算方法分析水管冷却效果，可以得到比较准确的温度场。但由于水管附近的温度梯度较大，必须布置密集的网格，建模及计算都比较困难。故本次计算将冷却水管的作用考虑为对混凝土绝热温升的影响，其基本思路就是在计算整个混凝土温度场时，采用水管冷却柱体的平均温度。

在一般情况下[11]，已知混凝土初始时刻的温度值与水管进水口的温度值，可推导出 t 龄期混凝土的温度平均值为

$$T(t) = T_w + (T_0 - T_w)\varphi(t) + \theta_0 \Psi(t) \tag{3}$$

式中　T_0——混凝土初始温度，℃；

　　　T_w——水管进口水温，℃；

　　　θ_0——混凝土最终绝热温升，℃；

　　　$\varphi(t)$——水冷函数，可由式（4）计算

$$\varphi(t) = e^{-pt} \tag{4}$$

式中　p——水管布置有关的常数，可由式（5）计算

$$\begin{cases} p = 0.734kga / S_1 / S_2 \\ k = 2.09 - 1.35\xi + 0.32\xi^2 \\ \xi = \dfrac{\lambda L}{c_w \rho_w q_w} \\ g = 1.67 e^{-0.0628 \left[\frac{b}{c} \left(\frac{c}{r_0} \right)^\eta - 20 \right]^{0.48}} \end{cases} \tag{5}$$

式中 S_1、S_2 ——水管间距，m；

a ——混凝土的导温系数，m²/天；

λ ——混凝土的导热系数，kJ/（m·h·℃）；

L ——水管长度，m；

c_w ——冷却水比热，取为 4.187kJ/（kg·℃）；

ρ_w ——冷却水密度，取为 1000kg/m³；

q_w ——水管通水流量，m³/h；

b ——混凝土浇筑块等效半径，m，$b=0.5836（S_1 S_2）^{0.5}$；

c ——水管外半径，m；

r_0 ——水管内半径，m；

η ——混凝土与水管材料导热系数之比。

2 计算模型及温控防裂方案

2.1 气候条件

该水电站位于西南地区，工程为二等大（2）型，挡水建筑物为碾压混凝土重力坝，最大坝高为 134.00m，当地多年平均气温为 7.8℃，极端最高气温为 35.6℃，极端最低气温为 -19.1℃，实测月平均气温如图 1 所示。根据实测气温资料拟合气温公式如下

$$T_a(t) = 7.8 + 8.2 \times \cos\left[\frac{\pi}{6}(t-6.5)\right] \tag{6}$$

式中 T ——气温，℃；

t ——时间，月。

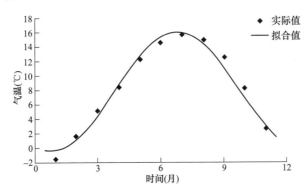

图 1 坝址当地多年月均气温拟合曲线

从图中可以看出，11 月—次年 2 月月平均气温均在 3℃以下，3—10 月月平均气温为 5～16℃，属于典型的高寒地区。

2.2 模型尺寸及边界条件

本文选取该电站最具代表性的挡水坝段进行仿真计算分析，三维计算网格立体图如图 2 所示，其中建基面高程以下基岩厚度约 200m，坝轴线上、下游侧顺河向范围约 150m。

混凝土与基岩采用空间 8 节点等参实体单元,整个计算域共离散为 217308 个节点、201900

个单元。

温度计算中，所取基岩的底面及 4 个侧面为绝热面，基岩顶面与大气接触的为第 3 类散热面，坝体上下游面及顶面为散热面，两个横侧面为绝热面。应力计算中，所取基岩底面三向全约束，左右侧面为法向单向约束，上下游面自由，坝体的四个侧面及顶面自由。考虑自重及温度荷载。

有限元计算坐标系定义：X 轴为横河向，正向为沿坝轴线由左岸水平指向右岸；Y 轴为顺河向，正向为由上游水平指向下游；Z 轴为垂直方向，正向为垂直向上。

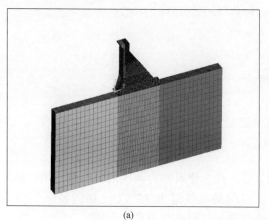

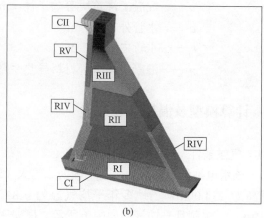

(a) (b)

图 2 整体有限元网格及坝体材料分区
(a) 整体有限元网格；(b) 坝体材料分区

2.3 材料参数

混凝土及基岩的热力学参数取值见表 1。

表 1 混凝土及基岩热力学参数表

项目	基岩	CI (C25)	CII (C20)	RI (C25)
密度（kg/m³）	2790	2399	2396	2421
比热 [kJ/ (kg·℃)]	0.716	1.10	1.09	1.01
导热系数 [kJ/ (m·h·℃)]	10.505	9.58	9.80	8.67
导温系数（m²/h）	0.00560	0.0033	0.0034	0.0032
最终绝热温升（℃）	—	26.6	25.4	22.4
线胀系数（×10⁻⁶/℃）	7.0	6.80	6.92	7.11
泊松比（无量纲）	0.25	0.168	0.168	0.170
劈拉强度（MPa）	—	2.50	2.14	2.43
最终弹模（GPa）	25.0	32.5	31.6	30.8
项目	RII (C20)	RIII (C15)	RIV (C25)	RV (C20)
密度（kg/m³）	2421	2421	2397	2397
比热 [kJ/ (kg·℃)]	1.00	0.99	0.97	1.00
导热系数 [kJ/ (m·h·℃)]	8.31	8.58	8.40	8.65

项目	基岩	CI（C25）	CII（C20）	RI（C25）
导温系数（m²/h）	0.0031	0.0032	0.0032	0.0032
最终绝热温升（℃）	21.3	21.0	24.1	22.8
线胀系数（×10⁻⁶/℃）	7.14	7.16	7.25	7.30
泊松比（无量纲）	0.170	0.170	0.170	0.170
劈拉强度（MPa）	2.26	2.23	2.43	2.26
最终弹模（GPa）	29.5	29.0	30.8	29.5

2.4 温控防裂方案

根据本工程特点，初拟不同温控计算方案，分别对通水水温、通水时长及水管间距对大坝混凝土温度及温度应力的影响进行敏感性分析，各部位不同时间混凝土浇筑温度见表 2，各温控计算方案的参数见表 3。

表 2　　　　　　　　　　混 凝 土 浇 筑 参 数 表

区域	月　份		
	冬季（11—次年 2 月）	夏季（5—9 月）	春、秋季（3、4、10 月）
0～0.2L（基础强约束区）	6	14	10
>0.2L（脱离基础强约束区）	6	16	10

表 3　　　　　　　　　　混凝土温控计算方案参数表

分析因素	方　案	通水冷却		
		水温（℃）	时长	水管间距
通水水温	方案一	10	15	1.5m×1.5m
	方案二	12	15	1.5m×1.5m
	方案三	14	15	1.5m×1.5m
通水时长	方案一	10	15	1.5m×1.5m
	方案四	10	10	1.5m×1.5m
	方案五	10	20	1.5m×1.5m
水管间距	方案一	10	15	1.5m×1.5m
	方案六	10	15	1.0m×1.5m
	方案七	10	15	2.0m×1.5m

3　计算结果分析

3.1　冷却水温选择

不同冷却水温条件下挡水坝段最高温度、X 方向温度应力、Y 方向温度应力、Z 方向温度应力包络图分别如图 3～图 6 所示。

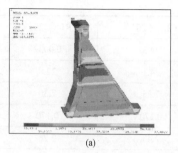 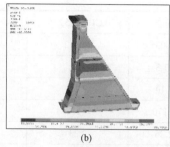 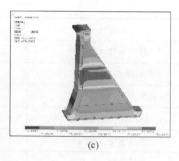

(a) (b) (c)

图3 不同冷却水温条件下挡水坝段最高温度包络图（单位：℃）

（a）方案一；（b）方案二；（c）方案三

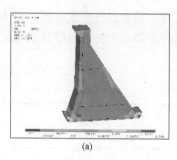 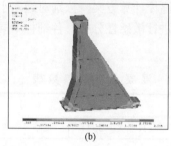 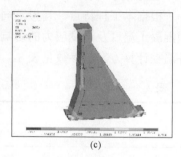

(a) (b) (c)

图4 不同冷却水温条件下挡水坝段 X 方向温度应力包络图（单位：MPa）

（a）方案一；（b）方案二；（c）方案三

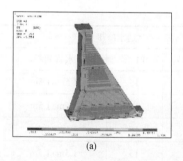 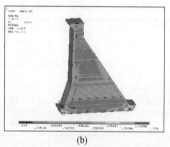 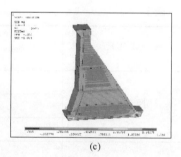

(a) (b) (c)

图5 不同冷却水温条件下挡水坝段 Y 方向温度应力包络图（单位：MPa）

（a）方案一；（b）方案二；（c）方案三

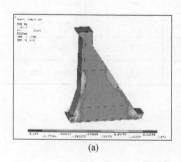 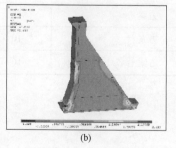 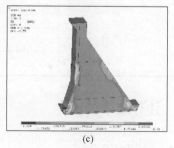

(a) (b) (c)

图6 不同冷却水温条件下挡水坝段 Z 方向温度应力包络图（单位：MPa）

（a）方案一；（b）方案；（c）方案三

根据图 3 可知，坝体混凝土最高温度出现在中坝体中高程位置，同时坝体顶部存在小范围高温区域，分析浇筑进度发现这两个部位的混凝土浇筑时间均为高温季节。对比图 1 中（a）、（b）和（c）图可以看出，方案一、二、三中坝体混凝土最高温度分别为 27.81℃、28.40℃ 和 29.00℃，冷却水温每升高 2℃，混凝土中最高温度将上升约 0.6℃。

综合分析图 4～图 6 可知，坝体混凝土高温度应力部位出现在坝踵和坝趾部位，根据浇筑进度发现该区域混凝土浇筑时间为低温季节，分析原因可能是该部位混凝土处于浅层，受外界气温影响大，而低温季节气温过低，混凝土内外温差大，导致混凝土温度应力较大。此外，在坝体中高程位置的上游和下游表面附近存在温度应力较大的区域，分析原因可能是该部位混凝土为高温季节浇筑，使得其最高温度较高，导致温度应力较大。

对比方案一、二、三中坝体混凝土最大温度应力可以发现，冷却水温对 X 方向和 Y 方向的温度应力影响较小，对 Z 方向温度应力的影响表现为冷却水温每升高 2℃，温度应力增大 0.6～0.9MPa。

3.2 通水时长选择

不同通水时长条件下挡水坝段最高温度、X 方向温度应力、Y 方向温度应力、Z 方向温度应力包络图分别如图 7～图 10 所示。

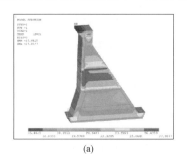 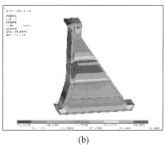 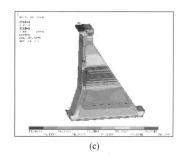

(a)　　　　　　　　　　(b)　　　　　　　　　　(c)

图 7　不同通水时长条件下挡水坝段最高温度包络图（单位：℃）

（a）方案一；（b）方案四；（c）方案五

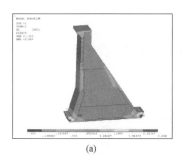 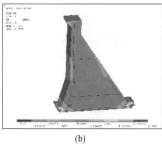 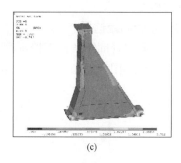

(a)　　　　　　　　　　(b)　　　　　　　　　　(c)

图 8　不同通水时长条件下挡水坝段 X 方向温度应力包络图（单位：MPa）

（a）方案一；（b）方案四；（c）方案五

对比图 7 中（a）、（b）和（c）图可以看出，方案一、四、五中坝体混凝土最高温度分别为 27.81℃、29.58℃ 和 26.76℃，通水时长从 10 天增加到 15 天，混凝土中最高温度下降了 1.77℃，通水时长从 15 天增加到 20 天，混凝土中最高温度下降了 1.05℃。可以发现在通水时长为 20 天以内时，通水时长增加对混凝土中最高温度影响较大。

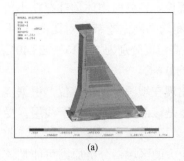 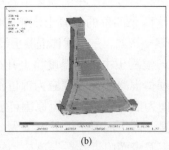 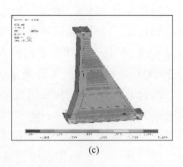

（a）   （b）   （c）

图 9 不同通水时长条件下挡水坝段 Y 方向温度应力包络图（单位：MPa）

（a）方案一；（b）方案四；（c）方案五

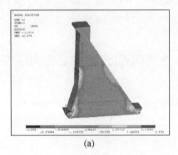 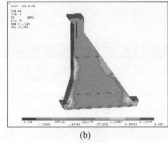 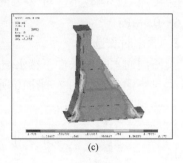

（a）   （b）   （c）

图 10 不同通水时长条件下挡水坝段 Z 方向温度应力包络图（单位：MPa）

（a）方案一；（b）方案四；（c）方案五

  综合分析图 8～图 10 对比方案一、四、五中坝体混凝土最大温度应力可以发现，冷却水温对 X 方向和 Y 方向的温度应力影响较小，对 Z 方向温度应力的影响较大，通水时长为 20 天比通水时长为 15 天的最大温度应力减小约 0.4MPa，通水时长为 15 天和 10 天的最大温度应力相差不大。

3.3　水管间距选择

  不同水管间距条件下挡水坝段最高温度、X 方向温度应力、Y 方向温度应力、Z 方向温度应力包络图分别如图 11～图 14 所示。

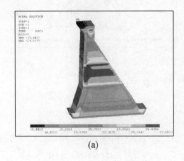 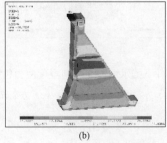 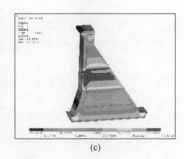

（a）   （b）   （c）

图 11 不同水管间距条件下挡水坝段最高温度包络图（单位：℃）

（a）方案一；（b）方案六；（c）方案七

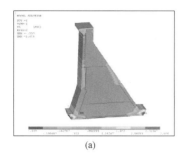 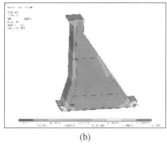 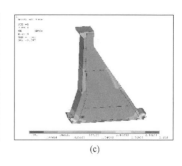

(a)　　　　　　　　　　　(b)　　　　　　　　　　　(c)

图 12　不同水管间距条件下挡水坝段 X 方向温度应力包络图（单位：MPa）

（a）方案一；（b）方案六；（c）方案七

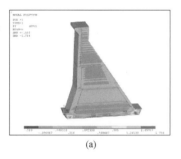 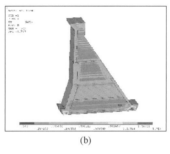 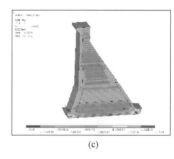

(a)　　　　　　　　　　　(b)　　　　　　　　　　　(c)

图 13　不同水管间距条件下挡水坝段 Y 方向温度应力包络图（单位：MPa）

（a）方案一；（b）方案六；（c）方案七

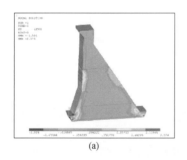 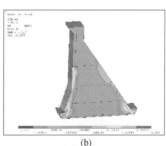 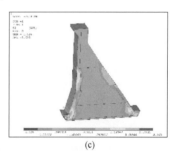

(a)　　　　　　　　　　　(b)　　　　　　　　　　　(c)

图 14　不同水管间距条件下挡水坝段 Z 方向温度应力包络图（单位：MPa）

（a）方案一；（b）方案六；（c）方案七

对比图 11 中（a）、（b）和（c）图可以看出，方案一、六、七中坝体混凝土最高温度分别为 27.81℃、26.83℃和 28.57℃，方案一比方案六最高温度高约 0.98℃，方案一比方案七最高温度低约 0.76℃。

综合分析图 12～图 14 可知，水管间距对混凝土的温度应力影响较小。

3.4　温控措施方案的选择

通过对本文研究的工程进行不同温控措施方案对比，可以得到，冷却水温和通水时长对于混凝土中最高温度和最大温度应力均有一定影响，水管间距对混凝土中最高温度有一定影响，但对最大温度应力影响较小。

此外，对于坝体中高程的高温区域，可采取加密冷却水管的方式，降低该区域的混凝土最高温度；对于出现在最大温度应力的坝踵和坝趾区域，可采取增加表面保护的方式以减小温度应力峰值。

在实际工程的温控措施选择时，可结合不同温控措施的经济成本考虑，选择安全且经济的温控方案。比如，若降低冷却水温成本较高，则可通过延长通水时长来降温和控温。

4 结语

西南高寒地区属于高原寒温带，冬季气温低，时间长，昼夜温差大，气温年变幅、日变幅均较大，气候干燥，太阳辐射热强，这些因素对大坝施工期间的温控非常不利，混凝土易产生裂缝。本文对该工程的典型挡水坝段进行施工期温度场及温度应力仿真分析，研究表明：

（1）西南高寒地区的混凝土温控措施既应考虑低温季节的保温措施，也应考虑高温季节的降温措施，以减小混凝土中的温度应力，防止混凝土开裂。

（2）降低冷却水温、增加通水时长和减小水管间距均可以有效降低混凝土中的最高温度，同时前两者还可以有效降低混凝土中的最大温度应力。

（3）温控措施应结合工程实际情况选择，兼顾合理性和经济性。

参考文献

[1] 全国水力资源复查工作领导小组办公室. 中华人民共和国水力资源复查成果正式发布 [J]. 水力发电，2006，32（1）：12-12.

[2]《中国三峡建设》编辑部. 中国水能资源富甲天下——全国水力资源复查工作综述 [J]. 中国三峡，2005（6）：68-73.

[3] 李梁，周伟，常晓林，等. 高寒地区粉煤灰混凝土温控动态控制精细模拟 [J]. 华中科技大学学报（自然科学版），2015（7）：6-11.

[4] 杨映，景霞娟，朱振泱. 高寒地区混凝土坝高温度峰值区域的温控防裂 [J]. 水利水电技术（中英文），2021，52（8）：17-26.

[5] 李绍辉，宋名辉，陈自强，等. 高寒地区大体积混凝土临时越冬保温技术 [J]. 水利水电技术，2016，47（6）：4.

[6] 王月，王峰，周宜红. 高寒地区进水塔施工期温控措施仿真分析 [J]. 中国农村水利水电，2020（2）：5.

[7] 赵卫，潘坚文，王进廷，等. 高寒区混凝土坝保温层冰拔破坏模拟研究 [J]. 水利水电技术（中英文），2021，52（10）：8.

[8] 汪军，金毅勐，褚青来，等. 关于高寒地区基础约束区混凝土温控标准的讨论 [J]. 水利水电技术，2013，44（6）：82.

[9] 王志臣，彭玉霞. 特殊气候条件下某碾压混凝土重力坝温控技术与效果研究 [J]. 中国农村水利水电，2011（3）：4.

[10] Carslaw HS and Jaeger JC. Condition of Heat in Solids [M]. 2nd ed. Oxford：Oxford University Press 1986.

[11] 朱伯芳. 大体积混凝土温度应力与温度控制 [M]. 北京：中国水利水电出版社，2012.

作者简介

邵　帅（1993—），男，工程师，主要从事水利水电工程设计工作。E-mail：719602407@qq.com

黄　玮（1981—），男，高级工程师，主要从事水利水电工程项目管理工作。

王祥峰（1985—），男，高级工程师，主要从事水利水电工程项目管理工作。

雅砻江流域梯级电站水下建筑物智能检测技术研究

来记桃　李乾德　李小伟

（雅砻江流域水电开发有限公司，四川省成都市　610051）

[摘　要] 针对水电枢纽工程运行维护水下智能化检测的痛点难题及迫切需求，本文从水下智能检测装备和待检区域安全抵达、全覆盖高效检测、多源数据智能识别分析技术等方面开展了研究，解决了水下机器人装备选型、超长距离水下供电与通信、导航与定位、精细化检测、实时监控、缺陷信息智能分析等关键技术难题，并在雅砻江流域梯级水电站多元隧洞类封闭水域和开阔水域进行了实践验证。查明了水下建筑物表观缺陷特征，获取了高精度水下地形。检测手段安全、高效、经济，相关检测技术经验可供行业借鉴。

[关键词] 水工建筑物；安全运维；水下机器人；智能检测

0　引言

我国已建水库大坝 9.8 万余座，其中大型水库 774 座[1]。大型水电工程设计合理使用年限达 100 年甚至 150 年之久[2]，而水工建筑物水下部分受设计施工缺陷、水力冲蚀磨损、生物化学侵蚀、材料老化，以及地震地质作用与调度运行方式等因素影响，可能出现各类病害、隐患，威胁电站运行安全。《水库大坝安全管理条例》（国务院令第 77 号）规定："电力企业应对大坝进行日常巡视检查"；《水电站大坝运行安全监督管理规定》（国家发展和改革委员会令第 23 号）明确"每年汛期及汛前、汛后，枯水期、冰冻期，遭遇大洪水、发生有感地震或者极端气象等特殊情况，电力企业应对大坝进行详细检查"，"水电站输水隧洞、压力钢管、调压井、发电厂房、尾水隧洞等输水发电建筑物及过坝建筑物及其附属设施应当参照执行"；GB/T 51416—2020《混凝土坝安全监测技术标准》、DL/T 5178—2016《混凝土坝安全监测技术规范》、DL/T 2204—2020《水电站大坝安全现场检查技术规程》等规范对水电站枢纽工程安全检查作了相关规定。

水上建筑物安全检测技术与装备比较成熟，成果直观可见，但水下建筑物检查方法有限、技术难度较大，传统排水检查及潜水员水下检查存在诸多不利因素[3]，检测范围受到极大限制，亟需低风险、小成本、高可靠、智能化的检测手段。王秘学等[4-6]研究了智能机器人系统在不同应用场景下的设备选型、机器人运动控制、缺陷识别与定位技术等；来记桃等[7-11]分别探讨了多类场景水下检测方案、应用成效及优势与不足等问题，相关研究成果为雅砻江流域梯级电站水下建筑物智能化检测提供了新思路。

1 流域梯级电站水下建筑物特征

雅砻江是金沙江第一大支流，干流河道全长 1571km，流域面积约为 13.6 万 km²，规划梯级电站 22 座，装机容量为 3000 万 kW，年发电量为 1500 亿 kWh。流域中下游 7 座电站已投产发电，总装机容量为 1920 万 kW。两河口、锦屏一级、二滩三大水库总库容达 243 亿 m³，其中调节库容为 148 亿 m³，为长江中下游防洪安全发挥了重要作用，多级水库联合优化调度也极大提高了发电效益与电能质量，社会经济效益显著。同时，水电站维护检修工作任务重、难度大，需要密切关注其运行性态。

电站枢纽建筑物水下部分主要包括隧洞类封闭水域和开阔水域两类，主要特征表现为：

（1）高坝大库，涵盖 300m/200m/100m 级大坝，水库淤积和上游坝面潜水检查难，安全风险大。

（2）引水发电建筑物深埋地下、水文地质条件与结构复杂，引水隧洞最长达 16.7km、直径约 12m，压力管道基本呈"Z"字形、竖直向落差达 250m，最大静水压力水头超 300m，传统放空检查工序复杂、成本高、易漏检。

（3）水垫塘、消力池、海漫等主要消能设施水力学条件复杂、泄流能量及水力冲击大，结构运行安全风险高，如锦屏一级泄洪时水头高达 230～240m、泄洪功率高达 33456MW，桐子林设计泄洪流量达 18300m³/s。

（4）枢纽地质条件复杂，库区滑坡体、变形体数量多、分布范围广，需要适时开展水下坡脚稳定状态调查与分析工作。

2 水下智能检测研究路径

针对雅砻江流域梯级电站不同水域场景特点及检测需求，确定多元技术路径，重点研究开阔水域和隧洞类复杂边界封闭水域水下检测技术方案，关键技术路径如图 1 所示。

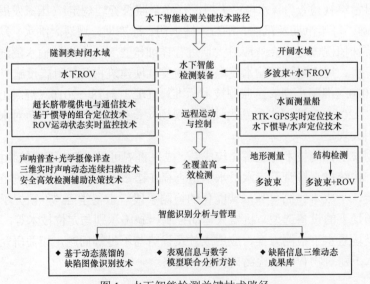

图 1 水下智能检测关键技术路径

3 复杂水工隧洞水下智能检测技术研究

3.1 水下智能检测装备

水下机器人可携带声呐、摄像机等检测设备代替人进行水下作业，按遥控方式分为有缆和无缆两种。根据水工隧洞水域特点及检测需求，水下机器人应具备以下条件：一是机动灵活，具有强动力、长续航、高可靠等特点，能实时进行数据传输和运动控制；二是结构小型化，以满足隧洞封闭空间、异型结构狭小进出口通行条件；三是兼容扩展性强，可根据不同检测需求增减检测、定位及辅助仪器。因此，选择有缆遥控水下机器人（ROV）作为隧洞类封闭空间水下检测的主要装备，主要技术参数见表 1。

表 1 　　　　　　　　　　　　　　　　水下机器人主要技术参数表

典型结构	装备类型	尺寸	推进器数量	推进力	航速	耐压深度	脐带缆	扩展性能
高水头"Z"字形压力管道	ROV	长：1055mm 宽：635mm 高：600mm	水平 4 个 垂直 2 个	前进：500N 垂直：280N 侧向：280N	3kn	1000m	500m	可扩展 可改装
大直径长距离引水隧洞	ROV	长：1054mm 宽：724mm 高：660mm	水平 4 个 垂直 2 个	前进：900N 垂直：400N 侧向：250N	3.4kn	500m	2500m	可扩展 可改装

3.2 ROV 远程运动与控制

3.2.1 超长脐带缆供电与通信

为解决隧洞类封闭水域远程运动与实时控制的水下供电问题，研究采用了光电复合型脐带缆进行电能和通信传输。提出了高压中频输电技术，利用 3000V 高压输电降低电能损耗，400Hz 中频输电技术降低了水下升—降压模块的体积，解决了电能线损低与变压器模块小的匹配问题，为 ROV 节约了空间，增强了负载能力。脐带缆是机器人系统运动控制的关键，研究了不同浮力材料下，脐带缆在检测作业中的摩擦、破损、收放难易等情况。结果表明，零浮力脐带缆在复杂多弯段隧洞结构中具有保持良好空间状态的能力，可减轻与洞壁剐蹭，从而减小运动阻力与破损风险。同时，针对阻抗孔等弯段边界条件，研发了 TMS、水底导缆环、导缆架等脐带缆收放辅助装置，避免脐带缆在转弯处的卡阻、剐蹭。

脐带缆采用直径 13mm 的零浮力光电复合线缆，包括 2 组 2 芯电源线和 2 组 4 芯单模光纤，通信实时可靠，收放顺畅，经多次重复利用均未出现剐蹭破坏。

3.2.2 水下精确导航与定位

水工隧洞通常深埋地下、边界复杂，超短基线（USBL）等水声定位技术在隧洞内多次反射相干，形成复杂的混响背景，信息解译难、定位误差大。惯性导航系统（INS）是一种不依赖外部信息，也不向外发射能量的自主式导航系统，可为 ROV 提供位置、艏向角及姿态角等信息，具有精度高、稳定性好的优点，但定位误差会随时间不断累积，需及时修正。组合导航定位方式具有提高精度与可靠性、降低技术难度与成本、容错能力强等优势[12]。因此，创新性采用 INS/DVL，结合导引声呐、深高度计以及声呐、摄像头感知的隧洞结构缝、桩号标记等空间信息进行位置校准，实现了大直径、长隧洞中平面定位精度 10cm、轴向定位精度优于行进里程的 2‰。

3.2.3 ROV 水下运动状态实时监控

ROV 控制台显示的声呐、视频、位置等信息相对独立、零散，且为局部信息，需要综合多条状态监控信息才能确定 ROV 的准确位置，不便于操控人员获知实时状态并及时发出操控指令。为此，融合工程设计、历史监测检测等信息，研发构建了基于隧洞 BIM 模型的虚拟演练平台（如图 2 所示）。该平台在水下检测过程中，通过抓取 ROV 运动的各项参数，实时三维可视化显示 ROV 的运动姿态、空间位置、运动轨迹等信息，辅助操控人员进行路线规划及操控作业，极大地保障了 ROV 的运动控制及检测效率。同时，利用虚拟演练平台对作业环境及机器人运动状态进行三维可视化仿真模拟，可提前熟悉水下作业过程及环境特征、优化检测路径，及时发现潜在的作业风险，保障作业过程的安全、高效。

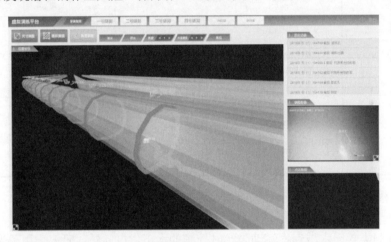

图 2　虚拟演练平台典型界面展示

3.3 全覆盖高效检测

声学检测的优点是单次扫描范围大、距离远，缺点是杂波及反射波干扰大、精确判读困难，适合大范围快速粗检；光学检测水下视宽不足 1m、检测效率低，但检测成果直观、易判读，适合抵近详细检查、核验。因此，提出声学与光学相结合方案，建立"声学普查+光学详查"检测方法，实现水工隧洞全覆盖高效粗检细查。

引进 2.25MHz 隧洞专用 Blueview-T2250 三维实时扫描声呐，研发不同声呐频段抗干扰技术，创新性地提出 9 个声呐面阵元、错位角组合，实现对隧洞进行 360°移动式、连续扫描普查，实时获取高密度三维点云数据，可确定隧洞厘米级缺陷信息。通过三维声呐数据解译，初步确定缺陷分布范围，针对重点缺陷或可疑部位进行抵近摄像核查、量测。

4　开阔水域水下智能检测技术研究

水电站开阔水域水下检测目标分为水下地形地貌测量和水下建筑物结构缺陷检测两种，

前者包括库容测量、泥沙淤积测量、库区滑坡体水下形态分布、下游河道及护坡水下冲淤测量等，后者包括挡水建筑物、泄洪消能建筑物迎水面结构缺陷检测。根据不同检测目标，采用多波束和多波束联合 ROV 进行全覆盖检测，水下智能检测技术方案如图 3 所示。

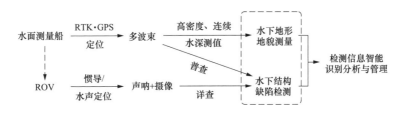

图 3　开阔水域水下智能检测技术方案

4.1　多波束测深技术原理

多波束测深系统以一定的频率发射多个波束，单个发射波束与接收波束的交叉区域称为脚印，根据各个角度的声波到达时间或相位即可测量出每个波束对应点的水深值，波束点所在的水深 D 的计算公式见式（1）[13]，若干个测量周期组合就形成了带状水深图，拼接、去噪、解译后得到水下地形及建筑物表面缺陷总体分布图。应用中采用体积小、重量轻、功耗低、安装便捷的多波束系统，测深分辨率为 6mm，扫宽角度为 150°DA/165°EA，波束角为 0.5°×1°，波束数量为 512 个，脉冲分辨率为 50pings/s，工作频率为 190～420kHz 可调节。

$$D=1/2ct \cdot \cos\theta+\Delta D_d+\Delta D_t \tag{1}$$

式中　c——平均声速；

　　　t——声波传播的双程时间；

　　　θ——接收波束与垂线的夹角，即入射角；

　　ΔD_d——换能器吃水改正；

　　ΔD_t——潮位值改正。

4.2　导航与定位

水面测量船是多波束系统抵近目标水域的载体平台，为克服高山峡谷地带的水库、水垫塘等水域存在 GPS 信号易被遮挡的问题，采用 RTK·GPS 定位技术，RTK 基准站布设在岸边开阔地带，流动站布置在测量船上，基准站通过数据链将其观测值和测站坐标信息一起传送给流动站，流动站通过数据链接收来自基准站的数据和自身采集 GPS 观测数据，在系统内组成差分观测值并进行实时处理，水平定位精度为±8mm+1ppm，垂直定位精度为±15mm+1ppm。

4.3　多波束联合 ROV 检测技术

多波束测深系统具有视野广、效率高、可全面了解水下地形起伏情况等优势，对水下地形地貌测量有很好的效果，但无法直观判读水底对象的详细属性、状态等情况，水下机器人抵近详查及量测可以很好地弥补此不足。因此，针对水下结构缺陷检测时，首先通过多波束进行全覆盖扫描检测，初步判断缺陷的空间分布，再使用 ROV 携带高精度图像声呐、摄像机及激光测距仪抵近异常区域进行详细探查、量测，综合两种检测方法的成果，确定水下结构缺陷的分布、类型、尺寸等，并进行可视化展示。

5　缺陷智能识别分析与管理

传统缺陷信息图像人工筛查漏检、误检率高、效率低，以深度卷积神经网络方法为代表的特征自动提取技术在混凝土缺陷识别上，大都识别种类单一、识别能力不足、推理时间长。因此，提出一种基于动态特征蒸馏的缺陷识别技术[14]，在传统知识蒸馏结构的基础上，采用深度曲线估计模块、动态卷积模块和动态特征蒸馏损失三种方法改善低照度图像质量、提升特征提取能力及降低模型推理时间，形成基于动态特征蒸馏的识别网络，可有效识别破损、露筋、裂缝等常见缺陷。常见缺陷识别率达 96.15%，推理时间仅为 ResNet-50 等主流图形识别方法的 1/6，提高了缺陷图像智能化识别水平。

高精度水下检测通常需要声呐、视频等多元传感器冗余检测，但数据量大、类型多，综合分析研判需要消耗大量的时间和精力。研究提出了检测信息与三维数字模型联合分析方法，通过对同一缺陷的各类检测信息与结构 BIM 模型通过位置坐标进行自动匹配，并与历史检测数据模型相融合，智能识别、诊断缺陷或异常范围。开发建立了多源检测信息集成的缺陷智能识别分析与管理平台（如图 4 所示），可对多次、多源数据进行判读、平面展开、纵横切面对比智能分析及三维可视化浏览审阅，实现多次数据迭代、信息溯源管理。

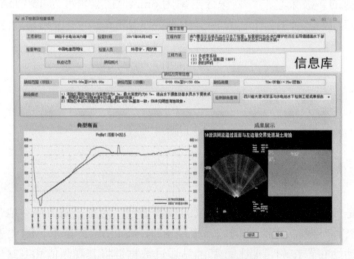

图 4　缺陷智能识别分析与管理平台

6　水下智能检测应用实践

6.1　应用情况

雅砻江流域电站自 2015 年开始进行水下机器人智能检测技术研究与实践，在行业内首次利用 ROV 完成了 200m 级高水头、3 个垂直弯段、直径 9m 的压力管道水下检测。经过技术与装备研究升级，采用定制改进型 ROV，配置 2500m 脐带缆，搭载 Blueview-T2250 三维扫描声呐、双频识别声呐 Aris-1800 及水下高清摄像机等检测、定位仪器，完成锦屏二级水电站4 条引水隧洞首末两端 2km 范围水下检测共计 12 条·次，单次最大检测距离达 2.3km。

多波束与 ROV 联合检测技术也同步在水垫塘/消力池、泄洪闸、护坦等泄洪消能建筑物，以及库区、下游河道等开阔水域开展应用实践工作，是流域电站汛前汛后安全检查及特殊情况检查的有力手段。

6.2 主要成果

（1）复杂水工隧洞封闭水域水下检测。结合发电机组检修窗口开展水工隧洞检测，查明了二滩、锦屏二级水电站压力管道混凝土及其与钢衬结合处、钢衬焊缝、混凝土衬砌结构缝等情况，锦屏二级引水隧洞末端集渣坑淤积、15+200m 附近洞段等重点关注部位，以及其他部位底板磨蚀、露筋、不平整、洞壁析钙等缺陷状况，典型成果如图 5、图 6 所示。为隧洞运维决策提供了重要依据，开创了国内大直径、长距离、复杂多弯段水工隧洞水下机器人检测的先河。

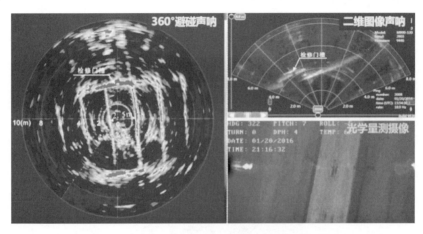

图 5　典型建筑物避碰声呐、图像声呐、视频对比检查

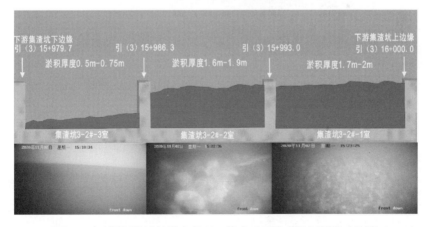

图 6　引水隧洞集渣坑淤积状况三维声呐解译成果与摄像对比图

（2）开阔水域水下检测。查明了水垫塘/消力池、泄洪闸、护坦等泄洪消能建筑物水下结构表面缺陷或异常情况，测量了库区水下地形图，获取了泥沙淤积、库容变化情况及库岸滑坡体、变形体水下部分分布特征高密度点云数据模型，典型成果如图 7、图 8 所示。解决了传统断面测量效率低、数据离散、误差大等问题，避免了水垫塘等区域非必需的抽干检查，降低了水工建筑物运维成本和作业风险。

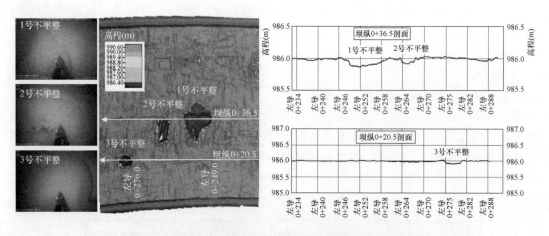

图 7　水垫塘底板混凝土表面多波束与 ROV 联合检测成果

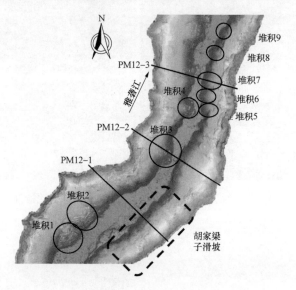

图 8　库区滑坡体、堆积体水下地形地貌监测

7　结语

（1）研究形成了水下机器人（ROV）检测装备、超远程运动控制、大范围精细检测及多源数据智能识别分析等成套水下检测技术，并在雅砻江锦屏一级、锦屏二级、官地、二滩、桐子林等电站水域进行了应用实践，查明了水下地形地貌及缺陷特征，实现了缺陷智能识别、对比分析及三维可视化展示，提升了电站水下建筑物智能化运维管理水平。

（2）高流速水域、5km 以上输水/引水隧洞等区域的水下智能检测，以及水下无人修复技术与装备还有待进一步研究。

参考文献

[1] 中华人民共和国水利部. 2020 年全国水利发展统计公报［R］. 北京：中国水利水电出版社，2021.

［2］中华人民共和国水利部. SL 654—2014，水利水电工程合理使用年限及耐久性设计规范［S］. 北京：中国水利水电出版社，2014.

［3］来记桃，聂强，李乾德，等. 水下检测技术在雅砻江流域电站运维中的应用［J］. 水电能源科学，2021，39（11）：207-210.

［4］王秘学，谭界雄，田金章，等. 以 ROV 为载体的水库大坝水下检测系统选型研究［J］. 人民长江，2015，46（22）：95-98，102.

［5］王祥，宋子龙. ROV 水下探测系统在水利工程中的应用初探［J］. 人民长江，2016，47（2）：101-105.

［6］李永龙，王皓冉，张华. 水下机器人在水利水电工程检测中的应用现状及发展趋势［J］. 中国水利水电科学研究院学报，2018，16（6）：586-590.

［7］来记桃. 大直径长引水隧洞水下全覆盖无人检测技术研究［J］. 人民长江，2020，51（5）：228-232.

［8］冯永祥，来记桃. 高水头多弯段压力管道水下检查技术研究与应用［J］. 人民长江，2017，48（14）：82-85.

［9］熊小虎，柯虎，付彦伟，等. 多元协同探测技术在水电工程中的应用［J］. 水力发电，2020，46（9）：126-130.

［10］黄泽孝，孙红亮. ROV 在深埋长隧洞水下检查中的应用［J］. 长江科学院院报，2019，36（7）：170-174.

［11］郑发顺. 遥控水下机器人系统在水库大坝水下检查中的应用［J］. 水利信息化，2014（2）：45-49.

［12］赵俊波，葛锡云，冯雪磊，等. 水下 SINS/DVL 组合导航技术综述［J］. 水下无人系统学报，2018，26（1）：2-9.

［13］章家保，程李凯，朱瑞虎，等. 多波束测深系统在水下检测码头接缝中的应用［J］. 水运工程，2019，558（7）：99-104.

［14］黄继爽，张华，李永龙，等. 基于动态特征蒸馏的水工隧洞缺陷识别方法［J］. 计算机应用，2021，41（8）：2358-2365.

作者简介

来记桃（1980—），男，高级工程师，主要从事水电站大坝运行安全管理及水下检测技术研究工作，E-mail：laijitao@ylhdc.com.cn

李乾德（1993—），男，工程师，主要从事水电站大坝运行安全管理及水下检测技术研究工作，E-mail：liqiande@ylhdc.com.cn

李小伟（1991—），男，高级工程师，主要从事水电工程安全监测及流域大坝安全管理工作，E-mail：lixiaowei@ylhdc.com.cn

电力储能技术在高比例
可再生能源电力系统中的应用分析

曹冠英 孙 旺 潘至阳

[中能建（北京）能源研究院有限公司，北京市 100010]

[摘 要]以光伏发电和风力发电为代表的新能源出力具有明显的季节性和波动性，导致高比例可再生能源电力系统存在安全稳定性隐患，进而会对电力系统的安全、可靠、灵活、经济 4 个关键性能指标产生不同程度的影响。储能系统是一种可以灵活调节电力系统供需动态平衡的优质资源，本文以电化学储能为例，旨在说明储能系统在实现"源网荷"交互转换中发挥的重要作用，以解决高比例可再生能源电力系统的稳定性差和安全性低两大难题。

[关键词]高比例可再生能源；电化学储能；季节性储能；电力系统稳定性

0 引言

国际原油价格不断上涨，天然气价格暴涨，缺煤限电的情形愈演愈烈，让全球能源危机的话题再度成为世界的讨论焦点。传统能源早已陷入泥泞，全球能源结构向清洁能源转型的痛点或成为此次能源危机的根本原因。"以煤炭为主体、电力为中心，油气新能源全面发展"的能源基本格局即将改写，为了应对气候变化和大气污染，非化石能源将成为能源主体。未来 20 年，清洁能源占一次能源消费的比例预计会提高超过 10 个百分点，这也意味着新能源的高速发展刻不容缓且是必然结果。

在中国"3060"的"双碳"目标下，光伏、风电等新能源主导的未来新型电力系统将成为新的应用主体。截至 2020 年年底，中国核电新能源装机容量已达 695.23 万 kW。其中载运装机容量为 524.99 万 kW，包括风电 175.69 万 kW 和光伏 349.30 万 kW，在建项目装机容量为 170.24 万 kW，包括风电 34.00 万 kW 和光伏 136.24 万 kW。2021 年，全国可再生能源新增装机容量达 1.34 亿 kW，占全国新增发电装机容量的 76.1%。截至 2021 年年底，全国可再生能源发电装机容量达 10.63 亿 kW，占总发电装机容量的 44.8%。全国可再生能源发电量达 2.48 万亿 kWh，占全社会用电量的 29.8%。这些数据证明了大力发展可再生能源是推动能源转型的重要抓手，且高比例可再生能源电力系统转型是未来发展的关键路径。

近年来，光伏发电和风力发电已逐渐呈现成为电力供应重要支柱的趋势。但以光伏发电和风力发电为代表的可再生能源的随机性、间歇性对电力系统的稳定性产生严重影响，当其大规模接入时，无疑会增加电力系统净负荷的波动性[1]。根据电力系统的 4 个关键性能指标：安全、可靠、灵活、经济，需对可再生能源的随机波动性进行弥补[2]。为了实现这一目标，可通过水电厂、燃气电厂、储能等灵活的资源调节来弥补光伏发电和风力发电等出力的随机性和波动性。

1 电力储能技术的现状及发展

1.1 储能的主要技术

由于波动电源自身平衡能力的欠缺，储能需求应运而生。传统的储能技术以物理储能和化学储能为主，随着储能产业的大规模发展，储能技术的多样性发展成为趋势，按照其能量转换机制，可分为物理、化学及其他储能三种类型，储能技术的发展进程见表1。

表1　　　　　　　　　　　　　　储能技术的发展进程

储能技术	基本原理	概念研究	试验研究	原理样机	完成测试	模拟环境	真实环境	定型试验	商业应用
抽水蓄能	○	○	○	○	○	○	○	○	○
海水抽水蓄能	○	○	○	○	○	○	×	×	×
传统压缩空气储能	○	○	○	○	○	○	○	○	○
超临界空气储能系统	○	○	○	○	○	○	○	○	×
飞轮储能	○	○	○	○	○	○	○	○	○
飞轮阵列	○	○	○	○	○	○	○	○	×
超导储能	○	○	○	○	○	○	○	○	×
铅酸电池	○	○	○	○	○	○	○	○	○
铅碳电池	○	○	○	○	○	○	○	○	×
锂电池	○	○	○	○	○	○	○	○	○
钒液流电池	○	○	○	○	○	○	○	○	○
其他液流电池	○	○	○	○	○	×	×	×	×
钠硫电池	○	○	○	○	○	○	○	○	○
水系钠基电池	○	○	○	×	×	×	×	×	×
超级电容	○	○	○	○	○	○	○	○	×

注：○表示已经完成该阶段，×表示尚未完成该阶段。

从表中的信息可知，抽水蓄能、传统压缩空气储能、飞轮储能、铅酸电池、锂电池、钒液流电池、钠硫电池已完成了商业应用，实现了从试验到实际应用的完整过渡，而且其他储能技术还在不同程度的处于完善阶段。截至目前，我国储能技术的主要科研力量还集中在电化学储能领域，尤其是锂离子电池等方面的实践已处于国际先进水平[3]。电化学储能凭借其响应速度快、能量密度大、双向调节、建设周期短、站址适应性强、技术成熟等优势，已大规模应用在新型电力系统建设中[4]。2021年，我国储能市场总装机容量为36.04GW，居世界首位。其中电化学储能的装机容量为3272.5MW/7138.6MWh，占总装机容量的9.1%。目前，储能的单瓦造价还处于上升阶段，根据对宁德时代、金风、科华技术、科陆电子等全国知名储能厂家的报价来看，储能系统的设备报价为1.5~1.8元/Wh。

截至2021年年底，已有约20个省级地区出台新能源配储政策。山东、山西、海南、青海、陕西、新疆、江西、广西、贵州、甘肃、宁夏等11个省（区）均已明确储能的配置规模，大多省份的储能均以 10%及以上为标准配置。到 2025 年，新型储能装机达 3000 万 kW 以上，且具备完整的储能产业链体系是"十四五"的主要目标。

1.2 电化学储能的发展方向

由于高比例可再生能源电力系统灵活性调节资源稀缺，可再生能源与负荷需求的电力电量在跨区域之间难以实现平衡状态。电化学储能存在季节性波动，电化学储能方式提供的调峰、调频等服务主要基于以日为单位的时间长度，即适宜应对短期的电力波动，无法适应长时间的高比例可再生能源与负荷需求的电量不平衡问题。因此，为了储能可以参与长期（月、季、年乃至跨年）的电子电力系统调节过程，季节性储能的命题被提出，即长时间、大容量的储能技术[5]。如图 1 所示，可再生能源出力达到一定比例，系统会出现电力消纳冗余的情况，季节性储能可以在此情况下将多余的电能转换为其他形式加以储存，实现跨能源式的长期储能与优化利用。

电化学储能通过可逆的化学反应来储存或释放电能。电化学储能应用最广泛的是以锂离子电池为原材料的电池储能。锂电子电池的充放电依赖于正负电极之间 Li+的往返化学反应，且正负极材料呈现多样化，目前以磷酸铁锂电池、三元锂电池和钛酸锂电池为主流的电池正负极材料应用较为广泛。根据对宁德时代、金风、科华技术、科陆电子等多家国内知名厂家的调研，磷

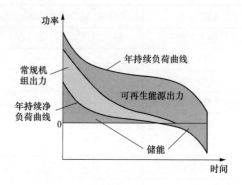

图 1　高比例可再生能源电力系统持续净负荷曲线

酸铁锂的市场占有率居首位。磷酸铁锂电池具有安全性能高、循环寿命长等优势，预计未来几年内，锂电池依然在储能市场处于领先地位。

在配电网中，储能可有效补充电力供应不足，解决季节性负荷、临时性用电、不具备条件增容扩建等配电网供电问题，有效延缓配电网新增投资。

2　电力储能在电力系统中的应用

高比例可再生能源的日内电力平衡曲线呈现典型的"鸭型"特征，高比例可再生能源均存在负荷高峰期出力虚弱的缺陷。如图 2 所示，用电负荷早高峰阶段快速下降，午间出现凹谷，晚高峰时段快速上涨，电力系统的电力平衡面临极大挑战[6]。

从日内电力平衡角度看，用电负荷白天为高峰、夜间为低谷，风电白天出力低、夜间出力高，出现明显发电量不匹配的情况；光伏午间出力最旺盛，夜间不具备电力支撑作用。从季度电力平衡角度看，用电负荷表现为夏、冬季高峰，风电为春、秋季高峰，具有明显的反调峰特性；光伏发电为夏、秋高峰，也出现明显平衡能力短缺问题[6]。储能被认为是增强电力系统灵活调节能力和快速爬坡能力的有效的措施，分别从以下三个方面论证：

2.1 电网侧

储能在电网侧的作用主要是辅助电网运行。基于政策导向，电化学储能已在电网侧大规模安装和运行，作用主要包括：提升电网的利用效率；参与市场辅助服务，发挥调峰调频等辅助支撑作用；提高供电可靠性及促进新能源消纳，保证电网安全稳定的运行等。

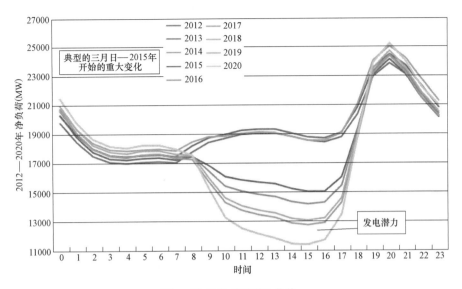

图 2 净负荷"鸭型"曲线

2.1.1 提高电力系统的灵活性和稳定性

在输电网中，大量新增的输变电设备的接入会导致电网系统电压的提升，同时增大输变电设备的投资并延长建设周期，而在中低压配电网中增配电化学储能，不仅可以提高电压等级，同时也能提高电网末端及偏远地区等的电能质量和供电能力，进而延缓或代替输变电设备的增设和升级改造。因此，大规模储能系统的安装可以帮助提升电网的输送能力，降低输变电设备的增设费用。

2.1.2 提升新能源的利用效率

新能源发电的利用效率取决于发电量曲线与用电量曲线的拟合程度，拟合程度高代表用电效率高，反之，则会出现大量"弃风弃光"的问题。例如，在我国北方地区，调峰容量有限制，有些省份还会出现限电的情况，导致输电通道堵塞，弃电频率增高，用电效率大大降低。电化学储能通过可逆的化学反应来储存或释放电能来调节负荷，起到平滑可再生能源发电出力，减少负荷峰谷差，缓解电网阻塞，保证电力系统可靠的运行，并降低由此带来经济损失的作用。

2.1.3 增强电网的容灾能力

在局部区域（特高压）配置储能，可以作为系统紧急故障后的备用电源，提供黑启动服务，还可提供在稳定运行状态下的平稳电压。华中科技大学针对利用储能提升风电并网电力系统稳定性做出详细的研究，结果表明，在风电与储能联合运行的系统中，风电场至少配置额定装机容量 5% 的储能，才能实现类似同步发电机惯量响应能力[7]。同时基于逻辑推理设计出的风电储能控制器可以有效减少储能在频率响应过程中的最大输出功率。此外，储能的控制策略能够有效补偿风电场的虚拟惯量，风电与储能联合运行系统协同常规电网进行能量交换，风电场可以迅速响应系统的频率变化，增加大规模风电并网电力系统的频率稳定性。

不仅如此，在国外也有相应案例可以证明此观点。意大利 Terna 公司致力于测试灵活的储能资源，并让其参与平衡电网。其电网侧规模的储能项目，通过对不同运行控制模式的切换，可同时承担一、二次调频，系统备用，减少电网阻塞，优化潮流分布等多重任务，有利于保证电网的稳定运行[3]。

2.2 电源侧

目前，各地区电化学储能的装配大多为小容量储能系统，所占电力系统的装机容量比例较低，发挥作用有限，主要参与调频服务，且暂时难以看到明确的收益。但由于其在调频应用中跟踪的是波动快、幅度小、均值接近 0 的信号，这种缺点并不突出，还可以使储能在调频应用中发挥天然优势[8]。在电源侧装配储能系统可以跟踪光伏发电、风电等新能源发电的计划出力，使其平滑出力，提升新能源机组的惯性响应和频率调节能力，保证发电的稳定性和连续性。

2.3 用户侧

用户侧装配储能的作用包含两点：一是满足用户侧需求响应和需量电费管理需求，降低用电成本，实现峰谷套利。目前，大型工商业用户对于此类储能的需求量较大，也是应用最广泛的。二是与分布式可再生能源结合，开展储能一体化应用。

3 结语

本文主要分析了利用电力储能来解决高比例可再生能源电力系统的波动性问题，通过对储能技术的分析，和对储能在电源侧、电网侧、用户侧应用的分析，明确以电化学储能为代表的电力储能有助于实现高比例可再生能源健康发展的目标。储能对于长期且大容量存储的模式尚未完全成熟，同时针对以锂电池为主流的电化学储能的缺陷进行弥补，延长电力储能寿命，实现光伏发电及风力发电项目全生命周期的储能装配，以保证电网稳定平稳运行。

参考文献

[1] 高庆忠，赵琰. 高渗透率可再生能源集成电力系统灵活性优化调度 [J]. 电网技术，2020，44（10）：3761-3768.

[2] 鲁宗相，李昊，乔颖. 从灵活性平衡视角的高比例可再生、能源电力系统形态演化分析 [J]. 全球能源互联网，2021，4（1）：12-18.

[3] 周喜超. 电力储能技术发展现状及走向分析 [J]. 热力发电，2020，49（8）：7-12.

[4] GAO Zhihua, WU Kcchcng, LIU Junlci, et al. Research on New Power System Planning Considering Electrochemical Energy Storage[J]. 2021International Conference on Power System Technology POWERCON 2021 8-9, December 2021 Research on New Power, 2021, 8-9: 277-284.

[5] 季节性储能——未来高比例可再生能源电力系统必备技术 [EB/OL]. [2020] https://newenergy.in-en.com/html/newenergy-2394769.shtml.

[6] 李明节，陈国平，董存，等. 新能源电力系统电力电量平衡问题研究 [J]. 电网技术，2019，43（11）：3979-3986.

[7] 刘巨. 利用储能提升含风电并网电力系统稳定性的研究 [EB/OL]. 2017. https://news.bjx.com.cn/html/20170504/823753.shtml.

[8] 储能系统在输电网中的应用 [EB/OL]. [2018] https://power.in-en.com/html/power-2289749.shtml

作者简介

曹冠英（1995—），女，主要从事风电、光伏发电及储能设计工作。E-mail：gycao0028@ceec.net.cn

孙　旺（1988—），男，主要从事风电、光伏发电及储能设计工作。E-mail：wsun0097@ceec.net.cn

潘至阳（1992—），男，主要从事风电、光伏发电及储能市场工作。E-mail：zypan2019@ceec.net.cn

南水北调中线干线工程外部变形安全监测工作分析

顾春丰[1]   李 玲[2]   刘东庆[1]

（1. 中国电建集团北京勘测设计研究院有限公司，北京市   100024;
2. 南水北调中线干线工程建设管理局，北京市   100038）

[摘 要]：本文简要介绍了南水北调中线干线工程概况、监测项目设置以及主要监测技术要求，对关系外观监测作业质量的关键问题进行梳理与分析，通过观测方法、数据预处理、平差计算、异常值的判断与处置等简要说明外观监测作业过程，在此基础上针对进一步做好外观监测工作，提出具体工作建议与思考，可供借鉴、参考。

[关键词]：外观监测；异常值；周期性观测

1 工程概述

南水北调中线干线工程是跨流域、长距离的特大型调水工程，水源主要来自长江最大支流汉江，工程渠首位于汉江中上游丹江口水库东岸河南省淅川县境内的丹阳村，由丹江口水库陶岔渠首闸引水，经长江流域与淮河流域的分水岭即伏牛山和桐柏山的方城垭口[1]，沿华北平原中西部边缘开挖渠道，通过隧道穿过黄河，沿京广铁路西侧北上，自流至北京市颐和园团城湖。工程由总干渠和天津干渠两部分组成，全长约 1431.945km，于 2003 年 12 月 31 日开工建设，历时 11 年竣工完成，2014 年 12 月 12 日开始正式通水。

2 安全监测项目

为确保南水北调中线干线工程的运营安全，全面掌握中线干线渠道及建筑物运行状况，设计的安全监测项目包括以下内容[2]。

（1）渗流监测：包括扬压力、渗流压力、侧向绕渗。

（2）表面变形监测：包括垂直位移、水平位移、基础沉降、倾斜、接缝及裂缝开合度、围岩及衬砌变形等。

（3）结构内力监测：钢筋应力、混凝土应力、应变。

（4）预应力锚索监测、土压力监测、温度监测和膨胀土特性监测等。

根据南水北调中线干线工程各类建筑物不同的结构特点和地质条件，外部变形观测主要监测项目如下：

（1）大坝及附属建筑物外部变形观测。坝顶、坝肩及大坝廊道，附属建筑物等垂直位移观测和水平位移观测。

（2）水闸外部变形观测。节制闸、分水闸、排冰闸和退水闸等闸室和进出口建筑物的水平位移观测和垂直位移观测。

（3）渡槽工程外部变形观测。渡槽上部结构、下部结构和进、出口建筑物的水平位移观测和垂直位移观测。

（4）倒虹吸及暗渠外部变形观测。建筑物和进、出口段的水平位移观测和垂直位移观测。

（5）渠道外部变形观测。渠道的垂直位移监测和水平位移监测。

（6）穿渠和跨渠建筑物外部变形观测。穿渠和跨渠建筑物的垂直位移监测和水平位移监测。

（7）工程沿线基准网和工作基点复测。主要内容为水平、垂直位移监测基准网复测；水平位移工作基点和垂直位移工作基点复核等工作；准确测定监测基准点、工作基点坐标成果，并对其是否稳定做出评价。

3 主要技术要求

3.1 垂直位移观测

（1）垂直位移监测应采用几何水准观测方法，使用仪器、施测方法和精度等应满足 GB/T 12897—2006《国家一、二等水准测量规范》的相应要求。测站视线长度、前后视距差等应满足表 1 的要求。

表 1　　　　　　　测站视线长度、前后视距差、视线高度和重复测量次数

等级	视线长度（m）	前后视距差（m）	任一测站上前后视距差累积（m）	视线高度（m）	重复测量次数（次）
一等	≥4 且≤30	≤1.0	≤3.0	≤2.80 且≥0.65	≥3
二等	≥3 且≤50	≤1.5	≤6.0	≤2.80 且≥0.55	≥2

（2）大坝及附属建筑物、输水建筑物测点及相关工作基点按国家一等水准观测要求施测。渠道和其他建筑物测点及相关工作基点按国家二等水准观测要求施测。

（3）工作基点按国家一等水准观测要求每年校测一次，若发现工作基点异常，应及时校测。

3.2 水平位移观测

（1）输水建筑物水平位移点观测精度相对于邻近工作基点不大于±1.5mm。

（2）渠道及其他建筑物水平位移观测精度相对于邻近工作基点不大于±3.0mm。

3.3 观测资料整理及初步分析要求

（1）应做好所采集数据的原始记录，采用批准的固定格式记录并妥善保管。

（2）在每次监测完成后，及时检查原始监测数据的准确性、可靠性和完整性，如有漏记、误读（记）或异常，应及时复测确认或更正，并记录有关情况。

（3）观测工作结束后应立即对原始记录进行检查。

（4）经检查合格的观测数据，应及时进行计算，如有测值异常，应及时分析原因。当确认为测值异常，应及时上报，必要时应立即进行重测，直至确定最终观测数据。

3.4 观测频次

监测工作基点每年复测 1 次；大坝及附属建筑物观测频次按 1 次/月；其他区域观测频次渠道及输水建筑物测点按每测点每 2 个月观测 1 次，其他建筑物测点按 3 月观测 1 次；当测值有显著变化时，观测频次可适当加密。

4 项目关键问题分析

南水北调中线工程运行期外部安全监测，具有线路长、监测点多、观测工作量大等诸多特点，外观安全监测工作的全面展开与周期性任务的顺利完成，有赖于科学高效的项目组织管理、人员设备的资源保障、工作重点与难点的准确掌握与有效应对，针对外观监测工作内容以及特点，对所涉及关键问题做如下分析。

4.1 监测基准网复测与工作基点的复核

外观监测系统包括监测基准网、工作基点网和测点观测三个组成部分，建立监测基准网的目的是为工程外观安全监测系统提供统一的、稳定可靠的监测基准；通过周期性的监测基准网复测与工作基点的复核，对监测基准点和工作基点的稳定性和可靠性做出相应检验与评价，为日常监测工作提供可靠的起算基准和起算数据。通过周期性观测，获得测点相对基准点之间水平和垂直方向的位移变化量，进而掌握工程在运营过程中所处空间形态状况，起到安全监视作用。故此为保障安全监测过程中应用监测基准的可靠性与正确性，监测基准网复测与工作基点的复核至关重要、不容忽视。

4.2 制定行之有效的监测方案

依据监测技术要求提出观测等级、点位精度指标，结合现场各类监测设施的分布状况和地形条件，制定合理、可行的监测实施方案。监测方案应与现场实际、技术要求以及规范规定相适应，并通过监测方案的落实与应用，对其应用效果、监测数据质量进行分析评估，进而得到优化与改进，以便有效指导周期性外观监测作业活动。

4.3 确保监测数据成果真实性和正确性

监测数据成果是反映工程设施现状形态的重要信息依据。为高质量地完成外观监测数据采集工作，要求监测作业人员应具有较高的专业素养，使用的仪器设备应检定"合格"，且在检定有效期内使用，计算软件或程序需通过鉴定或审查；外业数据采集应严格按监测方案执行，加强作业过程中的成果质量控制，对原始数据、起算数据、计算数据、成果数据等做出检查与校核，将责任落实到人；做好工作日志，记录现场观测中出现的重要问题以及环境变化情况，若发现异常观测数据应及时查找原因，并在第一时间做出返工或复测处理，使异常观测数据在有效时间范围内得到确认或消除，确保监测成果真实性和正确性。

4.4 资料分析及成果的信息反馈

监测资料分析工作既不是上一周期监测工作简单的延续说明，也非本周期监测成果反映现象的汇总与小结，而是通过测点的周期性监测以及过程数据的积累，进行各类相关数据的关联性技术分析，从中探索与发现工程建筑物变形趋势和变化规律，在正确做出安全评价的同时，有效指导后期安全监测的工作方向和关注重点，故此监测资料分析必须具有正确性和预见性，确实起到保证工程安全运营的重要作用。

5 监测作业与数据处理

南水北调中线干线工程依不同工程部位分别设置外观监测项目，主要工作内容为垂直位移观测和水平位移观测，且前者观测工程量远大于后者，为此本文以垂直位移监测为例做如下介绍。

5.1 作业方法

南水北调中线干线工程监测工作量大、测点多且相对集中，为便于测点区分，点名采用字母和数字混合的长字符编码，若以常规作业模式进行水准线路测量，对线路名称、测点点名等测量信息，无论是采用数字水准仪观测时直接录入，还是现场记簿后期补录均易出现差错，且会降低外业作业效率。依监测工作"三固定原则"，充分利用项目垂直位移观测具有固定水准线路、固定测站数的特点，对观测作业模式进行必要改进。在水准线路首次观测时建立测段信息文件，内容包含测段名、观测日期及各点的点名、唯一编码、往返测测站序号等，内业数据处理时根据其测站序号截取相应观测数据参与计算，这样既可简化水准测量外业操作，提高作业效率，降低因信息录入而产生的错误，又可使观测数据及测段信息完整保留溯源。对应开发的监测数据处理软件应用于日常的监测工作，取得了良好的应用效果[3]。

5.2 数据的预处理

根据《国家一、二等水准测量规范》外业高差改正数计算要求，测点高程计算时，水准观测高差应加入的改正项有：水准标尺长度改正、水准标尺温度改正、正常水准面不平行改正、重力异常改正、固体潮改正、海潮负荷改正和水准线路闭合差改正[4]，考虑到监测作业特点，外业高差改正计算中仅进行水准标尺长度和水准线路闭合差两项改正，编制水准测量外业高差与概略高程表，进行观测数据的预处理。

5.3 平差计算

在对各项数据检核后，组成平差文件，选用距离定权方式进行水准平差，计算线路中各测点的高程值，并对测点高程精度进行评定。输出成果信息完整、美观，便于审查与检核。监测数据平差处理流程如图 1 所示。

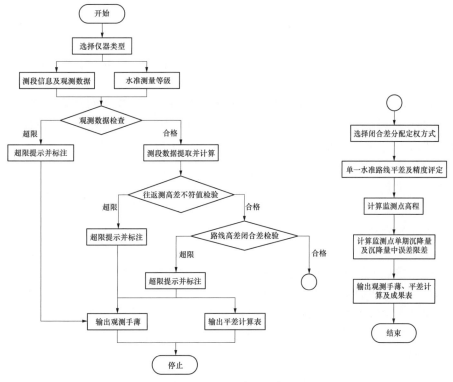

图 1 监测数据平差处理流程图

5.4 异常值的判定与处理

利用相邻两期测定的监测点高程，对测点垂直位移变化量进行计算，其结果既包含测点在不同工况环境下产生的变形，也存在测量误差的影响；假定测点第 n 期测量高程为 H_n，高程精度为 m_n，第 $n+1$ 期测量高程为 H_{n+1}，高程精度为 m_{n+1}，测点垂直位移变化量 H_Δ 及相应精度 m_Δ，可由下式进行计算

$$H_\Delta = H_n - H_{n+1}$$
$$m_\Delta = \sqrt{m_n^2 + m_{n+1}^2}$$

按测点垂直位移变化量中误差的两倍作为极限误差，对测点是否产生变形做出判定。当 $H_\Delta \leqslant 2m_\Delta$ 时，即未超出观测误差范畴，表明测点相对稳定，否则可认为该测点存在变形现象。

依据测点变化现象、变形量之大小以及显著程度等，对测点异常予以综合判断。假使工程监测出现异常或险情，应以快报或简报形式予以迅速反馈。

6 监测后续工作的思考

为进一步完善工程外观监测工作，提高安全监测作业效率，逐步实现工程外观安全监测的自动化与智慧化，对后续监测工作提出如下设想：

（1）建议在原有监测网的基础上，以各管理处负责渠段为单元，视各部测点具体变形情况，增补诸如基岩标等高规格水准基点，并形成局部区域性监测基准网，在日常监测中如遇突发情况，可在较短时间内完成复测与检核工作，确保基点的正确性。

（2）建议组织管理部门、设计单位等相关专业技术人员，将外观监测资料进行汇总，通过对监测成果的分析与梳理，结合设计允许值和实测变形数据，给出工程各部稳定形态的判断依据和判定标准，适时做出测点观测周期频次的调整。一方面有利于测点变形及发展趋势的全面掌控，另一方面在同等监测资源条件下可使其工作效能得到最大限度的发挥。

（3）工程监测类水准测量，有别于常规大地水准测量，尽管它们在施测等级、测量精度、技术指标等方面存在相同之处，但是在具体作业环境和成果性质上存在明显不同。故设想以水准测量成果能否满足相应等级精度要求作为关键性控制性指标，通过实测数据的对比分析，验证观测程序、作业方法、改正项修正等内容考量对监测成果的实质影响及程度，进而简化水准测量的外业要求，使优化后的监测作业更有利于数据的快速获取和精度的提升。

（4）中线工程外观监测工作主要采用人工模式，因工程量大、数据采集历时长，即便通过投入大量专业化队伍完成全部测点的周期性观测，也难以实现工程建筑物突发形变时机的精确捕捉与监测信息的迅速反馈。为此急需加快自动化系统建设，实现自动化、人工监测的衔接，以保证数据采集的及时性[5]。

（5）南水北调中线干线工程设有多个外观监测项目，随着周期性监测的不断持续，将积累大量的监测数据，如何对海量监测数据进行检核存储、查询调用、关联处理和统计分析，实现对数据异常评判与预警，对监测人员来说是一项巨大的挑战[6]。为此，有必要建设外观智慧安全监测管理平台，提升工程外观安全监测的智慧化管理水平。

参考文献

［1］赵存厚. 南水北调工程概述［J］. 水利建设与管理，2021，41（6）：5-9.

［2］南水北调中线干线工程建设管理局. Q/NSBDZX 106.07—2017，安全监测技术标准（试行）［S］. 2018.

［3］张伟，王瀚斌，等. 南水北调中线工程沉降监测与数据处理［J］. 北京测绘，2020，34（8）：1148-1152.

［4］国家测绘局. GB/T 12897—2006，国家一、二等水准测量规范［S］. 北京：中国标准出版社，2006.

［5］王珍萍，刘枫，等. 南水北调中线干线工程中的安全监测［J］. 人民长江，2015，46（23）：91-94.

［6］黎启贤. 南水北调工程箱涵结构安全监测数据分析及预测方法研究［D］. 天津：天津大学建筑工程学院，2018.

作者简介

顾春丰（1985—），男，高级工程师，主要从事工程安全监测工作。E-mail：gucf@bhidi.com

李　玲（1979—），女，中级经济师，主要从事水利工程建设管理工作。E-mail：250634429@qq.com

刘东庆（1963—），男，正高级工程师，主要从事工程安全监测工作。E-mail：liudq@bhidi.com

夹岩水利枢纽工程地震台网台址勘选及监测能力分析

石磊 黎莎 胡兴尧 杜兴忠 吴玉川 李敏

（中国电建集团贵阳勘测设计研究院有限公司，贵州省贵阳市 550081）

[摘 要]位于长江流域乌江上游六冲河段的夹岩水利枢纽工程，根据相关法律法规须建专用水库地震监测台网。通过对夹岩工程地震台网台址的现场勘选测试，调整不满足背景噪声要求的台址，投入运行后台网观测系统性能分析、台网理论监测能力和实际监测数据分析结果表明，建成后的夹岩工程地震台网观测环境良好、系统运行稳定，实际监测能力优于理论监测能力，监测震级下限达到了近震震级 $M_L0.5$ 级的行业要求。

[关键词]台址勘选测试；仪器标定；地震台网监测能力。

0 引言

夹岩水利枢纽工程主要位于贵州省毕节市境内，是一座以供水和灌溉为主，兼顾发电的大（1）型水利枢纽工程。水源工程位于长江流域乌江上游六冲河七星关区与纳雍县界河段，水库正常蓄水位以下库容为 13.23 亿 m^3，坝型为面板堆石坝，坝高 154m。根据相关法律法规要求，夹岩水库需在蓄水前一年建成专用的水库地震监测台网，在其重点监测区域的地震监测能力下限达到近震震级 $M_L0.5$ 级。

夹岩水利枢纽工程水库地震台网（以下简称"夹岩地震台网"）设计由 7 个野外地震台站和 1 个地震台网中心组成，于 2018 年 11 月开始勘选建设、2019 年 5 月投入运行，至 2021 年 12 月夹岩水利枢纽工程正式下闸蓄水时，已积累了 2 年多的地震监测资料。在毕节地区仅有 3 个固定地震台站的状况下，夹岩地震台网的投入使用，不仅可实时监测库区的地震活动情况，同时也能提升毕节地区整体的地震监测能力，可及时向有关部门提供区域地震活动资料，为业主和政府部门提供科学的防震减灾资讯和决策依据，提高库坝区的防震减灾能力。

水库地震台网地震台站的规划通常缺少野外实地勘选数据支撑，台网设计的监测能力与建成后的实际监测能力普遍存在偏差。本文利用夹岩地震台网的建设和监测资料，对其台址的勘选测试、观测系统在运行期的性能、台网理论和实际监测能力进行了综合分析验证，研究探讨了夹岩地震台网的整体监测能力。

1 台网台址勘选测试

1.1 勘选定址

依据规划的地震台站位置，在室内完成规划台站所属区域相关地震地质、地形地势、人文环境、通信、交通及安全保障等方面资料的收集工作，初步确定夹岩水库地震台网勘选路线及规划台址位置；在实地勘选中，经现场测试，发现有 2 个台址存在多处干扰源，不符合台址要求，进行了台址变更。通过 30 余天的现场实地勘选，在避开各种干扰源和不适合建台场所；同时考虑台址周边的地质情况、供电、交通及安全托管等方面内容后，最终对夹岩台网 7 个地震台址完成定址工作，其场地条件符合水库地震台网建设相关要求。

1.2 背景噪声测试

台基背景噪声是数字化观测台站建设的重要参数，反映了台基条件与台站周围环境噪声的情况[1]，对提高地震台站监测能力有着现实的意义。

夹岩地震台网台址台基噪声测试使用短周期地震计，观测频带为 2s～40Hz。为了测量台址的背景噪声水平，根据 GB/T 31077—2014《水库地震监测技术要求》中规定的台站台基噪声的计算方法，在至少 24h 连续记录资料中，选择没有地震事件及个别干扰的时段，分别截取白天、夜间各 1h 长度的北南或东西向观测数据进行噪声计算，并用两个时段的东西向平均值作为台站背景噪声，台基背景噪声详细结果见表1[2]。同时，采用国际上通用的台基地噪声功率谱密度曲线对 7 个台站的台基地脉动波形数据进行频谱分析，文中给出羊场、古达台台基地噪声功率谱密度曲线，如图1所示。

表1　　　　　　　　　　　　台站勘选台基背景噪声测试结果

序号	台站 名称	UD 地动噪声（m/s）	EW 地动噪声（m/s）	NS 地动噪声（m/s）	环境噪声 水平级别
1	田坝台	$3.77×10^{-8}$	$3.08×10^{-8}$	$3.21×10^{-8}$	I
2	长春堡台	$1.63×10^{-8}$	$1.74×10^{-8}$	$1.79×10^{-8}$	I
3	杨家湾台	$1.24×10^{-8}$	$1.91×10^{-8}$	$3.94×10^{-8}$	I
4	平山台	$1.26×10^{-8}$	$2.25×10^{-8}$	$2.17×10^{-8}$	I
5	古达台	$1.99×10^{-8}$	$2.84×10^{-8}$	$3.29×10^{-8}$	I
6	羊场台	$4.53×10^{-8}$	$3.22×10^{-8}$	$2.79×10^{-8}$	II
7	董地台	$2.69×10^{-8}$	$3.75×10^{-8}$	$1.88×10^{-8}$	II

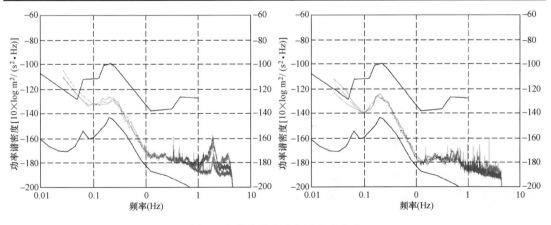

图 1　台基地噪声功率谱密度曲线

按照 GB/T 19531.1—2004《地震台站观测环境技术要求》中的规定对台基环境噪声水平进行评估，贵州地区属于 B 类地区，环境地噪声水平应不大于Ⅲ级环境地噪声水平[3]。由表

1 和图 1 可以看出，夹岩水库地震台网 5 个台站台址的环境噪声水平为Ⅰ级台基水平，2 个台站台址的环境噪声水平为Ⅱ级台基水平，未见明显干扰噪声频段、噪声功率均在低噪声附近，测试结果较为理想，达到并优于国家标准对台址背景噪声的要求。

2 台网观测系统性能分析

与台网建成前相比，台网投入运行后，地震观测设备性能以及台址周围观测环境条件都可能发生改变，这些变化有可能影响台网的整体监测能力。因此，在台网运行后，定期对地震观测设备性能进行分析和对台网记录到的波形数据重新计算台址背景噪声也是保证台网正常运行、衡量台网监测能力的重要工作[4-5]。

2.1 观测系统性能分析

地震计是水库地震台网的核心观测设备，它的参数与性能直接决定台网产出的地震数据、观测结果的准确性。随着时间的推移和环境的变化，地震计的各项性能参数可能会发生变化，可以通过标定计算可以判断地震计工作参数是否正常，保证输出数据的可信度和系统观测的质量[1]。

夹岩地震台网采用短周期与宽频带地震计结合的方式进行观测。为保证观测数据的准确性、验证其各项性能指标是否满足国家规范要求，定期对它们进行了正弦标定和脉冲标定。选取 2022 年 1 月夹岩地震台网记录的观测数据对其设备进行标定，计算结果如图 2、图 3 所示，具体见表 2。

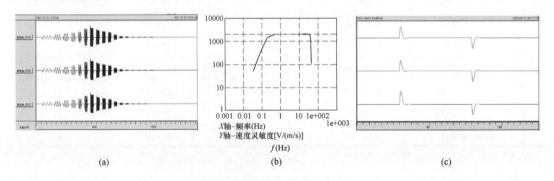

图 2　短周期地震计标定计算

（a）短周期地震计正弦标定；（b）三通道幅频响应对比图；（c）短周期地震计脉冲标定

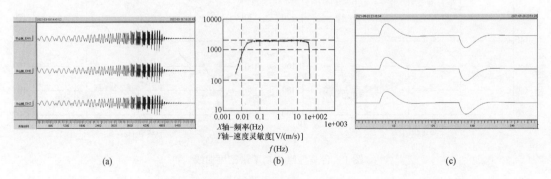

图 3　宽频带地震计标定计算

（a）宽频带地震计正弦标定；（b）三通道幅频响应对比图；（c）宽频带地震计脉冲标定

表 2   地震计周期阻尼、灵敏度变化率

台站名称	通道	周期（s）	周期基准值（s）	周期变化率（%）	阻尼	阻尼基准值	阻尼变化率（%）	标定灵敏度	出厂灵敏度	灵敏度变化率
平山	U-D	60.652	60.000	1.087	0.704	0.707	0.514	2008.61	2000	0.43%
	E-W	60.703	60.000	1.172	0.699	0.707	0.143	2011.31	2000	0.57%
	N-S	60.730	60.000	1.217	0.701	0.707	0.143	2006.94	2001	0.30%
长春堡	U-D	4.938	0.500	1.240	0.700	0.707	0.586	2003.92	2000	0.20%
	E-W	4.953	0.500	0.940	0.692	0.707	1.057	2004.23	2002	0.11%
	N-S	4.944	0.500	1.120	0.695	0.707	0.586	2003.77	2000	0.19%
杨家湾	U-D	4.934	0.500	1.320	0.696	0.707	0.586	2016.45	2001	0.77%
	E-W	4.953	0.500	0.940	0.692	0.707	1.057	2004.33	2000	0.22%
	N-S	4.961	0.500	0.780	0.694	0.707	0.814	2012.14	2001	0.56%
田坝	U-D	5.006	0.500	0.120	0.705	0.707	0.700	2018.05	2000	0.90%
	E-W	5.014	0.500	0.280	0.698	0.707	0.286	2008.08	2001	0.35%
	N-S	4.994	0.500	0.120	0.706	0.707	0.943	2011.49	2000	0.57%
古达	U-D	4.996	0.500	0.080	0.703	0.707	0.457	1977.73	2000	1.11%
	E-W	4.991	0.500	0.180	0.704	0.707	0.643	1997.21	2000	0.14%
	N-S	5.006	0.500	0.120	0.704	0.707	0.700	1996.59	2001	0.22%
羊场	U-D	4.955	0.500	0.900	0.705	0.707	0.671	1983.72	2001	0.86%
	E-W	4.953	0.500	0.940	0.699	0.707	0.071	1977.30	2000	1.13%
	N-S	4.950	0.500	1.000	0.709	0.707	1.400	1978.46	2001	1.13%
董地	U-D	5.035	0.500	0.700	0.689	0.707	1.514	1929.31	2000	3.53%
	E-W	5.046	0.500	0.920	0.701	0.707	0.243	1999.66	2001	0.07%
	N-S	4.991	0.500	0.180	0.699	0.707	0.043	2034.68	1999	1.78%

由表 2 可见，夹岩地震台网 7 个台站 2 种地震计中，周期变化率最大为 1.3%，阻尼变化率最大为 1.5%，灵敏度变化率最大为 3.53%，均在 5%以内，满足行业相关技术要求。验证结果表明，该台网使用的地震计周期、阻尼和灵敏度变化率均符合相关要求，记录到的地震波形真实、可靠。

2.2 运行期背景噪声水平计算

夹岩地震台网投入运行至今已超 2 年，选取 2022 年 1 月 7 个台站记录到的监测数据重新计算台基背景噪声（详见表 3）和地噪声功率谱密度曲线（以羊场和古达台为例，如图 4 所示）。

表 3   固定台站台基背景噪声

序号	台站名称	UD 地动噪声（m/s）	EW 地动噪声（m/s）	NS 地动噪声（m/s）	环境噪声水平级别
1	田坝台	2.12×10^{-8}	3.09×10^{-8}	5.83×10^{-8}	I
2	长春堡台	1.33×10^{-8}	2.71×10^{-8}	4.69×10^{-8}	I
3	杨家湾台	1.05×10^{-8}	1.86×10^{-8}	6.80×10^{-8}	I

续表

序号	台站名称	UD 地动噪声（m/s）	EW 地动噪声（m/s）	NS 地动噪声（m/s）	环境噪声水平级别
4	平山台	$7.17×10^{-9}$	$6.36×10^{-9}$	$8.01×10^{-9}$	Ⅰ
5	古达台	$2.15×10^{-8}$	$2.10×10^{-8}$	$3.01×10^{-8}$	Ⅰ
6	羊场台	$2.14×10^{-8}$	$2.77×10^{-8}$	$4.13×10^{-8}$	Ⅰ
7	董地台	$3.22×10^{-8}$	$2.02×10^{-8}$	$9.48×10^{-8}$	Ⅰ

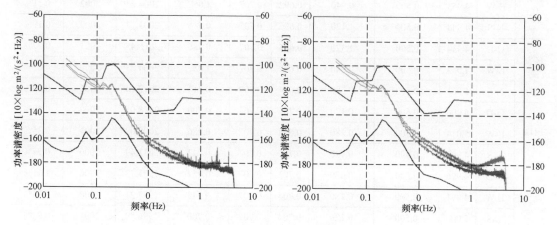

图 4　台基地噪声功率谱密度曲线

从上述图表中可以看到，夹岩地震台网 7 个台站台址的环境噪声水平均为 Ⅰ 级环境地噪声水平，满足相关规范要求。与台址勘选定址时的结果对比分析可知，台站建成后，羊场台和董地台的抗干扰能力得到加强，其台址环境背景噪声水平得到一定的提升。

3　台网监测能力及验证

3.1　台网监测能力

水库地震台网的监测能力主要受限于固定台站台址的背景噪声[6]，在计算夹岩地震台网监测能力时，噪声水平选取上文台站勘选定址时测的 RMS 值，根据近震震级计算公式（1）确定测震台站对指定震级的监测范围。

$$M_L = \lg(A_\mu) + R(\Delta) + S(\Delta) \tag{1}$$

式中　M_L ——用 S 波最大振幅计算的震级；

$\quad A_\mu$ ——最大地动位移，取值为 S 波峰值振幅的估计值，μm；

$\quad R(\Delta)$ ——量规函数；

$\quad S(\Delta)$ ——台站校正值，本文中取值为 0。

对于指定震级 M_L，使用式（1）得到 $R(\Delta)$，依据表 4 给出的量规函数 $R(\Delta)$ 与震中距 Δ 的关系，得到的震中距 Δ 即为地震台站对该震级 M_L 的监测范围。对于 M_L 依次为 0.5，1.0、1.5，计算夹岩地震台网 7 个台站对应每个 M_L 取值的监测范围，按照 4 个台站监测区域的交集作为测震台网的监测区域，相应的 M_L 取值即为夹岩地震台网对该区域的监测能力，如图 5

所示。

根据 GB/T 31077—2014《水库地震监测技术要求》，水库地震台网的监测能力应达到近震震级 M_L1.5 级，重点监测区的监测能力应达到近震震级 M_L0.5 级。可以看出：夹库地震台网 M_L0.5 级的监测区超过夹岩水库库段、库首区和库尾组成的重点监测区；M_L1.5 级的监测区超过夹岩水库影响区及其周围 50km 范围，其理论监测能力到达规范要求。

表 4   量规函数 $R(\varDelta)$ 与震中距的关系

$\varDelta$（km）	0~5	10	15	20	25	30	35	40	45	50
$R(\varDelta)$	1.8	1.9	2.0	2.1	2.3	2.5	2.7	2.8	2.9	3.0
$\varDelta$（km）	55	60~70	75~85	90~100	110	120	130~140	150~160	170~180	190
$R(\varDelta)$	3.1	3.3	3.3	3.4	3.5	3.5	3.5	3.6	3.7	3.7

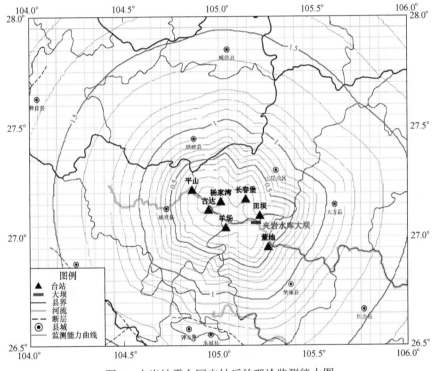

图 5 夹岩地震台网定址后的理论监测能力图

3.2 监测能力验证

夹岩地震台网投入运行至今（2019 年 5 月—2022 年 2 月），在其监测范围内（26.5°~28.0°，104.0°~106.0°）记录到地震事件 1521 个，地震监测资料丰富，可用于验证夹岩地震台网的实际监测能力。

在 1521 个地震中，震级分布为：M_L0.5 级及以下地震 438 次；M_L0.6~1.0 级地震 545 次；M_L1.1~1.5 级地震 383 次；M_L1.5 级以上地震 155 次；最大地震震级为 M_L4.5 级（共有 2 次）。将实际记录的地震按照≤0.5 级，0.6~1.0，1.1~1.5 三个范围进行分段，将实际监测到的地震投影至夹岩台网定址后的理论监测能力图中（如图 6~图 8 所示），可以看到在三个监测能力曲线中，均有该范围内震级的地震分布且在范围外同样有分布，证明夹岩地震台网的实际监测能力超过理论监测能力范围，满足规范、设计要求。

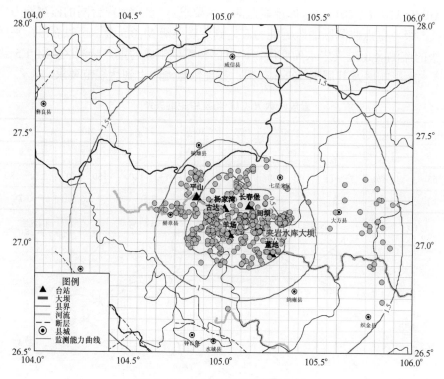

图6 M_L0.5级及以下地震分布图

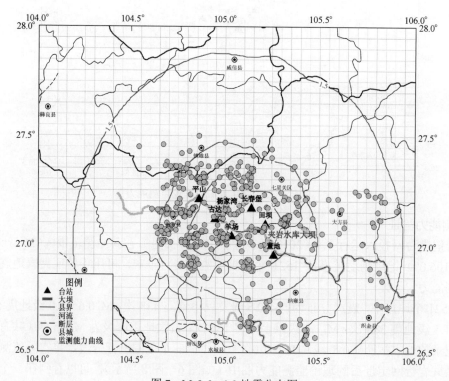

图7 M_L0.6~1.0地震分布图

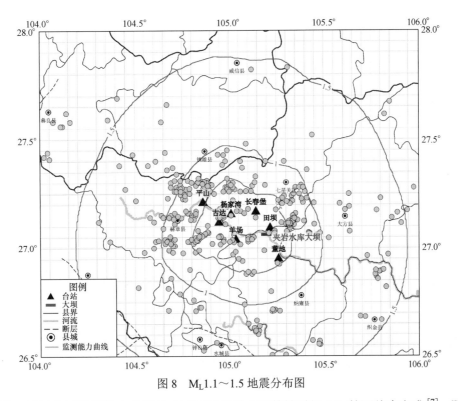

图8 $M_L 1.1～1.5$ 地震分布图

此外,地震台网监测能力的评估也可通过对最小完整性震级 M_C 的评估来完成[7],即在特定范围内100%的地震事件可被检测到的最低震级。本文采用MAXC方法计算夹岩地震台网最小完整性震级。该方法假定震级—频度分布满足 G-R 关系,在震级—频度分布曲线一阶导数的大值(曲率最大)所对应的震级为最小完整性震级 M_C。对夹岩地震台网监测记录进行拟合,得到最小完整性震级 M_C 为 $M_L 0.5$(如图9所示),同样证明夹岩地震台网的实际监测能力满足规范、设计要求。

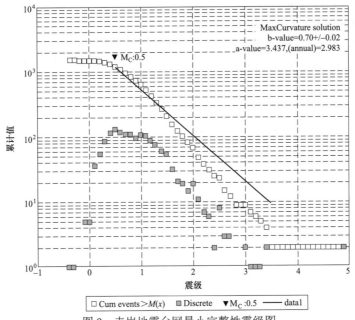

图9 夹岩地震台网最小完整性震级图

4 结语

夹岩地震台网建成投入运行已超 2 年，监测资料丰富。本文通过对夹岩地震台网台址勘选测试、观测系统性能分析以及台网监测能力验证表明：

（1）7 个野外地震台址已避开各类干扰因素，符合水库地震台网建台要求；台址背景噪声水平均在Ⅱ级及以上，到达贵州 B 类地区标准。

（2）夹岩地震台网投入运行后，使用的 2 种类型地震计经标定检测，各参数变化均在 5% 以内，满足行业规范要求；建成后的台址背景噪声水平均到达Ⅰ级，抗干扰能力得到加强。

（3）夹岩地震台网在重点监测区和一般监测区的理论监测能力均符合行业规范要求，实际监测能力超过理论监测能力范围，最小完整性震级为 $M_L0.5$，到达设计要求，表明夹岩台网监测能力和产出资料真实、可靠。

基金项目：中国电力建设股份有限公司科技项目（DJ-ZDXM-2020-55）资助。

参考文献

[1] 尹晶飞，张明，等.珊溪水库地震台阵建设［J］.地震地磁观测与研究，2021，42（1）：126-131.

[2] 中国国家标准化管理委员会. GB/T 31077—2014，水库地震监测技术要求［S］.北京：中国标准出版社，2015.

[3] 中国国家标准化管理委员会. GB/T 19531.1—2004，地震台阵观测环境技术要求 第 1 部分：测震［S］.北京：中国标准出版社，2004.

[4] 姚宏，陈鑫，黄树生，等.龙滩水电工程数字遥测地震台网监测能力检验［J］.地震地磁观测与研究，2008.08，29（4）：62-66.

[5] 蔡明军，叶建庆，毛玉平.景洪电站水库诱发地震监测台网地震监测能力评估［J］.地震地磁观测与研究，2010，31（3）：107-110.

[6] 景晟，康昊天.大岗山水电站地震台网的地震监测能力研究[J].地震工程学报，2014，36（4）：1118-1121.

[7] 王亚文，蒋长胜，刘芳，等.中国地震台网监测能力评估和台站检测能力评分（2008—2015 年）［J］.地球物理学报，2017，60（7）：2767-2778.

作者简介

石 磊（1989—），男，工程师，主要从事水利水电工程水库地震和大坝强震监测及研究工作。E-mail：413708346@qq.com

长距离输水干渠围油栏半自动布放装置研究

杨参参　杨　卫　刘　涛

（南水北调中线干线工程建设管理局河南分局，河南省郑州市　454000）

[摘　要] 针对传统围油栏人工布放不足问题，本文提出一种半自动围油栏布放装置，该装置由动力系统、索引系统、固定系统等组成，用于长距离输水工程突发水质应急抢险中围油栏的布放与回收。它采用卷扬机、滑轮取代传统的人力拉引，根据水流速，围油栏与渠道工程呈相应夹角布放，安装方便、占用空间小、成本低且拦污效果好。

[关键词] 长距离输水；水质应急抢险；半自动；围油栏；布放

0　引言

近几年，随着海洋石油运输的迅速增长，重大溢油事故频繁发生，造成严重的水域污染，进而引发严重的环境问题。为此，国家出台了一系列政策法规，海洋环境有了极大的改善[1]。目前，水面溢油围控用围油栏是江河、海洋等水面溢油事故处理的主要设备器材之一[2-3]。

长距离输水工程存在危化品泄漏风险，人工布设围油栏是水质应急抢险的重要手段，但是其也存在诸多缺点：人车集结、物资运输等准备工作耗时较长、协调较多人力、作业空间狭小、花费较多等，有舆论风险和人身安全隐患，围油栏 U 形底部漫顶过水导致油污逃逸等。本文提出一种围油栏半自动布设装置，由自动装置代替人工，精确计算围油栏与渠道夹角，安装方便、占用空间小，成本低、操作方便。

1　半自动围油栏布放装置组件

半自动围油栏布放装置主要包括动力装置、常用索引装置、备用索引装置、导向滑轮装置、导索装置、定位装置等组成，其主要装置如图1、图2所示。

动力装置为一台拉力为 2t 的卷扬机，带电动力的旋转滚筒，上缠钢丝绳，主要为围油栏布放提供动力。其作为一独立装置，固定于总干渠一侧运行道路旁，使用时卷扬机钢丝绳与索引绳快速对接头连接，布设完成时可收回钢丝绳，不影响运行道路行人和过车。

导向滑轮为不锈钢 U 形槽滑轮，软连接安装的滑轮可改变力的方向。

导索装置像索道一样横置于总干渠上，由两道钢丝绳形成闭环，两端用 V 形槽不锈钢滑轮拉伸，构成索轨。在下道索轨上系一铁环，铁环上系直径为 3mm 的包皮钢丝绳作为拉绳，铁环距左右岸均有大于总干渠宽度的拉绳，用于牵引铁环在左右岸间游走，用于左、右岸之间传递绳头、工具等。若直径 3mm 拉绳绞缠、断裂，可下拉轨道绳完成传递物品任务。

常用索引装置上的牵引绳两端做成快速对接头，使用时一端与卷扬机钢丝绳连接，另一端与围油栏上游接头连接，用于牵引围油栏完成布放。与卷扬机、导向滑轮布设在同一断面上，导索装置设置在此断面上游 1m 左右，为保险起见，可在常用牵引装置上游 2m 处设置一套备用牵引装置。

固定装置用于在围油栏布放完成后固定拉绳，设置于常用索引装置下游运行道路临水侧，固定装置可利用运行道路上的警示桩或打不锈钢固定桩。

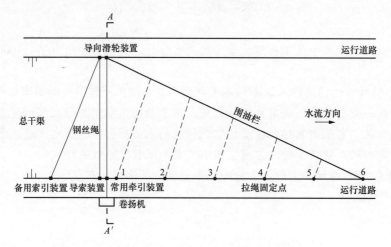

图 1 围油栏半自动布放平面示意图

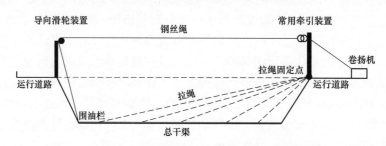

图 2 围油栏半自动布放断面示意图

2 半自动围油栏布放技术内容及特点

2.1 选址

半自动围油栏布放的选址要结合长距离输水工程实际、社会因素等情况。考虑用电情况和物资储备，宜设置在建筑物进出口；具备存储物资设备，且有电源的平直渠道处；交通运输条件较好，场地空间相对较大；距离管理人员办公或驻点相对适宜，便于人员迅速到达地点开展围油栏布设；尽量避开人员密集的桥梁或场所，减少舆论风险。

2.2 固定装置

在总干渠一侧安装 1 台卷扬机（2t）、常用牵引装置（具备电源或物资储备设施一侧），另一侧设置导向滑轮装置，使 3 台装置布设在同横断面上，导索装置设置在此横断面上游 1m 左右。保险起见，可在常用牵引装置上游 2m 处设置一套备用牵引装置。常用索引装置上的牵引绳两端做成快速对接头，使用时一端与卷扬机钢丝绳连接，另一端可与围油栏上游接头连接。如图1、图2所示。

2.3 技术参数选取

（1）钢丝强受力实测。围油栏布设完成后，使用2台荷重仪对卷扬机钢丝绳与围油栏头部钢丝绳进行拉力测试，两次测值均为700kgf左右。为保守起见，以1000kgf作为选取钢丝绳所承受拉力的依据。

（2）动力选择。根据现场实测钢丝绳所受拉力，宜选用拉力为1~2t的电动卷扬机提供动力。

（3）布设角度选择。围油栏布设时，应将围油栏与水流方向形成一定角度，以减小围油栏所受水流冲力，同时也能将油污导向围油栏尾部，以便油污回收作业。根据围油栏与水流夹角矢量关系可以确定围油栏与水流夹角的计算公式为

$$\sin\alpha=\frac{V_{\lim}}{V_{水}}$$

式中　α ——围油栏与水流夹角；

　　　$V_{\lim}$ ——垂直于围油栏的极限流速；

　　　$V_{水}$ ——实际水流速度。

渠道工程流速为0.6~1.1m/s，对应夹角为40°~20°可有效拦油，见表1。围油栏长度$L=B/\sin\alpha$，B为水面宽度，围油栏实际长度选用大于L且为20的整倍数。

表1　　　　　　　　　水流速度对应围油栏与水流夹角计算表

水流速度（m/s）	1.1	1.05	1.0	0.95	0.9	0.85	0.8	0.75	0.7	0.65	0.6
围油栏与水流夹角（°）	20.2	21.2	22.3	23.6	25	26.6	28.4	30.4	32.9	35.8	39.3

3　半自动围油栏布放工作过程

半自动围油栏布放工作过程可分为六步：出库、拼接、系绳固定、入水、牵引过渠、回收。

一是物资出库，从现场物资仓库中取出6节围油栏（每节长20m），并沿常用牵引绳下游运行道路依次摆放，使每围油栏浮、裙摆对应摆放，以便拼接。二是拼接围油栏，使用套筒扳手或电动扳手等工具依次拼接围油栏，并将围油栏上侧钢丝绳、下侧铁链处分别用2个U形扣连接，保证拼接的围油栏连接牢固、可靠，形成一个整体；在每节围油栏头部各设置一条拉绳，分别为拉绳1、拉绳2至拉绳6（围油栏到达对岸后拉绳1至拉绳6用于调节围油栏形态，拉绳1最后用于回拉常用牵引绳）。三是索引绳连接围油栏，将常用牵引装置下部牵引绳与围油栏头部连接；将常用牵引装置上部牵引绳与卷扬机钢丝绳对接。四是围油栏入水，将拼接好的围油栏从运行道路上摆放至渠道边坡上，并用钩杆从围油栏尾部开始依次推入水中，若发现扭缠部位及时用钩杆翻转摆正；并将围油栏尾部固定在常用索引装置下游预定位置（根据流速选择对应围油栏与渠道夹角、水面宽度计算得出）的系绳装上。五是索引过渠、调节固定，开动卷扬机，牵引围油栏头部缓慢移动至对岸，过程中用1.5t手摇卷盘连接拉绳控制、调节围油栏形成斜线阻油带，用对岸系绳桩上的1.5t手摇卷盘挂钩固定围油栏头部；

释放常备牵引绳并用拉绳 1 回拉至常用牵引装置并固定;通过 1.5t 手摇卷盘分别收放拉绳 2 至拉绳 6,调节围油栏形态至设计状态。六是回收,作业完毕,将卷扬机等设备恢复至备用状态。

围油栏半自动布设装置与传统的人工布过程相比有以下几个优点:一是新:解决了长距离输水总干渠特有激流工况下围油栏使用难题,改善油污拦截效果,达到抢险预期;二是快:拦截设施启动快,用时短,能快速完成布设;三是稳:布设过程成熟可靠,成功率高;四是好:科学确定围油栏与水流方向夹角,拦截油污效果好;五是省:省时、省力、省金钱,改造费用为目前抢险费用 1/3,主要为设备投入,无后续费用,后期使用、演练仅需少数人员即可胜任工作。

4　结语

本文针对长距离输水工程突发水质应急事件中应用的围油栏传统人工布放方式的不足,提出了一种结合工程实际围油栏半自动布放装置,不仅能有效避免传统围油栏布放装置人材机集结困难、作业空间小有安全隐患等隐患;同时,该装置布放方便、节约时间且成本低、拦污效果较好,具有很好的市场应用前景。

参考文献

[1] 周金鑫,濮文虹,杨帆. 海上溢油回收技术研究 [J]. 油气田环境保护,2005,15(1):46-50.
[2] 董蔚. 浅议内河流域水上溢油突发环境事件的应急处置 [J]. 石油化工安全环保技术,2021,37(1):57-59.
[3] 刘宗江,孙文君. 国内水面溢油围控用围油栏及发展趋势 [J]. 资源节约与环保,2014,(4):20-21.

作者简介

杨参参(1987—),女,硕士,高级工程师,主要从事南水北调工程技术与运行管理方面的工作。E-mail:278572343@qq.com

杨　卫(1985—),男,本科,高级工程师,主要从事南水北调工程技术与运行管理方面的工作。E-mail:82767964@qq.com

刘　涛(1984—),男,本科,高级工程师,主要从事南水北调工程技术与运行管理方面的工作。E-mail:531461515@qq.com

南水北调天津干线
地下箱涵聚脲喷涂缺陷原因浅析

张　华　吴小海

（南水北调中线干线工程建设管理局河北分局，河北省石家庄市　053200）

[摘　要] 南水北调中线干线工程于 2014 年 12 月建成正式通水。在正式通水前期干渠进行了充水试验，充水试验阶段发现天津干线地下箱涵局部段落渗漏量较大。经过充分论证，对部分段落的箱涵采用喷涂聚脲的方式对伸缩缝部位进行全环封闭处理。本文介绍了南水北调中线天津干线地下箱涵聚脲喷涂施工中遇到的几种质量缺陷，并对缺陷的种类和形成的原因进行了初步分析，在施工管理过程中，按照以问题为导向的管理原则，对以上几个关键环节进行了严格控制，保证了聚脲施工质量，最后充水试验取得圆满成功，研究成果对后续类似低温潮湿环境下聚脲喷涂施工具有一定的借鉴意义。

[关键词] 南水北调；天津干线；箱涵；喷涂聚脲

0　引言

南水北调中线干线工程是国家重大战略基础设施，自通水以来发挥了巨大的社会效益、生态效益、经济效益。南水北调天津干线是南水北调中线干线工程的重要组成部分，是解决天津市水资源紧缺、保证国民经济可持续发展、提供可靠水资源保障的重要战略性工程。工程起点为南水北调中线总干渠西黑山分水闸，自分水闸向东途经河北省保定市的徐水、容城、雄县、高碑店，廊坊市的固安、霸州、永清、安次，天津市的武清、北辰、西青，共 11 个区县，终点为天津市外环河泵站。输水方式为全自流无压接有压输水，布置调节池实现由无压流向有压流的过渡和转换。线路全长约 155km，其中河北省境内约 131km，天津市境内约 24km。设计输水流量 50m³/s，加大流量 60m³/s。2014 年天津干线箱涵首次充水试验后，局部段落箱涵渗漏量值较大，按照相关要求，对天津干线地下箱涵部分伸缩缝进行聚脲喷涂封闭处理。

1　聚脲喷涂概况

聚脲是一种新型无污染的绿色环保材料，具有防水、耐腐蚀、耐磨、防腐等良好性能，广泛应用于水利、铁路与市政环保等领域[1]。天津干线地下箱涵聚脲喷涂工艺为"打磨原混凝土表面→烘干表面→涂刷环氧基层→环氧干燥后涂刷聚氨酯涂层→喷涂聚脲→修复缺陷"几道工序。由于箱涵内环境非常潮湿，箱涵表面有水凝结，且温度较低，尽管对原材料组分已进行了潮湿环境下施工的优化配比，但在施工的各道工序中仍然出现了某些问题，以至于在聚脲喷涂完毕后出现了不同的质量缺陷，影响了聚脲喷涂的效果，给箱涵缺陷处理带来不利的后果。

2 聚脲喷涂缺陷分析

经过长时间的观察、分析，对聚脲的缺陷种类和形成原因进行了初步归类和分析。聚脲的主要质量缺陷有以下几种：

（1）聚脲喷涂完后表面有鼓泡或针孔（如图 1 所示）。

原因分析：空气或者潮气被封闭在聚氨酯涂层表面，施工中聚脲的反应热导致潮气或者空气膨胀，在快速固化的聚脲下面形成一定压力，聚脲固化前气体会顶破聚脲表面溢出，留下针孔。该种缺陷在施工中通过喷一薄层后用刮板快速刮平再喷或者在喷涂过程中用螺丝刀将气泡去除即可避免或解决。

（2）伸缩缝聚硫密封胶与混凝土间的聚脲表面存在缝隙（如图 2、图 3 所示）。

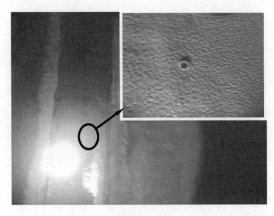

图 1　聚脲表面鼓泡、针孔

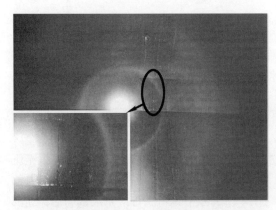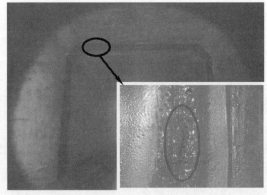

图 2　密封胶于混凝土间的聚脲表面存在缝隙（一）　图 3　密封胶于混凝土间的聚脲表面存在缝隙（二）

原因分析：主要是原聚硫密封胶与混凝土之间的裂缝未做填平处理，受聚脲喷涂厚度限制，造成聚脲喷涂后未能将该裂缝完全封闭。

（3）聚脲表面在聚硫密封胶边缘下部有孔洞（如图 4 所示）。

原因分析：主要是原聚硫密封胶翘起的边缘未及时割除，造成聚脲无法覆盖翘起的密封胶背后，从而形成孔洞。

（4）聚脲喷涂完后表面局部有鼓包，经过对鼓包进行割开检查，发现的鼓包有三种类型：

1）鼓包为聚脲之间的层间剥离，一般该类型鼓包的面积较大（如图 5、图 6 所示）；

2）鼓包为聚脲与聚氨酯涂层之间剥离（如图 7 所示）；

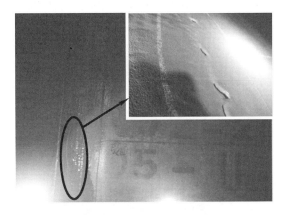

图 4　聚脲表面在密封胶下部有孔洞

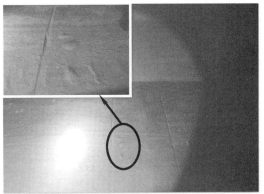

图 5　聚脲表面鼓包

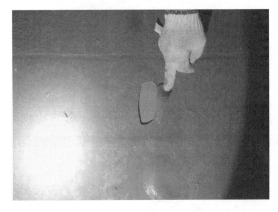

图 6　聚脲层间剥离

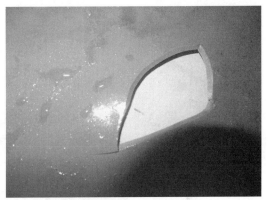

图 7　聚脲与聚氨酯剥离

3）鼓包为聚氨酯与环氧涂层剥离（如图 8 所示）。

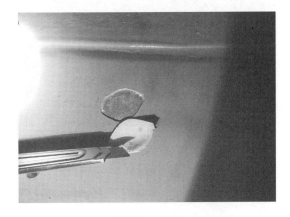

图 8　聚氨酯与环氧涂层剥离

原因分析：

第一种类型的鼓包一般是由于聚脲的 A、B 组分比例失调，从而形成鼓包。

第二种类型的鼓包主要是由于聚氨酯表面有潮气，喷涂聚脲前未将聚氨酯表面完全吹干，从而形成鼓包。

第三种类型为混凝土基面或者环氧底漆面清理不干净，存在较多的杂质，从而形成鼓包。

（5）底板聚脲喷涂完成后与聚氨酯涂层之间大面积剥离，或聚脲喷涂完成后聚氨酯与环氧之间大面积剥离，用手轻揭即开（如图9、图10所示）。

图9　聚脲与聚氨酯涂层间大面积剥离　　　图10　聚氨酯与环氧涂层间大面积剥离

原因分析：各道工序间隔时间较长，洞内冷凝水汇集到底板局部不平整处，造成聚氨酯固化前被水浸泡，虽在喷涂聚脲前吹干擦净，但实际已影响聚氨酯黏结性能，从而造成聚脲大面积剥离（如图11所示）。

图11　聚氨酯被水浸泡

3　结语

本文对几种类型聚脲喷涂缺陷进行了整理、总结，在后续施工过程中，各有关参建单位现场质量管理人员均加强了对各道工序的质量把控，聚脲喷涂质量得到了显著提高，为箱涵再次充水试验的成功奠定了良好的基础。

参考文献

王宝柱，郭磊，岳长山，等. 喷涂聚脲防水涂料在市政环保工程中的应用）[J]. 中国建筑防水，2020（增刊 1）：16-19.

作者简介

张　华（1981—），男，高级工程师，主要从事水利水电工程施工与运行管理。E-mail：181159351@qq.com

吴小海（1982—），男，高级工程师，主要从事水利水电工程施工与运行管理。E-mail：307694393@qq.com

基于二线能坡法的多普勒流量计在南水北调中线西黑山进口闸的应用研究

王培坤　张君荣　张希鹏　吕　睦　曹瑞森

（中国南水北调集团中线有限公司天津分局，天津市　300380）

[摘　要]为解决南水北调中线西黑山进口闸在小流量输水时，超声波流量计无法正常工作的问题，在不中断供水的前提下，提出了基于二线能坡法多普勒流量计方案，经实际运行效果很好。本文阐述了西黑山进口闸多普勒流量计安装原因、工作原理、运行情况，在运行过程中遇到的问题及处理方法，着重介绍了 2020 年冰期多普勒流量计典型运行情况，提出了多普勒流量计检修平台的改造方案。

[关键词]南水北调中线；西黑山进口闸；二线能坡法；多普勒流量计

0　引言

自 2014 年 12 月中线工程正式通水运行以来，天津干线工程运行平稳，供水量逐年提高，天津 14 个区县全部用上了引江水。截至目前，已累计向天津市供水超 70 亿 m^3，有效缓解了天津市水资源短缺的局面，成为津城供水生命线。

西黑山进口闸设计流量为 $50m^3/s$，加大流量为 $60m^3/s$，三孔过流，作为天津干线唯一参与远程调度的调节性闸门，是整个天津干线的"水龙头"。为保证天津干线水质安全，进口闸前设置了拦污栅和清污机等设备，经多年运行发现，拦污栅处易发生树枝、藻类、塑料制品堆积，在冰期运行过程中，还易发生结冰阻水，影响过流。因此随时掌握进口闸流量的变化情况，及时采取应对措施，对于天津干线调度运行至关重要。

在天津干线建设期，西黑山进口闸安装了一套 4 声路超声波流量计，安装位置在进口闸矩形槽后箱涵内，其中第一声路工作门限值约为 1m。当天津干线处于小流量输水（＜$30m^3/s$）时，超声波流量计处的水深约 0.9m，水面不能完全淹没流量计的第一声路换能器，致使超声波流量计不能正常工作。由于天津市不具备调蓄能力，天津干线无法停水检修，为解决小流量运行工况下，西黑山进口闸流量监测问题，决定在进口闸后矩形槽内增设一套基于二线能坡法的多普勒流量计，采用浮筒式安装方案。根据通水以来多年运行规律，目前小流量供水工况主要出现在冰期，因此本文对西黑山进口闸多普勒流量计的研究主要基于中线工程冰期运行。

1　西黑山进口闸多普勒流量计建设背景

在 2015—2016 年度中线工程冰期输水过程中，华北地区遭受极寒天气影响（华北地区遭遇 30 年一遇低气温天气，气象资料显示徐水区气温达−19℃），造成西黑山进口闸结冰阻水，对天津干线正常输水运行构成威胁，西黑山进口闸后冰冻灾害如图 1 所示。1 月 22 日夜至 1 月 23 日凌晨，西黑山进口闸外气温已达到约−20℃，进口闸流量约 13m³/s，此时超声波流量计已停止工作，现场值班人员无法通过闸控系统监测进口闸流量。1 月 23 日 8:35，分调中心值班人员通过闸站监控系统发现西黑山进口闸下游文村北调节池（XW10+660）流量计显示瞬时流量大幅减少，经向现场核实确认后，报告总调中心，各级运行管理单位积极应对，通过合理调度及现场有效的融冰措施，1 月 24 日 2:00，进口闸前后结冰基本清除。事后分析发现，由于西黑山进口闸超声波流量计不能正常工作，导致现场值班人员无法直接观测流量变化，未能及时对其采取有效应对措施。

由于文村北调节池流量计的流量变化滞后西黑山进口闸约 0.5h，不能实时反映进口闸的流量变化情况，因此在西黑山进口闸增设一套备用流量计用于在冰期小流量输水工况时替代超声波流量计，监视进口闸流量变化，以便及时采取应急措施是非常必要的。

图 1　2016 年西黑山进口闸后冰冻灾害

2016 年冰期西黑山进口闸阻水事件发生后，天津分局决定在进口闸再增加一套备用流量计，用于小流量输水工况时替代超声波流量计工作，随时监测进口闸流量变化。由于南水已经成为天津市的主要水源，无法停水安装，安装难度非常大，经方案比选论证，为适应渠道水位动态变化，减小设备测量盲区影响，提高流量测验精度及准确性，结合现场实际工况，进口闸备用流量计采用基于二线能坡法的声学多普勒流速仪和雷达水位计方案。

2　西黑山进口闸多普勒流量计工作原理

2.1　二线能坡法简介

二线能坡法以曼宁公式为基础，借助水力学实验方法，从均匀流条件下的矩形断面内垂线平均流速与断面平均流速之间存在的关系入手，通过分析研究和水力学实验，找出两者之间的关系，建立与曼宁公式具有相同结构形式的垂线流速公式。以 2 条实测垂线流速为已知条件，输入到模型，反求能坡（水流能量坡度）参数，用模型计算出每条虚拟垂线的流速，再通过部分流速面积法得到流量，2 条流速垂线位置选择在距左右岸约 1/4 水面宽处为宜，其中虚拟垂线的条数≥5。西黑山进口闸后矩形槽宽 6m，底部存在 400×400mm 的抹角，需按照均质边壁的多边形断面流量进行计算方法，矩形槽断面剖视图如图 2 所示。

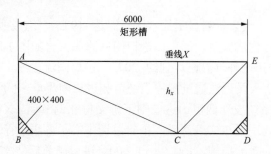

图 2　西黑山进口闸后矩形槽断面剖视图

在理想的矩形断面中任意垂线将断面一分为二，垂线左、右两部分断面平均流速的均值乘以改正系数 α，得该垂线流速。对垂线流速沿断面宽积分，即得流量。此即断面分解、一分为二、先分后合 3 个步骤。矩形断面内的垂线流速沿断面分布情况如图 3 所示。

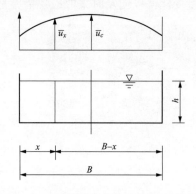

图 3　矩形断面垂线流速沿断面分布情况

经水力学实验表明，矩形断面中任意垂线 x 的流速可表示为

$$V_x = \frac{V_{xl} + V_{xr}}{2} \tag{1}$$

$$V_{xl} = \frac{\alpha}{n} R_{xl}^{\frac{2}{3}} S^{\frac{1}{2}} \tag{2}$$

$$V_{xr} = \frac{\alpha}{n} R_{xr}^{\frac{2}{3}} S^{\frac{1}{2}} \tag{3}$$

式中　S ——能坡；

V_{xl}、V_{xr} ——分别为垂线之左、右断面平均流速与 α 的乘积；

R_{xl} ——左断面的水力半径；

R_{xr} ——右断面的水力半径；

n ——糙率；

α ——与矩形断面宽深比有关的垂线流速修正系数。

式（2）、式（3）表明，矩形断面中任意垂线的流速等于该垂线之左和之右两部分断面平均流速的均值乘以垂线流速改正系数 α。当能坡 S、糙率 n 不变，断面宽深比变化时，α 是随断面宽深比的变化而变化的系数，其关系如图 4 所示。

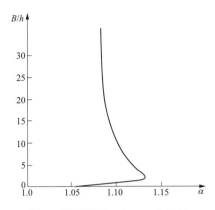

图 4　矩形断面 α 与 B/h 关系图

经水力学实验表明，三角形断面中任意垂线 x 的流速可通过转化为虚拟矩形断面，根据矩形断面中垂线流速的求法，表示为

$$v_x = \frac{v_{xl} + v_{xr}}{2} \tag{4}$$

$$v_{xl} = \frac{\beta}{n} R_{xl}'^{\frac{2}{3}} S^{\frac{1}{2}} \tag{5}$$

$$v_{xr} = \frac{\beta}{n} R_{xr}'^{\frac{2}{3}} S^{\frac{1}{2}} \tag{6}$$

式中　S ——能坡；

v_{xl}、v_{xr} ——分别为三角型断面任意垂线虚拟矩形后该垂线左、右断面平均流速与 β 的乘积；

R_{xl}'、R_{xr}' ——分别为三角形断面任意垂线虚拟矩形后该垂线左、右断面的水力半径；

β ——与三角形边坡系数有关的垂线流速修正系数。

式（5）、式（6）表明，三角形断面中任意垂线的流速等于该垂线之左和之右两部分断面平均流速的均值乘以垂线流速改正系数 β。当能坡 S、糙率 n 不变，三角形断面边坡系数变化时，β 是随断面宽深比的变化而变化的系数，其关系如图 5 所示。

在多边形断面中，首先将垂线 x 套入一个水深等于 h_x，水面宽等于实测水面宽的虚拟矩形断面中，用式（2）、式（3）计算 V_{xl} 和 V_{xr}，将垂线 x 套入一个水深等于 h_x，水面宽等于实测水面宽的虚拟三角形断面中，用式（5）、式（6）计算 v_{xl} 和 v_{xr}，得

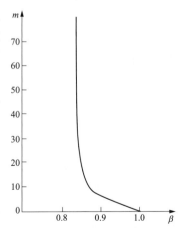

$$\overline{V}_x = \frac{\overline{V}_{xl} + \overline{V}_{xr}}{2} \tag{7}$$

$$\overline{V}_{xl} = V_{xl} - (V_{xl} - v_{xl})\frac{f_l}{F_l} \tag{8}$$

图 5　三角形断面 β 与 m 关系图

$$\overline{V}_{xr} = V_{xr} - (V_{xr} - v_{xr})\frac{f_r}{F_r} \tag{9}$$

式中 $\bar{V}_{xl}$、$\bar{V}_{xr}$——分别为多边形断面左、右垂线流速；

   f_l、f_r——分别为夹在矩形断面和三角形断面之间的左、右不过水面积；

   F_l、F_r——分别矩形断面和三角形断面之间的左、右面积差。

通过多普勒流速仪，实测两条垂线 C_1 和 C_2 流速，其能坡 S_1、S_2 以由实测的垂线流速 V_1、V_2 得到

$$S_1 = \left[2V_1 n / \alpha (R_{1l}^{\frac{2}{3}} + R_{1r}^{\frac{2}{3}}) \right]^2 \tag{10}$$

$$S_2 = \left[2V_2 n / \alpha (R_{2l}^{\frac{2}{3}} + R_{2r}^{\frac{2}{3}}) \right]^2 \tag{11}$$

第 1 条和第 2 条实测垂线之间的其他计算流速垂线，可按下列公示计算实际能坡参数 S_x

$$S_x = (S_1 + S_2)\frac{\Delta b}{b} + S_1 \tag{12}$$

式中 S_x——垂线 C_x 的能坡参数；

  Δb——实测流速垂线 C_1 至计算流速垂线 C_x 的距离；

  b——实测流速垂线 C_1 至实测流速垂线 C_2 的距离。

以计算的垂线流速垂线为分界面，将过水断面划分为若干部分，部分面积法按下列公式计算

$$A_i = \frac{h_{i-1} + h_i}{2} b_i \tag{13}$$

式中 A_i——第 i 部分面积；

  i——流速垂线序号，i=1、2、3、…、n；

  h_i——第 i 条流速垂线所对应的实际水深；

  b_i——第 i 部分断面宽度。

部分平均流速计算

$$\bar{V}_i = \frac{V_{i-1} + V_i}{2} \tag{14}$$

式中 $\bar{V}_i$——第 i 部分断面平均流速；

  V_i——第 i 条垂线平均流速。

断面流量计算

$$Q = \sum_{i=1}^{n} \bar{V}_i A_i \tag{15}$$

式中 Q——断面流量。

2.2 西黑山进口闸多普勒流量计设计

西黑山进口闸多普勒流量计安装位置在进口闸后明渠段约 150m 处，渠道为矩形槽，宽度为 6m，共布设 7 条垂线，糙率按照人工矩形槽经验选取 0.016，任意位置处的垂线 x 水深为 h_x，做虚拟矩形 ABDE 和虚拟三角形 ACE（如图 2 所示），再按照第 2.1 节中方法计算断面流量。西黑山进口闸多普勒流量计由采集、传输和监控中心三部分组成，如图 6 所示，采用浮筒式安装，主要设备包括 2 套浮筒及桁架、2 台声学多普勒流速仪、1 台控制箱（含两套现场采集数据终端，冗余配置）、1 台雷达水位计、1 流量监测服务器。雷达水位计、多普勒

流速仪采集现场的水位、流速数据，经过现场控制箱内 RTU 汇集、处理，利用光纤网络将数据传输到布置于管理处通信机房内的流量监测服务器，将水位、流速代入流量计算模型后进行运算，得到流量数据。由于进口闸后水流波动较大，为避免数据跳变，流量计每 3min 综合计算一次数据。

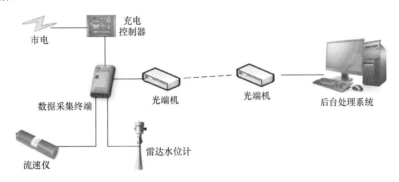

图 6 西黑山进口闸多普勒流量计系统组成

流速仪支架设计采用平行四边形法则、活动铰连接结构设计，两台流速仪分别安装于水面双浮筒浮漂（浮漂长 1.75m，高 0.15m，316 不锈钢材质），距矩形槽两侧 1.5m，设置两台 Flowscope 600/2000 多普勒流速仪用于测量 2 条垂线流速，流速仪安装角度为 45°，迎水面方向，根据水深不同可测得不同点流速，水深 1m 时可测 5 层，水深 2m 时可测 10 层。支架固定连杆（桁架式结构，长度 5.5m，304 不锈钢材质）与渠顶横梁连接，多普勒流速仪流速测量位置顺水流方向并随水位变化动态调整，满足不同水位级下流速数据的准确测量。

流量计处断面水深通过雷达水位计安装高度与水面距离反算得出，雷达水位计具有安装方便、精度高、适应环境强的特点，通过抱箍固定在矩形槽的横梁上，由于渠道水位变幅较大，遂通过测量一段时间内水位数值（初步取 1min 内的水位值），对其取平均值为该渠道流量测验断面的实时平均水位。安装情况如图 7 所示。

图 7 多普勒流速仪和雷达水位计安装完成图

3 运行中存在问题及处理方法

3.1 运行中存在问题

进口闸多普勒备用流量计 2016 年安装完成后，主要在冰期投入运行，在运行过程中能够及时准确地反映进口闸的流量变化情况，同时在运行过程中主要发现了以下三种问题：

（1）由于采用浮筒式安装，流速仪采用迎水流方向安装，在运行过程易挂塑料袋等漂浮物，造成数据跳变，如图 8 所示。

（2）2018 年 3 月 12 日，在运行过程中，流量计数据严重跳变，检查服务器后发现 2 号流速传感器流速异常，故障原因是流量计所处位置流态不稳，浮筒的稳定鳍对流速仪通信线缆造成磨损，如图 9 所示。

（3）在冰期运行时，溅起的水花使拉杆与浮筒链接部位结冰，对结构强度造成隐患，如图 10 所示。

图 8　流速仪清理垃圾

图 9　流速仪通信线磨损

图 10　流速仪浮筒连杆处结冰

3.2 故障处理方法

针对运行中出现的问题,采取了以下应对措施:

(1)流速仪易挂垃圾,造成流量跳变。在保温棚两侧的支架上分别改装两个检修门,检修门的位置分别按照流量计在高运行水位和低运行水位时的位置设置,设置一根 6m 的清理专用杆,发现问题时由维护人员对流速及时清理。

(2)流速仪通信线缆磨损。由于流速仪配套的通信线缆为进口专用线缆,到货速度较慢,首先在流量计服务器采用流速仪替代法,用正常工作的流速仪数据替代异常流速仪数据,保证流量正常计算。组织厂家对受损的通信线缆进行更换,为通信线缆增加带钢丝的保护软管,防止通信线缆磨损,订购 1 根通信线缆做备件。在更换过程中由于没有检修平台,只能将故障的流速仪及浮筒拉出水面,更换难度较大。更换受损的流速仪线缆如图 11 所示。

(3)冰期运行时,浮筒连杆处结冰。进入冰期后,加强巡视,发现结冰及时用清理杆将冰击碎,避免累积,如不能清除,采用热水融冰清理。

图 11 更换受损的流速仪线缆

4 2020 年冰期典型运行情况

2020 年 12 月 3 日,进口闸多普勒备用流量计投入运行,2021 年 1 月 6 日开始寒潮降温,实测最低气温为−18℃,管理处辖区开始出现浮冰、冰盖等(如图 12 所示),于 2021 年 1 月 10日达到峰值。

2021 年 1 月 10 日 0:30 后,进口闸流量持续下降至 19.77m³/s,值守人员多次清污后,清理出大块塑料布。2:24 流量短时恢复到 21.38m³/s,之后流量继续下降。此时值班人员观察进口闸

图 12 西黑山管理处辖区冰盖

拦污栅前并未结冰,但水流中开始出现冰絮。5:28 值班人员发现 3 号拦污栅后结冰,且值班人员将异常上报后,启动现场应急处置,利用热水车融冰、清污机捞冰。5:59 进口闸流量降

至最低 17.45m³/s，随后逐渐回升，3 号门拦污栅前后落差基本恢复正常。6:05 闸控系统进口闸流量不再变化，经维护人员查看流量监测服务器，2 号流速仪流速异常。现场查看流速仪，浮筒处有结冰，随即对 2 号流速仪进行清理，并利用热水车融冰，8:10 进口闸多普勒流量计恢复正常工作。11:00 后进口闸过流基本恢复正常。2021 年 1 月 10 日进口闸流量度化趋势图如图 13 所示。

图 13   2021 年 1 月 10 日进口闸流量变化趋势图

在本次应急过程中，进口闸多普勒流量计准确反应了进口闸流量变化，现场工作人员根据流量变化情况应急处置得当，未对通水造成影响，如图 14～图 17 所示。

图 14   进口闸拦污栅前出现冰絮

图 15　3 号拦污栅后结冰阻水，拦污栅前后落差较大

图 16　利用热水车对拦污栅热水融冰

图 17　利用热水车对多普勒流量计进行融冰

5　结语

西黑山进口闸多普勒流量计安装投运后，经受了多年冰期运行考验，既解决了天津干线

小流量运行时无法监测流量的问题，又为中线工程流量计故障，且不能停水检修的重要渠段提供了新的解决思路和方法。下一步将针对运行过程中暴露出的流量计存在易受干扰、每次检修需要将浮筒拉出水面难度较大等问题进行研究。

参考文献

[1] 梁后君，刘小虎，蔡国成，等. 二垂线式 ADCP 流量测量系统 [J]. 水利信息化，2013，（4）：26-29，38.

[2] 熊珊珊，王光磊，潘卉. 二线能坡法流量测验方法探讨. 水文，2015，（6）：87-89.

[3] 姜新. 新型声学多普勒流速仪及其应用 [J]. 河南水利与南水北调，2017，（7）：95-96.

[4] 封一波，武宜壮，胡菲菲，等. 小许庄水文站二线能坡自动测流系统应用于分析 [J]. 治淮，2019，（9）：14-16.

作者简介

王培坤（1988—），男，工程师，主要从事南水北调中线工程信息自动化运行管理。E-mail：726404220@qq.com

锦屏一级水电站库区消落带生态问题与对策研究

喻安晴[1]　宋以兴[2]　徐　丹[2]　吴文佑[1]

（1. 中国电建集团成都勘测设计研究院有限公司，四川省成都市　610000;
2. 雅砻江流域水电开发有限公司，四川省成都市　610000）

[摘　要]消落带是陆地生态系统和水生生态系统的过渡带，具有特殊的结构、功能和景观特点。同时，又具有环境敏感性和生态脆弱性。锦屏一级水电站建成运行后，在库区两岸形成了水位涨落幅度高达 80m 的消落带。本文从消落带的生态环境特征和生态系统功能等方面出发，剖析了锦屏一级库区消落带面临的主要生态环境问题，包括水土流失加剧、植物数量锐减、水环境污染风险增加和诱发地质灾害等。针对以上问题，本文从宏观层面提出了完善制度、分区治理、加强监测、加强宣教等消落带环境保护和综合治理对策，以期为库区消落带的保护和治理工作提供借鉴。

[关键词]锦屏一级水电站；消落带；生态问题；保护对策

0　引言

消落带是流域陆地生态系统和水生生态系统的过渡带，具有多种生态功能；同时又极易受到自然和人为因素干扰，成为脆弱的生态系统。随着国内越来越多的大型水利水电工程投入运行，其产生的消落问题已引起广泛关注，如生物多样性下降[1]、群落结构单一化、库区消落带土壤侵蚀严重[2]以及景观恶化等。目前，研究人员已从生态学、生理学、水文学和水力学等多个角度对消落带进行深入研究并提出相关理论和治理模式，但至今尚未形成成熟的治理经验，且国内对消落带的研究多集中于三峡库区。锦屏一级水电站库区消落深度高达80m，且区域海拔较高，自然生态环境更为脆弱，其保护和治理难度相较三峡库区更大。

本研究通过调查分析锦屏一级水电站库区自然条件、工程运行情况、消落带分布特点及已有试点治理成果等，对锦屏一级水电站库区消落带主要存在的生态问题进行归纳总结，进而提出针对性的消落带保护对策。

1　消落带的形成及分布

消落带是指由于水库周期性水位涨落而在库区四周形成的最高水位线与低水位线之间的特殊区域[3, 4]。相较于自然消落带，水利水电工程的消落带具有淹没时间长、消落幅度大、非生长季节淹水的特点[5]。随着 2014 年发电机组全部投产，锦屏一级水电站进入正常运行期，水库水位在死水位 1800m～正常蓄水位 1880m 之间周期性变化，库区两岸形成了面积巨大的消落带。

锦屏一级水电站库区消落带最大面积约 41km²，主要分布于雅砻江干流（卡拉乡至坝址河段，长度为 59km）及一级支流小金河库区（长度为 90km）。根据水库运行调度原则，每年 6 月水库开始蓄水，9 月底前水位蓄至最高水位 1880m，12 月一次年 5 月底为供水期，水位逐渐下降，5 月底水库水位降至死水位 1800m，水库最大消落深度达 80m。本文收集了 2015 年和 2016 年锦屏一级水电站库区的每日水位监测结果，如图 1 所示，库区水位监测结果与水库运行调度原则基本保持一致。根据水位统计结果，可以推算出库区消落带各个高程区域的淹没情况，见表 1。

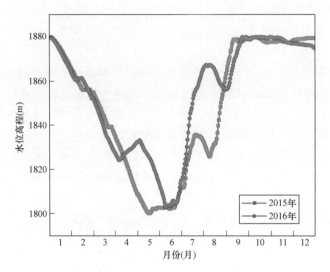

图 1　2015 和 2016 年锦屏一级库区水位变化图

表 1　　　　　　　　　　　　消落带各高程区域淹没情况

高程范围（m）	淹没深度（m）	淹没时长（天）	场地出露时段
1800～1830	80～50	＞260	4 月—7 月初
1830～1840	50～40	230～260	3 月中—7 月
1840～1850	40～30	210～230	3 月—7 月
1850～1860	30～20	150～210	2 月—8 月
1860～1870	20～10	135～150	1 月底—9 月初
1870～1880	10～0	100～135	1 月—9 月中

2　消落带生态问题

2.1　消落带地形过陡，水土流失问题加剧

锦屏一级水电站库区两岸山体雄厚，谷坡陡峻，基岩裸露，岩壁耸立，为典型的深切 V 形河谷。河谷右岸 1810m 高程以下坡度为 70°～90°，以上坡度变缓至 40°；左岸 1900m 高程以下坡度为 60°～80°，以上为 45°左右。消落带处于河谷两岸 1800～1880m 高程范围，根据调查，该区域内超过 80%的面积为裸露的岩质（或土夹石、碎石）陡坡，部分坡度高达 70°～90°，本身土壤条件较差。

水库运行后，消落带土壤同时受到水力侵蚀和重力侵蚀作用，土壤条件较之前发生了较大变化，具体表现为岸坡土壤流失，土层变薄，且土壤中 N、P、K 等营养物质溶出，转移到水体中，导致土壤肥力变差。锦屏一级水电站库区消落带大部分区域为坡度≥60°的高陡坡，其水土流失问题更为严峻。

2020 年 5 月，采集了消落带陡坡和缓坡两处典型场地的土壤样品进行对比，其中场地 1 为陡坡场地（位于矮子沟，坡度约 60°），场地 2 为缓坡场地（位于洼里新乡，坡度约 25°），测定了有机质、全氮、碱解氮、总磷、速效磷、全钾、速效钾等土壤营养指标，结果见表 2。土壤检测结果表明：陡坡场地的土壤有机质含量与缓坡场地接近，但易被植物吸收利用的碱解氮、速效磷和速效钾这 3 种营养指标含量较低，分别为缓坡场地的 76%、24% 和 12%。两处场地各项土壤检测结果中差距最大的是速效钾，陡坡场地速效钾含量甚至低于标准值。

表 2　　　　　　　　　　　消落带土壤检测结果

类别	有机质(g/kg)	全氮(mg/kg)	碱解氮(mg/kg)	总磷(mg/kg)	速效磷(mg/kg)	全钾(%)	速效钾(mg/kg)
评价标准	12~80	—	40~200	—	5~60	—	60~300
场地 1 平均值	30.0	1511	102	626	10.6	1.97	22.8
场地 2 平均值	30.9	4497	135	764	43.5	0.98	193.7

注　评价标准参考 CJ/T 340—2016《绿化种植土壤》。

以上土壤检测结果证实，陡坡场地的土壤肥力不及缓坡场地。一方面，陡坡坡面难以滞留土壤和水分，在水力侵蚀和重力侵蚀双重作用下，坡面土壤基质和养分流失严重；另一方面，贫瘠的土壤难以为植物提供生长发育所必需的营养成分，坡面植被稀疏，进一步加剧了水土流失问题。

2.2　消落深度过大，植物数量锐减

水库蓄水运行后，消落带由原来的陆生生态系统演变为季节性湿地生态系统，原有的陆生植物物种逐渐消亡[6]，同时，一些适应能力强的植物将逐渐演变为消落带的优势种。锦屏一级水电站库区消落带地处干热河谷区，干热气候及水位变化使得消落带植被恢复尤其困难，能长时间忍受深水淹没和干旱双重胁迫的两栖植物非常稀少[7]。

锦屏一级水电站库区消落带不仅淹没深度大，最深可达 80m，植物难以耐受如此高水压、完全无光无氧的环境；而且淹没时间长，最长可超过 260 天（见表 1），植物生长周期不足，植物尚处于脆弱的幼苗期即进入漫长的场地淹没期。大部分植物难以承受如此高强度、长时间的水淹胁迫，消落带植物种类和数量都急剧减少。

水库运行前，消落带所在区域植被类型主要为亚热带干热河谷灌丛，其次为云南松疏林。通过建立的地理信息系统统计，水库淹没区正常蓄水位 1880m 以下植被以清香木、金合欢、尖叶木樨榄灌草丛为主，其次为马鞍叶羊蹄甲、香茶菜灌草丛，两类植被面积占淹没陆地面积的 70.8%，各类植被的盖度均为 40%~55%[8]。2017 年 5 月，于消落带成陆期再次开展了现场植被调查，结果发现，消落带历经 3 个水位涨落周期后：①植物数量大幅减少，整体植被覆盖度不足 5%；②植物类型单一，只有草本植物存活，以一年生草本植物为主；③植物种类变化，狗牙根成为优势种，曼陀罗、灰菜、小藜和土荆芥为次优势种，还发现有少量牛膝菊、花叶滇苦菜和野西瓜苗等植物；④植物种类和数量受海拔高程影响显著，植物主要分布

于 1820～1880m 高程范围之间，1820m 以下几乎无植物生长。

2.3 水环境污染风险增加

消落带作为水域与陆地环境过渡地带，受到水陆两个界面的交叉污染[9]。一方面，水库建成后水体流速明显减缓，水库上游及周边排放的污染物不能及时随径流排出，滞留于消落带中形成了岸边污染带；另一方面，消落带植被稀疏，难以起到截留和过滤污染物的缓冲作用，库区两岸人类活动产生的污染物、周边土壤侵蚀产生的泥沙及其携带的污染物经消落带直接进入水库，造成水体污染。

锦屏一级库区地处偏远的凉山州西北部，工矿企业极不发达，因此工业污染对库区水环境污染的贡献较小；库区干流河段无居民聚集点，仅三级支流博凹河会受纳木里城区的生活污水，流入二级支流小金河，因此生活污染贡献也相对较小；库区周边居民存在随意施用化肥农药的现象，因此农业面源污染成为库区水环境主要污染来源。

对比水库运行前后雅砻江干流的水质情况：2002 年平水期干流监测断面的各项指标均满足 GB 3838—2002《地表水环境质量标准》Ⅱ类水标准；2016 年 10 月干流监测断面有 COD_5 和总磷 2 项指标超过 Ⅱ类水标准，超标原因主要为区域水土流失带来的农业面源污染。分析库区水质下降原因：水库运行前，库岸植被可以通过过滤、渗透、吸收和沉淀等作用，减少面源污染物随地表径流直接进入水体，起到隔离和缓冲污染物的作用，降低水环境污染的风险；水库运行后形成消落带，库岸植被数量锐减，无法起到隔离、缓冲作用，使得水环境污染风险增加。

2.4 诱发地质灾害

锦屏一级水电站库区消落带处于峡谷山区，河道两岸地形陡峻，地层稳定性较差。库区水位周期性变化会使消落带坡体内的地下水位发生升降变化，产生静水压力和动水压力，增加消落带土体荷载，湿化、软化消落带土体，不仅会诱发老滑坡、老坍塌区复活，还可能形成新的潜在滑坡和崩塌。加之消落带地表植被被破坏，坡面岩土体易遭受降雨溅蚀和径流冲刷，并降低坡岸稳定性，在大雨冲刷下可能造成山体滑坡、库岸崩塌和泥沙淤积等地质灾害。

如图 2 所示，距离水电站坝址约 9km 的一处场地，经过一个水位涨落周期后出现了滑坡现象，坡面步道损毁，地表岩石更加破碎。

(a)

图 2 诱发地质灾害（一）

（a）2020 年 5 月拍摄

(b)

图 2 诱发地质灾害（二）

（b）2021 年 7 月拍摄

3 消落带保护对策

3.1 完善制度，统一管理

目前，针对消落带保护的相关政策、法规或规范性文件尚不完善，其保护责任主要由水利水电工程的建设单位来承担，日常监管存在缺失。消落带保护工作涉及众多领域，如污染防治、地质灾害治理、水土保持、土地利用规划和生态安全等，需要环保部门、国土部门、发改委、水利及林业部门等多个政府部门的共同参与。在行政区划上，锦屏一级水电站库区消落带还跨越了盐源和木里两个行政县，需要上级政府制定和完善相应政策、法规和规范性文件，对消落带的保护和利用进行有效制约、统一管理，并建立健全消落带生态系统管理体系，明确各方关系、利益和职责，提升管理效率。

3.2 因地制宜，分区治理

锦屏一级水电站库区消落带的消落深度大、立地条件差，开展生态修复的难度大，而且目前消落带生态修复技术和经验均不成熟，因此，消落带的治理不能盲目采取生态修复措施，应根据淹没深度、成陆时间、坡度特征、土壤条件等主要因素，合理划分生态修复区和保留保护区，进行分区治理。笔者曾参与了该库区消落带生态修复试点工程的相关工作，根据试点治理结果，推荐：坡度≤30°且淹没深度 15m 以内的土质边坡作为生态修复区；消落带其余区域作为保留保护。生态修复区通过采取合理的工程措施、植物措施和管理措施，达到恢复植被、稳固边坡、美化景观及提升生态系统稳定性等目的。保留保护区则应减少和避免过多人类活动干扰，保证其自然状态恢复，以采取管理和观测措施为主。

3.3 加强监测，动态防护

针对库区消落带可能出现重大环境问题、地质灾害或人口稠密的库段，可以设置环境监测站加强监测，依托 3S 技术建立风险预警系统，进行长期监测和预警。监测预警系统的建立不仅可以实现对消落带生态环境的全时空监测，及时掌握其动态变化，保证库区水体及消落带的生态安全；还可以积累库区消落带水质、气象、土壤、植被和地质等特征的长期数据，为制定消落带保护措施提供数据支撑。

3.4 加强宣教，公众参与

目前，不合理施用化肥农药导致的农村面源污染是库区消落带的主要污染来源之一，应加强对库区周边农民的宣传教育，提升其消落带保护意识，并组织开展农业技术培训和指导，促进化肥农药的科学施用，从源头上减少污染。此外，通过多方式、多途径宣传，鼓励更多的普通大众参与到库区环境保护中来，还可以开通公众监督、举报平台，形成全民参与消落带保护的社会氛围。

4 结语

本文对锦屏一级水电站库区消落带的生态环境问题进行深入研究，并提出针对性保护对策是非常必要的。研究从消落带的生态环境特征和生态系统功能等方面出发，剖析了锦屏一级库区消落带面临的主要生态环境问题，主要包括消落带地形过陡加剧水土流失问题、消落深度过大使得植物数量锐减、水环境污染风险增加以及诱发地质灾害等。针对以上问题，结合已有的试点治理经验，从宏观层面提出了完善制度、分区治理、加强监测、加强宣教等消落带环境保护和综合治理对策，以期为锦屏一级水电站库区消落带及其他梯级水电站消落带的保护与治理提供参考和借鉴。

参考文献

[1] 周明涛, 杨平, 许文年, 等. 三峡库区消落带植物治理措施 [J]. 中国水土保持科学, 2012, 10 (4): 90-94.

[2] 鲍玉海, 贺秀斌. 三峡水库消落带土壤侵蚀问题初步探讨 [J]. 水土保持研究, 2011, 18 (6): 190-195.

[3] 涂建军, 陈治谏, 陈国阶, 等. 三峡库区消落带土地整理利用——以重庆市开县为例 [J]. 山地学报, 2002, 20 (6): 712-717.

[4] 戴方喜, 许文年, 刘德富, 等. 对构建三峡库区消落带梯度生态修复模式的思考 [J]. 中国水土保持, 2006 (1): 34-36.

[5] 樊大勇, 熊高明, 张爱英, 等. 三峡库区水位调度对消落带生态修复中物种筛选实践的影响 [J]. 植物生态学报, 2015, 39 (4): 416-432.

[6] 苏维词, 张军以. 河道型消落带生态环境问题及其防治对策——以三峡库区重庆段为例 [J]. 中国岩溶, 2010, 29 (4): 445-450.

[7] 周火明, 于江, 万丹, 等. 乌东德库区消落带生态修复植物遴选与配置研究 [J]. 长江科学院院报, 2022 (2): 50-55.

[8] 蒋红, 曾宗永. 雅砻江锦屏一级水电站工程区的植被组成及分布 [J]. 水电站设计, 2006, 22 (2): 75-78.

[9] 艾丽皎, 吴志能, 张银龙. 水体消落带国内外研究综述 [J]. 生态科学, 2013 (2): 6.

作者简介

喻安晴（1994—），女，助理工程师，主要从事生态修复设计工作。E-mail: yuanqing5233@163.com

宋以兴（1991—），男，工程师，主要从事水电工程环境保护工作。E-mail: 1273828906@qq.com

徐 丹（1994—），男，工程师，主要从事水电工程环境保护工作。E-mail: 736639256@qq.com

吴文佑（1982—），女，高级工程师，主要从事水电工程环境保护工作。E-mail: p2007161@chidi.com.cn

基于元胞自动机和网络爬虫技术的电网安全应急预警辅助支持系统

蓝健均[1]　陈　辰[2]　李　锐[3]　李　干[4]　王俊锋[2]

（1. 中国电建集团华东勘测设计研究院有限公司，浙江省杭州市　200000;

2. 北京洛斯达科技发展有限公司，北京市　100000;

3. 国网四川省电力公司建设分公司，四川省成都市　610000;

4. 国网四川电力送变电建设有限公司，四川省成都市　610000）

[摘　要]随着近年来西北、西南电力外送规模占比提升，以及十四五期间电网建设加速，西南区域内近年来地震、泥石流、山火、雨雪冰冻等各类自然灾害频发高发的安全隐患问题成为西南电网高质量建设发展的一大阻力。因此，本文从电网建设应急预警需求出发，提出了基于元胞自动机和网络爬虫技术的电网安全应急预警辅助支持系统的构建方法，从整体上说明了系统架构、数据获取与输入、预警规则和模型、应急决策流程、预警输出等各个环节的技术特点，并给出了应急预警系统的关键实现技术。系统建成以来运行稳定，且具有集成性和实用性强的优点，可为后续电网应急系统研究提供有用的参考。

[关键词]电网建设；自然灾害；元胞自动机；应急预警

0　引言

电力应急是一项复杂的系统工程，涉及多个部门和人员。完善应急管理体系是避免灾害事故扩大和次生灾害发生的关键[1]。近年来我国自然灾害频发，河南遭遇的特大型暴雨、四川陕西等地区发生的地震、滑坡和山火灾害给人类生命和财产安全带了巨大损失。电网作为我国基础建设的重点，在应急抢险和人类日常生活中都起到了至关重要的作用。在面临自然灾害时，如何做到提前预警、精准评估定位和科学应急，从而迅速恢复电力，保障受灾区电网正常运行一直都是研究的热点和难题。

2018 年 7 月 30 日，为贯彻落实党中央、国务院有关决策部署，全面加强电力行业应急能力建设，进一步提高电力突发事件应对能力，国家能源局专门印发《电力行业应急能力建设行动计划（2018—2020 年）》，将电力行业应急提升至行业建设的重要位置[2]。多年来，我国有关部门单位和国内外学者对电力应急课题进行了大量研究并取得一定成果。在应急系统建设方面，国家电网有限公司已建成雷电预警和线路故障监测系统[3]、输电全景智慧监控系统[4]、输电线路山火预警监测系统[5]、D5000 在线运维系统[6]等输变电线路监测预警运维系统。除此之外，学者们还通过线性规划、逻辑回归、BP 神经网络算法判断电力突发事件的概率，运用多网络融合、物联网、空间信息等技术建立应急指挥系统，有效地提高了应急系统的实用性[7]。在应急体系方面，国务院印发《国家大面积停电事件应急预案》，初步形成对国家大面积停电事件的应急体系[8]，同时，研究人员基于案例推理技术、模糊评价技术，依托网络地理信息系统，优化电力应急资源调配程序，为完善电力企业应急体系提供技术支撑[9]；在预警体系方面，有学者利用电力历史大数据与预测的应急情景规则分析方法进行电力突发事件演化过程的预测[10]，也有学者针对输电线路地质灾害，结合气象数据、线路的台账信息、走廊内地质条件，构建出以故障隐患、运维特征和气象条件为基类的输电线路地质灾害预警决策模型[11]。

以上研究成果都在一定方面对实际电力应急预警管理起到有效的技术和理论支持，但不难发现，现有研究在数据获取方面，主要基于历史案例和传感器设备设施，导致监测成本较高、预警准确性不稳定的问题；在预警体系方面，多为灾害发生可能性的模型研究，而较少有对灾害信息的进一步时空跟踪；在系统建设方面，已有平台针对性都较强，数据分散，有待进一步整合贯通。

因此，本文结合已有研究成果，运用网络爬虫技术在线获取气象和灾害信息数据，针对不同灾害制定不同预警规则，并基于元胞自动机算法对洪水、山火等持续性灾害进行时空变化模拟。最终实现对管辖区域电网运行状态、所受气象环境、电网资产附近自然灾害发生情况以及未来发生情况进行掌控，为应急管理人员提供有效的辅助决策支持。

1　关键技术及应用

1.1　元胞自动机

元胞自动机是具有有限数量相同元胞的离散动力系统[12]。感兴趣的信息存储在每个元胞中，被称为元胞的状态。系统的动力学是以离散步骤给出的。根据所研究的现象，可能存在一组有限的不同状态。根据预先定义的过渡函数，在离散时间步长中同时更新细胞的状态。一个特定元胞状态的进化取决于它的状态和它周围元胞的状态。转换函数可以是确定性的，也可以是概率的。因此，针对持续性灾害，可以根据实时获取的气象数据和地形地貌等指标参数，通过对领域函数的研究，得到精度较高的模拟效果。

通常可以用一个六元组来表示一个元胞自动机$<G, U, u, u_0, N, \Phi>$。其中：G 是细胞 C_i（$i \in N$）的二维网格；U 是有限状态集 $U \in N$；u（C_i, t）是提供每个细胞 C_i 在 t 时刻状态的函数；u_0（C_i）定义每个 C_i 的初始状态；N（C_i）是邻域函数，它将每个元胞 C_i 与其关联；Φ（C_i, N, t）为过渡函数，作为输入接收元胞 C_i 及其相邻元胞在 t 时刻的当前状态，输出下一时刻 $t+1$ 小区 C_i 的状态。

以山火扩散模拟为例，林火蔓延地理 CA 算法可描述为：由不同地理位置燃烧状态（S），不同火情元胞组成的地理元胞空间，按照林火蔓延的规则，随着离散的时间推进，每棵树木燃烧状态不断变化，且每棵树木的状态变化只与其所处状态以及摩尔（Moore）邻域树木所处状态有关，其中转换规则是驱动整个系统运行的核心，$N=8$ 为 Moore 领域。其林火蔓延速度公式如下：

$$R = R_0 \cdot K_\varphi \cdot K_w \cdot K_s \qquad (1)$$

$$R_0 = aT + bW + ch - d \qquad (2)$$

$$W = int\left(\frac{v}{0.836}\right)^{\frac{2}{3}} \qquad (3)$$

$$K_w = e^{0.1783v} \qquad (4)$$

$$K_\varphi = e^{3.553\tan\varphi^{1.2}} \qquad (5)$$

式中　　R ——林火蔓延速度，m/min；

R_0 ——初始林火蔓延速度，m/min；

K_w ——风系数；

K_φ ——地形系数；

K_s ——可燃物指数；

a、b、c、d ——均为常数（a=0.03，b=0.05，c=0.01，d=0.3）；

T ——温度，℃；

W ——蒲福风级；

int ——取整；

h ——日最小湿度，RH%；

v ——风速，m/s；

φ ——地形坡度角。

元胞状态更新公式为

$$S_{i,j}^{t+\Delta t} = S_{i,j}^t + \frac{(R_{t-1,j-1}^t + \cdots R_{t+1,j+1}^t)\Delta t}{L} \qquad (6)$$

式中　　Δt ——时间步长，表示元胞燃烧状态更新的时间间隔；

t ——当前时刻，$t+\Delta t$ 为下一时刻；

$(i，j)$ ——元胞行列号，代表元胞地理位置；

$S_{i,j}^{t+\Delta t}$ ——下一时刻元胞（$i，j$）状态；

$R_{t-1,j-1}^t$ ——林火蔓延速度模型计算的 t 时刻邻域元胞（i−1，j−1）向中心元胞的蔓延速度。

1.2　网络爬虫技术

网络爬虫技术是按照一定的规则自动从万维网上获取信息的程序或脚本[13]。网络爬虫的一般工作原理为爬行、索引、搜索直至过滤、信息排序/排序。①从种子 URL 集合中获取 URL，确定主机名的 IP 地址；然后下载 Robot.txt 文件，该文件带有下载权限，也指定了爬虫程序要排除的文件；②阅读页面文件，从该文件中提取对其他引语的链接或引用；③将 URL 链接转换为它们的绝对 URL 对等物，并添加设置种子 URL。通过筛选出官方可靠的灾害信息发布和气象等基础信息网站 URL，获取数据后，再通过大数据清洗、粒化和筛选最终录入数据库，可为后续研究提供数据支持。

1.3　内外网穿透技术

除元胞自动机和网络爬虫外，针对我国电网网络信息安全要求，外网的数据需要被电力公司内部使用，内外网穿透技术也是其关键技术之一。通常内外网穿透主要基于安全隔离装置和安全相互平台，将存储区分为内网存储区和交换区，数据在进入交换区后通过安全扫描后，存入内网存储区。本系统主要部署于信息内网 3 区。

2 系统结构

电网安全应急预警辅助支持系统的总体架构如图 1 所示。

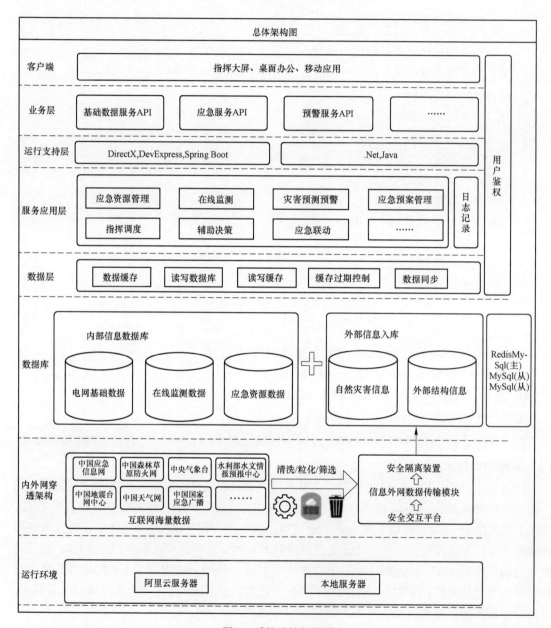

图 1 系统总体架构图

2.1 数据概况

2.1.1 数据组织架构

为了更好地满足系统功能需求和集成多源数据，数据分类组织是数据库设计的基础。因此根据不同数据类型和功能，将系统数据库进行分类。具体数据结构如图 2 所示，其中，电网基础数据库，主要保存电网中的遥感影像、DEM、资产清单等数据，是系统可视化的支持性数据；在线监测数据库、预警指标体系数据库和自然灾害信息主要保存电网本体、外部环境的监测数据、各类灾害类型预警计算指标、气象数据、突发灾害情况等数据，是系统灾害预警支持性数据；应急资源数据库主要保存应急物资、人员、参考制度等数据，是系统应急支撑性数据。

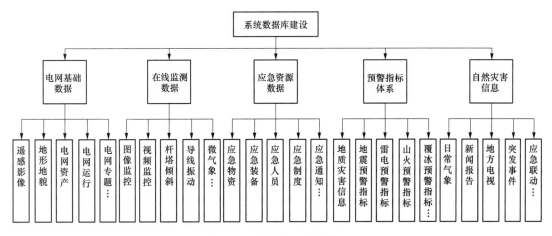

图 2 系统数据库结构

2.1.2 数据获取和输入

系统数据来源分为内部数据和外部数据，其中内部数据主要来源于国家电网有限公司所建的 D5000、PMS 等监测系统的 SCADA，WANS 等电网实时监控数据。外部数据则为通过互联网主动获取技术得到，从政府应急管理机构、国家突发事件预警信息发布平台、中国地震台网、中国气象局公共气象服务中心等官方渠道，针对性获取研究区域自然灾害等相关应急信息。数据输入主要使用 Restful 接口、数据库录入和专题数据制作加载方式。

2.2 预警指标规则与模型

通过对已有研究文献和规章制度的参考和整理[14-16]，结合西南电网应急管理工作需要，梳理提取各专项应急关键数据指标，建立预警指标规则，其中滑坡、山火和山火扩散多因子模型如下：

（1）针对气温、湿度、大风引发山火并导致山火蔓延的多因子影响衍化模型，其关键指标为中国气象局提供的各监控点的气象信息，包括温度、相对湿度、风速、累积降水量、连续无降水日数，针对模型计算所收集的 24h 雪深、土地覆盖类型、与道路距离、与居民点距离等数据。根据式（1）~式（5），对上述指标进行多因子山火模型的计算即可得到预警时间和森林火险指数。针对该森林火险指数对预警等级进行分级。

（2）针对气温、湿度、大风引发山火并导致山火蔓延的多因子影响衍化模型，其关键指标为中国气象局提供的各监控点的气象信息，包括风速、温度、日最小湿度、风向，针对模型计算所收集的可燃性指数、可燃性、监测点状态和元胞索引坐标等数据。根据式（1）~式（6），对上述指标进行多因子山火模型的计算即可得到预警时间、扩散时间和扩散后的监测点状态。

2.3 系统应急辅助决策流程

电网安全应急预警系统的实用性一直是最为关键的研发目标。为此，鉴于实际工作作业流程，系统集成了视频监控、视频会议、灾害自动报警、应急救援最优路径生成和应急资源展示等功能。

对于电网本体监测数据发生异常，应急管理人员通过点击具体杆塔查看最近运行监测情况，异常值将以红色背景显示，并根据最优应急路径，联系相关负责人，对异常杆塔进行实地监测，从而预防停电风险。

对于环境灾害，通过空间分析，判断灾害发生点周围将受到影响的电网资产，根据预警规则发出预警警报。针对山火灾害，根据模型，使用互联网主动获取的气象数据，对监测区域随机采样，计算采样点发生火灾概率。概率较高时，进行扩散分析，最终将结果进行可视化。在发出预警后，应急流程同电网本体。

3 应用成果展示

对于森林火险蔓延趋势的时空分布分析，系统采用林火蔓延模型为基础结合元细胞自动机原理构建山火扩散模型。依据山火扩散模型，分别对山火事件进行 18h 和 54h 的空间分布范围进行分析，可以计算出山火范围与线路之间的距离关系，同时可以在三维球中看到影响的具体范围和在扩散范围内受到影响的电力设施。对于 T_1、T_2、T_3 时间内的蔓延趋势和与电力设施的距离关系如图 3、图 4 所示。

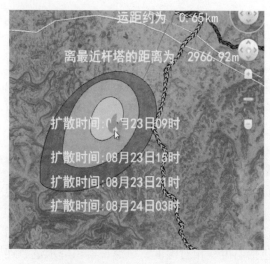 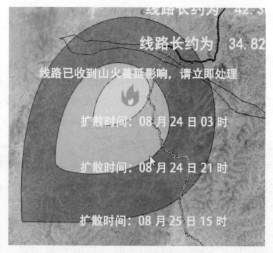

图 3 18h 山火扩散时空分析　　　　　图 4 54h 山火扩散时空分析

针对重点监测点位，平台可利用监控设备进行实时监控，具体界面如图 5 所示。

4 结语

本文提出了一套面向电网安全应急预警辅助支持系统的构建方法和关键实现技术，有效提高了电网应急系统的实用性和预警能力，其具体结论如下：

（1）通过互联网主动获取技术，增加了应急系统气象数据、突发灾害数据和舆情等数据，在较低成本的情况下，有效提高了预警准确性；

图 5　电网视频监控

（2）基于元胞自动机，对山火、洪水等持续性灾害进行时空分析，结果以可视化方式展现，可以给予电网应急安全管理者有效的提前应急安排时间；

（3）系统集成了多个专有电网应急系统数据，经过数据清洗和整合，使得系统具有较好的实用性，其系统设计思路可以为后续电网应急系统研究提供有用的参考；

（4）系统集成了多个预警模型，但模型需要大量的实际数据做验证，因此系统数据的准确性和进一步提高灾害预警模型的准确性，将是接下来研究的重点。

参考文献

［1］ZHANG Y，NIU D，LIU J . The evaluation of electric power emergency management mechanism based on BP neural network［C］// IEEE International Conference on Computer Science & Information Technology.

［2］佚名. 国家能源局出台《电力行业应急能力建设行动计划（2018—2020 年）》［J］. 河南科技，2018（29）：1.

［3］方丽华，方嵩，熊小伏，等. 输电线路绕击故障概率分析及雷电预警方法［J］. 广东电力，2014（3）：95-100.

［4］尹项根，徐彪，张哲，等. 面向调控运行的电网安全预警辅助支持系统［J］. 智慧电力，2019，47（12）：7.

［5］陆佳政，吴传平，杨莉，等. 输电线路山火监测预警系统的研究及应用［J］. 电力系统保护与控制，2014，42（16）：7.

［6］杨洁. 基于机器学习的智能电网调度控制系统在线健康度评价研究［D］. 北京：北京邮电大学，2019.

［7］杨光辉，王刚. 电力应急指挥系统设计及其关键技术研究［J］. 信息技术，2021，45（11）：7.

［8］佚名. 国家大面积停电事件应急预案［J］. 中华人民共和国国务院公报，2015（34）：9.

［9］徐希源，唐诗洋，于振，等. 电力应急资源优化调配技术及其在电力企业的应用［J］. 中国安全生产科

学技术，2020，16（9）：6.

[10] 荣莉莉，李群，于振. 基于电力历史应急大数据的应急情景规则分析与发现方法研究 [J]. 中国安全生产科学技术，2019，15（5）：6.

[11] 甘丹，沈平，罗世应，等. 输电线路地质灾害预警决策模型研究 [J]. 智慧电力，2016，44（5）：1-4.

[12] Rigo L O，Barbosa V C. Two-dimensional cellular automata and the analysis of correlated time series [J]. 2005.

[13] Achsan H，Wibowo W C . A Fast Distributed Focused-web Crawling [J]. Procedia Engineering，2014，69：492-499.

[14] 张行，王逸飞，何迪，等. 电网防灾减灾现状分析及建议 [J]. 电网技术，2016，40（9）：7.

[15] 张美煜. 分布式电力应急救援指挥监控仿真研究 [J]. 计算机仿真，2019（2）：4.

[16] 周敏，田祚堡，郑涛. 基于智慧调控创新的电力应急处置能力提升研究 [J]. 水电站机电技术，2021，44（10）：4.

作者简介

蓝健均（1972—），男，高级工程师，主要从事电网建设项目建设管理工作。E-mail：3396574599@qq.com

某水电站防水淹厂房系统优化

李文博　赵传啸　黄　星　张志天　杨泽鹏

（雅砻江流域水电开发有限公司，四川省成都市　610000）

[摘　要] 本文根据 NB/T 35004—2013《水力发电厂自动化设计技术规范》中"厂房最底层（含操作廊道）设置不少于 3 套水位信号器，每套水位信号器至少包括 2 对触头输出。当水位达到第一上限时报警，当同时有 2 套水位信号器第二上限信号动作时，作用于紧急事故停机并发水淹厂房报警信号，启动厂房事故广播系统"等要求，结合长海水电厂的现场实际，从提升速动性、选择性、可靠性、灵敏性四个方面对长海水电厂水淹厂房系统进行了优化。

[关键词] 水电站；水淹厂房；优化

0　引言

长海水电厂设一套防水淹厂房系统和一套积水监测系统。防水淹厂房系统是在机组蜗壳取水管路破裂、顶盖破裂、蜗壳进人口、尾水进人口大量漏水等情况造成水淹厂房时，自动或手动启动 4 台机组紧急落门停机流程。积水监测系统主要对廊道层是否存在高水位积水进行监测，由安装在廊道层每台机组上游侧排水沟内的浮子开关组成，接入对应机组 LCU（机组现地控制单元），当廊道层水位达到报警值时会向监盘人员发出报警信息。防水淹厂房 PLC 屏布置在发电机层 1 号机组与 2 号机组之间，2 个水淹厂房按钮箱分别布置在发电机层下游墙侧 1 号机组、4 号机组段后的墙上，3 个水淹厂房水位测量装置布置在尾水廊道 1、3、4 号机组段，声光报警器和警铃报警装置布置在中控室和发电机层 2 号机组处。为了进一步提高防水淹厂房判断及操作的准确性，对水淹厂房 PLC 程序进行完善，在控制逻辑中也增加多个判断水位浮子开关的位置节点。

1　概述

长海水电厂位于四川省凉山彝族自治州木里县境内的雅砻江中游河段上，是雅砻江中游河段一库七级开发的第六级，长海水电厂为一等大（1）型工程。电站总装机容量为 150 万 kW，包括 4 台单机容量为 37.50 万 kW 的水轮发电机组。引水发电系统布置在枢纽左岸，机组引水系统共设有 4 条引水隧洞，一机一洞。为了对机组进行防飞逸保护，在隧洞发生事故和机组检修时进行挡水，每条引水隧洞进口设有 1 道快速闸门。通过一门一机一站一控来对进水口快速闸门的液压启闭机进行操作，每扇快速闸门设置有独立的液压启闭机和现地控制柜。

2 优化方案

2.1 PLC 程序的完善

防水淹厂房 PLC 采集尾水廊道层 3 个水位浮子开关的水位高、过高信号，采用"三选二"停机落门逻辑以及按钮箱按钮动作落门，当有任意 2 个浮子开关满足动作条件时（2 个浮子开关的水位高、水位过高信号均到达），PLC 保护动作输出触点回路开出 12 路（每台机各 3 路）停机落门信号：DO 分别开出 4 个触点回路通过防水淹厂房 PLC 屏内出口压板分别送至 1～4 号机组 LCU 柜的输入模块，启动紧急停机落门流程；4 个触点回路通过防水淹厂房 PLC 屏出口压板分别送至 1～4 号水机保护屏开关量输入模块，启动紧急停机落门流程；4 个触点回路通过出口压板分别送至 1～4 号水机保护屏至机组进水口事故闸门远程 I/O 柜的硬接线将信号送至机组进水口事故闸门远程 I/O 柜，实现紧急关闭进水口事故闸门；同时启动声光报警器和警铃报警，一键输出三种不同类型的紧急停机落门流程信号，同时关闭进水口事故闸门并启动各类告警，进一步提升了水淹厂房系统的速动性。

2.2 新增判断逻辑

将发电机层防水淹厂房 1、2 号按钮箱内 1～4 号机落门按钮动作信号加入防水淹厂房 PLC 开出落门判断逻辑中，用于启动机组 LCU、水及保护 PLC 紧急落门事故停机流程，由于不同机组的进水口事故闸门信号不是串联，防止出现一台机组出现事故，却关闭所有机组进水口闸门的操作，使得水淹厂房系统的选择性得以提升。图 1 所示为改造后的水淹厂房信号传输图。

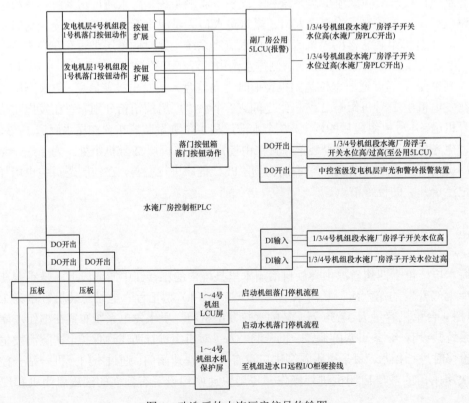

图 1　改造后的水淹厂房信号传输图

2.3 接线的取消

取消发电机层 1、4 号机组段水淹厂房按钮箱至中控室紧急停机屏落门信号接线，使水淹厂房落门按钮箱动作信号通过硬接点与中控室紧急停机屏一键式落门按钮信号形成并联。使整个信号传输通道形成冗余设计，使水淹厂房系统的可靠性得到进一步的提升。

2.4 闭门电磁阀的设计

采用不经过快速闸门控制系统的 PLC 直接动作于快速闭门控制电磁阀的设计，可以保证事故时紧急落门的灵敏性，防止出现快速闸门控制系统的 PLC 判断逻辑阻止紧急落门信号。因此，中控室紧急停机屏和机组水机保护屏紧急关门命令都是通过此设计进行信号传输的。

3 结语

水淹厂房事故不仅会造成上下游人民群众生命财产安全的巨大损失，也会使单位的经济效益和社会声誉受到极大的影响。通过 PLC 程序完善、新增判断逻辑、接线的取消、闭门电磁阀的设计来提高水电站水淹厂房系统的速动性、选择性、可靠性、灵敏性，可以保证水电站安全运行。同时，也不失为创造更好经济效益的重要举措之一。

参考文献

[1] 国家能源局. NB/T 35004－2013 水力发电厂自动化设计技术规范 [S]. 北京：中国电力出版社，2013.

[2] 吕惠青，张甜，蔡智勇. 杨房沟水电站防水淹厂房控制保护回路设计 [J]. 四川水利，2021（4）：83-84.

作者简介

李文博（1997—），男，助理工程师，主要从事水电站运行管理。E-mail：767988019@qq.com

赵传啸（1987—），男，高级工程师，主要从事水电站运行管理。E-mail：314069915@qq.com

黄　星（1996—），男，助理工程师，主要从事水电站运行管理。E-mail：972199198@qq.com

张志天（1997—），男，助理工程师，主要从事水电站运行管理。E-mail：1416012855@qq.com

杨泽鹏（1995—），男，助理工程师，主要从事水电站运行管理。E-mail：369972936@qq.com

泥沙淤积对闸门启闭的影响分析及应对措施

焦玉峰[1]　柯呈鹏[1]　张全彪[1]　杨　莎[1]　杨　勇[2]　马荣伟[3]

（1. 黄河水利水电开发集团有限公司，河南省济源市　454681;
2. 黄河水利科学研究院，河南省郑州市　450003;
3. 河南江河水沙工程技术有限公司，河南省郑州市　450199）

[摘　要] 因泥沙淤积导致的黄河及多泥沙流域水利枢纽闸门启闭困难问题日益突显，已严重影响水利枢纽安全运行。高含沙条件下孔洞及闸门运行工况十分复杂，深水条件下处理难度极大，通过对多泥沙河流水利枢纽典型闸门启闭问题进行泥沙淤积机理分析，在枢纽设计、调度运行、淤堵应急三个层面提出应对措施。

[关键词] 多泥沙；闸门启闭；泥沙淤积机理；启闭机容量；应对措施

0　引言

水少沙多是黄河的显著特点，因泥沙淤积导致的黄河及多泥沙流域水利枢纽闸门启闭困难问题日益突显，在黄河干流中已投运的万家寨、三门峡、小浪底、西霞院等水利枢纽都多次出现过泄洪孔洞闸门启闭问题，闸门无法正常启闭已严重影响水利枢纽的安全运行，存在重大安全隐患，开展多泥沙流域水利枢纽闸门启闭问题研究及采取相应措施不仅非常必要，且非常紧迫。

1　多泥沙河流闸门启闭问题

通过对三门峡、万家寨、龙口、天桥、青铜峡、刘家峡、小浪底及西霞院等主要骨干水利枢纽闸门启闭问题情况进行调研，相关水利枢纽泥沙淤积和闸门启闭问题情况详见表1。

表1　　　　　　　　　　　　多泥沙河流水利枢纽闸门启闭问题

流域	水利枢纽	泥沙淤积及闸门启闭具体问题
黄河上游	刘家峡	1987年刘家峡水库坝前淤积面高程普遍升高，排沙洞4次被堵塞不过水； 1988年泄水道开门后因门前淤沙坍塌堵住进水口30min未过水； 1988年排沙洞闸门开启后64d未过流
	青铜峡	1996年1、2号泄水管检修门提不起来；3孔泄洪闸门曾全部被淤埋；泥沙淤堵机组进口，机组闸门无法正常启闭
黄河中上游	万家寨	2014年2号排沙孔工作门不过流；除2号排沙孔外其他4个排沙孔工作门均存在开启困难；8个底孔弧门底孔弧门不能全关；机组尾水闸门不能全关；尾水门槽有泥沙淤积、压力钢管有泥沙淤积等

流域	水利枢纽	泥沙淤积及闸门启闭具体问题
黄河中上游	龙口	2011年泥沙淤堵2号排沙洞;电站坝段,5~7号排沙洞进口事故门不能落至全关;1号、3~8号排沙洞进口事故门门顶沉积泥沙或异物导致无法开启
	天桥	2014年冲沙洞和冲沙底孔前沿存在淤积问题,泄水孔洞不存在淤堵问题,闸门可以正常启闭
黄河中游	三门峡	1972年底孔门前淤积厚度达17~18m,机组进口前淤高13~15m,闸门完全被淤没,造成开机时提闸门困难
	小浪底	2018—2020年排沙洞、孔板洞事故闸门频繁出现无法正常启闭;发电洞尾水管淤堵,发电机顶部冒水
	西霞院	2018—2020年发电洞事故闸门无法正常开启;5号排沙洞孔洞淤积2m,工作闸门无法开启
其他流域	国内外其他	王瑶泄水孔洞坝区泥沙淤积严重,泄洪洞频繁淤堵;陕西省东雷抽黄工程由于泥沙淤积启闭机超载而导致启闭机横梁拉裂的事故;汾河二坝弧形钢闸门由于泥沙淤积钢闸门无法开启等

2 典型闸门启闭问题处理过程

2.1 检修闸门上游侧泥沙淤积处理

1999年6月25日,三门峡水利枢纽11号底孔门前泥沙淤积处理及启门过程[1]。

问题原因:三门峡水利枢纽11号底孔检修闸门关闭后因近40年未进行启闭,在底孔前形成石渣及泥沙10.5m淤积,闸门前石渣及泥沙淤积对检修闸门产生巨大压力,导致启闭力过大,造成检修闸门无法正常启门。

应对措施:首先选择在汛前降水位时段开启淤积位置相邻泄洪闸门,进行泄洪排沙,其次采用高压水枪冲淤,潜水排污泵和真空泵抽淤,并配备浮船和潜水员进行辅助工作,利用坝顶350t门机回转吊运输杂物,在启闭机启闭力超过500t时,增设临时千斤顶,按照"上提下顶"的方案,辅助检修闸门启门。

2.2 检修闸门下游侧泥沙淤积处理

2020年7月3日,桥沟水电站出口检修闸门下游侧泥沙淤积处理及启门过程。

问题原因:桥沟水电站在汛期进行停机避沙,由于出口检修闸门设计为上游侧止水,汛期在尾水形成泥沙回淤,在检修门处形成10m泥沙淤积,造成2扇检修闸门淹没于泥沙中,因吊耳陷入泥沙中无法进行机械抓梁穿脱销,故无法正常启门。

应对措施:首先在机械抓梁上下安装临时冲淤泵和清淤泵,其次将机械抓梁沿门槽降至泥沙淤积处,进行冲淤和抽淤,当淤积高度降至闸门吊耳处,拆除冲淤泵和清淤泵,将机械抓梁挂住吊耳板提升闸门10cm,利用上游水压进行水力清淤,此时在尾水出口形成顺时针回旋状水流,待泥沙淤积明显降低后,全开单扇检修闸门,最后再提升另一扇检修闸门。

2.3 工作闸门上游侧孔洞淤积处理

2019年9月3日,西霞院反调节水库5号排沙洞工作闸门上游侧泥沙淤积处理及启门过程。

问题原因:小浪底水利枢纽长时间、低水位、高含沙泄洪排沙期间,下游西霞院反调节水库5号排沙洞工作闸门关闭后,半天内孔洞泥沙淤积2.1~2.3m,由于工作闸门为下游侧挡沙设计，闸门启闭力不足，造成工作闸门无法正常启门。

应对措施：首先采用水下机器人进行流道、闸门全面检查，其次全关进口事故闸门、出口检修闸门，在事故闸门门槽内增设临时潜水泵、渣浆泵抽排流道泥沙及积水，利用消防车高压水枪在工作闸门位置进行冲淤，最后流道平压后提起进口事故闸门、出口检修闸门，工作闸门启闭恢复正常。

3 闸门启闭问题分析

3.1 孔洞泥沙淤积机理[2]

依据范家骅提出的异种流孔洞泥沙淤积机理，当异重流形成时，由于与敞开的通道内清水存在密度差引起的压差，泥沙将潜入隧洞内，向下游运动，形成异重流淤积（如图 1 所示）。在现场实际中，多泥沙河流水利枢纽闸门关闭后，孔洞停止过流，短时间内就会在孔洞内形成泥沙淤积。含沙量的不同直接影响泥沙淤积高度，同时在泥沙沉积后，由于孔洞内与外存在密度差，洞外的泥沙含量不变，泥沙将继续潜入孔洞内，泥沙淤积逐渐密实，这种持续沉降在短时间内将孔洞全部淤满。

当超过闸门设计淤积高度后，最终造成启闭机容量不足无法正常启闭，如果此时继续启闭闸门将有可能造成钢丝绳、拉杆、轴等启闭机设备损坏，危及工程安全。

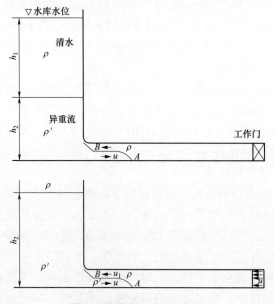

图 1　异重流泥沙淤积机理

3.2 泥沙淤积条件下闸门设计规范不明确

按照 SL74—2019《水利水电工程钢闸门设计规范》，在多泥沙河流中计算闸门启闭力时需考虑泥沙影响，提出应适当加大安全系数，以克服泥沙局部阻塞增加的阻力，但是无明确计算方法，可借鉴资料较少，目前可采用的只有有夏毓常、徐国宾公式及部分设计院经验公式，与实际存在一定偏差。

其中，夏毓常公式是在清水平面钢闸门启门力基础上，加上泥沙作用在门板上的水平压力，以及泥沙对闸门正面的附着力和门槽内泥沙对闸门侧面的附着力等构成。徐国宾基于理论和实际工程资料分析，提出了泥沙淤积对平面钢闸门启门力影响的计算公式。其中将门前淤泥考虑为由粗细颗粒组成的宾汉体泥浆，并将淤泥对闸门的附着力考虑为两部分：一部分是粗颗粒与闸门之间的碰触和相对滑动产生的摩擦力；另一部分是细颗粒之间的絮凝作用提供的极限剪切力[3]。

3.3 按照门前泥沙淤积设计荷载存在局限性

设计阶段对闸门启闭力的合理估算是关系到闸门能否正常运行的重要因素，启闭机选型阶段设计人员已考虑了同时作用在闸门上的各种荷载，同时按照各种荷载发生概率，将实际上将出现的各种不同荷载进行最不利组合，并将水位作为组合条件（见表2），根据不同工程的情况，已适当提高了启闭机容量，淤沙压力是按照 SL 74 所列公式计算，并对闸门挡水面倾斜的情况，提出计及竖向淤沙压力。由于泥沙淤积的复杂性，按照闸门前泥沙淤积设计荷载存在局限性。

表 2　　　　　　　　　　　　　　闸门设计荷载组合

荷载组合	计算情况	荷载												说明
		自重	净水压力	动水压力	浪压力	水锤压力	淤沙压力	风压力	启闭力	地震荷载	撞击力	其他出现机会较多荷载	其他出现机会很少荷载	
基本组合	设计水头情况	√	√	√	√	√	√	√	√			√		按设计水头组合计算
特殊组合	校核水头情况	√	√	√	√	√	√	√	√		√		√	按校核水头组合计算
	地震情况	√	√	√	√		√	√		√				按设计水头组合计算

注　√表示采用。

4 结语

结合黄河流域十来座主要水利枢纽泥沙淤堵问题情况、典型处理过程及原因分析，得出以下结论。

水利枢纽孔洞进口或出口如有异种重流形成，无其他影响条件下，过流孔洞关闭后，在一定时间内就会在相应孔洞内和闸门附近形成沉降性及累积性泥沙淤积，同时过流孔洞切换后，过流孔洞对停泄孔洞洞内泥沙淤积的影响并不明显。在闸门前、闸门后、流道内形成泥沙淤积后，必须采取相应措施，否则将造成泥沙淤积进一步扩大，极易造成启闭机事故，严重影响枢纽安全运行。

由于高含沙条件下孔洞及闸门运行工况十分复杂，深水条件下处理难度极大，多泥沙河流水利枢纽不可避免都会遇到闸门启闭困难问题，需要高度重视孔洞泥沙淤积，可以考虑在枢纽设计、调度运行、淤堵应急三个层面采取应对措施。

枢纽设计层面：一方面泄水建筑物防淤堵措施[4]，采用进口采用集中布置和分层布置，采用多孔口、小尺寸的进口型式，进口前设置拦沙坎等；另一方面金属结构及监测设计防淤堵措施，设置冲淤设施和泥沙监测装置，事故闸门止水设计为迎水侧，同时合理选择启闭机容量。

调度运行层面：控制进口淤沙高度，制定合理调度运用方式，防止闸门前泥沙累积性淤积；定期启闭孔洞闸门；及时清理进水塔前的树根、高杆作物、杂草等杂物；防止库水位猛涨猛落；死水位时留有一定的泄流规模。

淤堵应急层面：泄水孔洞淤堵后，若闸门可以启闭，应及时启闭闸门利用水力疏通；同时开启周围其他孔洞拉沙，降低被淤堵孔口的泥沙淤积面高程。当闸门无法启闭时，可采用潜水员清淤、高压水枪冲沙、气动提升清沙、注水反压疏通等其他措施。

另外，结合孔洞泥沙淤积机理可再进一步深入分析，从孔洞内泥沙和闸门淤积交接处入手，进行泥沙特征、泥沙沉速、淤积时间、沉积高程、闸门结构、启闭力影响相关研究和计算[5]，针对孔洞内局部泥沙淤积（闸门或门槽）开展扰沙或冲沙相关技术装备研发，增设固定式或移动式冲淤设备，将闸门双面淤积转化为单面淤积，利用水力自然疏通，开辟解决孔洞淤积和闸门启闭困难新思路。

参考文献

[1] 姜淑慧. 三门峡水利枢纽 11 号底孔坝前清淤及斜门提启 [J]. 水利水电工程设计，1999（4）：3-5.

[2] 范家骅. 异重流与泥沙工程实验与设计 [M]. 北京：中国水利水电出版社，2011.

[3] 徐国宾. 淤泥对平面钢闸门启门力影响的计算方法 [J]. 水利学报，2012（9）：1092-1096.

[4] 朱春英. 多泥沙河流泄水建筑物进口防淤堵措施 [J]. 人民黄河，1996（11）：3-5.

[5] 杨勇. 闸门前后双面泥沙淤积机理及对启门力的影响 [C] //中国水利学会. 2020 学术年会论文集，2020 年 10 月 19 日，北京，中国.

作者简介

焦玉峰（1982—），男，副高级工程师，主要从事水工机械设备运行维护工作。

柯呈鹏（1995—），男，助理工程师，主要从事水工机械设备运行维护工作。E-mail：771302121@qq.com

锦屏二级水电站机组检修排水泵运行时管道异音分析及治理

王继承 陈彦和 刘松源

（雅砻江流域水电开发有限公司，四川省成都市 610051）

[摘 要]锦屏二级水电站机组检修排水作为站内重要的机组辅助设备，对机组运行转检修状态起着重要作用，在2019—2020年的机组检修过程中发现当不同组合下的检修排水泵运行时存在异音及水泵出口管路振动较大的问题，为彻底查出振动大、声音异常的原因，检修人员进行了多方面、全方位的排查及分析，也彻底分析出此问题的原因，并提出了彻底解决振动大、声音异常的有效手段。

[关键词]大型电站；检修排水；振动；异音；分析处理

0 引言

锦屏二级水电站检修排水泵房在1293.7m高程设有6台检修排水泵，由4台检修排水泵（H=90m，Q=900m³/h，n=1450r/min，P=355kW）和2台检修排水小泵（H=92m，Q=300m³/h，n=2900r/min，P=132kW）组成。检修排水泵的主要作用：用于机组检修时排除压力钢管、蜗壳和尾水管内的积水；尾水隧洞或尾水闸门室检修时，排干尾水隧洞、尾水闸门室及尾水管内的积水。

查询设计院图纸，3、4号大泵出口管路汇总至1根ϕ610×12埋管，1、2号大泵及1、2号小泵出口管路汇总至1根ϕ610×12埋管，2根总管全部被混凝土埋至最高1357.1m高程再回落至1351.6m高程后汇总至DN1200的低压流体输送管内，最终通过原PD2探洞进行排出厂内。检修排水终点原PD2探洞内情况如图1所示。

1 问题描述

2019年11月1—2日，在进行3、4号机组检修排水过程中，1～4号检修排水泵同时运行时，副厂房7楼会议室+X方向夹墙内检修排水管有金属撞击异音及类似于潮汐的水流声[1]（尾水位1331m）。

2019年12月13—14日，1、2号机组检修排水过程中进行了1～4号机组检修大泵运行时声音记录（尾水位1329m）。1～4号检修排水泵分别单台启动时水泵出口1m处声音分贝记录

图1 检修排水终点原PD2探洞内情况图

均为 101～102dB，检查离心水泵运行时均无异常声响。

采取多种排列组合方式进行 1～4 号检修排水泵运行时，副厂房 7 楼会议室及冷冻机房+X 侧墙体外声音记录见表 1、表 2。

表1   2019 年 12 月 13 日 1 号机检修排水时 7 楼会议室声音记录

泵号	分贝（dB）	声音描述
1、2 号	56	声音较为平滑，无异常声响
3、4 号	63	管道内有撞击声响，类似于潮汐的水流声音
1、3、4 号	63	管道内有撞击声响，类似于潮汐的水流声音
1、2、4 号	57	声音较为平滑，无异常声响
3 号	59	声音较为平滑，无异常声响
1、3 号	59	声音较为平滑，无异常声响
1、2、3、4 号	62	管道内有撞击声响，类似于潮汐的水流声音

表2   2019 年 12 月 14 日 2 号机检修排水时 7 楼会议室及冷冻机房声音记录

泵号	分贝（dB）	声音描述
1、2 号	56	声音较为平滑，无异常声响
3、4 号	63	管道内有撞击声响，类似于潮汐的水流声音
1、3、4 号	63	管道内有撞击声响，类似于潮汐的水流声音
1、2、4 号	57	声音较为平滑，无异常声响
3 号	59	声音较为平滑，无异常声响
1、3 号	59	声音较为平滑，无异常声响
1、2、3 号	63	声音较为平滑，无异常声响
3、4 号	65	管道内有撞击声响，类似于潮汐的水流声音
1、2、3、4 号	62	管道内有撞击声响，类似于潮汐的水流声音
3、4 号（冷冻泵房+X 方向）	75	管道内有撞击声响，类似于潮汐的水流声音

根据表 1、2 可以看出，当机组检修排水 3、4 号大泵同时运行时，副厂房 7 楼会议室及冷冻机房+X 侧墙体外声音中均夹杂着金属撞击声及间歇性潮汐的水流声，声音异常性明显。

2　问题处理过程

2020 年 1 月 1 日，对 1～4 号检修排水泵进行了专项检查，检查结果如下：

（1）1～4 号检修排水泵连接螺栓及紧固件无松动；

（2）根据图纸［H20J-6D2-3-2-6：厂内渗漏排水管路布置图（1/4）、H20J-6D2-3-2-7：厂内渗漏排水管路布置图（2/4）、H20J-6D2-3-1-1X：水轮机检修排水设备及管路布置图（1/3）］排查管路的走向：检修排水管路从检修排水泵房右侧夹墙（桩号：厂左+033.80m）向上铺设至 EL1315.20m 高程后，同厂内渗漏排水管路（共 4 根管路）向+X 方向水平铺设至端副厂房右侧夹墙（桩号：厂左+057.82m），再向上铺设至 EL1554.30m 高程（端副 8 楼），最后铺设至 EL1357.30m 高程。检修排水管路未经过端副 7 楼会议室顶部天花板。

（3）1～4 号检修排水泵轴线检查合格。1～4 号检修排水泵轴线检查数据见表 3。

表 3　　　　　　　　　　　　1～4 号检修排水泵轴线检查数据　　　　　　　　　　　mm

项目	1 号泵	2 号泵	3 号泵	4 号泵	标准值
同心度	0.37	0.19	0.23	0.27	<0.50
平行度	0.18	0.08	0.09	0.28	<0.50

2020 年 5 月 9 日，7、8 号机组尾水排水过程中进行 1～4 号检修排水泵振动及管路埋设各楼层+X 方向声音记录，见表 4。

表 4　　　　　　　　　1～4 号检修排水泵组合运行时各楼层+X 方向声音记录　　　　　　dB

楼层	1 号泵运行	2 号泵运行	3 号泵运行	4 号泵运行	1～3 号泵运行	1～4 号泵运行
冷冻机房	77	68	75.5	76.3		79
1F	71	67.5	73	70		74.2
2F	66.2	65.3	70	63.2		72
3F	64	66.7	71	63.5		71.7
4F	65	66.4	70	65.3		70.5
5F	62.1	68.5	69	63		72
6F	64.5	72.2	69	64.3		70.2
7F	63.5	77.5	65	62	73.3	72

当 1～4 号泵组合运行时，5F、7F 的+X 方向能明显听到排水管内有撞击声响、类似于潮汐的水流声音，其他楼层未听见声音异常。各台检修排水泵单独运行时各楼层的+X 方向的声音记录未发现异常（见表 5～表 8）。

表 5　　　　　　　　　　1～4 号检修排水泵单独运行时振动速度值　　　　　　　　mm/s

泵号	泵体振动	泵出口变径振动	变径出口管路振动	泵控阀振动	末端弯头振动
1 号	6.5	12	11	10.4	13.5
2 号	5.6	10.3	16	12	9
3 号	7	11.2	14	16.1	24.6
4 号	5.3	8.5	10.8	19.2	30.1

表 6　　　　　　　　　　1～4 号检修排水泵共同启动时振动速度值　　　　　　　　mm/s

泵号	泵体振动	泵出口变径振动	变径出口管路振动	泵控阀振动	末端弯头振动
1 号	4.5	10.5	8.8	5.6	11.5
2 号	6.2	9.8	11.2	7	8.7
3 号	7.8	11	11.5	7	18
4 号	4.2	6.6	7.4	4.2	23

表 7		1～3 号检修排水泵共同启动时振动速度值			mm/s
泵号	泵体振动	泵出口变径振动	变径出口管路振动	泵控阀振动	末端弯头振动
1 号	5.8	10.5	10.5	6.7	9
2 号	5.5	19	13	9.5	7.5
3 号	5.7	16	14	7.5	12.2

注 3 号大泵出口 3 个支架抱箍上端加装 15mm 胶垫。

从表 5 可以看出，1、2 号检修排水泵单独运行时各部件振动值相对于 3、4 号检修排水泵单独运行时偏低，泵体之后的变径扩散段及连接的管路整体振动较均衡，无振动突变量。

从表 6 可以看出，1、2 号泵作为一个水力单元上的水泵，组合运行时各水泵及出口各部件振动值相较于单独运行时变化均不大。3、4 号泵作为一个水力单元上的水泵，组合运行时各部件振动值较单独运行时有一定的下降。

从表 7 可以看出，当水泵出口管路管夹上端加装 15mm 胶垫时各部件振动值下降明显，3 号泵及出口管路振动变化值尤为明显。

从表 8 可以看出，当 3、4 号泵组合运行时，泵出口管路管夹上端增加 15mm 胶垫对管路末端弯头振动值降低尤为明显。

表 8		3、4 号检修排水泵共同启动时振动速度值					mm/s
泵号		泵体振动	泵出口变径振动	变径出口管路振动	泵控阀振动	新增硬管振动	末端弯头振动
4 号（波纹管更换为硬质管路）		4.2	6.7	7.5	5.0	8.9	6.4
3、4 号泵组合运行	3 号	6.2	11.5	10.2	6.5		16.5
	4 号	4.2	7.3	8.5	4.7	10.6	10.5

2020 年 5 月 23 日，将 4 号泵出口波纹管更换为硬质管路[2]后进行 3、4 号泵组合运行试验（如图 2 所示），记录的相关数据见表 9。

图 2 4 号检修排水泵出口管路波纹管更换前后对比

表 9		3、4 号泵组合运行时各楼层+*X*方向声音记录							dB
分贝	冷冻机房	1F	2F	3F	4F	5F	6F	7F	8F
运行时管路声音	79.8	72.5	69	71.6	70.5	71.8	71.3	69.6	76.7

根据本次进行的相关试验数据及现场实际检查发现，当 4 号检修排水泵出口波纹管更换

为硬质管路后，4 号水泵在单独运行或与 3 号泵共同组合运行时，4 号泵出口各段管路振动均下降明显（相较表 5、表 6 中数据），弯管段振动值分别下降 71%（单独运行时）及 52%（与 3 号泵组合运行时）。

端副厂房各楼层+X 方向声音感官相较于之前所进行的检查有明显变化，且管路内无金属撞击异响及水流潮汐的声音。

3 管道异音分析

3.1 不同水力单元泵出口总管弯头多导致振动增大形成共振[3]

3、4 号检修排水泵作为 1 个水力单元出口一共有 9 个 DN600 的弯头，而另 1 个水里单元的 1、2 号检修排水泵出口一共 7 个同型号弯头。

由于目前所有机组检修排水系统仅各自 6 台泵（4 大+2 小）出口 1 个 DN350 管路显露在地面，其余弯头均被混凝土浇筑，埋设在副厂房地下及+X 方向墙内，当水泵运行时管路上弯头多的管路振动大于弯头少的管路，根据表 5 也可以看出，3、4 号检修排水泵相较于 1、2 号检修排水泵运行时各部件振动速度更大。

3.2 管路上安装混凝土支撑后减弱了波纹管在水泵运行时振动在管路上的传递

根据之前的工作安排对 6 台检修排水泵出口管路的支撑进行混凝土加固，使原波纹管管路径向位移补偿被限制，波纹管进行削减管路振动作用大打折扣，振动伴随着管路越长、越高，振动及产生的异音就越明显。

当 4 号检修排水泵出口的波纹管更换为硬质管路后，此时 4 号泵与地面已组成一个刚性整体，刚性得到较大提升，整体被管路、混凝土支撑等进行强行束缚，振动被与之相连的设备、混凝土等束缚衰减。

4 结语

通过本文研究明确了锦屏二级水电站机组检修排水泵在不同泵组组合运行下产生异音的原因，后续将对 6 台检修排水泵出口管路支撑上、下部均加装 15mm 胶垫，对水泵出口管路进行减振，避免管路产生共振；将 3 号泵出口波纹管更改为硬质管路以便于降低管路振动彻底处理管路异声的问题。

参考文献

[1] 蒲顺叠，陈钰. 长洲水电厂检修排水泵系统整体优化 [J]. 红水河，2019（6）：131-134.

[2] 罗斌. 浅谈洪一水电站渗漏排水泵技术改造 [J]. 科技创新与应用，2013（36）：187.

[3] 申一洲，郭金忠，廖丹. 水电站检修排水泵扬水管断裂分析 [J]. 云南水力发电. 2020（2）：156-158.

作者简介

王继承（1988—），男，工程师，从事水电站机械设备修维护及管理工作。E-mail：wangjicheng@sdic.com.cn

浅谈高原地区工程建设森林草原防灭火
的安全管控

钟贤五

（中国水利水电建设工程咨询西北有限公司，陕西省西安市　710100）

[摘　要]高原地区森林草原火灾由于其特殊的地理和气候环境，不管从蔓延速度还是扑救难度上都对森林草原火灾的防控提出了更高的要求，是高原地区施工安全管理者的重大挑战。

[关键词]高原；森林草原；火灾；管控措施

0　引言

森林草原火灾是森林草原的头号大敌，一旦发生往往给森林草原带来毁灭性的破坏，对林内草原内动物造成伤害的同时更对气候和生态环境造成不可估量的影响。高原地区森林草原火灾由于其特殊的地理和气候环境，不管从蔓延速度还是扑救难度上来讲都对森林草原火灾防控提出了更高的要求，是高原地区工程建设安全管理者的重大挑战。

近年来，我国高原地区森林草原火灾频繁发生，某高原地区水电站建设项目更是在近 200 天内发生了 5 起森林草原火灾，给国家和人民的生命财产受到较大的损失。大量数据表明，森林草原火灾包括高原地区的森林草原火灾是可以预防的，可燃物和火源可以进行人为控制，而火险天气也可进行预测预报来进行防范。下面以某高原地区工程建设为例，对高原地区工程建设期森林草原防灭火管控展开论述。

1　高原地区森林草原火灾的基本特征

火灾的发生应具备三要素，即可燃物、助燃剂、引火源。对于森林草原火灾而言，在氧气存在的情况下，一般须具备三个条件：可燃物、火险天气、火源。可燃物（包括树木、草灌等植物）是发生森林草原火灾的物质基础；火险天气是发生火灾的重要条件；火源是发生森林草原火灾的主导因素。三个条件缺少一个，森林草原火灾便不会发生。高原地区森林草原火灾的发生具备以下基本特征。

1.1　冬春季天气干燥，易发生森林火情

某工程项目地处川西高原干暖河谷区，具有明显的大陆性高原季风气候特征，日照长、干湿季分明、气温日变化大。每年 11 月至翌年 4 月为干季，降水量少，空气干燥瞬时风速较大，出现大于等于八级以上的大风日，平均每年有 20～40 天，年平均相对湿度一般为 60%

左右，最小相对湿度为零，年蒸发量为 1200～1300mm，一旦发生火情，极易燃烧和蔓延。加之高原地区昼夜温差大、紫外线强，极易加速输配电设备、线路老化，大大增加了火灾风险的概率，而风险源所在的河段植被以天然林草植被和灌丛为主，生态脆弱，一旦受火灾毁坏后，难以恢复。

1.2 地势陡峭，森林火险扑救难度大

该工程地处高山曲流深切 V 形谷、峡谷地形，区内高山主峰高程均在 4300m 以上，山顶与河面间岭谷高差达 2110～2470m，沿河两岸的 Ⅰ～Ⅵ 级阶地不连续地呈带状分布。地貌类型有阶地、山地、丘陵，地形地貌较为复杂，部分施工区域相对高差大于 200m，山势坡度分布为 50°～75°不等，一旦发生火情，扑救难度大。

1.3 森林草原区资源丰富，发生火灾经济损失大

我国高原地区一般自然资源十分丰富。以该工程项目为例，根据最新公布数据显示，该工程所属地区有天然草地 452.2 万 hm^2，森林 218.9 万 hm^2，林草综合覆盖率达 80%，工程周边森林植被以常绿阔叶混交林和针阔叶混交林为主，主要为云、冷杉林及其混交林，其次为高山松林，川滇高山栎林也占很大比重，林下海拔 2600m 以下至谷底多为灌丛，高度为 1～2m，覆盖度为 40%～80%不等，工区内分布有国家 Ⅰ 级 Ⅱ 级重点保护野生植物、中国植物红皮书的濒危植物，还分布有国家多种 Ⅱ 级重点保护野生动物，一旦发生事故引发森林火灾，将造成较大的损失。此外发生森林草原火灾的区域在汛期还会引发泥石流等次生灾害。

2 森林草原火灾的分类

森林火灾分为火警、一般、重大、特别重大四个类别。受害森林面积不足 $1hm^2$（15 亩）或者其他林地起火的，或者死亡 1 人以上 3 人以下的，或者重伤 1 人以上 10 人以下的为火警；受害森林面积 $1hm^2$ 以上不足 $100hm^2$（1500 亩）或者死亡 3 人以上 10 人以下的，或者重伤 10 人以上 50 人以下的为一般森林火灾；受害森林面积 $100hm^2$ 以上不足 $1000hm^2$（15000 亩）或者死亡 10 人以上 30 人以下的，或者重伤 50 人以上 100 人以下的为重大森林火灾；受害森林面积在 $1000hm^2$ 以上的，或者死亡 30 人以上的，或者重伤 100 人以上的为特别重大森林火灾。

草原火灾分为一般、较大、重大、特别重大四个类别。受害草原面积 $10hm^2$ 以上 $1000hm^2$ 以下的；造成重伤 1 人以上 3 人以下的；直接经济损失 5000 元以上 50 万元以下的为一般草原火灾。受害草原面积 $1000hm^2$ 以上 $5000hm^2$ 以下的；造成死亡 3 人以下，或造成重伤 3 人以上 10 人以下的；直接经济损失 50 万元以上 300 万元以下的为较大草原火灾。受害草原面积 $5000hm^2$ 以上 $8000hm^2$ 以下的；造成死亡 3 人以上 10 人以下，或造成死亡和重伤合计 10 人以上 20 人以下的；直接经济损失 300 万元以上 500 万元以下的为重大草原火灾。受害草原面积 $8000hm^2$ 以上的；造成死亡 10 人以上，或造成死亡和重伤合计 20 人以上的；直接经济损失 500 万元以上的为特别重大草原火灾。

3 高原地区工程建设防灭火存在的主要问题

3.1 思想认识不足，重视程度不够

高原地区冬春季节干燥少雨，草木枯黄，极易引发火灾。而工程项目的参建者一般来自

全国各地,外来人员占绝大多数。作为外来参建人员,往往会以内地平原地区工程建设的惯性思维对待高原地区的工程建设,对高原气候下的森林草原防灭火工作的重要性认识不足,政治站位不高,重视程度不够,对不良习惯容易引发森林草原火灾进而造成的严重后果没有清醒认识。导致不同单位均存在防范意识不强,对待森林草原防灭火工作流于形式的问题,因此,思想上松懈和重视程度不足是屡次发生森林火灾的主要症结之一。

3.2 施工区内材料堆放不规范,动火作业管控不严

高原地区工程项目多处深 V 形峡谷地带,场地狭小,材料堆放和隔离封闭措施不易达到标准化要求,且材料中易燃、可燃物较多,搭建的临时性建筑防火性能不足,如果再有施工从业者对电气焊、电渣焊、冬季喷灯等动火作业管控不严,不能严格执行动火作业票制度,动火作业的报备和审批流于形式,动火作业现场未严格按要求操作,森林火灾防控工作更是无从谈起。

3.3 穿越林草区的输配电线路在高原恶劣环境下维护不到位

高原地区大型工程项目的建设,往往存在电源线路战线长、跨越地段复杂、施工作业范围内临时线路多、用电量大等情况。用电线路纵横交错,线与线之间会因风力摆动触碰,运营单位如果未能在大风情况下拉闸停电,未对林区内接线点、输配电线路采取穿阻燃管、下埋、迁移、喷护封闭等措施,极易短路、漏电,产生电火花,遇到易燃和可燃材料即可引发火灾。加之在高原地区紫外线强、昼夜温差大,输配电设施、线路比内地更易加速老化,如果对于一些建设时间长的线路没有引起重视,铁塔、变压器下方及周边杂草树木清理不及时,地面未硬化或积累有可燃物,也极易引起火灾。

3.4 火源管控不严

造成森林草原火灾的火源,除了雷击等自然因素不可控外,人为因素产生的火源占绝大多数。人为因素产生的火源主要有焚烧秸秆与垃圾、烧山等农事用火;有煨桑、烧香、烧纸、燃放烟花爆竹、点放孔明灯等祭祀用火;有生火取暖、做饭、野炊等生活用火;有电焊、切割、爆破、流动吸烟、输配电线路搭火等施工现场用火。人为因素产生的火源是可以预防和控制的,据统计资料显示,绝大多数森林火灾因人为用火不慎而引起,约占总火灾的 95%以上。工程区域内上述火源管控不严,森林草原火灾不可能从根源上消除。

4 高原地区工程建设森林草原防灭火管控措施

4.1 政府层面加强监管

各级政府根据所辖区域情况,以行政命令规定森林草原防火期及高火险期,及时发布禁火令。防火期内,严禁一切野外用火,对有可能引起森林草原火灾的生产生活用火严格管理。对各乡镇、村,建设、施工单位划定防火责任区,实施分区精准管控,强化主体责任。强化政府野外用火作业审批制度,严格野外用火审批,林区要道等重点保护区必经路口设置检查站、森林防火警示牌,凡进入森林防火区的人员和车辆必须登记,接受防火检查,严禁携带火种或易燃易爆物品进入森林防火区。防火期内安排专人实行 24h 防火值班制度及领导带班制度,高火险期、重大节假日等时段更应加强值班值守制度。建立森林火情预警监控系统和火险预警预报制度,定期发布火情信息至相关单位相关人员,智能化监控森林火灾。加大森林草原防灭火的宣传教育力度,对违反禁令人员,由各县(市)级人民政府林业行政主管部

门依据《中华人民共和国森林法》《森林防火条例》等依法给予相应行政处罚，构成犯罪的，依法追究刑事责任，以儆效尤。

4.2 提高工程管理者和建设者的森林草原防灭火意识

加大宣传力度。在工程公共区域、各施工标段作业面、生活区醒目位置应设置横幅、宣传标语。对工程项目参建人员的宣传教育要做到"四到人"，即防火责任书、承诺书签到班组、到人；禁火令和防灭火应知应会印发到班组、到人；打火机等火源管理到组、到人；施工作业安全管理责任到人。对经过国道的过境人员由交管部门加强宣传教育，禁火令和防灭火应知应会发到车、到人。

对参建人员定期开展森林草原防火知识、管理办法制度以及相关法律法规的宣传教育，通过观看森林火灾警示教育片、悬挂标语、派发宣传资料等方式，针对工程建设人员流动性大的特点，要求施工单位做好台账管理，森林草原防灭火教育必须纳入入场安全教育及培训中，防火责任书、承诺书不得漏签一人。让所有参建者深刻意识到做好森林防火工作的重要性，树立"生命至上、安全第一、责任如山"的意识，切实增强森林防火工作的责任感和紧迫感。

4.3 层层签订责任书和承诺书，压实森林草原防灭火责任

指令的传达往往存在层层衰减的情况，为避免森林草原防灭火的贯彻执行出现"上冷下热"的情况，要求各单位将森林草原防灭火层层压实，全员签订森林草原防灭火责任书和承诺书，并将"两书"张贴于办公和住宿显著位置，工区、班组实行包保责任制，让每位参建者知晓防火责任，每个责任单位、责任人明晰防火职责，建立健全群防群治、末端发力终端见效的工作机制，推动森林草原防灭火工作落地落实。

4.4 实行火灾隐患清单制管理

定期、不定期开展森林草原火灾隐患排查，建立隐患清单，对单位落实整改责任、整改措施、整改目标、整改时限，隐患采取"一患一档三照片"整改模式，实行"责任制+清单制+销号制"管理，对重大隐患和多发性问题整改跟踪督办、对账销号。日常巡查和定期检查发现隐患问题后，立即下发整改通知，督促整改到位，实行动态管控和立行立改。

4.5 加强施工作业管理

（1）严格管理电焊、切割等动火作业。建立动火作业管理制度，严格按操作规范进行动火作业，作业区及周边杂草、树木要清干净，地面要采取措施防止火花落地造成火灾。作业区周边要形成防火隔离带。作业时，要落实现场安全员，要在做好防灭火措施后，才能进行动火作业。对任何一个环节均应落实相应安全管控措施，做到无监护不作业，无防护措施不作业。

（2）严格爆破作业管理。爆破作业必须经地方相关管理部门批准，未经批准的，不得进行爆破作业，擅自进行爆破作业的，要坚决依法依规处理。要严格规范爆破设计要审批流程，做到"一炮一设计，一炮一总结"，爆破人员要持证上岗，证件要定期复检，现场爆破员、安全员等相关工作人员要落实现场值班制度，爆破作业现场要严格封闭，严禁无关人员、非专业人员进入，在林区周边爆破作业要严格按操作规范进行，落实安全人员现场监管、森林草原防灭火安全措施后才能进行。

（3）加强危化物品管理。炸药、油料等危化物品要专库储存，专人监管，入库、使用要建立台账。危化物品的存放地地面要硬化，周边杂草树木要清理干净，形成隔离带，防止发

生问题时蔓延成灾。要备齐、备足消防措施设备器材，落实防灭火措施。

（4）加强施工设备管理。车辆、机器设备、器材建立台账，台账内容应包含生产日期、到场日期、检验报验情况、维修情况。加强车辆、机械设备的运维保养，杜绝带病运行，避免隐患形成事故。对易损配件的更换、设备设施的定期维护保养、到年限的老旧设备的淘汰应根据相应规定执行。

（5）加强重点时段野外用火管理。在火险红色预警期间和元旦、春节、清明、"五一"等重大节假日期间，开展专项森林草原防灭火的检查和整治。发现问题立即整改，避免高危火险期、节假日乐极生悲。

4.6 高度重视输配电设备设施的管控

众多火灾事故表明，输配电设施故障是引起森林草原火灾的头等危险因素。主要表现在输配电设施本体质量不满足要求；施工期的输配电设施因工程建设周期长超期服役；高原地区输配电设备设施老化加快形成隐患；输配电设备设施下方和周边可燃物未清理或清理后又形成；高原深山峡谷地带存在瞬时风力强劲，易造成线路碰撞产生电弧但拉闸停电机制不完善的情况；不良地质条件部位的山体崩塌、泥石流等易造成输配电设施倒伏等。

因此，应彻查输配电设备设施本体是否有质量安全问题，如有立即进行整改完善；对超期服役的输配电设施进行论证，不能继续使用的立即拆除新建；各参建单位、监理单位对所辖标段的输配电设备设施加强巡视检查，对老化的设备设施限期更换，对设备设施下方的可燃物定期不定期检查清理；对输变电线路与周边树木、建筑物可能因大风造成接触接地的部位立即对树木进行砍伐或输变电线路调整；对巡视检查发现的基础地质条件较差的杆塔及时进行迁改；建立完善强风拉闸停电、强风天气过后线路巡查完好方可送电的工作运行机制。

4.7 完善灭火设备设施，加强消防应急演练

在森林草原防灭火重点区域，设置消防水池、水箱、微型消防站，地势陡峭部位增设爬梯等应急通道，方便应急处理和平时巡视。对工程建设施工地距离林区较近部位，除按要求向上级申请野外动火作业手续外，在动火作业前，提前设置足够宽度的防火隔离带。变压器、线塔下方以及林区附近作业点放置灭火器材，并定期维护更换。要求各施工队伍组建防灭火队伍，定期开展防灭火演练，倡导企地联合开展实战演练，提升防灭火技能。

4.8 严格哨卡管理和值班值守制度

工程项目所在区域进入森林草原防火期后，在进入林区、料场、渣场等森林火灾重点区域位置设立岗哨。对进入施工区，特别是林区的人员、车辆一律进行实名登记、上缴火源，检查站要设立明显标志，张贴防火须知和禁火令，检查站工作人员在工作时间要佩带防火检查袖标。严格执行"不接受教育不放行、不检查登记不放行、不扣留火种不放行"的"三不放行"制。

制定森林防火值班制度，开展森林防火 24h 值班，值班人员每日定时巡查施工区域内森林防火重点部位，如实记录巡查情况，经当班领导签字后存档。森林草原火险橙色、红色预警期间，要不定时对值班和领导带班情况进行抽查，一旦发现脱岗、漏岗的，按有关规定严肃处理。

4.9 建立森林草原防火智慧管控系统

充分利用现代科学技术手段，在森林草原防火重点部位设置火灾监控塔、高精度火灾红外线探测仪，形成森林草原防火智慧管控平台系统，全天 24h 对森林火灾进行远程监控、报警。

5 结语

森林草原火灾强大的破坏力一方面使森林草原蓄积下降，另一方面也使森林生长受到严重影响．进而给人民生命财产安全带来危害。水电建设从业者长期以来一直对森林草原火灾防控重视程度不够，防控措施停留在纸面上居多，高原地区工程建设由于地处偏远山区，森林草原火灾防控更容易被忽视，这就需要所有工程人共同努力，提高森林草原防火意识。同时，加强森林草原防火管控，以积极的姿态面对森林草原防灭火工作，确保工程建设顺利进行。

作者简介

钟贤五（1979—），男，高级工程师，主要从事水利水电工程管理。E-mail：57105115@qq.com

雅鲁藏布江加拉堰塞湖形成过程与风险评估

蔡耀军[1]　栾约生[2]　朱　萌[2]　张　亮[2]　晏　龙[2]

（1. 长江规划勘测设计研究有限责任公司，湖北省武汉市　430010;
2. 水利部长江勘测技术研究所，湖北省武汉市　430011）

[摘　要] 2018 年 10 月，雅鲁藏布江加拉村下游段发生多次堵江事件。在堰塞体实地调查基础上，分析整理了加拉堰塞湖形成过程，考证了堰塞体成因，对堰塞体进行了物质结构分区和现场颗分试验，为堰塞湖风险分析提供了基础资料。本文采用堰塞湖库容、上游来水量、堰塞体物质组成 d_{50} 和几何形态的四指标法对加拉堰塞体进行了危险性判别，采用堰塞湖灾害损失的风险人口、受影响的城镇、公共或基础设施、生态环境四指标对加拉堰塞湖灾害损失进行了分级，采用规范查表法、堰塞湖风险矩阵法、模糊数值计算等方法进行堰塞湖风险分级研究。最后，综合考虑以人为本、生命至上和堰塞湖事件社会影响等方面因素，推荐加拉堰塞湖风险等级确定为 Ⅱ 级。

[关键词] 加拉堰塞湖；物质结构；风险评估

1　加拉堰塞湖形成过程

2018 年 10 月，西藏派镇加拉村下游 5.7km 的雅鲁藏布江左岸色东浦沟发生多次泥石流活动，其成因主要是受气候变暖影响冰川发生崩塌，冰川崩塌物夹带冰碛物，撞击沟道堆积物形成泥石流，堵塞雅鲁藏布江河道形成堰塞湖。

（1）10 月 16 日第一次泥石流。泥石流形成于 16 日晚 11 时～12 时，堰塞体垭口高程为 2805～2810m，堰塞体顺江长约 2km，入江体积约 4400 万 m^3，库容约 1.3 亿 m^3。

（2）10 月 18 日第二次泥石流。达林桥 18 日 17 时被涌浪冲毁、区间调查没有发现有大的岸坡失稳现象，据此判断，18 日下午色东浦泥石流沟发生了第二次活动，物源与第一次泥石流相同，泥石流入江方向偏向上游。

18 日泥石流主要堆积 16 日泥石流堰塞体的上部及上游，堆积后堰塞体垭口地面高程为 2825～2830m，顺江长约 2.2km，入江体积约 2000 万 m^3，其中约 1000 万 m^3 直接进入上游堰塞湖，引发湖区巨大涌浪。

（3）10 月 29 日上午 9 时 30 分，色东浦沟泥石流再次活动（如图 1 所示）。10 时 11 分，人们发现加拉村附近江水位再次上涨，涨速为 80cm/h。本次泥石流物源与 16、18 日泥石流不同，颜色较深，颗粒更细，推测来自色东浦主沟积存的堆积物。受先前堰塞体阻挡，本次泥石流入江方向偏下游，主要堆积在沟口附近及下游侧，堰顶地面加高 1～5m，入江体积约

基金项目：国家重点研发计划项目"堰塞坝材料结构探测技术及大功率排水装备研发"（2019YFC1510804）。

1000 万 m^3，库容约 5.0 亿 m^3。

10 月 31 日堰塞湖溃决后，湖水位稳定在 2757m，较 2018 年泥石流发生前雍高 15～17m，较 2018 年 10 月 19 日堰塞湖第一次溃决后的水位抬升 5～7m。

图 1　雅鲁藏布江加拉堰塞体（源自央视新闻网）

2　加拉堰塞体物质结构

加拉堰塞体位于东喜马拉雅构造带，区内断层密布，地震构造活动强烈，出露岩石以各种片麻岩为主，堰塞体北侧（左岸）出露中—新元古界念青唐古拉群（$Pt_{2-3}N$）灰黑色斜长角闪片麻岩、二云斜长片麻岩等，堰塞体南侧（右岸）出露中—新元古界南迦巴瓦群（$Pt_{2-3}Nj$）灰白、灰黑色黑云钾长片麻岩、眼球状二长片麻岩等。

加拉堰塞体经过多次堵江活动，堰塞体物质可见较明显的分层特点，地质结构如图 2 所示，物质分区如图 3 所示。堰塞体表部松软，含水量高，可见很多不规则的空洞，推测为泥石流中携裹的冰川及冰渍物融化后形成的。

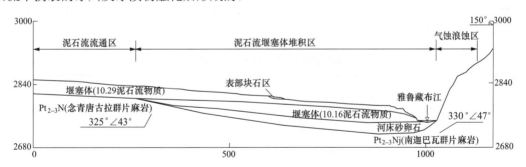

图 2　加拉堰塞体地质结构

Ⅰ区主要为"10·18"超覆于"10·16"的泥石流堵江物质分布区，主体呈灰白色夹杂灰黄色（如图 4 所示），物源为原色东普沟内的冰碛物、沟侧坡表堆积物，块径多为 0.1～0.4m，偶见块径大于 1.5m，在堰塞体上游段局部覆盖含砾中粗砂，物源为原河床沉积物。

Ⅱ区为"10·29"泥石流堵江物质分布区，呈褐色杂灰黑色，物源主要为色东普沟内的前期泥石流残留物，由粉质壤土、角砾和碎块石组成。

Ⅲ区为泥石流流通区，物质主体为色东普沟内冰碛物及少量崩坡积碎石土组成，以含块石的碎石土组成；Ⅳ区为堰塞体铲刮坍塌回落区，块砾石含量较高；Ⅴ区为气蚀浪蚀区，以基岩边坡为主，覆盖少量残坡积碎石土。

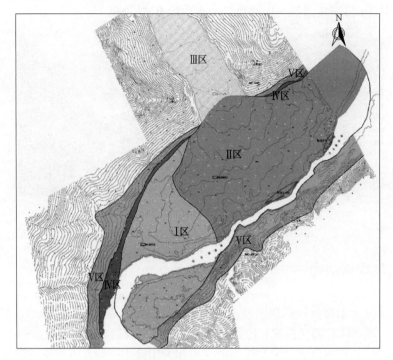

图3　加拉堰塞体物质分区

3　加拉堰塞体危险性评估

　　堰塞体溃决因素主要为堰塞湖库容、来水量、堰塞体物质组成和几何形态四个指标，单因素危险性快速评估采用表1，综合判别采用式（1）。

表1　　　　　　　　　　　　　　　　　　堰塞体危险性分级与评价指标

堰塞体危险性级别	分级指标			
	堰塞湖库容（亿 m^3）	上游来水量（m^3/s）	堰塞体物质组成 d_{50}（mm）	堰塞体几何形态（堰高 H、顺河长 L/堰高 H）
极高危险	≥1.0	≥150	<2	$H≥70m$，$L/H<20$；或 $70m>H≥30m$，$L/H≤5$
高危险	0.1~1.0	50~150	2~20	$H≥70m$，$L/H≥20$；或 $70m>H≥30m$，$20>L/H>5$；或 $30m>H≥15m$，$L/H≤5$
中危险	0.01~0.1	10~50	20~200	$70m>H≥30m$，$L/H≥20$；或 $30m>H≥15m$，$20>L/H>5$；或 $H<15m$，$L/H≤5$
低危险	<0.01	<10	≥200	$30m>H≥15m$，$L/H≥20$；或 $H<15m$，$L/H>5$

$$A = a_1A_1 + a_2A_2 + a_3A_3 + a_4A_4 \qquad （1）$$

其中：A 为综合判别的分值；a_1、a_2、a_3、a_4 分别为四个指标对应权重值，可取为 0.25，也可根据四个指标的影响适当调整，但其和为 1；A_1、A_2、A_3、A_4 为四个分级指标的危险性级别赋分值，极高危险、高危险、中危险、低危险分别赋值为 4、3、2、1。当 $A \geqslant 3.0$ 时为极高危险，当 $2.25 \leqslant A < 3.0$ 时为高危险；当 $1.5 \leqslant A < 2.25$ 时为中等危险，当 $A < 1.5$ 时为低危险。当上游来水量小于 $10 m^3/s$ 或堰塞湖库容小于 0.01 亿 m^3 时，堰塞体危险性等级一般可判别为低危险等级，影响特别重大的视情况判别。

判别为低危险加拉堰塞湖库容约 5.0 亿 m^3，上游来水量约 $1600 m^3/s$，主要堰塞体物质组成 d_{50} 为 $10 \sim 80mm$，平均约 35mm，堰塞体最大高度约 60m，堰塞体顺河向长度约 2200m，堰塞湖库容、上游来水量、物质组成 d_{50}、几何形态的危险性分级分别为极高危险、极高危险、中危险、中危险，取四个指标权重为 0.25 时，由式（1）计算的堰塞体危险性综合判别为极高危险。

4 加拉堰塞湖灾损严重性分级

堰塞湖损失严重性与分级指标可根据淹没区及溃决洪水影响区风险人口、城镇、公共或基础设施、生态环境等按表 2 确定，以单项分级指标中损失严重性最高的一级作为该堰塞湖损失严重性的级别，分别确定堰塞湖淹没损失与堰塞湖溃决损失，按两者较高的损失级别作为判定等级。

表 2 堰塞湖淹没和溃决损失严重性与分级指标

淹没和溃决损失严重性级别	分级指标			
	风险人口（人）	受影响的城镇	受影响的公共或基础设施	受影响的生态环境
极严重	$\geqslant 10^5$	地级市政府所在地	国家重要交通、输电、油气干线及厂矿企业和基础设施，大型水利水电工程或梯级水利水电工程，大规模化工厂、农药厂或剧毒化工厂、重金属厂矿	世界级文物、珍稀动植物或城市水源地，引发可能产生堵江危害的重大地质灾害或引发的地质灾害影响人口超过 1000 人
严重	$10^4 \sim 10^5$	县级市政府所在地	省级重要交通、输电、油气干线及厂矿企业，中型水利水电工程，较大规模化工厂、农药厂、重金属厂矿	国家级文物、珍稀动植物或县城水源地，引发可能束窄河道的地质灾害或引发的地质灾害影响人口达到 $300 \sim 1000$ 人
较严重	$10^3 \sim 10^4$	乡镇政府所在地	市级重要交通、输电、油气干线及厂矿企业或一般化工厂和农药厂	省市级文物、珍稀动植物或乡镇水源地，引发的地质灾害影响人口达到 $100 \sim 300$ 人
一般	$< 10^3$	乡村以下居民点	一般重要设施及以下	县级文物、珍稀动植物或乡村水源地，引发的地质灾害影响人口小于 100 人

加拉堰塞湖回水长度约为 26km，造成了库区的加拉悬索桥、加拉对外交通公路和土地淹没，浪涌还损毁了达林桥和大量树木（如图 4 所示）。加拉堰塞湖险情发生后，西藏自治区党委、政府第一时间成立应急指挥部和前线指挥部，组织指挥抢险救灾工作，共疏散撤离人员 6600 余人。

采用表 2 对加拉堰塞湖的淹没和溃决损失进行判定，风险人口为较严重，受影响的城镇、受影响的公共或基础设施、受影响的生态环境都为一般严重，所以加拉堰塞湖淹没和溃决损失的分级为较严重。

图 4 加拉堰塞湖灾害损失（左为桥梁损毁，中为道路损毁，右为浪涌后的树木）

5 加拉堰塞湖风险评估

堰塞湖风险评估涉及堰塞体危险性和堰塞湖淹没及溃决造成的灾害两方面，常用的方法有规范查表法、风险矩阵法、模糊数值评估法等。

5.1 规范查表法

规范查表法见表 3 堰塞湖风险等级划分，加拉堰塞体危险性级别为高危险，堰塞湖损失级别为较严重，则堰塞湖风险等级为 II 级。

表 3 堰塞湖风险等级划分

堰塞湖风险等级	堰塞体危险性级别	损失严重性级别
I	极高危险	极严重、严重
	高危险、中危险	极严重
II	极高危险	较严重、一般
	高危险	严重、较严重
	中危险	严重
	低危险	极严重、严重
III	高危险	一般
	中危险	较严重、一般
	低危险	较严重
IV	低危险	一般

5.2 风险矩阵法

堰塞湖风险矩阵评判法考虑堰塞体溃决风险和灾害损失形成的风险，对堰塞体危险性分级分别赋值 $D_1=[1，4]$，堰塞湖灾害损失的严重性分别赋值 $D_2=[1，4]$，堰塞湖风险值按 $F=D_1×D_2$ 计算；当 12D 风险值按时为极高风险（I级），8 级极＜12 时为高风险（II级），4 级高＜8 时为中风险（III级），1 级中＜4 时为低风险（IV级）。

加拉堰塞体为极高危险，D_1 赋值为 4，堰塞湖灾害损失为较严重，D_2 赋值为 2，计算堰塞湖风险值 $F=8$，判定堰塞湖风险等级为高风险（Ⅱ级）。

5.3 模糊数值评估法

在调查分析加拉堰塞湖危险性影响因素的基础上，确定堰塞湖各分级指标重要性系数，见表 4，风险评估各分级指标的数值赋值见表 5。

表 4　　　　　　　　　堰塞湖风险评估各分级指标重要性系数

指标	堰塞湖库容	上游来水量	堰塞体物质组成	堰塞体几何形态	影响区风险人口	重要城镇	公共或重要设施	生态环境影响
权重	0.15	0.10	0.15	0.15	0.22	0.10	0.08	0.05

表 5　　　　　　　　　堰塞湖风险评估的分级指标的数值赋值

指标	堰塞湖库容（万 m^3）	上游来水量（m^3/s）	堰塞体物质组成 d_{50}（mm）	堰塞体几何形态	风险人口（人）	重要城镇	公共或重要设施	生态环境影响
数值	55000	1600	35	高 60m，$L/H=33$	6600	10	10	10
数值确定方法	调查得到	调查得到	调查得到	调查得到	收集资料后	收集资料后，根据影响大小赋值	收集资料后，根据影响大小赋值	收集资料后，根据影响大小赋值

采用模糊数值法计算加拉堰塞湖风险分级的综合决策向量 B 为

$$[B_1, B_2, B_3, B_4] = [0.25, 0.23, 0.32, 0.20] \tag{2}$$

从上式可以看出，加拉堰塞湖各级风险隶属度都较大，而差别不很大，这是该堰塞湖的堰塞湖库容和来水量危险性高、堰塞体物质组成和几何形态为中危险、风险人口为较严重、其他灾害损失为一般严重而决定的，也说明该堰塞湖对各种风险级别都有较高的隶属度，风险级别准确判定有一定的难度，但其对中等风险隶属度最大，为Ⅲ级。

6 结语

（1）加拉堰塞体是冰川崩塌物夹带冰碛物，撞击沟内堆积物，形成泥石流堆积而成；堰塞表部松软，含水量高，抗冲性较差，表部可见很多不规则的冰川及冰渍物融化后的空洞，印证了加拉堰塞体是冰川崩塌泥石流成因。

（2）加拉堰塞体为多期次形成，堰塞体物质分区显见，Ⅰ区主要为"10·16"和"10·18"泥石流堵江物质分布区，其颜色稍浅，颗粒较粗，Ⅱ区为"10·29"泥石流堵江物质分布区，颜色深，颗粒较细。

（3）加拉堰塞湖库容、上游来水量、堰塞体物质组成 d_{50} 和几何形态的危险性分别为极高危险、极高危险、中危险、中危险，堰塞体危险性综合判别为极高危险；加拉堰塞湖灾害损失的风险人口为较严重级别，受影响的城镇、公共或基础设施、生态环境都为一般严重级别，加拉堰塞湖灾害损失为较严重。

（4）采用规范查表法，加拉堰塞湖风险等级为Ⅱ级；采用堰塞湖风险矩阵评判法，堰塞湖风险等级为Ⅱ级；模糊数值计算表明，加拉堰塞湖各级风险隶属度差别不大，对各种风级别都有较高的隶属度，但其对中等风险隶属度最大，为Ⅲ级。综合考虑以人为本、生命至上和堰塞湖事件社会影响等方面因素，确定加拉堰塞湖风险等级为Ⅱ级。

参考文献

[1] 刘宁，杨启贵，陈祖煜. 堰塞湖风险处置［M］. 武汉：长江出版社，2016.

[2] 中华人民共和国水利部. SL 450—2021，堰塞湖风险等级划分与应急处置技术规范［S］. 北京：中国水利水电出版社，2021.

[3] 刘宁，程尊兰，崔鹏，等. 堰塞湖及其风险控制［M］. 北京：科学出版社，2013.

[4] CAI Y J，CHENG H Y，WU S F，et al. Breaches of the Baige Barrier Lake：Emergency response and dam breach flood［J］. SCIENCE CHINA Technological Sciences，2020, 63（7）：1164.

[5] 蔡耀军，栾约生，杨启贵. 金沙江白格堰塞体结构形态与溃决特征［J］. 人民长江，2019，50（3）：15-22.

作者简介

蔡耀军，男，博士，主要从事工程勘察、特殊土、堰塞湖应急处置方面的研究工作。E-mail：1761939361@qq.com

栾约生，男，正高级工程师，主要从事工程勘察、山洪灾害防治方面的研究工作。E-mail：364534319@qq.com

南水北调中线干线侧向排冰布置水力特性研究

王海燕[1]　刘圣凡[2]

（1. 南水北调中线干线工程建设管理局河北分局，河北省石家庄市　050035；
2. 长江水利委员会长江科学院，湖北省武汉市 430000）

[摘　要]本文对南水北调中线干线工程中常用排冰闸型式进行了分类统计，对其中侧向排冰布置型式进行了模型试验研究。对闸门体型、布置位置、堰顶水头、不同冰厚对排冰效果的影响分别进行试验分析，并进行了辅助排冰设施的探索。试验研究首次对明渠侧向排冰闸排冰效果进行了量化分析，研究成果可对相似排冰闸布置提供参照。

[关键词]南水北调中线干线工程；侧向排冰；水力特性

0　引言

南水北调中线干线工程渠道线路长 1432km，由南向北输水，多年平均调水量为 95 亿 m³，渠首设计流量为 350m³/s，渠末设计流量为 50m³/s。工程具有明渠线路长、交叉建筑物多的特点，建筑物包括倒虹吸、隧洞、渡槽、节制闸、分水口、退水闸等。工程线路跨越北纬33°～40°，冬季北方渠段近 500km 渠道可能出现冰情，渠道调度面临无冰输水、流冰输水、冰盖输水等运行工况，尤其在渡槽、倒虹吸进口、隧洞进口、弯道和束窄断面容易出现冰塞等冰凌灾害。平冬年份安阳以北近 500km 渠道存在不同程度冰情，其中以总干渠最北端的京石段冰情最为严重。渠道束窄壅堵断面（如倒虹吸、隧洞、渡槽、节制闸和桥墩等）、弯道和水力坡降由陡变缓处（渡槽和石渠下游），容易诱发冰塞险情。

针对冬季可能存在的冰情危害，干线沿线采用了拦冰索、排冰闸、捞冰装置、扰冰装置、融冰设备等措施，其中排冰闸在沿线不同距离渠段特别是倒虹吸、渡槽进口前布置，在应急状态下起到了较好的作用。但目前未见针对干线排冰闸排冰效果与规律的研究，通过对干线排冰闸排冰效果的研究既可以加深对其规律的认识，又可以指导后续相似工程的规划工作。

1　干线排冰闸布置型式

参照电站前池排冰闸布置型式，可分为以下几种[1]：

（1）正向排冰正向引水，其特点是排冰方向与引水方向一致，建筑物在垂向上分层布置，上层布置排冰闸，下层布置引水孔口，或水平向一侧布置排冰闸，一侧布置退水闸。

（2）正向排冰侧向引水，其特点是排冰方向与引水方向在平面布置上≤90°，正面布置排冰闸排冰，侧面引水进渠道。

（3）弯道排冰正向引水，利用弯道形成的横向环流的水力特性，即表层水流由凸岸指向凹岸，且表层流速大，将浮冰输送至设在弯道凹岸的排冰闸，以排除表面浮冰。

（4）侧向排冰正向引水，其特点是引水方向与排冰方向在平面上成 90°布置，渠道正面引水，在侧面布置排冰闸排冰。

南水北调中线干线工程部分水工建筑物如渡槽、倒虹吸前均布置排冰闸，主要型式包括弯道排冰正向引水，侧向排冰正向引水（角度小于 90°，型式类似），还有部分在弯道处将排冰闸布置在了凸岸处，干线部分排冰闸布置型式见表 1。工程首先结合退水闸布置，退水闸布置要结合当地河道等情况，因此导致了干线侧向排冰正向引水型式应用较多。

表 1 干线部分排冰闸布置型式

序号	排冰闸位置	布置型式
1	滏阳河渡槽	弯道排冰正向引水
2	槐河倒虹吸	侧向排冰正向引水
3	洺河渡槽	侧向排冰正向引水
4	午河渡槽	侧向排冰正向引水
5	浧河倒虹吸	弯道排冰正向引水（凸岸）
6	泜河渡槽	侧向排冰正向引水
7	漕河渡槽	侧向排冰正向引水
8	西黑山分水口	侧向排冰正向引水

2 侧向排冰布置试验

干线中侧向排冰正向引水型式基本一致，以漕河退水渠新增排冰功能为例进行试验研究。该排冰闸上游为渡槽，下游接石渠段明渠，明渠后接岗头隧洞。因冬季生成冰量较大时会在隧洞进口前堆积，影响安全运行。拟在原有退水闸基础上增设排冰闸，以应对隧洞进口前浮冰堆积问题。模型按照 1:20 比尺进行模拟，试验段如图 1 所示。

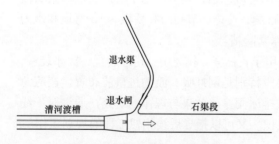

图 1 漕河退水渠段平面布置

2.1 流冰相似模拟[2]

冰水力学试验和其他流体试验相比，属于固液两相流范畴，除要满足水流流动相似准则，还要满足冰运动状态相似准则和堆积形态相似准则，具体如下：

水流流动相似，要在模型几何相似的前提下保证傅汝德数 F_r 相等，即

$$\frac{u_m}{\sqrt{gh_m}} = \frac{u_p}{\sqrt{gh_p}} \tag{1}$$

式中 u_m ——断面平均流速模型试验情况，m/s；

         u_p ——断面平均流速实际情况，m/s；

         h_m ——水深模型试验情况，m；

h_p ——水深实际情况，m；

g ——重力加速度，m/s^2。

流冰运动相似。利用冰厚表示的傅汝德数表征流冰在冰盖等障碍物前的运动状态时，要保证流冰运动相似，则要求

$$\frac{u_m}{\sqrt{2g\dfrac{\rho-\rho'_m}{\rho}t_m}} = \frac{u_p}{\sqrt{2g\dfrac{\rho-\rho'_p}{\rho}t_p}} \qquad (2)$$

式中　ρ'_m ——冰密度模型试验情况，g/cm^3；

ρ'_p ——冰密度实际情况，g/cm^3；

ρ ——水密度，g/cm^3；

t_m ——冰厚度模型试验情况，cm；

t_p ——冰厚度模型试验情况，cm。

在流冰保持几何相似的前提下，可导出

$$\rho'_m = \rho'_p \qquad (3)$$

即模型冰和实际冰密度、尺寸保持一致，就能保证流冰运动相似。

输运强度相似。在保证流冰几何相似的前提下，控制单位时间内通过的流冰块体个数来保证模型和实际中流冰输运强度相似。

由于试验主要是对排冰闸排冰效果进行评估，满足水流流动、流冰运动与输运强度相似即可满足试验目的。

试验选择石蜡作为冰的模拟材料，按照原型观测中冰块尺寸级配，选定模拟冰尺寸，同时以浮冰疏密度控制单位时间内通过的流冰块体个数。

2.2 评价指标[3]

参照电站进水前池排冰效果指标，明渠排冰闸排冰效果采用冰水比 λ 作为评价指标。

物理意义是单位时间内排冰闸排冰量与排冰耗水量之比，为无量纲量。λ 值越大，表明在排冰耗水量相同的情况下排冰量越大，或者在排冰量相同的情况下耗水量越小，说明排冰效果越好。

2.3 排冰闸体形排冰效果影响

试验规划了合页坝、平板钢闸门、橡胶坝三种体形的排冰闸，如图 2 所示。排冰闸布置在现有退水闸后，运行时退水闸打开，排冰闸平面布置如图 3 所示。三种闸门体型在相同试验条件下进行排冰效果对比，数据见表 2。

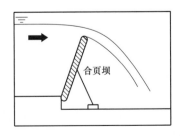
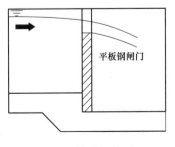
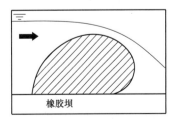

图 2　排冰闸体形

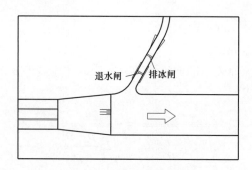

图 3　排冰闸布置平面位置

表 2　　　　　　　　　　　不同排冰闸体形 1m 堰顶水头冰水比 λ

序号	排冰闸体形	渡槽流量 （m³/s）	浮冰疏密度		
			100%	75%	50%
1	合页坝	60	0.010	0.008	0.007
2	橡胶坝	60	0.009	0.008	0.006
3	平板钢闸门	60	0.009	0.007	0.006

不同闸门体形，排冰效果虽有所差异，但整体上相差不大。合页坝稍好于橡胶坝与平板钢闸门体型。综合分析，排冰效果主要受表面流场影响，不同体形排冰闸表面流场相差无几，合页坝对水流的影响最小，因此排冰效果稍好。

2.4　排冰闸布置位置排冰效果影响

排冰闸在退水渠中可以布置在不同位置，选择合页坝排冰闸在退水渠进口、退水闸后、退水渠渠尾三种布置位置进行排冰效果对比，退水闸平面布置如图 4 所示。

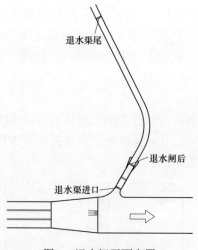

图 4　退水闸平面布置

试验数据见表 3，排冰效果随排冰闸后移逐渐减弱。当排冰闸布置在退水渠进口时，进水口前表面流速梯度大，对干渠流场影响面相对较广，排冰效率较高。当排冰闸布置在退水渠渠尾时，退水渠进口过同样流量，表面流速相对减小，因此排冰效果较退水闸布置在退水渠进水口时较差。

表3 不同布置位置排冰闸 1m 堰顶水头冰水比 λ

序号	排冰闸布置位置	渡槽流量（m³/s）	浮冰疏密度		
			100%	75%	50%
1	退水渠进口	60	0.010	0.009	0.007
2	退水闸后	60	0.010	0.008	0.007
3	退水渠渠尾	60	0.008	0.007	0.006

2.5 不同堰顶水头排冰效果

随着堰顶水头增加，表面流速增加，单位时间内排走的冰量应该更多。但冰水比 λ 变化趋势并不清楚，通过控制堰顶水头，分析水头变化与冰水比 λ 的关系。试验数据见表4。

表4 渡槽 60m³/s 流量排冰闸不同堰顶水头冰水比 λ

序号	堰顶水头（m）	排冰闸过流量（m³/s）	冰水比 λ
1	0.6	6.8	0.006
2	0.8	8.2	0.007
3	1.0	10.4	0.008

随着排冰闸堰顶水头增加，排冰闸过流量增加，其对干渠流场的影响范围也相应扩大，排冰时的冰水比 λ 提高。堰顶水头 1.0m 较 0.6m 时的冰水比 λ 提高了 33%。当排冰闸下泄流量增大时，其排冰效果会更好。

2.6 不同冰厚排冰效果

结合原型中情况，降温产生流冰，尺寸小、厚度薄，定义为流冰期。在干渠中产生冰盖，冰盖受外力影响破裂时，尺寸大、较厚，定义为冰盖破裂期。在同样浮冰疏密度 100% 条件下试验，数据见表5。随冰厚增加，冰水比 λ 相应提高。

表5 渡槽浮冰疏密度 100% 不同冰期 1m 堰顶水头冰水比 λ

序号	流量（m³/s）	冰盖破裂期	流冰期
1	30	0.019	0.013
2	47	0.019	0.011
3	60	0.019	0.010
4	75	0.018	0.009

2.7 辅助措施排冰效果

仅排冰闸运行，排走的冰量较小，还有部分浮冰会流向下游。在排冰闸前渠道内增设导冰索或者其他设施，阻止浮冰流向下游，并尽可能将浮冰导向排冰闸是研究目标。

2.7.1 导冰索

通过试验，布置导冰索后，排冰闸的最大排冰能力有限。如上游渠道来冰强度大于排冰闸的最大排冰能力，则需进行机械或人工辅助措施进行排冰；如上游渠道来冰强度小于排冰闸的最大排冰能力，则可以将流冰全部拦截排走。通过模型试验找到排冰闸不同堰顶水头下的最大排冰能力，对排冰闸的合理调度运行具有重要指导意义。

在布置柔性导冰索条件下，选择上游干渠来流量为 $60m^3/s$，按流冰期进行试验，选择排冰闸的堰顶水头为 1.0、0.8m 和 0.6m，数据见表 6。

表 6 布置导冰索不同堰顶水头最大排冰能力

序号	堰顶水头 (m)	排冰闸流量 (m^3/s)	最大排冰能力 (m^3/s)	冰水比 λ
1	1.0	10.4	0.06	0.006
2	0.8	8.3	0.05	0.006
3	0.6	6.9	0.04	0.006

结果表明，随着堰顶水头减小，排冰闸流量减小，排冰闸的最大排冰能力也相应减小。当已知上游渠道来冰强度时，按照排冰闸最大排冰能力略大于上游渠道来冰强度的原则进行闸门操作，其排冰耗水流量将最小。

2.7.2 导冰槽

排冰闸排冰效果受表面流速影响，如果能够提高闸前渠道表面流速，即可提升排冰闸的排冰能力。结合闸门型式，设计了一种 L 形导冰槽，如图 5 所示，导冰槽宽度为 4.4m，比排冰闸宽度稍小，槽高 1.2m，高于堰顶水头 0.2m，导冰槽沿排冰闸中心线布置，导冰槽一端靠近排冰闸门，另一端与干渠右边墙相接，导冰槽底板与排冰闸门顶同一高程，排冰闸下泄水流主要从导冰槽流过。

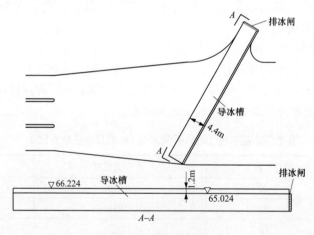

图 5 导冰槽体型

导冰槽布置后，排冰闸前 5m 处的表面流速提高了约 3 倍，排冰闸下泄的水流基本从导冰槽内流过，排冰试验成果见表 7。在 1.0m 堰顶水头条件下，排冰能力是导冰索方案的 2 倍。

表 7 排冰闸增加导冰槽 1m 堰顶水头排冰能力

序号	总流量（m^3/s）	排冰闸流量（m^3/s）	冰水比 λ
1	47	8.4	0.013
2	60	8.6	0.013
3	75	8.9	0.012

3 结语

（1）排冰闸排冰效果受表面流场影响较大，不同体型排冰闸表面流场基本一致，排冰效果相差不大。排冰闸布置越靠近主干渠，对表面流速提升越大，排冰效果越好。

（2）侧向排冰布置，流冰密度越厚，冰水比 λ 越大，闸上水头越大，排冰效果越好。

（3）增设导冰索后，不同堰顶水头对应最大排冰能力。增设导冰槽后，排冰效果有所提升。结合实际情况，还需机械设备辅助以应对突发情况。

参考文献

［1］侯杰，周著. 新疆引水式水电站输排冰的试验研究［J］. 水力发电，1997（12）：47-50.

［2］李学华. 人工干渠内流冰与拦冰索相互作用研究［D］. 天津：天津大学，2011.

［3］王静. 改善水电站前池侧向排冰效果的措施［J］. 新疆水利，1999（5）：23-26.

作者简介

王海燕（1973—），女，正高级工程师，主要从事水利水电工程运行管理工作。E-mail：1106155673@qq.com

刘圣凡（1993—），男，工程师，主要从事水利水电工程水力学研究工作。E-mail：1119283004@qq.com

六、

新 能 源

新能源发电出力特性指标及其数据化应用分析

刘建军

（中国能源建设集团山西电力建设有限公司，山西省太原市　030006）

[摘　要] 随着我国新能源的逐渐发展，许多新能源都逐渐与电网结合在一起，发电出力的许多特性都会对电网的运行产生不可忽略的作用，尤其是波动特性及其处理过程中的随机性都会对电网后期的规划产生影响。为了解决在电网后期规划中，新能源出力特性的问题，本文将基于新能源发电出力这一课题，对其出力特性的相关指标进行分析，并且通过算例分析法来验证相关指标的合理性；通过数据化的形式进行应用分析，使其研究成果可以更好地推动电网的分析和规划，为同行研究提供一定的借鉴和参考意义。

0　引言

[关键词] 新能源发电；出力特性指标；数据化应用

目前在新能源领域，风力发电和光伏发电为两大主体。而这两种发电的方式，它们的出力都具有一定的随机性，随着不同的时间、地点和环境，由于各地的自然资源和地理环境的不同，都会对发电的出力特性产生或多或少的影响。而且其发电出力也具有一定的波动性，表现在不同的纬度、不同的地点，它们发电都具有很大的差异性。因此，为了更多的新能源电力能够接入到电网之中，就需要在提高新能源消纳的能力背景之下，将新能源与电网的设计规划有机结合在一起。而在目前的学术研究之中，主要将新能源出力的特性，用于一些电网调峰的计算或者是平衡的计算。但是，很少会针对风电、光伏这些新能源的出力特性进行深入探讨和研究，即使有一两篇文章，多处于初期发展阶段，并没有在学术圈内形成一套完善的评价体系。

因此，基于目前学术研究的局限性，本文将立足于某一个地区的电网新能源发电的出力特性来进行研究，并且试探性地提出其处理特性的相关指标，将其研究出的数据、体系和结果应用到日后的电网规划中，以提高我国新能源消纳的能力。

1　新能源发电的特性指标

1.1　日特性

这里所提到的日特性是在新能源发电过程中每天最大出力概率的分布情况，以及每天平均出力的情况应用一定的形式加以统计，并进行分析。它可以为电网对于电力的平衡规划以及送电能力等方面的工作提供一定的借鉴和参考。同时，除了上述的应用之外，主要还可以对电网调峰相关的能力提供一定的借鉴意义。通过对这些每天的出力频率分布情况进行分析，可以推测出某一地区日最大出力的一些分布概率，主要包括以下三个指标：

一是日最大出力的概率分布。这个指标的计算首先应该算出其最大值的集合，以后再对这个集合进行系统性的分析，通过分析其概率，可以用区间将其加以统计，最终得到新能源在周期内的每日最大出力的情况分布数据。

二是日平均出力，顾名思义，就是通过统计一天 24h 的新能源的出力情况，求得其平均的出力情况，以为相关研究提供数据支持。

三是还有分时段利用小时数，这个可以浅显地理解为首先应该将样本中的要素按照 24h 进行实时监测，并且分析出新能源在出力时的小时数量，并找到其年利用和分时段之间的关系，以为后续研究工作提供数据支持。

1.2　季特性

这里所说的季特性是对新能源发电中的年利用小时数以及月平均出力这两个要素，加以分析并进行统计得出的结果。风力发电和光伏发电的一些季节性特征的数据，第一个要素就是年利用小时数，具体的计算是将全年的新能源发电总发电量除以装机容量最终得出的结果，简而言之，通过年利用小时数可以了解到当年整个新能源出力的特性。而月平均出力其实指的是在具体的某一个月新能源的发电量和当时那一个月的小时数的比，通过月平均出力结果，也可以得知新能源发电出力的季度性的发电特征，为后续的研究提供一定的数据支持。

1.3　出力—概率、积累电量分布

1.3.1　出力—概率

出力—概率的分布主要包括两种情况，一是全时段的处理概率的分布。全时段指的是在整个采样的过程中，那一个时间段内所统计出来的整个能源的出力通过情况，通过这个概率分布的指标，可以衡量和判定该新能源出力的全时段性的情况，通过区间来进行表示该能源的出力的采样点，并加以统计，最终进行分析和总结。二是分时段的出力概率的分布，通过上述的全时段性的处理分析，再进行小时级的时段处理情况分析，它就是通过对整个的采样的区间进行区分并最终除以小时，这个时间的取值方法和第一种情况是一致的，都可以用区间内的概率来进行表示，两种情况同样都可以为新能源的出力分析提供一定的支持。

1.3.2　出力—积累电量

该出力—累计电量的分布，可以分为全时段和分时段处理两种情况，累计电量分布情况的统计主要是一个在整个全时间内的采样，另一个就是对 24h 每一个时间段内的发电量的情况，进行分析和统计。这两种方法都可以统计出整个新能源发电量的分布情况，并且通过这些指标来反映该能源在区间内的情况，具体包括企业累计电量的情况以及每个小时的出力特性等。这些都可以通过一定的方法来加以计算和统计，最终为电网的接纳提供一些帮助。

2　新能源发电的出力特性

2.1　风电发电

风力发电是新能源发电的代表之一，是我国可持续和环保的绿色电力，本文将选择一个有代表性的地区电网来加以分析，该电网在 2018 年时已经投入了一些风力发电的准备工作，

并且获取了一定的发电的出力数据。本文的相关研究将在该地区进行系列采样工作，步长为1h。本文通过该样本来对我国的电网发电的相关处理情况加以分析。

首先就是风力发电的日特性。通过调查数据显示该地区的风力发电的日最大的出力是0.778kWh，它的出力区间为0.03～0.778kWh，最大值的数据产生时是在冬天和春季。由此可见该地区的日最大力的波动范围属冬天最为大，而春天位于第二，而夏天和秋天相对来说那个时间段的波动会比较小。

其次就是风力发电的季度性的特征。根据调查数据结果显示，在2018年整个风力发电的2月的平均出力值为0.129～0.303kWh。而且每一个季度都有其各自的特征，结果显示其中最大的平均出力是属于5月的0.303kWh，而最小值的0.129kWh是位于8月。综合来看，整个2018年这一年的利用小时数是在起初设计值范围。

最后就是风力发电的处理的概率分布。通过该地区的调查数据，可以得出该地区全时段和分时段的风力发电的分布情况。全时段主要是集中在0.35以下这个范围内，但随着风力发电的增大，这个概率也会呈现出反比，逐渐的减小。而在于0.05～0.25会呈现出一定的小区间。风力发电的累计电量整体来看是各个时间段内存在着一定的差距，主要是晚上10时的累积电量是最高的，而下午2时其数据是最低的，最大的利用小时数据是53.87h。从整体上来看。全时段的出力累积电量概率分布较为广泛，内部差异较大。

2.2 光伏发电

光伏发电同样引用的是2018年的数据，它的发电出力特性也会从发电的季节特性和日特性这两个方面来进行加以分析。

首先就是光伏发电的季节特性，从整体上来看整个地区的光伏年利用小时数大于1000，而且从它的季节特性来看，每个月的平均出力又是在0.1左右。与风力发电相比，它的整个利用小时数和平均出力都会相对较小一点，而光伏发电的每日的最大的出力特征，其实可以看出它的分布的波动较为集中，主要是在0.55左右，在0.4～0.45这个区间之内，并呈现出很明显的季节的特性。从季节上来讲，相比来说，春天在中间出力区间的概率比较大，而秋天在最小出力区间的概率是比较小的。因此，呈现出很明显的季节性，春秋各不相同。

而光伏发电的每日平均出力特性具有很强烈的相似性，它的区间更加集中在一起，大部分都集中在下午1时左右，属于这个光伏发电的峰值时段，但与此同时，随着不同时间和光照的强度，峰值的时间和大小也会随之改变，主要是日平均出力点最高出现在春天，冬天就会最小。可知，夏天和秋天是中等的。

对于光伏发电出力的概率分布，这次统计数据不考虑其夜间时段，大概的情况就是出力分布概率差异较大。但是也能统计出这个分布概率的数据，为后续研究做一定的数据积累。

3 新能源发电特性应用及相关数据分析

3.1 电网调峰分析

整体来看，本文的一些数据都是出自2018年某一个地区电网的电力出力特性，它的整个数据都会用于电网调峰的分析。与此同时计算出整个地区全年以及每个季节的平均出力的数据，以来验证分析这个数据的可行性。根据统计的数据结果显示，风力发电的四个季节，它的出力有着明显的变化。在这里的最高值和最低值都有着很明显的差异性，在每一个不同的季节，也会呈现出很强烈的差异性，以使得在统计后发现，各个季节风力发电出现的峰值和谷值不仅随时间不同，而且还有着很明显的差异。

通过该电网的相关出力特性分析可知，它的负荷特性的最高峰的时间点是在早上 9:30 和 11:30 以及 18:30 到 20:30，相应的时间点对应的风力出力相比较小，整个四季的平均出力也都在 14:00 和 15:30 时出现了低谷时期，所以整个风力发电的出力特性具有一定的反调峰的特性，呈现出明显的季节性的差异变化。

从整个风力发电的全年日平均出力的社区结果显示来看，每天晚上的 8:00 到第二天早上的 7:00 点，它的出力量是最大的，而早上 9:00 到下午的 18:00 这个剩余的时间段，它的平均出力量是比较小的。因此，整个地区电网的平均风力发电出力的趋势都具有一定的相似性，而且都像上文中提到的一样，具有反调峰的一个特征，而分季节来看，春天的日平均出力的波动较为大，与此对应的是此季节的反调峰的特性是最明显的。而由此也可得知的是该地区秋天和冬天的平均出力和全年的日平均出力的曲线的重合度较为高，这是由于春天的时候风力发电能量较大，它的风速较快，因此整个日平均出率量是全年最高的时期。

3.2　电网可接纳新能源的装机计算

然而，考虑到该地位于国家电网的西部地区，整个西部地区不仅具有良好的光照的资源，而且还有很多的筹划在建的光伏发电的地方。因此，对于这个地方可以接纳的光伏能量站进行计算，就可以很好地为后续电网的规划提供一定的借鉴和参考，从而提高这个新能源的接纳能力。

而由于该地在冬天时产生电量的整体负荷量较为小。因此，对于新能源出力的要求就会越来越高。在这个背景之下，我们更要去挖掘新能源出力的内在潜力，从而能够计算在电力贫瘠情况下的这个地区的电力的平衡状态，以及之后要接纳的光伏新增的规模和数量。那么，如何能在整个地区的枯腰情况下，去保证它在不抛弃光照的情况下，尽可能多地增加新能源的发电出力总量。与此同时，根据数据结果显示，在计算电力发电的平衡的时候，该地区的光伏发电的出力率就可以达到 0.75 左右，这足以证明，在这个地区现有的资源条件之下，可以进一步去规划电源以及去预测后续的电量负荷的情况。

根据另一组调查数据显示，在 2019 年到 2021 年之间，该地区的枯腰方式已经呈现电力相平衡的状态。目前，该地区的电网已经拥有了一个大的变电站，这个变电站拥有 500kV 的容量，可以为西部地区的发电工作提供一个充足的送电通道。2020 年该西部地区，经过计算可以得知，其最大的可接纳新能源的电量装机容量达到分别 2860MWp，2021 年比上一年同比减少 200MWp。

4　结语

综上所述，本文分析了新能源发电出力的一些特性指标，包括电力特性数据中的日特性以及季特性的相关指标，通过这一系列的指标为后期的数据分析提供数据支撑。由于一些地区的电网没有系统化的指标和特性，因此本文基于这些新能源发电出力特性进行研究，并综合这些指标和体系加以结合，以便于充分验证这些数据将来应用于电网规划设计中的可行性，推动新能源与电网规划的有机结合，便利居民的生活，并提供更多的电力支持和电力帮助。

参考文献

[1] 刘文霞，何向刚，吴方权，等. 新能源发电出力特性指标及其数据化应用 [J]. 电网与清洁能源，2020，36（9）：8.

[2] 王焯楠. 新能源发电技术在电力系统中的有效应用 [J]. 电力设备管理，2021（14）：3.

[3] 李雪峰. 蒙东地区新能源发电特性与电网调峰需求研究 [J]. 电力与能源，2020，41（3）：8.

作者简介

刘建军（1970—），男，高级工程师，主要从事电力、新能源电力项目开发、投资、建设工作。E-mail: ljjun_sxdj3@126.com

水风光一体化能源基地开发建设方法

姜　勃　胡会永　穆　林　闫　新

（黄河勘测规划设计研究院有限公司，河南省郑州市　450000）

[摘　要]本文归纳总结了利用已建成水电站发电配置新能源电站的开发建设方法和经济评价方法，通过分析风光电站的出力特性曲线，以及已建水电站丰平枯三种发电特性，合理规划风光资源配置，实现小范围内的风水光多能互补，提升电站输出稳定性以及通道利用率。

[关键词] 水风光一体化；多能互补；新型电力系统：发电功率曲线

0　引言

中国基于推动实现可持续发展的内在要求和构建人类命运共同体的责任担当，宣布了碳达峰和碳中和的目标愿景。新能源正迎来跨越式的历史发展机遇，将逐步成为新型电力系统中的重要组成部分，正在由"补充能源"向"主体能源"转换，成为电能输出的主力军。

在新型电力系统当中，新能源应当成为电量提供的主体，各能源形式协调输出，实现电力平衡。但是新能源存在着容量的可靠性较低、电力系统转动惯量以及长周期调节能力不足等问题。当电力系统中大量的新能源机组替代常规电源时，一方面，系统频率调节能力将显著下降；另一方面，抽水蓄能电站建设周期长，建设条件要求高，无法解决当前新能源电站开发建设的迫切需求。

基于此，将已建成的水电站作为能源基地中心，开发周边适量的新能源电站，利用水电送出通道作为新能源入网通道，建设小范围水风光一体化能源基地，具有重要意义[1]。水风光一体化能源基地能够提高水电送出通道利用率，同时通过水库自身调节能力，提高电能质量和供电稳定性。对于短时间内扩充新能源装机规模具有极大的促进作用。本文针对水风光一体化能源基地开发建设的容量配置、经济效益等方面进行研究，并对开发建设的关键步骤进行归纳总结，形成一套科学合理的投资建设分析方法。

1　基础数据调研收集

水风光一体化基地规划设计前需对当地区域基础资料进行充分调研分析，掌握当地水、风、光等电站资源情况，以及电力网络架构、负荷消纳、投资建设环境等情况。调研分析内容如下：

（1）调研掌握能源基地规划范围内的已建电站、规划电站，掌握电站的装机容量，送出通道输电能力，电站发电出力曲线，日调节能力，季度调节能力，年调节能力等。

（2）收集相关社会经济资料、水文资料、勘测资料、风光资源资料、相关区域地质资料、生态红线、环境敏感区资料等，开展重点河段现场查勘及调研。

（3）充分调研电力系统的电力网络架构，分析电网对于大容量新能源电源的接纳能力。对能源基地进行电源侧调峰后电网的接纳能力分析，以及满足电网接纳能力的能源基地调峰程度。

（4）调查用电市场需求，明确电量消纳区域，尽量将电源侧发电曲线向负荷需求曲线调整，以减少电源侧调峰负担。

2 各电站互补配置研究

本文论述的水风光一体化能源基地是依托已建水电站，充分利用已建水电站的库容调节能力和送出通道消纳能力进行新能源电站的扩充配置，依据水电站的特性来匹配风光电站的装机规模。因此水电站的发电特性为确定数值，制作发电曲线如图1所示。

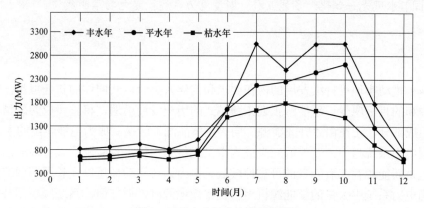

图 1 已建水电站出力曲线图例

同时收集当地光照资源与风能资源，分析地区资源分布情况，以及资源丰富地区的地形地类、风光电站的建设条件。在考虑土地属性、生态红线等环境敏感区的前提下，初步摸排新型能源基地范围内的风光装机规模存量以及发电出力情况[2]。制作新能源电站出力曲线图，如图2、图3所示。

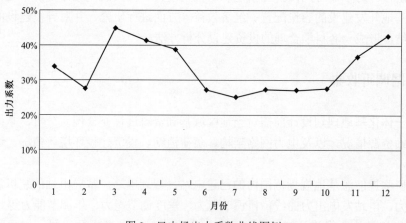

图 2 风电场出力系数曲线图例

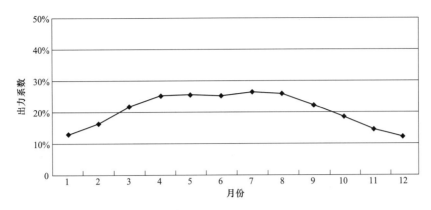

图3　光伏电场出力系数曲线图例

　　同理可以制作出各月代表日的电站出力曲线图，根据风、光、水电站出力系数进行互补耦合计算，水电站受来水量及用水需求限制，其装机容、出力情况已经确定，可作为多能互补计算中的基础定量。

　　制作水电站日出力曲线，根据水电站的日流量需求，设定水电站的发电日调节能力。将光伏、风电电站出力曲线叠加在水电站出力特性曲线上，随后逐步增加风、光装机容量，测算能源基地整体出力是否满足电力输送通道要求，统计不同装机配比下的弃风、弃光率，发电量，以及通道利用小时数等重要指标[3-4]。图4所示为不同月份水电站日调节前后典型日出力柱状图。

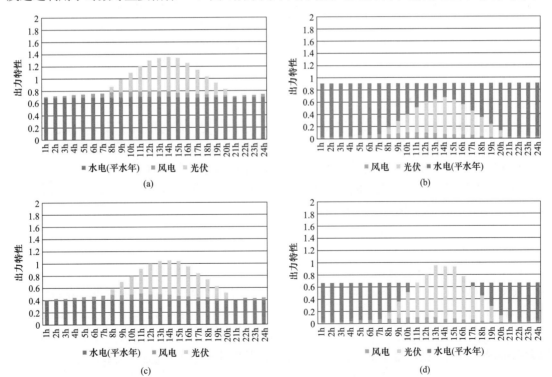

图4　水电站日调节前后典型日出力柱状图

（a）8月典型日水风光互补运行前出力特性图；（b）8月典型日水风光互补运行后出力特性图；

（c）12月典型日水风光互补运行前出力特性图；（d）12月典型日水风光互补运行后出力特性图

从图中可以看出，依托水电站的库容日调节能力，8 月风水季水电站能够完全将光伏风电出力调整为稳定输出，同时提高能源基地整体的出力系数。12 月枯水季虽然不能完全将出力曲线调整为平滑曲线，但是仍然可以绝大部分时段实现稳定输出，且提高了基地整体的出力系数。

对不同风光装机配比的方案进行参数比对，制作配置指标统计表见表 1。

表 1   配 置 方 案 参 数 表

装机配置			配置投资		通道利用小时数		弃风弃光率	
编号	水电	风电	光伏	风电	光伏			
方案 1								
方案 2								
方案 3								
……								
方案 n								

3 经济性分析

从经济投资最佳角度分析项目建设规模的合理性，可以对摸排的新能源场址按照经济性排序，并入水风光一体化基地时按照增量效益计算并入后的新能源资本金内部收益率指标，若资本金内部收益率大于 8%，则该部分新能源增量规模并入基地是经济合理的；逐步计算增量部分效益，直至增量规模的效益不满足经济指标，则不再增加装机容量，以现有规模为最优配置方案。

项目整体经济型分析可按如下布置进行：

水风光一体化能源基地的开发建设是以经济可行为前提，首先根据项目投资和收益，按照资本金内部收益率 8%进行财务分析，测算基地内部各类电源可达到的最低上网电价。

其次依据能源基地内各类电站的发电量占比，计算基地综合上网电价。

最后，本地消纳模式下比较能源基地综合上网电价与本地燃煤基准电价，若能源基地的综合上网电价低于当地燃煤基准电价时，则认为能源基地开发具备经济可行性。

4 结语

水风光一体化基地开发能够利用水电站的调节性能，解决新能源大规模集中开发的消纳难题，利用各流域水能开发的资源优势，创新可再生能源综合开发模式，具有良好的综合效益。本文对水风光一体化能源基地开发建设的步骤、建设规模分析方法以及经济性分析要点等方面进行了归纳总结，希望能够促进水风光能源基地建设项目更加科学合理。

参考文献

[1] 左婷婷，杨建华，邵冰然. 风、水、光互补发电系统优化与环境价值 [C] //中国高等学校电力系统及其自动化专业学术年会，2008.

［2］李春来，杨小库．太阳能与风能发电并网技术［M］．北京：中国水利水电出版社，2011．

［3］胡林献，顾雅云，姚友素．并网型风光互补系统容量优化配置方法［J］．电网与清洁能源，2016，32（3）：7．

［4］朱燕梅，陈仕军，黄炜斌，等．一定弃风光率下的水光风互补发电系统容量优化配置研究［J］．水电能
源科学，2018，36（7）：4．

作者简介

姜　勃（1989—），男，工程师，主要从事新能源工程设计与施工工作。E-mail：522533933@qq.com

胡会永（1972—），男，工程师，主要从事新能源工程设计与施工工作。

穆　林（1982—），男，工程师，主要从事水电站设计与施工工作。

闫　新（1989—），男，工程师，主要从事新能源工程设计与施工工作。

固定式光伏支架优化设计的研究

刘超宝　王迎春　戴松涛　郭　辉

（中国电建集团西北勘测设计研究院有限公司，陕西省西安市　710061）

[摘　要] 光伏项目建设工期短、供货急、用钢量大、劳动密集，这对设计人员和施工人员都是巨大的挑战，本文结合大量实践经验和理论研究，对光伏支架进行对比分析，分别从结构计算模型、构件截面形式、节点连接方式、材料运输等几个方面进行论证和优化，以期在优化设计模型、加快材料供应、降低材料单价、减少钢材用量、减少零件数量、加快施工速度、简化施工工艺、增加支架的可靠性等方面给设计人员以启发。

[关键词] 技术模型；风荷载；体型系数；截面特性；连接节点；材料运输

0　引言

在国家积极推动"双碳"目标发展的大背景下，我国光伏产业随之迅猛发展起来，与之配套的光伏支架、组件、逆变、变压等相关产品及施工队伍一时间供不应求。目前，我国光伏产业还不够成熟，相关技术标准、产品质量、施工技术也都还在摸索和完善过程中。本文就现阶段光伏支架在生产、运输、安装、维护等方面暴露出来的问题进行了梳理和分析研究，对光伏支架结构计算模型、材料选型、节点设计等方面提出了优化或改进的思路，希望对未来的支架优化设计提供参考，对缩短材料加工周期、优化钢材用量、提高安装效率和质量、减少后期维护成本提供帮助。

1　固定式光伏支架的计算模型

经过大量统计发现，造成组件及支架破坏的主要原因包括风荷载，造成破坏形态主要有组件边框撕裂或翻折，檩条悬挑端向上弯折，斜梁悬挑端向上弯折，檩条与斜梁、斜梁与柱头连接节点破坏，柱底拔出等。破坏的区域分布主要在山坡顶端，与风向一致的谷口、山口，光伏厂区四周及厂区道路两侧。破坏的部位主要是支架最上面一排组件投影面积对应的构件及节点。破坏的基本顺序先是节点破坏或局部破坏，后是整体破坏。

基于以上的统计和分析可知，风荷载是控制性荷载，是受力计算的重点考虑对象。从 GB 50009—2012《建筑结构荷载规范》风荷载一节可以查出，在支架和组件安装完成后，结构体系就是典型的单坡顶盖结构模型 [如图 1 所示，坡度为 30°，恰好与光伏组件倾角比较接近]。从风荷载体型系数上看，逆风向对上排组件及支架不利，顺风向对下排组件及支架不利。但是由于下排组件及支架被其他支架和组件遮挡，实际风荷载并不大，从实际工程经验上也可以看出，下面一排的组件、支架及节点几乎没有因为大风天气而损坏过。因此，本计算模型只在常规支架模型的基础上针对逆风荷载进行调整。在逆风荷载下，如果上排组件的体型系数取–1.4，那么下排组件在遮挡比较有利的情况下，体型系数取–0.6是相对偏于比较安全的，本文暂按–0.5取值，因此在其他参数都一致的情况下，上排组件、檩条、斜梁及连接节点承受的风荷载是下排的2.8倍。

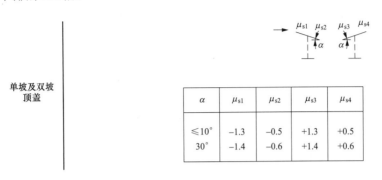

单坡及双坡
顶盖

α	μ_{s1}	μ_{s2}	μ_{s3}	μ_{s4}
≤10°	–1.3	–0.5	+1.3	+0.5
30°	–1.4	–0.6	+1.4	+0.6

图1 单坡顶盖体型系数

常规支架计算模型的斜梁上、下端悬挑长度相同，如图2所示，前后斜支撑连接在斜梁中间部位，上、下排檩条截面尺寸相同。优化调整后的模型考虑到上端风荷载是下端的2.8倍，如图3所示，因此将斜梁上端悬挑尺寸缩短为原来的1/2.8（取斜梁上端悬挑弯矩与下端相同）；支撑向檩条与斜梁连接点靠近，减少梁的跨内弯矩，减少风荷载下斜梁的挠度和振动；上、下排檩条根据荷载效应选择上大、下小的截面尺寸。从模型上分析，结构体近似静定结构，节点的可靠性至关重要，任何一个节点被破坏，都将导致结构体系的改变，结构受力模型将彻底变化，抵抗力基本丧失，因此，节点设计必须牢固可靠。前后立柱在结构体现完整的情况下近似二力杆，以拉力为主，造成柱破坏的先决条件是结构体先已经破坏。因此，计算思路和重点是"强节点弱构件、梁柱均衡、上下端跨度不平衡"。通过调整后，材料能够得到合理充分利用，结构抵抗风荷载的能力得到加强，斜梁的挠度变形和振动大大减小，螺栓松动也能急剧降低。

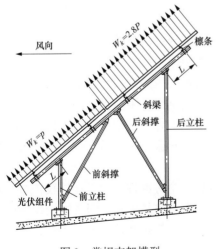

图2 常规支架模型

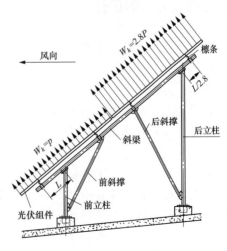

图3 调整后支架模型

2 截面形式的选择

支架结构构件常用的截面形式是圆形、矩形和 C 形，圆形和矩形截面各向同性，抗扭抗弯能力强，但是这类截面制造工艺复杂，在钣金加工后还有焊接工序，截面开孔时需要双侧操作，加工周期长，相应单价也高，货源也少，不利于光伏项目短平快的节奏。C 形材料在抗扭方面不如方形，但是材料生产容易，弯折后不需要焊接，开孔容易，供货快，价格低货源多，非常适合光伏项目的快节奏。

从截面力学性能分析，对比截面尺寸同为 40cm×60cm 的矩形和 C 形截面，在截面面积相同的情况下，C 形抗弯截面特性略微优于方形截面，对弯矩的抵抗能力更好一点，如图 4、图 5 所示。从使用角度来说，檩条的刚度要大一些，这样有利于组件在一个相对平整的平面内，增加整体性。基于以上对比分析，光伏支架材料截面形式应优先选择 C 形截面。

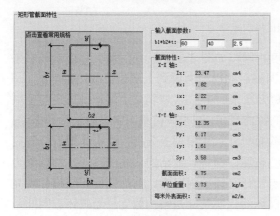

图 4 矩形截面特性   图 5 C 形截面特性

3 节点连接方式的选择

节点的连接方式从施工和抵抗风荷载的能力两方面进行对比分析。图 6 所示为方向截面构件通过连接标准件连接的方式，连接节点需要借助连接件和三颗较长的螺栓。图 7 所示为 C 形截面构件通过螺栓直接连接。从受力角度来说，图 6 采用的细长螺栓相对图 7 粗短螺栓刚度小，易滑丝，对穿螺栓在拧紧的过程中，方钢因截面刚度有限会被压缩变形，导致螺栓拧不紧，结构体系较为松散，螺栓在风荷载高频振动作用下容易松动，螺栓受力形式为螺杆受拉和受剪。而图 7 采用粗短螺栓直接连接，螺栓抗扭力矩大不易滑丝，连接刚度大，螺栓承受剪力，风振荷载作用下不易松动和退丝。

从施工角度来说，图 6 中每个节点需要 3 颗螺栓和 1 个标准件，由于螺栓较长对穿难度大，零件多装配工序复杂费时，螺杆细小容易滑丝，扭力不容易控制，同时螺栓越多可靠性越低，工序越复杂，施工质量越难保证。图 7 由于只有一颗粗短螺栓，安装工艺大为简化，安装非常容易和快捷，质量也容易保证。在光伏施工安装工作量大、工期紧、劳动力短缺的情况下，优化施工工艺，减少装配工作量意义非常重大。

综上，无论从结构受力上还是安装施工上，采用右侧单螺栓直接连接，既经济，又可靠，还能大大节约劳动力，提高生产率，是目前最理想的连接方式。

注：支架加工厂家及施工单位应对本图进行初步审查，如发现图纸有不清楚或错误应及时联系设计进行复核确认。

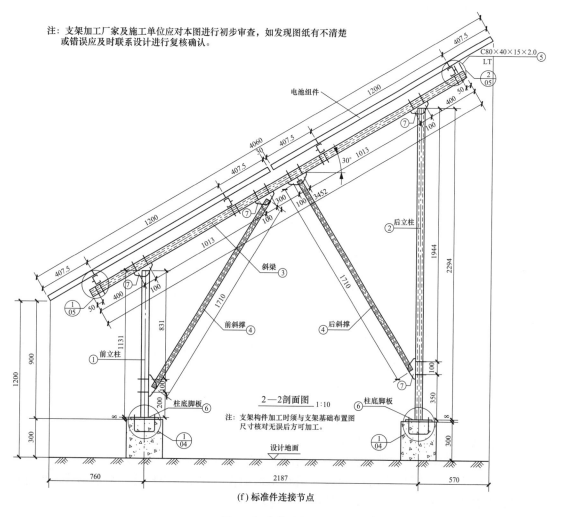

(f) 标准件连接节点

图6 标准件连接节点

4 材料的运输

方形或圆形材料运输时占用空间大，吊装时容易窜动，C形材料打包时可以彼此面对面扣在一起，体积小，吊装比较安全，方便材料的装卸和转运。

5 结语

光伏产业发展如火如荼，方兴未艾，发展中难免碰到难点、疑点和痛点，本文正是对以前固定式光伏支架在安装和使用工程中出现的困难和问题进行深入研究和分析，得出以下倾向性结论，以供参考。

（1）风荷载起控制作用，组件所在平面上半部分和下半部分非对称设计，上半部分应加大截面尺寸和减少悬挑长度及跨度。

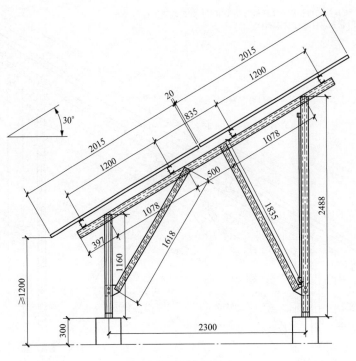

图 7　单螺栓连接节点

（2）檩条和斜梁是受弯构件且直接承受动荷载，加强檩条刚度有利于减少组件颤动和挠曲变形，有利于提高发电量和观感质量。

（3）节点设计要加强，梁柱强度宜均衡，上下结构不对称有利于受力。

（4）从受力、安装和运输上来说，采用 C 形截面构件和粗短螺栓连接节点形式，更有利于提高效率和降低成本，同时提高结构的可靠性。

参考文献

[1] 中华人民共和国住房和城乡建设部. GB 50009—2012，建筑结构荷载规范［S］. 北京：中国建筑工业出版社，2012.

[2] 西北勘测设计研究院有限公司. Q/NWEJ.JSG. 15—2021，光伏发电工程质量控制要点［S］. 2021.

[3] 姚谏. 建筑结构静力计算实用手册（第三版）［M］. 北京：中国建筑工业出版社，2021.

作者简介

刘超宝（1979—），男，工程师，主要从事新能源总承包业务。E-mail：414836576@qq.com

王迎春（1971—），男，正高级工程师，主要从事新能源技术研发工作。E-mail：717449343@qq.com

戴松涛（1981—），男，工程师，主要从事新能源总承包业务。E-mail：55868932@qq.com

郭　辉（1980—），女，工程师，主要从事新能源土建设计工作。E-mail：20718131@qq.com

n 型单晶硅片的电阻率和扩散方阻对 IBC 太阳电池电性能的影响

刘洪东[1]　宋　标[1]　高艳飞[1]　董忠吉[1]　屈小勇[2]

高嘉庆[2]　张兴发[1]　杨凯舜[1]

（1. 青海黄河上游水电开发有限责任公司西宁太阳能电力分公司，青海省西宁市　810000;
2. 青海黄河上游水电开发有限责任公司西安太阳能电力分公司，陕西省西安市　710100）

[摘　要] 叉指背接触式（IBC）太阳电池因正面没有金属栅线遮挡，具有较高的短路电流，组件外观更加美观。但由于 IBC 太阳电池正负电极在背面交叉式分布，在制备过程中需要采用光刻掩模技术进行隔离，难以实现大规模生产。采用 Quokka 软件仿真模拟了电阻率和扩散方阻对 n 型 IBC 太阳电池效率的影响，并对不同电阻率和扩散方阻的电池片进行了实验验证，从 n 型单晶硅片电阻率的选择和扩散工艺优化方面为 IBC 太阳电池的规模化生产提供了理论基础。实验结果表明，电阻率为 3～5Ω·cm、扩散方阻为 70Ω/□时，小批量生产的 IBC 太阳电池平均光电光电转换效率可达 23.73%，开路电压为 693mV，短路电流密度为 42.44mA/cm^2，填充因子为 80.69%。

[关键词] 叉指背接触式（IBC）太阳电池；单晶硅；扩散方阻；光刻掩模技术；光电光电转换效率

0　引言

目前市场晶体硅电池主要以 p 型和 n 型单晶硅电池为主。1997 年，Schmidt J 等人[1]证实了 Cz 硅电池出现的光致衰减是硼氧复合导致，n 型单晶硅片由于含硼少，所以光致衰减小。2006 年，Cottor J.E 等人[2]通过理论计算和实验验证比较了 p 型和 n 型单晶硅电池，指出对于原料中的各种杂质、缺陷，n 型单晶电池依旧表现出了稳定的复合率和电学特性。同时，n 型单晶电池对 Fe、Cr、Co、W、Cu、Ni 等金属离子也有更大的容忍性[3]。其次，很重要的一点是 n 型电池片的少子寿命比 p 型电池片更长[4]，这将有助于高效晶体硅电池的研究。因此，以 n 型单晶硅为主的 n 型钝化发射区背面全扩散电池（n～PERT）、n 型叉指背接触电池（Interdigitated back contact，IBC）、n 型钝化接触太阳电池（TOPCon）等新型高效晶硅电池成为研究热点[5]，开拓了新的高效太阳电池发展之路。

IBC 太阳电池是光电转换效率最高的几种晶体硅电池之一，最早由 Lammert 和 Schwartz 提出[6, 7]。电池正负电极在背面呈交叉式分布，为金属栅线优化设计提供了更大的技术空间。正面由于没有金属栅线的遮挡，完全消除了遮光损失[8]，具有更高的短路电流，结合前表面场（FSF）设计也可以带来开路电压的增益，而且组件外观更加美观，备受国内外研究所和各大企业的关注。2014 年，美国 Sunpower 公司[9]采用点接触和丝网印刷技术，将 n 型 Cz 硅片上制备的大面积 IBC 电池效率提升到了 25.2%。2014 年 6 月，日本松下公司[10]在 IBC 电池基础上结合异质结技术将太阳电池效率提升到了 25.6%。2018 年，德国哈梅林研究所（ISFH）与汉诺威大学[11]利用激光接触孔和局部多晶硅金属接触技术，将面积为 4cm^2 的 p 型 POLO-IBC 太阳电池效率提升到了 26.1%。2020 年 T.C.Kho[12]等人通过出色的 SiO$_2$-SiN$_x$-SiO$_x$（ONO）表面钝化膜结构，也将 IBC 太阳电池的光电转换效率提升到了 25%，为 IBC 太阳电池工艺流程简化提供了支持。2017 年，天合光能[13, 14]通过自主研发在 6in 全面积上将 IBC 电池效率提升到了 24%。2019 年，常州天合光能公司通过对电池背面的接触模式设计优化，在 6in n 型单晶硅片上制造的 IBC 电池效率达到 25.04%。2019 年 12 月，国家电投集团太阳电力有限公司[16]国内第一条 200MW n 型 IBC 电池车间成功下线，2020 年 2 月，量产平均效率达到 23.22%，2020 年 5 月底，IBC 电池最高光电转换效率已经突破 24.2%，量产平均效率也达到了 23.6%[17]。

由于 IBC 电池工艺流程复杂，难以实现大规模生产，国内大多数企业基本处于研发和试线阶段[18]。一般的太阳电池，主要由正表面发射极和背表面场（BSF）进行光生载流子的收集。对于 IBC 电池来讲，发射极和 BSF 在背面呈交叉式分布，p 型发射极上方所产生的电子至少横向扩散发射极一半宽度的距离才能被 BSF 收集，因此，IBC 电池对基体要求极为严格。高电阻率的 n 型单晶硅由于掺杂浓度低、缺陷少，具有高少子寿命的优点，一般作为制作 IBC 电池的首选，但是高电阻率硅片又会影响电池欧姆接触，导致接触电阻偏高，影响电池效率。因此，需要针对不同电阻率硅片，通过优化扩散方阻，来解决高电阻率硅片带来的接触电阻偏高的问题。然而，对于 IBC 电池来讲，较佳的前表面掺杂质量并不会显示出明显的效率提高[19]，因此本文仅研究电阻率和硼扩散方阻对太阳能电池电性能的影响，磷扩散采用 140Ω/□ 高方阻设计[20-21]。

本文采用 Quokka 软件模拟了不同电阻率和硼扩散方阻对 IBC 电池电性能参数造成的影响，然后对实验单晶硅片根据不同电阻率情况进行分组，进行不同电阻率和扩散方阻对太阳电池片电性能影响的实验研究，实验结果为 IBC 电池产线的 n 型单晶硅片原材料的选择和硼扩散方阻优化设计提供了技术支持。

1 模型建立

图 1 所示为 IBC 电池单元结构图，以 n 型单晶硅为衬底，衬底厚度为 170μm。电池正面为 N 型前表面场（FSF），电池背面 P 型发射极（Emitter）和 N 型背表面场（BSF）交叉分布，在 P 型发射极和 N 型背表面场表面覆盖金属电极。

2 软件仿真与结果分析

本文采用 Quokka 软件仿真在电阻率为 1、2、5、8Ω·cm 和 10Ω·cm 的 n 型单晶硅片表面进行硼扩散，扩散温度为 960 ℃，扩散时间为 5～30min，模拟控制电池背面 P 型发射极区方阻在 55、70、85Ω/□ 和 100Ω/□ 时对 IBC 电池电性能的影响。本文所采用单元电池结构宽度为 1000μm，其中，背表面场半宽度为 150μm，发射极半宽度为 775μm，隔离区宽度为 75μm，金属接触半宽度为 50μm[22]。太阳电池结构的主要取值参数见表 1[23]。

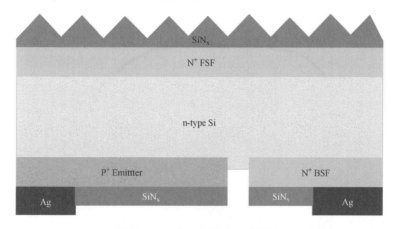

图 1　IBC 太阳电池单元结构图

表 1　　　　　　　　　　　　　主　要　结　构　参　数 [23]

结构参数	数值
外部串联电阻（Ω）	0.051
外部并联电阻（Ω）	1×10^5
正面光照射角度（°）	45
前表面非接触复合电流（fA）	4.6
磷扩散区接触复合电流（fA）	202
磷扩散区非接触复合电流（fA）	5.2
硅片基体厚度（μm）	170

用清洗工艺去除单晶硅片表面损伤层，根据单晶硅各向异性原理，将单晶硅片在 KOH 溶液中双面制绒，形成表面"金字塔"结构，并通过等离子体增强化学气相沉积法（PECVD）形成 SiN$_x$ 的钝化层，采用量子响应测试仪和积分反射仪 HITACH UH4150 进行太阳电池光谱响应和反射率测试，太阳电池量子效应和反射率如图 2 所示。光谱响应和反射率测试结果作为 IBC 电池表面仿真光学模块重要参数。

图 3 所示为不同电阻率和扩散方阻对 IBC 太阳电池光电转换效率（η）的仿真结果，可以看出，当电阻率为 1、2Ω·cm，方阻为 55~100Ω/□ 范围内时，随着方阻的不断增大，电池效率呈现先显著增大后缓慢减小的趋势，光电转换效率总体偏低，且效率波动较大。电阻率为 5、8Ω·cm 的电池片效率在 23.7% 左右，且相对稳定（<0.2%）。当电阻率为 10Ω·cm，方阻在 70~100Ω/□ 范围时，随着方阻的不断增大，光电转换效率不断下降，最终，当方阻为 100Ω/□ 时，电池效率降低至 23.47%。总体表现出 IBC 太阳电池光电转换效率对低电阻率硅片更敏感的特征。这主要是因为 IBC 电池发射极、背场和金属栅线均位于电池背面，基体产生的光生载流子需要从产生位置扩散到电池背面 pn 结区和发射区，才能被有效分离和收集。因此，对于不同电阻率硅片，电池效率表现出了较大的差异。同时，为了保证发射极和

金属栅线形成良好的欧姆接触，减小接触电阻，一般采用低方阻重掺杂扩散方式，但是重掺杂又会导致发射极载流子复合，并且增加表面复合速率，因此，在不同扩散方阻情况下，电池效率也表现出了效率差异。

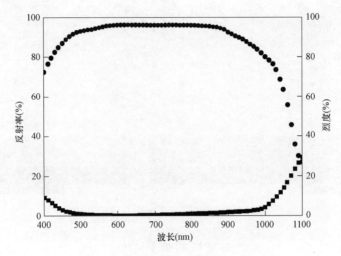

图2　IBC 太阳电池量子效应和反射率

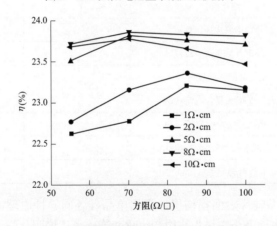

图3　不同电阻率和方阻对太阳效率的影响

3　实验

采用德国 GP 公司的全自动方阻测试仪对 n 型单晶硅片电阻率进行测试，根据测试电阻率情况将电池片分为 0.5～1、1～2、3～5Ω·cm 和 6～8Ω·cm 四组。首先，采用清洗工艺去除硅片表面损伤层，形成双面绒面结构，然后在硼扩散温度为 960℃的条件下，扩散时间在 5～30min 变化，将扩散方阻分别控制在 55、70、85Ω/□ 和 100Ω/□ 左右。并在电池前表面进行磷扩散形成 FSF 结构，紧接着采用光刻掩模技术将电池背面设计成 P 型发射极和 N 型 BSF 交叉分布的图形，其次，在太阳电池正反面进行等离子体增强化学气相沉积法（PECVD）沉积 SiN_x 减反射膜，最终印刷正负极栅线制成电池片。实验所用 n 型单晶硅片尺寸为 158.75mm×158.75mm，厚度为 170μm。

3.1　扩散测试结果与分析

对电阻率为 0.5～1、1～2、3～5Ω·cm 和 6～8Ω·cm 四组 n 型单晶硅片分别进行双面方阻为 55、70、85Ω/□ 和 100Ω/□ 扩散工艺，并采用等离子体增强化学气相沉积法制备 SiN$_x$ 减反射膜，形成双面对称结构，经过高温退火后，采用少子寿命测试仪 Sinton WCT120/Suns V$_{oc}$ 进行少子寿命和饱和电流密度电性能测试。

图 4 所示为电阻率和扩散方阻对 IBC 太阳电池少子寿命的影响，可以看出，随着硅片电阻率的增大，少子寿命逐渐提升。图 5 所示为电阻率和扩散方阻对 IBC 太阳电池饱和电流密度（J_0）的影响，可以看出，随着硅片电阻率和扩散方阻的增大，饱和电流密度逐渐下降，且扩散方阻对饱和电流密度的影响更大。同时，开路电压（V_{oc}）和饱和电流密度的关系为 $V_{oc}=(kT/q)\ln(J_{sc}/J_0+1)$[24]，式中 J_0 为饱和电流密度，为了提高 V_{oc}，也必须要尽可能地减小饱和电流密度。

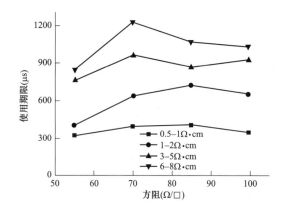

图 4　电阻率和方阻对 IBC 太阳电池少子寿命的影响

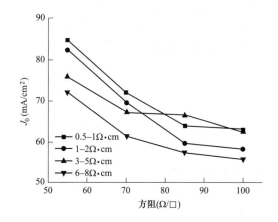

图 5　电阻率和方阻对 IBC 太阳电池饱和电流密度的影响

3.2　测试结果与分析

对电阻率为 0.5～1、1～2、3～5Ω·cm 和 6～8Ω·cm 四组 n 型单晶硅片按照工艺流程分别制备 IBC 太阳电池样片，然后在 AM1.5、25℃条件下，采用稳态光源（1000W/m²）进行电性能测试，电阻率和扩散方阻对 IBC 太阳电池电性能的影响如图 6 所示，图中 FF 为填充因子。图 6（a）所示为电阻率和扩散方阻对 IBC 太阳电池开路电压的影响，可以看出，电阻率为 6～8Ω·cm 时，开路电压可达到 700mV 左右，相比于电阻率为 0.5～1Ω·cm 的电池片，开路电压高出 5～10mV。这主要是因为电阻率越高，基体缺陷越少，更多的光生载流子可以被有效分离和收集，开路电压明显提升。然而，与图 5 电阻率和扩散方阻对 IBC 太阳电池饱和电流密度的影响对比发现，随着方阻的增大，开路电压并没有出现与饱和电流密度相对应的变化趋势，造成这种情况可能是因为，为简化产线工艺流程，降低成本，目前的 IBC 太阳电池制作工艺，在隔离区存在一定的漏电。图 6（b）所示为电阻率和扩散方阻对 IBC 太阳电池短路电流的影响，可以看出，短路电流密度随电阻率和扩散方阻的变化情况基本与少子寿命变化趋势一致。当电阻率小于 2Ω·cm 时，短路电流密度受扩散方阻影响较大，随着电阻率的增大，短路电流密度逐渐提升，当电阻率大于 6Ω·cm 后，短路电流密度趋于稳定，基本不受扩散方阻影响，IBC 太阳电池短路电流密度最高也可达到 42.54mA/cm^2。这主要是因为低电阻率硅片掺杂浓度高，硅片表面和基体缺陷多、复合大，导致短路电流较低，随着扩散方阻的增大，并且结合 SiN$_x$ 薄膜良好的钝化和减反射效果，使表面缺陷有所改善，复合机率减小，短路电流也逐渐提升。同时，由于 IBC 电池正面无栅线遮挡，受光面积增大，因此，相较于常规太阳来说，IBC 电池在短路电流方面也有着无法比拟的优势。

图 6（c）所示为电阻率和扩散方阻对 IBC 太阳电池填充因子的影响，可以看出，电阻率小于 2Ω·cm，方阻为 55～85Ω/□时，随着扩散方阻的增大，填充因子逐渐提升，而电阻率大于 6Ω·cm 时，填充因子则与扩散方阻成反比，当电阻率为 3～5Ω·cm 时，填充因子随扩散方阻变化波动较小，且更具稳定性。这主要是因为填充因子受串联电阻和并联电阻影响，而串联电阻又由金属电极和硅材料的接触电阻（欧姆接触）、硅基体的体电阻和电极电阻三部分组成。对于电阻率小于 2Ω·cm 的电池片，由于基体重掺杂，体电阻较低，有利于串联电阻的优化，但会造成并联电阻下降，随着扩散方阻的增加，表面缺陷减少、复合率降低，并联电阻也将有所改善，并获得一个较佳的填充因子（81.06%），然而，电阻率大于 6Ω·cm 的电池片，由于基体轻掺杂，体电阻较大，当方阻为 55～100Ω/□时，随着扩散方阻的增大，表面浓度降低，接触电阻增大，填充因子也逐渐下降。

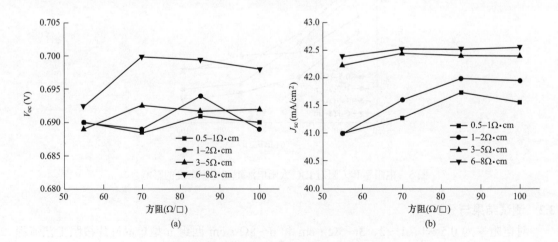

图 6 电阻率和方阻对 IBC 太阳电池电性能的影响（一）

（a）对开路电压的影响；（b）对短路电流的影响

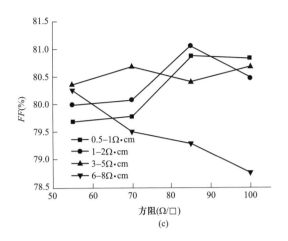

图6　电阻率和方阻对 IBC 太阳电池电性能的影响（二）

（c）对填充因子的影响

图7给出了电阻率为3～5Ω·cm，扩散方阻为70Ω/□时，IBC 太阳电池的 J-V 和 P-V 特性曲线。电池的 J_{sc} 为 42.44mA/cm^2，V_{oc} 为 0.693V，FF 为 80.69%，最大功率（P_{mpp}）为 5.98W，最大功率点电流（J_{mpp}）为 40.08mA/cm^2，最大功率点电压（V_{mpp}）为 0.592V，光电转换效率 η 为 23.73%。

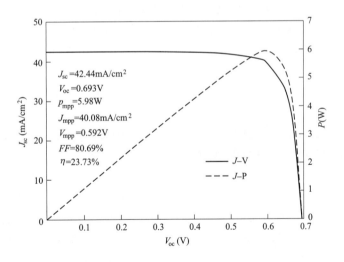

图7　IBC 太阳电池 J～V 和 P～V 曲线

3.3　软件模拟结果和实验结果对比

图8给出了电阻率为5Ω·cm 时的仿真数据与电阻率为3～5Ω·cm 时的实验结果对比图，可以发现，仿真模拟与实验所测效率随着电阻率和扩散方阻的变化趋势基本一致，然而仿真模拟效率要高于实验验证效率。这是由于仿真模拟结果过于理想化，而实验受工艺环境因素较大，导致实验数据与仿真结果出现一定偏差。

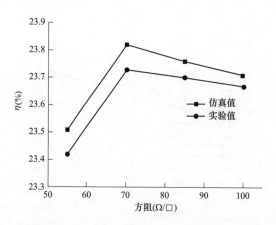

图 8　软件仿真和实验验证电阻率和方阻对效率的影响对比

4　结语

本文利用 Quokka 软件模拟了不同电阻率和扩散扩散方阻对 n 型 IBC 太阳电池效率的影响，并进行了实验验证。通过仿真模拟和实验结果进行对比，结果表明，单晶硅片电阻率越高，少子寿命越高。当电阻率一定时，随着扩散方阻的不断增大，饱和电流密度不断减小。同时，在电阻率小于 $2\Omega \cdot cm$ 时，短路电流密度、填充因子和光电转换效率随着扩散方阻呈现先显著增大后缓慢减小的趋势。在电阻率大于 $6\Omega \cdot cm$ 时，开路电压和短路电流密度分别可达到 700mV 左右和 $42.54mA/cm^2$，而填充因子与扩散方阻成反比。当电阻率为 $3\sim5\Omega \cdot cm$、扩散方阻为 $70\Omega/\square$ 时，IBC 太阳电池的短路电流密度为 $42.44mA/cm^2$，开路电压为 0.693V，填充因子为 80.69%，平均光电转换效率可达 23.73%。

参考文献

[1] SCHMIDT J，ABERLE A G，HEZEL R. Investigation of carrier lifetime instabilities in Cz-grown silicon ［C］//Piscataway. 26th IEEE PVSC. new York，USA，1997.

[2] COTTER J E，GUO J H. P-Type Versus n-Type Silicon Wafers：Prospects for High-Efficiency Commercial Silicon Solar Cells ［J］. IEEE Transactions on electron devices，2006，53（8）：1893-1901.

[3] MACDONALD D，GEERLIGS L J. Recombination activity of interstitial iron and other transition metal point defects in p-and n-type crystalline silicon ［J］. Applied Physics Letters，2004，85（18）：4061-4063.

[4] GLUNZ S W，REIN S，LEE J Y，WARTA W. Minority carrier lifetime degradation in boron-doped Czochralski silicon ［J］. Journal of Applied Physics，2001，90（5）：2397-2404.

[5] 中国可再生能源学会光伏专业委员会. 2020 年中国光伏技术发展报告——晶体硅太阳电池研究进展（8）［J］. 太阳能，2021（05）：7-11.

[6] SCHWARTZ R J，LAMMERT M D. Silicon solar cells for high concentration applications［C］//Proceedings of the IEEE International Electron Devices Meeting，Washington D. C.，USA，1975：350-352.

[7] LAMMERT M D AND SCHWARTZ R J. The Interdigitated Back Contact Solar Cell：A Silicon Solar Cell for Use in Concentrated Sunlight ［C］//IEEE Transactions on Electronic Devices，1977：337-342.

［8］OSULLIVAN B J，DEBUCQUOY M，SINGH S，et al. Process simplification for high efficiency，small area interdigitated back contact silicon solar cells［C］// Proceedings of the 28th EU PVSEC，Paris，France，2013：956-960.

［9］ROSE D，RIM S. Development and production of high performance silicon cells for PV panels and LCPV systems［J］. IEEE PVSC，2014：491-494.

［10］KEIICHIRO M，MASUKO S，TAIKI H，et al. Achievement of More Than 25% Conversion Efficiency With Crystalline Silicon Heterojunction Solar Cell［J］. IEEE Journal of Photovoltaics，2014，4（6）：1433-1435.

［11］HAASE F，HOLLEMANN C，SCHFER S，et al. Laser contact openings for local poly-Si-metal contacts enabling 26.1%-efficient POLO-IBC solar cells［J］. Solar Energy Materials and Solar Cells，2018，186：184-193.

［12］KHO T C，FONG K C，STOCKSM，et al. Excellent ONO passivation on phosphorus and boron diffusion demonstrating a 25% efficient IBC solar cell［J］. Progress in Photovoltaics，2020，28（10）：1034-1044.

［13］XU GC，YANG Y，ZHANG XL，et al.6 inch IBC cells with efficiency of 23.5% fabricated with low-cost industrial technologies［C］//Proceedings of the 43rd IEEE Photovoltaic Specialists Conference（PVSC）. Portland，USA，2016：3356-3359.

［14］X F. 0509. 天合光能 IBC 电池效率超过 24%［J］. 军民两用技术与产品，2017（11）：35.

［15］XU G C，DENG M Z，CHEN S，et al. 25% cell efficiency with integration of passivating contact technology and interdigitated back contact structure on 6" wafers［C］//Proceedings of the 46th IEEE Photovoltaic Specialists Conference（PVSC），Chicago，IL，USA，2019：1452-1455.

［16］黄河水电 IBC 电池量产平均效率达 23%［EB/OL］.（2019-12-30）［2020-07-06］. https：// www. ne21. com/news/show-118340. html.

［17］中国首条量产规模 IBC 电池及组件生产线电池量产平均效率突破 23.6%［EB/OL］.（2020-06-05）［2020-07-06］. http：// www. nengyuanjie. net/article/37324. html.

［18］席珍珍，吴翔，屈小勇，等. IBC 太阳电池技术的研究进展[J]. 微纳电子技术，2021，58（05）：371-378+415.

［19］PROCEL P，INGENITO A，DE ROSE R，et al. Opto-electrical modelling and optimization study of a novel IBC c-Si solar cell［J］. Progress in Photovoltaics：Research and Applications，2017，24（6）：452-469.

［20］董鹏. 高效 N 型背接触太阳电池工艺研究［D］. 西安：西安电子科技大学，2019.

［21］高嘉庆，屈小勇，郭永刚. 离子注入技术在单晶硅太阳电池上的应用［J］. 微纳电子技术，2019，56（12）：1022-1027.

［22］郭永刚，高嘉庆，屈小勇，等. n 型叉指背接触太阳电池背面结构参数研究［J］. 微纳电子技术，2020，57（11）：865-870.

［23］胡林娜，郭永刚，屈小勇，等. 基于 Quokka 优化叉指背接触太阳电池的效率［J］. 微纳电子技术，2019，56（12）：965-969.

［24］刘恩科，朱秉升，罗晋生. 半导体物理学［M］. 北京：电子工业出版社，2017.

作者简介

刘洪东（1996—），男，助理工程师，主要从事高效晶体硅太阳电池研究工作。E-mail：18809462140@163.com

退役光伏组件回收技术探讨

杨振英 董 鹏 郭永刚 左 燕 常洛嘉 杨紫琪

（青海黄河上游水电开发有限责任公司太阳能电池及组件研发实验室，
青海省西宁市 810007）

[摘 要] 从单玻组件的组成结构入手，分析了退役光伏组件中各材料成分所占比例、回收的必要性及回收工艺的核心问题；对比分析了物理法、化学法以及物理化学结合法 3 种不同核心材料分离方法的基本工艺过程、优点和劣势，为未来退役光伏组件高效回收利用方案选择提出了建议，同时展望了未来退役光伏组件回收的发展方向。

[关键词] 太阳能电力；退役光伏组件；回收利用；回收率

0 引言

随着太阳电池转换效率的逐步提升、组件功率的不断提高、光伏电站度电成本的持续下降，光伏电站建设规模和数量不断扩增，尤其在我国"30～60""双碳"目标政策的推动下，光伏和风电将成为我国未来能源供应的主力军。截至 2020 年年底，我国太阳能累计并网装机容量达到 253GW，全年光伏发电量为 1605 亿 kWh，约占全国全年总发电量的 3.5%[1]。

对于光伏电站来说，光伏组件有效使用周期为 25～30 年，但因水汽氧化以及紫外线辐射等不利气候因素影响会加速光伏组件材料老化、电性能衰减甚至失效[2]，导致一些组件达不到有效使用周期就提前退役。随着大规模光伏电站的逐年投入运行，退役光伏组件的数量将逐年增加，退役组件的处理和回收问题将日趋凸显。从第一批特许权项目以及金太阳工程投入运行算起，我国首批大规模投产的光伏组件运行接近 15 年。2013 年市场上组件主流功率为 250W 左右，以该组件的重量计算，1GW 组件约 8 万 t。截至 2013 年年底，我国累计光伏装机约 19.2GW，到 2038 年将累计产生约 153 万 t 的退役组件[3]。而退役光伏组件处理不当，不仅会造成垃圾堆放、资源浪费，还会因光伏组件中的重金属和含氟背板等材料带来严重的环境污染隐患。

2021 年 9 月 10 日国家发展改革委向社会公开征集《中华人民共和国循环经济促进法》修订意见和建议，其中对废旧物资特别是光伏组件、风机叶片等专门提出进行回收体系建设的要求。因此，从国家政策层面看，针对退役组件回收技术的探索及产业化应用研究已迫在眉睫。本文主要从光伏组件的组成和结构入手，总结了国内外退役光伏组件不同回收技术的基本工艺过程，并对各种技术特点进行评估和分析，为未来光伏组件回收产业的成熟发展提供技术指导和参考。

1　光伏组件结构及成分

常规晶体硅光伏组件主要有单玻组件和双玻组件（如图 1 所示），前期光伏电站建设主要以单玻组件为主，因此，目前国内外科研机构和企业探索研究的多为单玻组件回收技术。

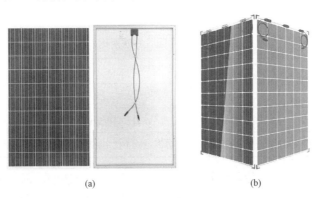

图 1　晶硅光伏组件示意图

（a）单玻组件；（b）双玻组件

单玻组件为 5 层"三明治"结构，制备时按照从上到下分别为钢化玻璃、有机胶膜、太阳电池串、有机胶膜、背板的顺序，在一定温度和压力条件下将其层压为一个有机整体的层压件，再将铝型材与层压件组装成为光伏组件，最后在组件背面安装带有旁路二极管的接线盒，形成光伏组件的正负极引出端子。

单玻组件采用含铁量低于 0.015% 的钢化玻璃来增强组件的透光性、密封性和机械强度；采用有机胶膜［单玻组件多为乙烯—醋酸乙烯酯共聚物（EVA）］，在熔融状态下将钢化玻璃、太阳电池串和背板紧密黏结成层压件，并在层压件四周采用硅胶或胶带密封、同时组装边框（多为铝型材），再采用硅胶在背面粘贴上接线盒。因此，单玻组件结构中的主要材料成分包括来自钢化玻璃的 SiO_2，来自边框的铝合金，来自有机胶膜和背板的有机物，来自太阳电池串、接线盒及其引出线的硅粉、铜、锡、银等金属。各成分材料重量分数见表 1。

表 1　　　　　　　　　　　　　　单玻组件材料成分[3]

项目	银栅线	铝背场	硅片	背板	有机胶膜	铝型材	钢化玻璃
质量（kg）	0.01	0.11	0.82	0.83	1.6	4.2	16.1
质量比例（%）	0.05	0.46	3.46	3.51	6.76	17.74	68.02

由表 1 可以发现，单玻光伏组件中质量占比居前的 3 种材料分别为钢化玻璃、铝型材和有机胶膜；而光伏组件 80% 的价值主要是制造太阳电池的材料，特别是铜、银和硅粉是回收价值最高的材料，因此，单玻晶硅退役光伏组件的回收过程，主要是钢化玻璃、有机胶膜、金属、硅材料的回收利用。相对而言，光伏组件的铝边框和接线盒拆卸较为方便，最核心的问题是找到有机胶膜溶解或融胀而进行组件拆解的有效途径[4]。

2 方法与讨论

对于消除退役光伏组件有机胶膜黏结强度、各层核心材料回收的分离技术，根据目前在回收过程中采用的工艺过程，主要分为物理法、化学法和物理化学结合法三大类。退役光伏组件回收方法对比见表 2。

表 2 退役光伏组件回收方法对比表

回收方法	分类	核心层分离工艺	优点	缺点
机械破碎法	物理法	机械破碎工艺	能耗低、工艺简单	回收率低、回收材料纯度低
化学溶解法	化学法	化学浸泡工艺	能耗低、直接利用率高	反应周期长、化学废液较多
热处理法	物理化学结合法	热处理工艺	分离过程不使用化学试剂	高温耗能、产生微量废气

物理法主要采用物理手段使各种材料分离。先把已拆除接线盒和铝边框的光伏组件采用机械方法破碎为颗粒，再通过物理方法分离玻璃和焊带，然后通过研磨工艺分离出金属、硅材料粉末、有机胶膜和背板颗粒等。物理法回收得到的材料纯度较低，且多为几种材料的混合物，无法实现光伏组件中单一组分材料的完全分离。该方法优点是整个过程中不使用化学试剂、不产生有害气体，对环境友好；工艺简单、操作方便，易于实现；主要问题在于耗能高、回收纯度低、回收材料可直接利用性差。

化学法一般采用有机或无机溶剂溶解有机胶膜，将光伏组件中的各成分分离。先将已拆除接线盒和铝边框、去除背板的光伏组件使用有机溶剂浸泡，使有机胶膜产生融胀，从退役光伏组件中先分离出钢化玻璃，再通过热处理的方法除去有机胶膜，将得到的电池串浸泡在化学腐蚀溶液中，在室温下添加表面活性剂，回收得到一定纯度的硅粉、金属材料等。此方法可实现性强、回收材料利用率较高，但化学反应周期较长、过程复杂、回收效率差。另外，有机胶膜融胀后太阳电池容易破裂，且会产生有机废液，处理难度大，产生的有害气体危害环境，不适于大规模生产。

物理化学结合法主要使用高温工艺分解有机物，从而使组件各部分进行分离、再使用化学试剂利用化学反应进行回收。先把已拆除接线盒和铝边框、去除背板的光伏组件放进管式炉或马弗炉中，通过加热的方式将有机胶膜去除干净，首先分离出电池串、玻璃等，再将分离后的电池串经过湿法化学工艺，分离出背场铝、电极银、减反膜和 PN 结，最终得到一定纯度的硅粉、金属材料。该方法处理工艺较为复杂，回收系统能耗较高；高温工艺会产生有害气体、给环境保护带来一定压力。其最大的优点是产生化学废液量较少，材料回收率及纯度较高。

综上，无论物理法、化学法还是物理化学结合法，优缺点不尽相同，技术可行性、工艺可实现性、环境友好性和产业化经济性方面各有不同，因此光伏组件整个回收工艺集成方案也会有所差异。而在核心层分离后太阳电池中金属材料、硅材料回收过程中，目前行业内共用的方案除大颗粒金属材料有的采用筛分方法分离外，大多采用化学溶液法通过化学反应置换出金属单质或生成金属化合物的方法分离金属和回收硅材料。有研究表明，退役光伏组件中硅材料的提纯采用为 NaOH 溶液与太阳电池反应、HNO_3 溶液与太阳电池反应，可实现金属

铝、银与硅材料的分离和回收，且可得到纯度为 99.9% 以上的硅材料、回收率可达到 90%
以上[5]。

3　结语

随着第一批光伏电站组件退役期逐渐临近、退役组件数量不断增加、环境生态保护政策
和法律法规逐步完善，退役光伏组件回收形势将日趋严峻。作为目前业内研究较多的物理
法、化学法和物理化学结合法，均存在优点和劣势，且无法通过单一方法实现组件中材料的
高效回收和利用。因此，科研机构、组件回收企业在选择回收系统集成方案时，不仅要考虑
技术可行性、工艺可实现性和产业化经济性，更要考虑环境友好性、兼顾组件回收过程中废
水废气废液处理、防尘降噪和环境保护，实现光伏组件中材料高效回收利用的同时，不对环
境带来新的压力和挑战。另外，随着 2020 年以来双玻组件因抗水汽渗透能力好、正背面可同
时发电等优势开始被广泛应用于大型光伏电站和分布式光伏电站建设，将为未来退役光伏组
件回收带来新的课题——双玻组件回收技术探索和研究。

参考文献

[1] 王勃华. 中国光伏产业发展路线图（2020 年版）[R]. 北京：中国光伏产业协会，2021.
[2] 李晓彤，刘欢，由甲川，等. 晶硅光伏组件中乙烯—醋酸乙烯酯共聚物（EVA）回收可行性研究 [J]. 能
　　源与环保，2021，7（7）：166-175.
[3] 殷爱鸣. 废弃光伏组件回收现状与趋势 [J]. 分布式能源，2021，6（3）：76-80.
[4] 赵若楠，董莉，乔琦，等. 考虑处置阶段的光伏组件生命周期评价 [J]. 环境工程技术学报，2021，4
　　（7）：807-813.
[5] 马昀锋，韩金豆，何银凤，等. 晶硅光伏组件回收中硅材料提纯产业化研究 [J]. 有色金属（冶炼部分），
　　2021，1（1）：29-33.

作者简介

杨振英（1984—），男，工程师，主要从事太阳电池、光伏组件产品及回收技术研究。E-mail：
yzhy0315@163.com
董　鹏（1983—），男，高级工程师，主要从事光伏电池技术研究及生产管理。E-mail：dongpeng@spic.com.cn
郭永刚（1985—）男，工程师，主要从事光伏电池技术研究及生产管理。E-mail：chris.gyg@163.com
左　燕（1978—），女，高级工程师，主要从事光伏电池组件技术研究。E-mail：106779601@qq.com
常洛嘉（1995—），男，助理工程师，主要从事光伏组件产品及回收技术研究。E-mail：547348534@qq.com
杨紫琪（1990—），女，工程师，主要从事光伏组件产品及回收技术研究。E-mail：569414258@99.com

海上风电新型半潜式风机动力响应特性研究

李　阔　胡中波　刘欣怡　刚　傲

（中国电建集团成都勘测设计研究院有限公司，四川省成都市　611130）

[摘　要] 近年来，海上风电行业飞速发展，全球范围内正积极推进大型海上风电机组、漂浮式海上风电等深远海技术研发和创新。本文概念性地提出了一种适用于10MW风电机组的新型半潜式浮式基础，采用 SESAM 软件建立了半潜式基础的水动力数值模型，对基础的水动力性能开展研究。采用 FAST 软件建立了"风机—塔筒—浮式基础—系泊系统"时域耦合分析模型，对浮式风机在风、浪、流荷载联合作用下的动力响应特性开展研究。结果表明，新型半潜式风机的自振频率能够较好地避开常见的海浪频率及风机自转引起的振动频率，在不同工况下的运动响应和锚链张力均具有较好的表现，该基础在深远海浮式风电开发中具备一定的推广应用价值。

[关键词] 海上风电；半潜式风机；耦合动力响应

0　引言

现阶段，海上风电的工程项目多位于近海、浅海海域，在机组容量不断增大、近岸风资源不断减少的趋势下，浮式风机逐渐发展，趋于成熟，将为海上风电走向深远海提供解决方案。目前主流的浮式风机基础主要有四种：Spar 式、半潜式、TLP 式和驳船式。其中，半潜型基础因其结构简单、施工方便，在技术成熟度还是工程可行性上都是一种较好的选择。Cermelli 等人[1]的研究证明，三角形的半潜式平台具有较好的运动性能。Luan 等人[2]提出了一种适用于 200m 水深的 5MW 无支撑半潜式风机，通过数值模拟分析了其完整稳性和风浪荷载下的动力响应；Cao 等人[3]以 DTU-10MW 半潜式风机为研究对象，研究了浮式风机系统在风浪联合作用下的二阶响应；邓慧静[4]针对 NERL-5MW 风机设计了一种三浮筒半潜式基础，并设计了系泊系统的最佳方案。

本文概念性地提出了一种 10MW 级半潜式浮式风机，建立了"风机—塔筒—浮式基础—系泊系统"耦合数值模型，在频域内研究了其水动力特性，在时域范围内对其典型工况下的耦合动力响应特性进行研究。

1　基本理论

1.1　浮式风机系统耦合动力方程

浮式风机是一个由叶片、机舱 塔筒、基础及系泊系统组成的复杂多体系统，在实际运行中会受到风、浪、流等多种环境荷载的作用，直接影响风电机组的发电效率。将浮式基础视

为 6 个自由度的刚体，基础的时域运动方程可以表示为[5]

$$(M + M_\infty)\ddot{x} + \int_0^t K(t-\tau)\dot{x}d\tau + Cx = F_{WA}^{(1)} + F_{WA}^{(2)} + F_{WI} + F_{CU} + F_{MR} \tag{1}$$

式中　x、$\dot{x}$、$\ddot{x}$ ——分别为位置、速度和加速度矢量；

$\qquad M$ ——质量矩阵；

$\qquad M_\infty$ ——附加质量矩阵；

$\qquad K$ ——延迟函数矩阵；

$\qquad C$ ——静水恢复力矩阵；

$F_{WA}^{(1)}$、$F_{WA}^{(2)}$ ——分别为一阶和二阶波浪荷载；

$\qquad F_{WI}$ ——风载荷；

$\qquad F_{CU}$ ——流载荷；

$\qquad F_{MR}$ ——系泊荷载。

1.2　空气动力荷载

风轮气动荷载的计算方法主要包括叶素动量理论（BEM）、动态尾流理论（GDW）、涡格法（VLM）以及计算流体力学（CFD）等方法[6]。其中，叶素动量理论是目前应用最为广泛、研究最为成熟的理论[7]，该理论将风轮流动模型简化为一个单元流管，并将流管离散成 N 个环形单元，将叶片沿径向分为有限个微段，称之为"叶素"，计算叶素上受到的升力和阻力，然后将每个叶素的受力进行积分，进而得到叶片所受的气动荷载[8]。本文采用 FAST 软件基于叶素动量理论完成风轮气动荷载的计算。

1.3　水动力荷载

对于海洋环境中运行的浮式风机，波浪是一种主要的环境荷载。作用于大尺度结构（$D/L \geqslant 0.2$；D 为构件的截面特征尺寸，L 为入射波的波长）的波浪荷载计算通常使用三维势流理论[7]。忽略了水流的黏性作用，基于势流理论，波浪荷载分由绕射力、辐射力和流体静力三部分组成，波浪荷载的表达式为

$$F_i^h(t) = F_i(t) - \int_0^t K_{ij}(t-\tau)\dot{\xi}_j(\tau)d\tau - A_{ij}\ddot{\xi}_j + \rho g V_0 \delta_{i3} - C_{ij}^h \xi_j \tag{2}$$

式中　　　　　$F_i^h(t)$ ——绕射力项；

$\int_0^t K_{ij}(t-\tau)\dot{\xi}_j(\tau)d\tau - A_{ij}\ddot{\xi}_j$ ——辐射力项；

$\qquad K_{ij}$ ——延迟函数；

$\qquad \tau$ ——虚拟变量；

$\qquad t$ ——模拟时间；

$\qquad A_{ij}$ ——附加质量矩阵；

$\rho g V_0 \delta_{i3} - C_{ij}^h \xi_j$ ——流体静力项；

$\qquad \rho g V_0 \delta_{i3}$ ——方向竖直向上的静浮力；

$\qquad \rho$ ——海水密度；

$\qquad V_0$ ——平台静止时的排水体积；

$\qquad \delta_{i3}$ ——克罗内克函数的（i，3）分量；

$\qquad C_{ij}^h$ ——静水恢复刚度矩阵。

2 模型建立

2.1 浮式风机模型

新型半潜式浮式风机的风机和塔筒采用丹麦技术大学风能实验室（DTU）设计的 10MW 风力机模型[9]，机组额定功率为 10MW，切入风速为 4m/s，切出风速为 25m/s，额定风速为 11.4m/s，额定转速为 9.6r/min，采用变速变桨控制。

新型半潜式风机基础主体为钢结构，由顶部平台、3 个边立柱、3 个水平浮筒组成，如图 1 所示。风机塔筒安装在顶部平台中心，边立柱内装配有压载水，水平浮筒内部装配混凝土压载，以降低基础重心。基础设计吃水 20.45m，排水量为 10888.3m³。其中边柱直径为 12m，水面以上部分高 7.55m；底部水平浮筒高度为 2m，水平方向上较大的面积起到抑制垂荡响应的效果。基础通过 9 根悬链线锚泊于海底，锚链分为三组，呈对称布置，同组的 3 锚链间水平投影夹角为 20°，根据 DNV 规范[10]的建议，选取公称直径为 97mm 的 R3 级无档锚链。新型半潜式风机主要参数见表 1。

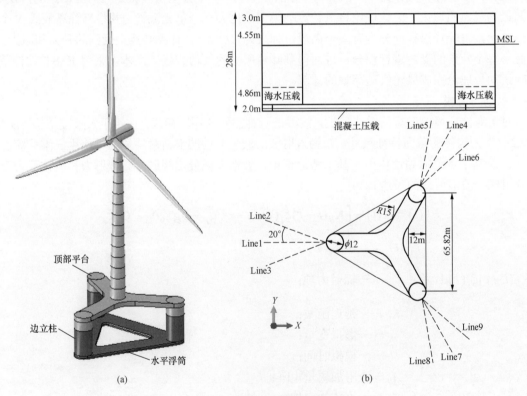

图 1 新型半潜式风机基础

（a）结构示意；（b）尺寸参数

表 1   新型半潜式风机主要参数

参数名称	数值
基础质量	2782.54t

参数名称	数值
系统质心位置	(−0.06，0，−1.57) m
惯性矩 I_{xx}	$1.99×10^{10}$kg・m^2
惯性矩 I_{yy}	$1.98×10^{10}$kg・m^2
惯性矩 I_{zz}	$8.43×10^{9}$kg・m^2
惯性矩 I_{zx}	$7.55×10^{7}$kg・m^2
吃水深度	20.45m
排水量	10888.3m^3

2.2　计算工况

新型半潜式风机的作业水深为 130m，作业工况和生存工况分别对应一年一遇和五十年一遇的海况条件，具体环境参数见表 2，其中风速为轮毂高程 119m 处 10min 的平均风速，风、浪、流作用方向均沿 X 轴正方向。

表 2　　　　　　　　　　　　　环　境　参　数

计算工况	风速（m/s）	有义波高（m）	谱峰周期（s）	表面流速（m/s）
作业工况	11.4	3	10	1.0
生存工况（顺桨停机）	40	14.1	13.3	1.8

3　水动力特性分析

3.1　频域水动力计算

频域水动力计算的目的是分析新型半潜式风机在不同周期的波浪作用下的运动响应规律，得到反映其水动力性能的各项水动力参数，在设计时使基础的固有频率避开波浪能量集中的周期范围，防止发生共振。在 SESAM 中建立水动力模型，考虑结构的对称性，浪向角计算范围选取 0～180°，间隔步长为 30°；波浪周期计算范围为 2～60s，间隔步长 1s；根据文献［11］的建议，取结构临界阻尼的 10%作为结构的黏性阻尼，修正计算结果。

幅值响应算子是表征入射波浪激励与浮式基础运动响应关系的函数，图 2 所示为浮式基础在纵荡、垂荡、纵摇三个自由度上的幅频响应曲线，横坐标为入射波周期，纵坐标为波浪激励下的运动响应幅值。

由于不考虑系泊缆约束，纵荡幅值随着入射波周期的增大而增大。在浪向角为 0°和 180°时，与纵荡方向共线，故纵荡响应幅值最大。垂荡 RAO 曲线在 25s 附近达到峰值，在周期大于 25s 的范围，随波浪周期的不断增大，垂荡响应幅值逐渐接近 1m。在不同波浪入射角下的垂荡响应幅值基本一致。纵摇 RAO 曲线随波浪周期的增大运动响应幅值呈现整体先增大后减小的趋势，在 30s 左右达到峰值，波浪入射方向为 0°和 180°时，对纵摇响应幅值影响最大。

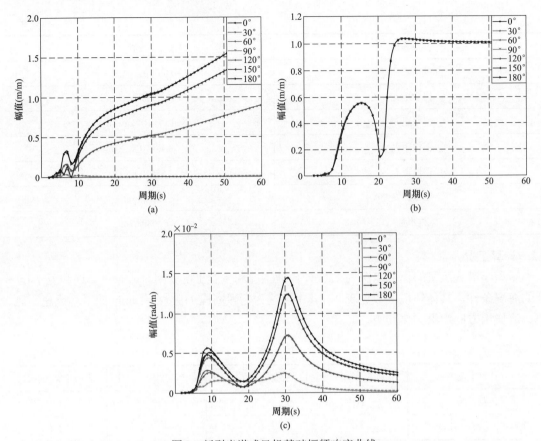

图 2　新型半潜式风机基础幅频响应曲线

（a）纵荡幅频响应曲线；（b）垂荡幅频响应曲线；（c）纵摇幅频响应曲线

3.2　自由衰减分析

为了准确得到新型半潜式风机的固有周期，在无风、无浪的静水环境中进行自由衰减分析，将时程数据通过快速傅里叶变换后得到浮式风机 6 个自由度的固有周期，如图 3 所示。由此看出，浮式风机的垂荡和纵摇周期均大于 20s，能较好地避开海浪能量集中的周期范围，避免共振的发生，结构设计较为合理。新型半潜式风机的固有周期见表 3。

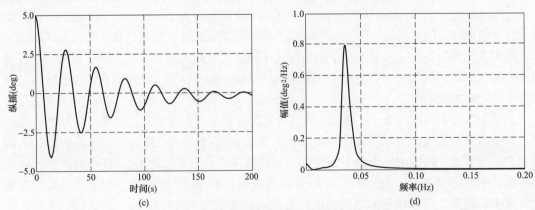

图 3　新型半潜式浮式风机自由衰减时程曲线和功率谱图（一）

（a）垂荡时程曲线；（b）垂荡功率谱图

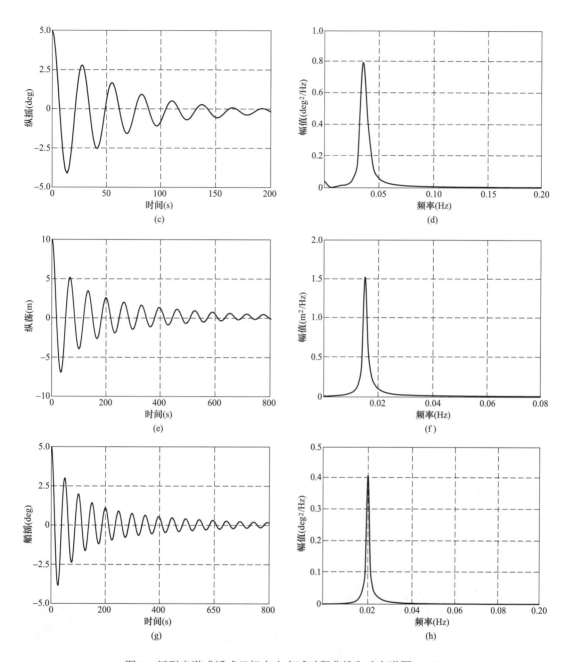

图 3　新型半潜式浮式风机自由衰减时程曲线和功率谱图（二）

（c）纵摇时程曲线；（d）纵摇功率谱图；（e）纵荡时程曲线；

（f）纵荡功率谱图；（g）艏摇时程曲线；（h）艏摇功率谱图

表 3　　　　　　　　　　　　新型半潜式风机固有周期

自由度	纵荡	横荡	垂荡	横摇	纵摇	艏摇
固有周期	61.5s	61.6s	22.3s	28.6s	28.6s	50.1s

4 耦合动力响应分析

4.1 作业工况

本节研究作业工况下新型半潜式风机的耦合动力响应特性,选取同样搭载 DTU-10MW 风机的 OO-Star 半潜式基础[12] 作为对比参照。OO-Star 半潜式基础包括 4 根立柱,外侧 3 根立柱均安装 1 根锚链,风机塔筒安装在中心立柱上,如图 4 所示,该基础应用于欧盟提供资金支持的浮式风电项目,是业内较为成熟的概念设计。使用 FAST 中的 Turbsim 模块基于 Kaimal 风谱生成湍流风的时程序列,波浪基于 JONSWAP 谱生成,在相同环境条件下对两台浮式风机分别进行 3h 模拟计算。图 5 所示为湍流风、波面高程的时程变化曲线,图 6 所示为两种半潜式风机在作业工况下的运动响应对比。

图 4 OO-Star 半潜式风机示意图

经统计分析可以看出,在作业工况下,新型半潜式风机基础纵荡响应的平均值和最大值分别为 6.5m 和 10.8m,小于 OO-Star 半潜式风机的纵荡的平均值和最大值分别为 22.5m 和 25.7m,说明新型半潜式风机的系泊系统在水平位移控制上具有一定优势。新型半潜式风机和 OO-Star 半潜式风机垂荡响应的最大幅值分别为 0.61、0.60m,两者数值接近,反映出垂荡性能良好。新型半潜式风机纵荡响应的平均值和最大值分别为 4.74° 和 7.22°,略大于 OO-Star 半潜式风机,对应的平均值和最大值分别为 3.6° 和 6.44°,参考 Zambrano 等人[13] 的研究,浮式风机正常工作状态下,俯仰角平均值不大于 5°,最大俯仰角应小于 ±15°,纵摇角度在合理范围,能够满足要求。新型半潜式风机艏摇响应最大值为 2.32°,略小于 OO-Star 半潜式风机艏摇响应最大值 2.9°。

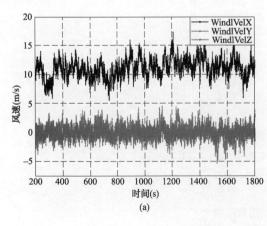

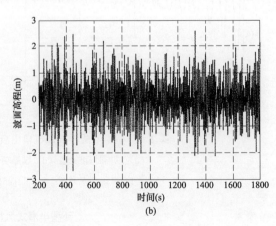

图 5 风速、波高时程曲线

(a) 风速时程曲线;(b) 波面高程时程曲线

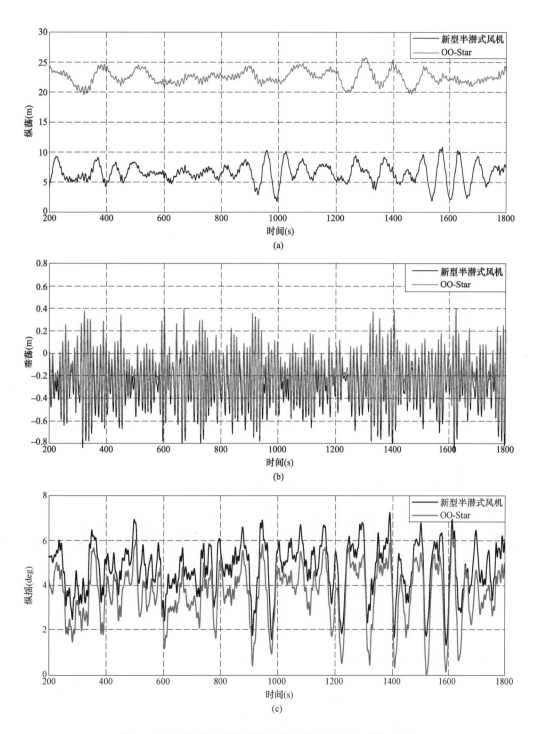

图 6　两种半潜式风机在作业工况下的运动响应对比（一）

（a）纵荡；（b）垂荡；（c）纵摇

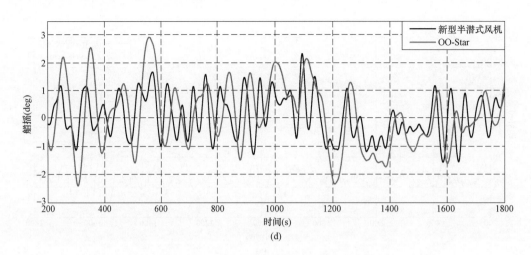

图6　两种半潜式风机在作业工况下的运动响应对比（二）

（d）艏摇

4.2　生存工况

本节研究生存工况下新型半潜式风机的耦合动力特性，此时轮毂处平均风速为 40m/s，风机处于停机状态，图7所示为新型半潜式风机生存工况下的耦合动力响应时程曲线。

经统计分析，可以看出，生存工况下，平台纵荡响应最大值为 11.07m，平均值为 4.05m；垂荡响应最大幅值为 4.70m；平台纵摇响应最大值为 2.75°，顺桨停机能显著降低叶轮受到的风荷载。9 根锚链中最大锚链拉力为 $1.51×10^6$N，锚链拉力安全系数为 5.03，大于根据 CCS 规范[14]要求的 1.67，满足要求。

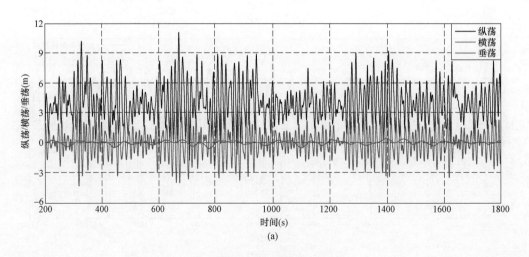

图7　新型半潜式风机生存工况下的动力响应（一）

（a）纵荡、横荡、垂荡

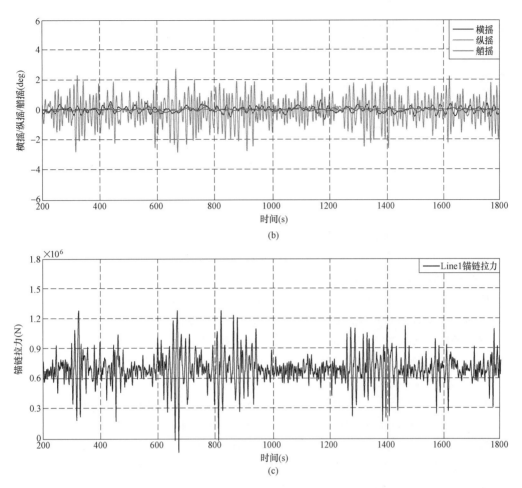

图 7　新型半潜式风机生存工况下的动力响应（二）

（b）横摇、纵摇、艏摇；（c）锚链拉力

5　结语

本文通过数值模拟的方法在频域范围内研究了新型半潜式浮式风机水动力性能，考虑了风荷载、波浪荷载以及基础与系泊系统之间的耦合，在时域范围内研究了新型半潜式风机典型工况下的耦合动力响应特性，得到主要结论如下：

（1）新型半潜式浮式风机的垂荡和纵摇的周期均大于 20s，能较好地避开波浪能量密集的周期范围，避免发生共振，结构设计合理。

（2）作业工况下，通过与 OO-Star 半潜式风机进行对比，新型半潜式浮式风机的纵荡、艏摇响应具有一定优势，垂荡最大值和 OO-Star 半潜式风机相当，纵摇角度略大于 OO-Star 半潜式风机，但也在合理范围，整体运动性能表现良好。

（3）生存工况下，新型半潜式浮式风机最大锚链拉力为 1.51×10^6N，锚链拉力的安全系数满足 CCS 规范要求。

总体来看，该浮式基础的设计具有一定的合理性，在未来在深远海浮式风电开发中具备一定的推广应用价值。为更好地服务于工程实践，相关工作如结构体型优化、强度校核、经济型评估和系泊系统优化等将在后续跟进完成。

参考文献

[1] Cermelli C，Roddier D，Aubault A. WindFloat：A Floating Foundation for Offshore Wind Turbines—Part II：Hydrodynamics Analysis [C] //ASME 2009 28th International Conference on Ocean，Offshore and Arctic Engineering，2009.

[2] Luan C，Gao Z，Moan T. Design and Analysis of a Braceless Steel 5-MW Semi-Submersible Wind Turbine [C] //Asme International Conference on Ocean，2016.

[3] Cao Q，Xiao L，Guo X，et al. Second-order responses of a conceptual semi-submersible 10MW wind turbine using full quadratic transfer functions [J]. Renewable Energy，2020，153.

[4] 邓慧静. 海上浮式风机平台稳性及锚泊系统性能研究 [D]. 哈尔滨：哈尔滨工程大学，2012.

[5] 毛莹. 海上浮式风机半潜式基础水动力特性研究 [D]. 上海：上海交通大学，2015.

[6] Ping Cheng，Yang Huang，Decheng Wan. A numerical model for fully coupled aero-hydrodynamic analysis of floating offshore wind turbine [J]. Ocean Engineering. 2019，（173）：183-196.

[7] 刘应中. 海洋工程水动力学基础 [M]. 北京：海洋出版社，1991.

[8] 曾庆川，刘浩，LIMCheWah，等. 基于改进叶素动量理论的水平轴风电机组气动性能计算 [J]. 中国电机工程学报，2011，31（23）.

[9] C. Bak，F. Zahle，R. Bitsche，et al. Design and Performance of a 10MW Turbine [J]. J. Wind Energy，2013.

[10] Anchors V. Anchor Manual 2010-The Guide to Anchoring [M]. Rotterdam：Vryhof Anchors，2010.

[11] Roddier D，Peiffer A，Aubault A，et al. A generic 5MW WindFloat for numerical tool validation & comparison against a generic Spar[C]//Proceedings of the ASME 2011 30th International Conference on Ocean，Offshore and Arctic Engineering. Rotterdam，ASME，2011：OMAE 2011-50278.

[12] DNV GL. LIFES 50+：Qualification of Innovative Floating Substructures for 10MW Wind Turbines and Water Depths Greater than 50m [R]. London：Albawaba（London）Ltd.，2015.

[13] Zambrano T，Maccready T，Kiceniuk T，et al. Dynamic Modeling of Deepwater Offshore Wind Turbine Structures in Gulf of Mexico Storm Conditions[C]//25th International Conference on Offshore Mechanics and Arctic Engineering，2006.

[14] 中国船级社. 海上移动平台入级与建造规范 [M]. 北京：人民交通出版社，2020.

作者简介

李　阔（1996—），男，主要从事海上风电基础结构设计工作。E-mail：likuo0607@163.com

胡中波（1987—），男，高级工程师，主要从事海上风电、桥梁基础与地基相互作用方面的设计、管理工作。E-mail：huzhongbo87@163.com

生物质燃料锅炉频繁堵料导致停炉问题分析及对策

何龙飞　姚　强

（中国水利水电建设工程咨询西北有限公司，陕西省西安市　710100）

[摘　要] 2030 年碳达峰，2060 年碳中和，这是 2021 年全国"两会"期间又一次提出的重点任务目标，生物质可再生能源的开发利用受到国家的高度重视。生物质作为一种可再生能源，以其取之不尽、用之不竭、储量丰富、污染程度低等优点，已得到广泛应用。生物质燃料锅炉具有燃料来源广泛、经济性好的优点，可降低污染，实现清洁能源的高效转换利用，有较大的发展潜力和前景。但是生物质燃料锅炉堵料导致停炉已成为生物质电站发展的一大制约因素。本文就偏关县 24MW 农林生物质热电联产项目，生物质燃料锅炉堵料导致停炉的原因及改进措施进行简要分析。

[关键词] 生物质；锅炉；堵料；改进

0　引言

偏关县 24MW 农林生物质热电联产项目，配套锅炉为太原锅炉集团自主研发的 75t/h 高温高压循环流化床锅炉，型号为 TG-75/9.8-S8；炉前给料系统设备为张家港市鑫港机械制造有限公司制造，型号为 XGSLS700。调研发现在同类型电厂调试过程中，因炉前给料系统设计不够完善，燃料加工质量不符合要求，以及燃料低位发热量低、容易潮湿和缠绕性强等原因，使炉前给料系统在热态调试期间经常出现卡塞、堵料问题，严重时 3 个给料口均发生堵死现象，造成锅炉运行状况不稳定，紧急状况需停炉处理。

炉前给料系统由炉前料仓、仓下螺旋输送机及其配套设备组成。燃料从料场由皮带输送机输送至锅炉炉前料仓系统，仓底设置 3 组一级双螺旋变频输送机，通过变频调速均匀控制给料量。一级螺旋给料机下部设置的 3 组二级单螺旋变频输送机均匀送料，单路系统出力为 0～10t/h，二级螺旋给料机下部设有落料口，落料口与膨胀节相连（膨胀节下设倾角 60 级），膨胀节与最终进入炉膛的落料口相连，3 个落料口中心间距 1800mm，落料口直径为 1000mm。

本研究对调试过程中炉前给料系统进行技术攻关和改造，解决了堵料造成的停炉的问题，保证了热态调试的顺利进行。技术优化后，炉前给料机给料量能满足锅炉 BMCR 工况时消耗燃料量 159% 的需求（注：BMCR 为锅炉最大蒸发量，主要是在满足蒸汽参数，炉膛安全情况下的最大出力）。

1　问题的分析和研判

炉前给料机堵料部位，主要发生在膨胀节下部落料管弯头处，当堵料发生后，燃料不能顺利从落料管进入炉膛，燃料在此处结团，越积越多，直至完全堵死。现场调研发现炉前二级螺旋给料机落料孔上方未设计捅料孔，当落料管发生堵料后，只能停炉压火后，打开二级螺旋给料机顶盖采取人工清料处理。调试过程中发现造成炉前给料机燃料堵塞的主要原因如下：

（1）燃料品质达不到设计要求。锅炉设计燃料和校核燃料成分见表 1 和表 2。

表 1　　　　　　　　　　　生物质燃料热值及设计燃料方案

燃料品种	低位发热量		设计燃料配比	校核燃料一配比	校核燃料二配比
玉米秸秆	10.579MJ/kg	2530kcal/kg	6%	25%	0
谷物秸秆	9.701MJ/kg	2320kcal/kg	18%	40%	18%
柠条修枝	15.973MJ/kg	3820kcal/kg	60%	35%	70%
松树修枝	16.141MJ/kg	3860kcal/kg	16%	0	12%

表 2　　　　　　　　　　　燃 料 分 析 表

燃料特性　　　　检测项目	符号	单位	设计燃料	校核燃料一	校核燃料二
收到基水分	M_{ar}	%	28.5	28.40	14.18
空气干燥基水分	M_{ad}	%	10.4	10.36	4.65
收到基灰分	A_{ar}	%	16.63	16.20	11.56
干燥无灰基挥发分	V_{daf}	%	61	62.4	43.6
收到基碳	C_{ar}	%	34.6	29.93	30.60
收到基氢	H_{ar}	%	3.34	3.87	6.17
收到基氧	O_{ar}	%	16.4	20.48	36.20
收到基氮	N_{ar}	%	0.44	1.01	0.89
全硫	$S_{t,ar}$	%	0.09	0.08	0.09
收到基氯	CL_{ar}	%	0.3	0.3	0.04
收到基低位发热量	$Q_{net,v,ar}$	MJ/kg	12.67	10.329	12.837
		kcal/kg	3030	2670	3070

现场到货燃料来源种类较多，主要包括柠条修枝、秸秆、果木枝、碎木料和已发酵杂料等，现对料场不同种类燃料进行检验，并对热态调试的混合料进行综合分析发现，现场混合料含水量近 60%，低位发热量不到 2000kcal/kg；而设计燃料水分为 28.5%，低位发热量为3030kcal/kg，现场燃料品质低于设计要求。虽现场燃料粒径长度满足给料系统厂家要求的燃料长度≤现场燃料品，但当燃料粒径长度＞60mm 时，在运行调试过程中发现堵料频率将大幅升高。

（2）炉前给料下料管处设计不合理。下料管弯头处设计不够圆滑，燃料容易卡、堵；未设计拨料或者振打设备；未设计必要的人工捅料清理口。

2　改进方法及实施效果

通过对炉前给料系统堵料原因的分析和研究，在调试运行过程中从运行操作、人员管理、设备改造等方面采取了切实可行的对策并取得了较好的效果，改进措施具体如下：

（1）根据燃料情况调整燃烧。燃料品质主要受生物质燃料来源及季节等客观因素影响，现场燃料品质难以达到设计要求，根据现场料场储料情况采取以下措施：

1）要求电厂化验人员提供准确及时的燃料成分报告；

2）尽量使用混合燃料，保持燃料成分相对稳定；

3）根据燃料分析报告，当燃料成分达到设计要求时，可逐渐提高锅炉运行参数，当燃料水分高于 50%或低位发热值低于设计值较多时，应控制燃料的加入量，同时加强炉前落料管燃料输送的监控，预防堵料。

（2）燃料加热。根据分析及研判，生物质燃料湿度过大是引起落料管堵料的主要原因。生物质燃料水分主要指生物质燃料在运输和储存过程中受到雨水淋湿或随着季节变化、空气温度湿度变化而存在于生物质燃料中的外在水分，这对锅炉稳定运行会造成很大影响，容易造成锅炉给料系统中料仓、螺旋给料机搭桥堵塞。

针对燃料湿度过大，采取以下措施：

1）对入厂燃料进行水分化验，水分含量超过 60%的燃料一律不予使用；

2）对收购的燃料在干料棚中进行分类，有序存放，防止雨水淋湿，露天储料区域只存放未破碎的不易吸收水分的燃料；

3）根据燃料含水量的不同，制定详细的燃料配比燃烧方案，确保入炉燃料的含水量合格；

4）炉前二级螺旋给料落料管处新增加一套燃料加热、烘干系统，现场制作一个长度 2000mm 的中空双层干燥器，干燥热源为锅炉尾部烟气（温度约为 110℃），烟气进入干燥器中对燃料持续加热烘干，如图 1 所示。

（3）改善燃料粒径。给料机设计燃料尺寸为≤料机设计燃料现场实际燃料破碎尺寸满足设计要求，但是根据以往调试、运行经验以及结合现场实际运行情况进行分析，当燃料粒径为≤场实际燃时，不易堵塞且给料系统运行正常，当燃料粒径＞60mm 时就容易造成燃料卡、堵。针对燃料粒径过大，采取以下措施：由于原破碎机规格为≤于原破碎机，且破碎后燃料粒径规格依然大于 60mm，故增加 1 台二次破碎设备，保证燃料破碎后粒径＜60mm，当燃料粒径满足要求时，可通过对一级螺旋给料机及二级螺旋给料机的转速比进行调节，增大给料量，此时炉前一级螺旋给料机、二级螺旋给料机均投入 2 组即可满足锅炉燃料需求，同时满足锅炉 BMCR 工况燃烧效率。

此时给料系统运行与优化前相比，可减少运行一级螺旋给料机、二级螺旋给料机各 1 组，即减少运行一级螺旋给料机电机 2 台（单台电机功率 15kW）和二级螺旋给料机电机 1 台（单台电机功率 18.5kW）投入运行，具体的节能计算如下：

1）一级螺旋给料机电机 2 台

$$W（kWh）=P（kW）\times T（h）$$
$$262800kWh=15kW\times 24h\times 365 天\times 2 台$$
一年节能费用=262800kWh×0.78 元=20.4984（万元）

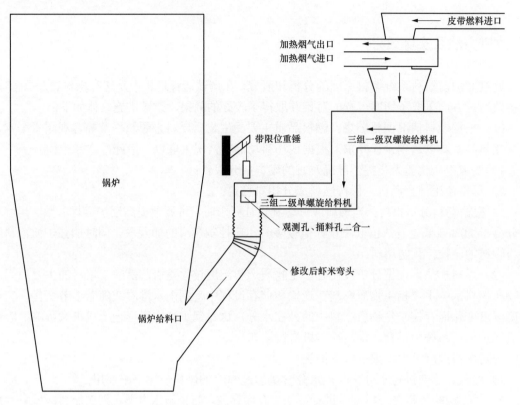

图1 燃料加热、烘干系统

2）二级螺旋给料机电机1台

$$W（kWh）=P（kW）×T（h）$$

$$162060kWh=18.5kW×24h×365 天$$

$$一年节能费用=162060kWh×0.78 元=12.64068（万元）$$

注：此节能费用按单台炉计算，电价为0.78元/kWh。

（4）下料管处改造。原下料管弯头处设计不够圆滑且未设计拨料或者振打设备，未设计必要的捅料口及清理口，燃料下落时阻力增大，容易产生堵料且堵料后不易发现，更不能及时清理。针对上述问题，采取改进如下措施：

1）将硬角弯头变更为虾米弯头，可使燃料平顺下滑。

2）在二级螺旋给料机膨胀节上方左右两侧，分别开一个200×200mm的观测孔，以便现场加强巡视或远程监视，当发生燃料堵塞后能及时进行清理。

3）螺旋给料机出口盖板上部增加重锤（设置上下限位），当发生燃料堵塞时，可以拆除观察孔盖板进行人工清理，情况严重时可以启动重锤配合人工疏通堵料。

3 结语

针对偏关县24MW农林生物质热电联产项目炉前给料系统上料中断问题，本研究通燃料含水量和粒径进行合理处理，基本解决了炉前给料系统的堵料问题。对非正常工况下的堵料问题，同样采取了相应的处理措施，有效保证了调试工作的顺利进行，并且为机组长期稳定运行打好基础。在同类型机组设计过程中得到应用和推广，也希望能给同类型生物电厂运行提供参考。

参考文献

[1] 徐晓云. 生物质电厂燃料运输、贮存及输送系统的设计研究 [J]. 电力技术，2010（6）：47-54.

[2] 王超，王建中，王雅彬. 生物质发电厂上料系统的改造与创新研究 [J]. 能源与节能，2012（7）：30-32.

200MW 平价光伏发电跨越邻接
南水北调干线送出电工程方案设计和工程实践

朱志伟　李欣萌

（南水北调中线信息科技有限公司，北京市　100038）

[摘　要]随着可再生能源广泛应用，光伏发电不仅丰富了电力的供应方式，而且有利于社会和经济的可持续发展。本文依托 200MW 平价光伏发电项目自建送出线路工程，介绍了光伏发电项目自建送出线路工程跨越南水北调干渠方案及设计思路。通过不同方案的对比，选出在保证输电线路安全性及生态保护性上更具优势的方案。同时，通过跨越弧垂的计算及增加跨越方案的加强措施，确保了方案的可行性、增强方案的可靠性，工程实现了送出线路对南水北调干渠的跨越，设计成果和实践经验可为同类工程提供参考。

[关键词]光伏发电；南水北调；方案对比；跨越杆塔

0　引言

随着全球能源需求的不断增长，化石燃料过度消耗所导致的全球气候变暖问题已成为当前社会经济发展面临的重大挑战。开发可再生能源是我国实现可持续发展的重要途径，也是能源战略的重要组成部分[1]。作为可再生能源，光伏的开发可以节约大量的燃料和水资源，改善地区能源结构。光伏发电可以实现电力供应的多元化，提高电网中可再生能源发电的比例，有利于社会和经济的可持续发展[2]。

南水北调中线工程是我国一项跨流域、跨省市的特大型水利工程。它从长江支流汉江上游的丹江口水库引水至北京市团城湖，全长约 1267km。南水北调中线工程作为一项国家重大战略性基础工程，其在工程供电管理、土建绿化等水平普遍高于同类工程项目，具有较高的借鉴及参考意义[3, 4]。其中，保定市顺平县安阳乡 200MW 平价光伏发电项目自建送出线路工程，工程线路大体呈北—南走向，线路起止点位于南水北调中线总干渠南北两侧，工程新建线路不可避免会与南水北调中线总干渠存在跨越交叉。因此，如何在兼顾保证南水北调跨越区域 35kV 供电线路安全运行，减少两岸绿化带中绿植砍伐或移栽的前提下，实现工程新建线路安全跨越，值得进一步深入探讨和研究。

本文基于保证南水北调安全运行的理念，对光伏发电工程新建线路跨越方案进行了探讨，依托保定市顺平县安阳乡 200MW 平价光伏发电项目自建送出线路工程，对跨越邻接南水北调中线干线河段其他工程开展方案设计，在保证南水北调跨越区域供电线路安全运行、减少自然植被破坏上做深入分析。此外，本文还讨论了跨越总干渠的方式、线路路径选定、输电线路跨越南水北调中线总干渠弧垂计算等方面。通过总结设计成果和工程实践经验，可为同类工程提供参考，并为新的光伏发电工程线路跨越模式扩展思路[5]。

1　工程概况

保定市顺平县安阳乡 200MW 平价光伏发电项目自建送出线路工程跨越位置位于南水北调中线总干渠河北段其他工程设计单元。跨越处南水北调中线总干渠断面图如图 1 所示。跨越处南水北调中线总干渠渠道为明渠，渠道断面为梯形断面为半挖半填渠道。渠道内边坡坡率为 1:2.5，渠底宽度为 21.5m，左右岸运行维护道路宽度为 4m，中线总干渠占地宽度为110.2m。

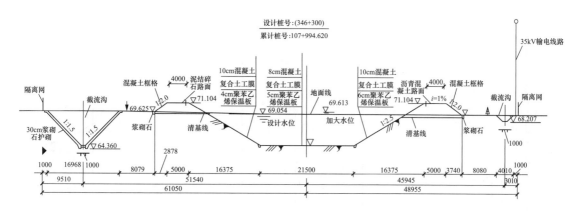

图 1　跨越处南水北调中线总干渠断面图

光伏发电项目自建送出线路大体呈北—南走向，线路起止点位于南水北调中线总干渠南北两侧，其中起点位于南水北调中线总干渠北侧约 12km 的光伏区 220kV 升压站，终点位于南水北调中线总干渠南侧约 7km 的吴家庄变电站。南水北调中线总干渠呈东—西走向，因此本工程新建线路跨越南水北调中线总干渠交叉是不可避免的。

2　跨越方案设计

2.1　跨越方案比选

方案设计之初有两种设计方式，其中，方案一为采用"耐—直—直—耐"独立耐张段跨越，该段中 N48 和 N51 为耐张塔，N49 和 N50 为直线塔跨越档距 314m。其中 N49 号铁塔基础外缘距南水北调中线总干渠北侧围栏为 58m，N50 号铁塔基础外缘距南水北调中线总干渠南侧围栏为 123m。两基主跨塔型 N49 为 2A5-ZM3-42，N50 为 2A5-ZM3-45。

方案二采用"耐—直—直—耐"独立耐张段跨越，该段中 N48 和 N51 为耐张塔，N49 和 N50 为直线塔跨越档距 262m。其中 N49 号铁塔基础外缘距南水北调中线总干渠北侧围栏为 53m，N50 号铁塔基础外缘距南水北调中线总干渠南侧围栏为 76m。N48 和 N51 两基主跨塔型均为 2A5-ZM3-36。

工程线路经过现场详细踏勘和调查，方案一相较于方案二，对南水北调中线总干渠基本无影响，其中 N49 杆塔为方案比选的关键，4 号杆塔为 220kV 单回路直线塔，考虑永久占地线内中线总干渠宽度、线路跨中线总干渠和 220kV 杆塔的使用条件等因素，确定南水北调中线总干渠北侧 N49 塔位的杆塔外缘距总干渠北侧围栏最小水平距离 58m。N49 号杆塔塔位在总干渠工程保护范围之内，一级水源保护范围之外。若 N49 向小号侧移动出二级水源地保护范围后，导线对北岸绿化带高度无法满足跨越要求，需对北岸绿化带中绿植进行砍伐或移栽，同时对南岸南水北调中线总干渠 35kV 供电线路跨越距离减小，对 35kV 供电线路后期的运行维护造成影响[6]。因此，最终选用方案一作为本次跨越方案，图 2 所示为工程输电线路跨越中线总干渠断面图。

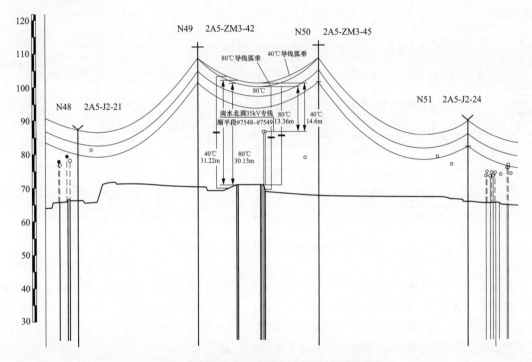

图 2　工程输电线路跨越中线总干渠断面图

2.2　输电线路跨越南水北调中线总干渠弧垂计算

本工程新建架空线路 24.2km。其中 N49-N50 档跨越南水北调中线总干渠，N49、N50 均为单回路直线塔，跨越档档距为 314m。工程输电线路跨越南水北调中线总干渠档距为 314m，导线对干渠的架空距离，本次计算导线运行温度按 40 线、导线允许温度按 80 线情况求得的最大弧垂计算垂直距离，以确保本工程跨越南水北调中线总干渠安全裕度。

N49 桩位高程为 70.08m，导线挂点高程为 108.79m；N50 桩位高程为 67.47m，导线挂点高程为 109.17m；N49-N50 档距为 314m，计算温度为 40 算、80 算工况下，根据电线悬挂曲线方程式计算，公式为

$$y' = \frac{\sigma_0}{\gamma}\left[ch\frac{\gamma(l_{AO} - x')}{\sigma_0} - ch\frac{\gamma l_{AO}}{\sigma_0}\right] \tag{1}$$

式中　y'——电线各点到横坐标的垂直高度，m；

　　　　σ_0——电线各点的水平应力（最底点应力），N/mm²；

γ——电线比载，N/m^2；

l_{AO}——弧垂点到杆塔水平距离，m；

x'——垂点弧垂最低点到档内任意一点水平距离，m。

N49-N50 档内 220kV 导线距地面附属物净空距离见表 1，图 4 所示为电线应力弧垂参数示意图。

表 1　　　　　　　　　　　跨 越 距 离 一 览 表

档内附属物距4号距离（m）	档内附属物	档内附属物高程（m）	导线高程（m）		导线距地面或围栏净空距离（m）	
			40℃	800	400	800
0	N49 号杆塔	70.09	108.79	108.79	38.70	38.70
101	北侧运维道路	71.10	102.32	101.23	31.22	30.13
165	南侧运维道路	71.10	101.46	100.2	30.36	29.10
314	N50 号杆塔	67.47	109.17	109.17	41.70	41.70

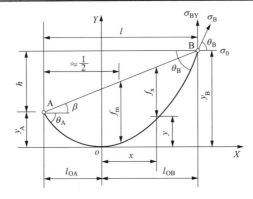

图 4　电线应力弧垂参数示意图

通过弧垂计算及平断面定位图得知，本工程线路跨越南水北调中线总干渠处，220kV 导线在最大弧垂下距中线总干渠北岸运行维护道路净距为 30.13m（80m），距中线总干渠南岸运行维护道路净距为 29.10m（80m），满足规程规范要求。

3　输电线路跨越南水北调中线总干渠加强措施

工程输电线路跨越南水北调中线总干渠段方式为架空方式跨越中线总干渠，依据南水北调中线总干渠工程设计技术要求，针对本次输电线路跨越南水北调中线总干渠，主要采取以下加强措施。

3.1　采用独立耐张段跨越

工程输电线路在跨越南水北调中线总干渠处，采用"耐—直—直—耐"独立耐张段的跨越方式，尽可能远离南水北调中线总干渠的工程保护范围及水源保护区。跨越设计时避免出现大档距和大高差的情况，跨越塔两侧档距之比不超过 2:1。

3.2　跨越南水北调中线总干渠段导线提高安全系数且不允许接头

根据 GB 50545—2010《110～750kV 架空输电线路设计技术规范》要求，导、地线在弧垂最低点的设计安全系数不应小于 2.5。本工程 220kV 导线采用 2×线采用导、地线 300/40 钢芯铝绞线，跨越南水北调中线总干渠段导线安全系数为 2.5；地线采用 2 根 OPGW-120 型光缆安全系数为 4。

本工程输电线路跨越南水北调中线总干渠属于重要交叉跨越，线路导线与地线在跨越南水北调中线总干渠时不允许接头。OPGW 光缆按照跨越南水北调中线总干渠独立耐张段单独分盘进行设计[7-9]。跨越段杆塔设计及基础加强措施明细表见表 2。

表 2　　　　　　　　跨越段杆塔设计及基础加强措施明细表

塔位号	塔型呼高	基础型式	杆塔螺栓设计加强措施
N48	2A5-J2-21	大开挖，作用力增加 1.1 倍	全塔双帽，并在横担与塔身连接处增加 1～2 个螺栓
N49	2A5-ZM3-42	大开挖，作用力增加 1.1 倍	全塔双帽，并在横担与塔身连接处增加 1～2 个螺栓
N50	2A5-ZM3-45	土掏挖，作用力增加 1.1 倍	全塔双帽，并在横担与塔身连接处增加 1～2 个螺栓
N51	2A5-J2-24	土掏挖，作用力增加 1.1 倍	全塔双帽，并在横担与塔身连接处增加 1～2 个螺栓

4　结语

基于 200MW 平价光伏发电项目自建送出线路工程，提出了使用采用"耐—直—直—耐"独立耐张段的跨越方式，通过方案比选及弧垂计算，使工程尽可能远离南水北调中线总干渠的工程保护范围，通过输电线路跨越南水北调中线总干渠加强措施更大限度地保证了南水北调输电线路运行安全。相比于传统方式，此工程跨越方式在安全性及生态保护性上有更具优势，本工程的设计思路和实践经验是光伏发电送出线路的有益尝试，可为相关研究的进一步开展提供借鉴。

参考文献

[1] 殷仁豪."双碳"背景下新能源基地规划发展趋势 [J]. 上海节能，2022（03）：265-271.

[2] 刘建伟. 分布式新能源发电对配电网电压影响研究 [J]. 新型工业化，2022，12（01）：120-122.

[3] 槐先锋，陈晓璐，高森，等. 南水北调中线干线工程安全运行探索 [J]. 中国水利，2021（18）：48-49+51.

[4] 孙水英，于国安，夏泉，等. 大型永磁电动机在南水北调东线一期工程山东段韩庄泵站中的应用 [J]. 水利规划与设计，2014（01）：48-50.

[5] 杨元凯. 光伏发电在新能源可持续发展中的应用 [J]. 电子技术，2021，50（12）：288-289.

[6] 曾藩. 电网输电线路的维护及其故障排除技术 [J]. 电气技术与经济，2021（06）：61-62.

[7] 郭建伟. 交叉跨越技术在输电线路上的应用研究 [J]. 电子世界，2021（19）：196-197.

[8] 石生智. 交流特高压输电线路带电作业工器具及作业方法研究 [D]. 保定：华北电力大学，2013.

[9] 沈志. 超特高压架空输电线路张力放线施工技术应用研究 [D]. 昆明：昆明理工大学，2010.

作者简介

朱志伟（1981—），男，高级工程师，主要从事金结机电工程设计与管理工作。E-mail：1421021909@qq.com
李欣萌（1993—），女，助理工程师，主要从事信息自动化及电力运行维护工作。E-mail：981073935@qq.com

水光互补漂浮式光伏发电项目在防洪评价二维数值模拟中的概化探讨

彭 磊

（中国能源建设集团广西电力设计研究院有限公司，广西壮族自治区南宁市 530007）

[摘 要] 随着"3060"碳达峰、碳中和的提出，光伏发电将迎来井喷发展。漂浮式光伏发电作为河道管理范围内建设项目，需进行防洪评价。防洪评价采用二维数值模型分析河道流态变化，漂浮式光伏发电项目光伏阵列漂浮于河道水面，难以概化加入数值模型。本文以某漂浮式光伏发电项目作为实例，采用 MIKE21FM 二维模型进行河道流态模拟，漂浮式光伏阵列以项目区域河道糙率变化的形式来反映工程建设前后的变化。结果表明，用糙率变化的形式可以有效概化漂浮式光伏阵列。

[关键词] 水光互补；漂浮式光伏；防洪评价；概化

0 引言

随着我国 2030 年碳达峰及 2060 年碳中和愿景的提出，能源绿色低碳转型行动要求加快光伏产业创新升级和特色应用，推进光伏发电多元布局，到 2030 年，风电、太阳能发电总装机容量达到 12 亿 kW 以上[1]。水光互补发电是"风光水火储一体化"的主要形式之一，能充分利用水电站已有送出线路通道和水电机组快速调节能力，将光伏发电和水电机组电力联合打捆送出，提高线路通道利用率，减少光伏发电波动性影响，降低系统备用[2]。

水面漂浮式光伏发电能充分利用水电站已有设施和输电线路、库区现有水面、滩涂以及屋顶等资源，减少投资成本和对耕地、林地等土地资源的占用，具有可观的经济和生态效益[3]。漂浮式光伏发电项目一般位于水库库区，河道管理范围内，根据相关规定，需进行防洪评价。漂浮式光伏发电项目光伏阵列众多，占用水面面积较大，发电阵列如何概化是防洪评价中进行二维数值模拟的难点。本文对漂浮式光伏发电项目在防洪评价二维数值模拟中的概化进行了探讨，为今后漂浮式光伏阵列的概化提供了一种参考思路。

1 工程概况

1.1 建设项目概况

水上漂浮式光伏发电项目 G 位于 Y 水电站库区库汊区域，远离库区主航道，分为 A、B 两个片区，两个片区分别占地 1128 亩、1341 亩。项目 G 包含 24 个漂浮式光伏阵列发电单元，每个漂浮式光伏发电单元包含 1 个 4.22394MWp 的光伏方阵，每个光伏方阵配置一座 3.125MW

集装箱式逆变升压一体机，总装机容量为 101.37456MWp。

1.2 光伏阵列浮体结构

水上漂浮式光伏发电项目 G 光伏发电阵列由光伏串列组成，每 28 个光伏组件构成一个

光伏串列，每个光伏发电阵列共有 350 多个光伏串列。光伏串列按 1 行 28 列的排列横向布置光伏组件，光伏组件尺寸为 2111mm×1046mm×30mm。

漂浮式光伏电站项目 G 的水上浮体采用浮箱与金属支架组合的形式（如图 1 所示），浮箱仅作为浮体提供浮力，系统的风荷载、水流力与波浪力产生的水平力主要由金属支架承担。浮箱＋支架形式结构稳定性好，能实现最佳倾角，且造价较低。

浮体结构主要包括主平台浮体、道路平台浮体和连接浮体（如图 2 所示），主平台浮体主

图 1 浮箱＋支架式漂浮光伏系统示意图

要用于支撑、固定光伏组件支架，道路平台浮体主要作为检修运维通道，连接浮体用来将主浮体连接在一起。

图 2 浮体示意图（从左到右依次主浮体、连接浮体、道路平台浮体）

浮体采用单片组件横排的方式，每个光伏方阵安装 9492 块光伏组件。光伏组件为固定式安装方案，安装倾角为 12°。浮体之上设置立柱和安装檩条，光伏组件通过檩条安装于浮体之上。组件下边缘距离水面高度不低于 170mm。浮体结构如图 3 所示。

(a)   (b)

图 3 浮体结构图

（a）组件及浮体布置；（b）组件及支架安装

1.3 光伏阵列锚固系统

为限制浮体的运动，漂浮式光伏方阵采用水底锚固，用锚绳将漂浮光伏阵列与水下锚块

或锚桩相固定，水深小于 15m 的区域采用桩锚，水深大于 15m 的区域采用混凝土块锚固（如图 4 所示）。

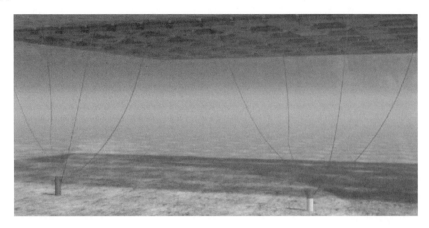

图 4　锚固系统示意图

　　工程浮体的锚固点沿光伏方阵东南西北四个方向布置，南北方向沿方阵边缘锚固点布置间隔约为 4m，东西方向沿方阵边缘锚固点布置间隔为 6m，每个方阵共设 156 个锚固点。锚固点通过锚绳连接于走道浮体侧边耳板的短角钢上。

　　锚绳另一端与锚件连接，每 2 根锚绳连接 1 根锚桩或锚块，锚绳方向为 45°内八布置，每个光伏方阵共设 78 个锚件。锚绳采用直径为 10mm 的不锈钢钢丝绳。

　　锚固桩采用预制管桩，总长 5m，露出水底泥面 0.5m，桩顶设抱箍，用于连接锚绳。锚块采用预制混凝土锚块，单个锚块重约 4t。

2　项目阻水情况分析

　　项目 G 仅漂浮式光伏发电阵列位于 Y 电站库区，属于河道管理范围内新建项目。根据项目平面布置，项目 G 河道管理范围内的新建建筑物浮体、锚绳、水下锚块、锚桩分别位于库区水面及水下。锚桩、锚块位于库区河底，会对河底水流产生阻挡，从而在该处产生绕流，改变该处河底水流流态；锚绳直径仅 10mm，阻水作用微小，忽略不计，不考虑其阻水情况；项目浮体占地面积广阔，组件下边缘距离水面高度不少于 170mm，会明显改变项目所在库汊区域水面表层水流流态，但对浮体下边缘到库底绝大部分过流区域水流流态影响较小。综上，项目 G 阻水建筑物主要是锚桩、锚块和浮体，锚桩、锚块会在河底局部产生绕流，浮体会减缓库汊区域水面表层流速。

3　MIKE21FM 二维水动力模型简介

　　河道管理范围内建设项目防洪评价需采用数值模型或河工模型分析河道流态变化和对行洪能力的影响[4]，本次采用 MIKE21FM 二维水动力数值模型对建设项目 G 所在库汊河段水流流态进行模拟，模型将采用非结构性网格进行计算，项目 G 建筑物将进行概化加入模型。

3.1 MIKE21FM 二维水动力模型原理简介

MIKE 21FM 模型由丹麦 DHI（Danish Hydraulic Institute）公司开发，是拥有多功能的二维地表水模拟工具，可用于模拟河流、湖泊、河口、海湾及海洋的水动力、波浪、泥沙及环境问题[5]。

MIKE 21FM 二维数学模型基本方程采用纳维—斯多克斯方程，其形式如下

连续方程：
$$\frac{\partial h}{\partial t}+\frac{\partial h\bar{u}}{\partial x}+\frac{\partial h\bar{v}}{\partial y}=hS \tag{1}$$

动量方程：
$$\frac{\partial h\bar{u}}{\partial t}+\frac{\partial h\bar{u}^2}{\partial x}+\frac{\partial h\overline{uv}}{\partial y}=f\bar{v}h-gh\frac{\partial \eta}{\partial x}-\frac{h}{\rho_0}\frac{\partial p_a}{\partial x}-\frac{gh^2}{2\rho_0}\frac{\partial \rho}{\partial x}+\frac{\tau_{sx}}{\rho_0}-\frac{\tau_{bx}}{\rho_0}$$
$$-\frac{1}{\rho_0}\left(\frac{\partial S_{xx}}{\partial x}+\frac{\partial S_{xy}}{\partial y}\right)+\frac{\partial}{\partial x}(hT_{xx})+\frac{\partial}{\partial y}(hT_{xy})+hu_sS \tag{2}$$

$$\frac{\partial h\bar{v}}{\partial t}+\frac{\partial h\overline{uv}}{\partial x}+\frac{\partial h\bar{v}^2}{\partial y}=f\bar{u}h-gh\frac{\partial \eta}{\partial y}-\frac{h}{\rho_0}\frac{\partial p_a}{\partial y}-\frac{gh^2}{2\rho_0}\frac{\partial \rho}{\partial y}+\frac{\tau_{sy}}{\rho_0}-\frac{\tau_{by}}{\rho_0}$$
$$-\frac{1}{\rho_0}\left(\frac{\partial S_{yx}}{\partial x}+\frac{\partial S_{yy}}{\partial y}\right)+\frac{\partial}{\partial x}(hT_{xy})+\frac{\partial}{\partial y}(hT_{yy})+hv_sS \tag{3}$$

其中

$$T_{xx}=2A\frac{\partial \bar{u}}{\partial x}$$
$$T_{xy}=2A\left(\frac{\partial \bar{u}}{\partial y}+\frac{\partial \bar{v}}{\partial x}\right) \tag{4}$$
$$T_{yy}=2A\frac{\partial \bar{v}}{\partial y}$$

式中：$\bar{u}$、$\bar{v}$ 分别为 x、y 方向流速分量；h 为水深；η 为表面水位；g 为重力加速度；ρ_0 为水的密度；f 为柯氏力系数；A 为涡黏系数；S 为点源项；S_{xy}、S_{yy}、S_{xy} 均为辐射应力；p_a 为大气压强；τ_{sx}，τ_{bx}，τ_{sy}，τ_{by} 为水体表面风摩擦力和底部摩擦力；T_{xx}、T_{xy}、T_{yy} 为侧应力[6]。

模型数值求解方法采用有限体积法，其基本原理为将计算域分成若干单元。在计算出每个控制体边界沿法向输入（出）的流量和动量通量后，对每个控制体分别进行水量和动量平衡计算，得到计算时段末各控制体的平均水深和流速。

3.2 MIKE21FM 二维水动力模型使用步骤简介

MIKE21FM 二维水动力数值模型使用步骤主要包括数据收集与前处理、搭建模型、运行模型、模型率定和验证、方案计算和结果后处理。

搭建 MIKE21FM 二维水动力数值模型前，需要先对项目所在河段进行概化，建立 Mesh 格式的地形网格边界文件。Mesh 文件是一个 ASCII 文件，包含每个网格点的地理位置坐标和高程，以及单元之间的拓扑关系。MIKE21FM 模型所需 Mesh 文件由模拟河段边界及该河段地形构成，模拟河段上下边界为开边界，左右两岸为闭边界，陆地和水下地形通过实际测量插值得到。

MIKE21FM 数值模型运行需要输入以下参数，包括 Mesh 格式地形边界文件、糙率值、

涡黏系数、时间步长、干湿水深、初始水位、工况条件等。

根据实测资料对模型参数进行率定、验证后进行各工况方案模拟计算，分析工程前后模拟河段流态变化。

4　工程在模型中的概化

4.1　工程概化建模探讨

以项目 A 片区为例，分析工程建设前后该河段流态变化。工程前，A 片区模拟河段 Mesh 文件采用非结构化网格以边界和实测地形构建［如图 5（a）所示］；工程后，由于该河段建设了漂浮式光伏阵列，锚桩、锚块和浮体这些改变原有河道地形地势的建筑物需要概化添加到模型中。光伏阵列锚桩、锚块位于库区河底，可以通过该处水下地形变化将各阵列锚桩、锚块加入模型［如图 5（b）所示］。

光伏阵列浮体由于漂浮在库区水面，不能作为水下地形数据添加入模型。浮体只阻挡库区水面表层流速，对整个库区水下流速基本无影响，不能作为不过水建筑物概化为陆地。根据实际情况分析，光伏阵列浮体相当于在二维平面上减缓了该区域的水流平均流速。MIKE21FM 二维水动力数值模型中，糙率值可以制作成面文件。本工程尝试用光伏阵列铺设范围内河道糙率值的变化来反映光伏阵列浮体的阻水情况。在工程前的面糙率文件基础上，对光伏阵列浮体铺设范围内的糙率适当增大，以此来反应浮体对该区域水流流速的减缓作用，从而将光伏阵列浮体的阻水影响概化加入模型。工程建设前后糙率分布图如图 6 所示。

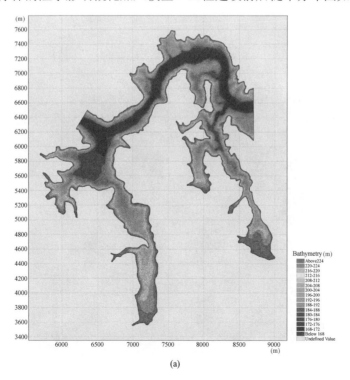

(a)

图 5　工程建设前后地形边界图（一）

（a）工程前地形网格划分图

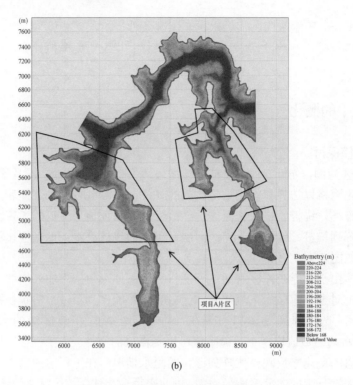

(b)

图 5 工程建设前后地形边界图（二）

（b）工程后地形网格划分图

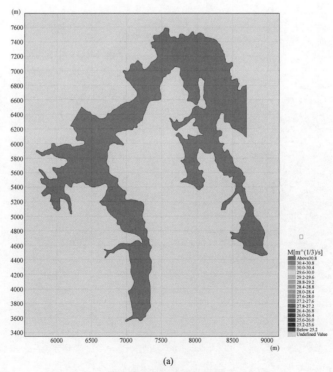

(a)

图 6 工程建设前后糙率分布图（一）

（a）工程前糙率文件

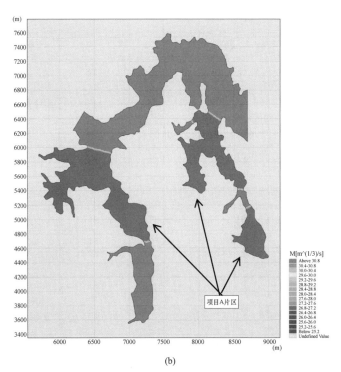

图 6　工程建设前后糙率分布图（二）

（b）工程后糙率文件

4.2　工程河段流态模拟成果分析

按以上概化处理思路，将工程概化加入模型，工程建设建前后模拟区域流场对比成果如图 7 所示，项目 A 片区所在河道库汊区域 50 年一遇洪水条件下采样点流速、流向变化成果见表 1。根据工程前后模拟区域流场变化及采样点流速、流向变化，项目 A 片区水流流速在工程建设后整体有所减小，但减小幅度很小，流向变化也不大。工程区域流态模拟成果也基本符合工程水域实际流态变化情况，本次对漂浮式光伏阵列在 MIKE21FM 二维水动力模型中的概化较为合理，可以作为今后该类工程防洪评价二维流态模拟分析的参考。

表 1　　　　　项目 A 片区 50 年一遇洪水条件下采样点流速、流向变化成果表

采样点	流速（m/s）			流向（°）		
	工程前	工程后	变化值	工程前	工程后	变化值
t1	0.054	0.060	0.006	251.2	239.7	−11.5
t2	0.030	0.025	−0.005	325.8	298.7	−27.1
t3	0.016	0.024	0.007	137.5	140.6	3.1
t4	0.043	0.033	−0.010	285.7	277.4	−8.2
t5	0.059	0.044	−0.015	313.3	324.5	11.3
t6	0.010	0.014	0.005	119.5	129.6	10.1
t7	0.029	0.034	0.005	232.7	227.1	−5.6
t8	0.007	0.006	0.000	221.8	215.2	−6.6
t9	0.027	0.021	−0.007	310.0	254.8	−55.2

采样点	流速（m/s）			流向（°）		
	工程前	工程后	变化值	工程前	工程后	变化值
t10	0.025	0.009	−0.017	235.4	194.7	−40.7
t11	0.021	0.020	−0.001	206.2	182.8	−23.4
t12	0.019	0.014	−0.005	239.0	164.6	−74.4
t13	0.020	0.010	−0.010	62.8	70.3	7.5
t14	0.027	0.014	−0.013	92.5	135.8	43.3
t15	0.019	0.023	0.004	64.5	70.0	5.5
t16	0.025	0.017	−0.008	267.3	238.1	−29.2
t17	0.047	0.028	−0.019	315.4	291.9	−23.5

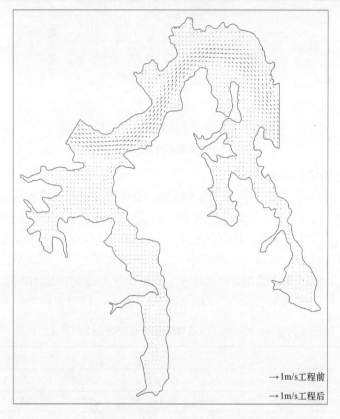

图 7　50 年一遇洪水条件下工程前后模拟河段流场对比图

5　结语

漂浮式光伏发电项目一般占用水域面积较大，浮体组件众多，在防洪评价二维数值模拟中难以针对其各组件逐一概化，且绝大部分组件漂浮于水面，难以概化为水下地形或不过水建筑物。文章根据漂浮式光伏阵列浮体对库区水流流态实际产生的影响变化，通过调整光伏阵列区域河道糙率，造成类似的库区水流流态变化来反映工程建设对库区水流流态的影响。结果表明，该光伏阵列浮体概化方法可以有效反映工程建设对库区水流流态的影响。

参考文献

［1］2030 年前碳达峰行动方案［N］. 人民日报，2021-10-27（007）.

［2］袁康龙，黄豫，刘平. "水光互补"有四大问题值得关注［N］. 中国能源报，2020-11-09（004）.

［3］苏南. 湖北探索小水电发展新模式［N］. 中国能源报，2017-07-31（012）.

［4］徐新华. 防洪评价报告编制导则研究及解读［M］. 北京：中国水利水电出版社，2007.

［5］DHI. MIKE 21 Flow Model FM Hydrodynamic module User Guide［M］. Denmark：DHI，2016.

［6］DHI. MIKE 21 & MIKE 3 Flow Model FM Hydrodynamics and Transport Module Scientific Documentation［M］. Denmark：DHI，2016.

作者简介

彭 磊（1990—），男，工程师，主要从事水利水电规划、防洪等工作。E-mail：pengl@gxed.com

改进的环境等值线法在预报海上
风电机组极端响应中的应用

李祖辉 奚 泉 周 川

（中国电建集团昆明勘测设计研究院有限公司，云南省昆明市　650051）

[摘 要]对于在风浪载荷作用下的海上结构物，预测给定返回周期的长期极端响应是非常重要的设计环节。通常，完全长期响应分析法被视为预报长期极端响应最准确的方法。这种方法考虑所有短期响应及其对应发生的概率，但这种方法非常耗时且效率低下。环境等值线法，被认为是一种用来预测海上结构物的长期极端响应的更有效率的近似方法。传统的环境等值线法已经被广泛地应用于风浪载荷作用为主的传统海上结构，但是对于承受风浪联合作用的海上风电机组，传统的环境等值线法，在面对风载荷主导引起的响应的预报上具有较差的精度，由于在风电机组控制系统的作用下，风载荷引起的响应是非单调的，改进的环境等值线法能够有效解决具有非单调性响应的系统的预报问题。

[关键词]极端响应；环境等值线法；海上风电机组

0 引言

海上风电机组是受到风浪联合作用的海上结构物，估算给定返回周期（50年或100年）的结构的极端响应在设计初始阶段具有较高的意义。完全长期响应分析法被认为是评估结构的极端响应的最准确的方法，因为这种方法考虑所有的环境条件。但实际上，结构的极端响应是由有限几个环境条件引起的，因此，完全长期响应分析法在应用时效率低下。通常，它的结果可以被视为对其他方法得出结果的参考值。环境等值线法，是一种通过减少所需的短期分析次数来提高计算效率的近似方法[1]。该方法已广泛应用于波浪载荷作用下的传统海洋结构，它将响应与环境变量解耦，并使用给定返回周期或超越概率对应的环境轮廓下的最大的最可能短期响应来表示极端响应。然而，对于承受风浪载荷联合作用的海上风电机组，环境等值线法在响应的预报中表现不佳[2]。这是由于在风电机组控制系统的作用下，引起的响应的非单调性变化。环境等值线法将导致利用选定的环境等值线计算结果与现实情况之间的偏差。因此，改进的环境等值线法被用来解决由于运行模式变化而引起的响应非单调性变化的系统[3]。这两种方法都是沿着目标等值线选取环境条件，进行短期响应分析，以确定长期的极端响应。

1 研究理论

1.1 完全长期响应分析法
对风电机组长期极端响应的预报可以视为如下所示的可靠性问题

$$RE = 1 - P_f = \exp \int_{L(R)>0} \ln[f_V(r)]\mathrm{d}r \tag{1}$$

$$L(R) = r_e - r \tag{2}$$

其中，$L(R)$ 是极限状态函数；r 是结构响应；r_e 是结构长期响应 r 的极值；RE 是可靠度；V 代表所有变量。通常，环境变量和结构响应是相互独立的变量，Giske 等人提出用指数函数和对数函数线性近似的方法[4]，上述公式可以被简化为

$$RE = 1 - P_f = P(L(R)>0) = \int_{L(R)>0} f_R(r)\mathrm{d}r \tag{3}$$

结构长期的极值可以通过短期极值获得，如下所示，其中 $F_R^{LT}(r_e)$ 和 $F_{R|E}^{ST}(r_e|e)$ 分别代表极值响应的长期累积分布函数和短期累积分布函数。

$$F_R^{LT}(r_e) = \int F_{R|E}^{ST}(r_e|e)f_E(e)\mathrm{d}e \tag{4}$$

$$\int f_E(e)\mathrm{d}e = 1 \tag{5}$$

本文利用 1–h 极值分布表示短期极值，假设 10min 为一个独立的时间单位，1–h 短期极值分布可以通过 10 分钟最大响应外推得到。本文考虑三个环境变量，分别为平均风速 U_w、有义波高 H_s 和谱峰周期 T_p。湍流强度设为 15%。考虑到所有的环境变量，上述公式可以写为

$$\begin{aligned}
F_{R_{1h}}^{LT}(r_e) &= \int F_{R_{1h}|E}^{ST}(r_e|e) \cdot f_E(e)\mathrm{d}e \\
&= \iiint F_{R_{1h}|U_w,H_s,T_p}^{ST}(r_e|u,h,t) \cdot f_{U_w,H_s,T_p}(u,h,t)\mathrm{d}u\mathrm{d}h\mathrm{d}t \\
&= \sum F_{R_{1h}|U_w,H_s,T_p}^{ST}(r_e|u,h,t) \cdot f_{U_w,H_s,T_p}(u,h,t)\Delta u\Delta h\Delta t
\end{aligned} \tag{6}$$

返回周期为 50 年的长期极值响应可以通过以下公式得到

$$F_{R_{1h}}^{LT}(r_e) = 1 - P_f = 1 - \frac{1}{24\times365.25\times50} \tag{7}$$

1.2 环境等值线法

环境等值线法的原理可以描述为

$$F_{R_{1h},50y}(r_e|u,h,t) \approx F_{R_{1h}|U_w,H_s,T_p}^{ST}(r_e|u_{\mathrm{ECM}},h_{\mathrm{ECM}},t_{\mathrm{ECM}}) \tag{8}$$

其中，u_{ECM}，h_{ECM}，t_{ECM} 代表环境等值线上产生最大极值响应的环境工况，称之为设计点。本方法中，使用在指定返回周期设计点处的环境条件的短期极值分布 $F_{R_{1h}|U_w,H_s,T_p}^{ST}(r_e|u_{\mathrm{ECM}},h_{\mathrm{ECM}},t_{\mathrm{ECM}})$ 来应用环境等值线法。

环境等值线法基于反一阶可靠性方法[5]，通过 Rosenblatt 变换得到环境等值线[6]。该方法只考虑了环境变量，而不包含响应变量。通过使用分位数来补偿将响应这一变量排除产生的误差。经验上，应用环境等值线法时，采用 70%～90% 的分位值。所有环境变量的组合将位于一个由独立标准正态变量组成的球体上。物理变量与标准正态变量之间的转换采用 Rosenblatt 变换，过程如下

$$\begin{aligned}
\Phi(u_1) &= F_{U_w}(u) \\
\Phi(u_2) &= F_{H_s|U_w}(h|u) \\
\Phi(u_3) &= F_{T_p|U_w,H_s}(t|u,h)
\end{aligned} \tag{9}$$

$$F_{U_w}(u) = \int f_{U_w}(u)\mathrm{d}u$$

$$F_{H_s|U_w}(h|u) = \frac{\int f_{U_w,H_s}(u,h)\mathrm{d}h}{f_{U_w}(u)} = \int f_{H_s|U_w}(h|u)\mathrm{d}h \tag{10}$$

$$F_{T_p|U_w,H_s}(t|u,h) = \frac{\int f_{U_w,H_s,T_p}(u,h,t)\mathrm{d}t}{f_{U_w,H_s}(u,h)} = \int f_{T_p|U_w,H_s}(t|u,h)\mathrm{d}t$$

其中，Φ 代表标准正态函数的累积分布函数；F 代表环境变量的累积分布函数。

1.3 改进的环境等值线法

风电机组的极端响应通常发生在运行状态（切入风速和切出风速之间），而不是极端环境条件下。在控制系统的作用下，风电机组在不同风速下具有不同的运行模式，从而导致极端响应与环境参数之间的非单调关系。然而，在每个单调区间内，环境等值线法依然可以直接应用。改进的环境等值线法的本质是使用另一条返回周期较小（N）的等值线来寻找环境条件的组合。同样用 1–h 极值分布表示短期极值，返回周期为 50 年的 1–h 极值响应的累积分布函数可以通过 N 年的 1–h 极值响应的累积分布函数外推得到

$$F_{R_{1h,Ny}}(r_e) = F_{R_{1h}}^{LT}(r_e)^{N\times365.25\times24} \tag{11}$$

$$F_{R_{1h,50y}}(r_e) = [F_{R_{1h}}^{LT}(r_e)^{N\cdot365.25\cdot24}]^{\frac{50}{N}} = [F_{R_{1h,Ny}}(r_e)]^{\frac{50}{N}} \tag{12}$$

其中，$F_{R_{1h,50y}}(r_e|u_N,h_N,t_N)$ 为 50 年 1–h 极值响应累积分布函数。

2 结果和分析

2.1 联合概率密度函数

本文根据北海中心 10 年的测量数据，绘制返回周期为 50 年的环境等值线[7]。此处水深 20m，采用美国可再生能源实验室推荐的 5MW 单桩支撑风电机组模型。联合概率密度函数可以表示为

$$f_{U_w,H_s,T_p}(u,h,t) = f_{U_w}(u) \cdot f_{H_s|U_w}(h|u) \cdot f_{T_p|U_w,H_s}(t|u,h) \tag{13}$$

平均风速、有义波高和谱峰周期分别用双参数韦伯分布、双参数韦伯分布和正对数分布表示，如下所示

$$f_{U_w}(u) = \frac{\alpha_U}{\beta_U}\left(\frac{u}{\beta_U}\right)^{\alpha_U-1} \exp\left[-\left(\frac{u}{\beta_U}\right)^{\alpha_U}\right] \tag{14}$$

$$f_{H_s|U_w}(h|u) = \frac{\alpha_{HC}}{\beta_{HC}}\left(\frac{h}{\beta_{HC}}\right)^{\alpha_{HC}-1} \exp\left[-\left(\frac{h}{\beta_{HC}}\right)^{\alpha_{HC}}\right] \tag{15}$$

$$f_{T_p|U_w,H_s}(t|u,h) = \frac{1}{\sqrt{2\pi}\sigma_{\ln(T_p)}t} \exp\left[-\frac{1}{2}\left(\frac{\ln(t)-\mu_{\ln(T_p)}}{\sigma_{\ln(T_p)}}\right)^2\right] \tag{16}$$

$$\alpha_{HC} = a_1 + a_2 \cdot u^{a_3} \tag{17}$$

$$\beta_{HC} = b_1 + b_2 \cdot u^{b_3} \tag{18}$$

$$\mu_{\ln(T_p)} = \ln\left(\frac{\mu_{T_p}}{\sqrt{1+v_{T_p}^2}}\right) \tag{19}$$

$$\sigma_{\ln(T_p)}^2 = \ln(1+v_{T_p}^2) \tag{20}$$

$$v_{T_p} = \frac{\sigma_{T_p}}{\mu_{T_p}} \tag{21}$$

其中，$\alpha_U = 2.299$，$\beta_U = 8.920$，$a_1 = 1.755$，$a_2 = 0.184$，$a_3 = 1.000$，$b_1 = 0.534$，$b_2 = 0.070$，$b_3 = 1.435$，$\theta = -0.477$，$\gamma = 1.0$，$e_1 = 5.563$，$e_2 = 0.798$，$e_3 = 1.0$，$f_1 = 3.5$，$f_2 = 3.592$，$f_3 = 0.735$，$k_1 = 0.050$，$k_2 = 0.388$，$k_3 = -0.321$[7]。

2.2　基于完全长期响应分析法的极值响应

应用完全长期响应分析法时环境变量的范围如表 1 所示。轮毂处风速范围为 2-40m/s，增量为 2m/s；有义波高范围为 1~10m，增量为 1m；谱峰周期的范围为 2~24s，增量为 2s。本文考虑的响应变量为塔筒底部的剪切力和倾覆力矩 F_1、M_1 以及单桩底部的剪切力和倾覆力矩 F_2、M_2。

表 1　　　　　　　　　　　　　　环 境 变 量 的 范 围

变量	最小值	最大值	增量
平均风速（m/s）	2	40	2
有义波高（m）	1	10	1
谱峰周期（s）	2	24	2

为了得到 1–h 短期极值响应的累积分布函数，对于每一个环境工况，给出 20 个随机种子进行数值模拟。使用耿贝尔分布进行短期响应的分析。耿贝尔分布的累积分布函数可以表示为

$$F(x) = e^{-e^{-\frac{x-\mu_G}{\beta_G}}} \tag{22}$$

$$-\ln(-\ln(F(x))) = \frac{1}{\beta_G} \cdot x - \frac{\mu_G}{\beta_G} \tag{23}$$

其中，μ_G 和 β_G 分别为位置参数和尺度参数。一个关于 F_1 的 20 个随机种子的耿贝尔分布的例子如图 1 所示。横轴代表结构响应 F_1，竖轴代表变量 $-\ln(-\ln(F(x)))$，通过斜率和截距确定 μ_G 和 β_G 两个参数。

通过假设 10-min 为独立的时间单位，1–h 极值累积分布函数可以表示为

$$F_{R_{1h}|U_w,H_s,T_p}^{ST}(r_e|u,h,t) = F_{R_{10min}|U_w,H_s,T_p}^{ST}(r_e|u,h,t)^6 \tag{24}$$

基于 FLTA 的极值响应分析结果如表 2 所示，这一结果作为其他方法结果的对比参考。

表 2　　　　　　　　　　　基于完全长期响应分析法的极值响应

方法	F_1（N）	M_1（N・m）	F_2（N）	M_2（N・m）
FLTA	1.56×10^6	1.20×10^8	5.35×10^6	1.57×10^8

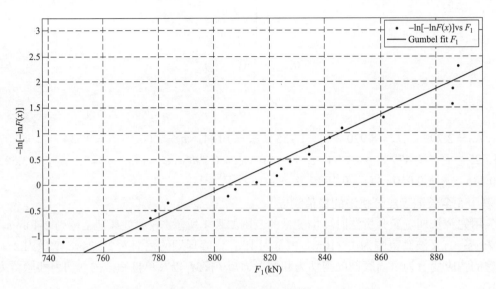

图 1　变量 F_1 的 20 个随机数的耿贝尔分布的示例

2.3　基于环境等值线法的极值响应

U 空间中的极限状态曲面如图 2 所示。其半径由 $\Phi(r_i) = 1 - P_f = 1 - \dfrac{1}{24 \times 365.25 \times 50}$ 计算得到：$r_i = 4.58$。

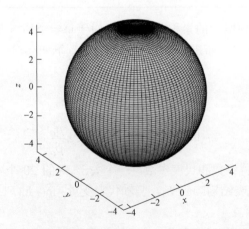

图 2　基于反一阶可靠法的环境等值线法 U 空间中的极限状态曲面

图 2 所示的 U 空间中的极限状态面可以转换到包含不同变量的物理空间中，如图 3 所示。

由于高风速，大的有义波高都会造成更大的极端响应。为了提高环境等值线法的计算效率，可以先判断所求目标响应的性质。图 4 给出了四种目标响应在风浪联合作用下与仅在风作用下各响应的时历曲线对比图。风浪联合作用下的环境工况为平均风速 23m/s，有义波高 3m，谱峰周期 18s。仅在风作用下的环境工况为风速 23m/s。

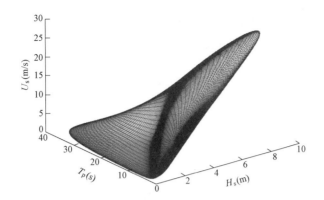

图 3　基于反一阶可靠法的环境等值线法物理空间中的极限状态曲面

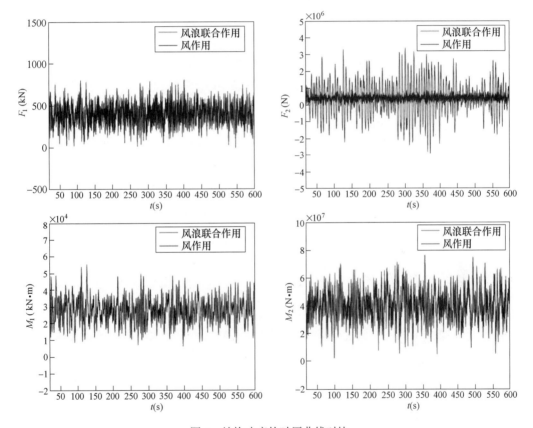

图 4　结构响应的时历曲线对比

　　由图 4 中可以看出，响应 F_2 为波浪载荷占主导，响应 M_2 为风载荷占主导。由于单桩高出水面 10m，对于塔筒底部的响应剪切力 F_1 与纵摇力矩 M_1，可视为仅受风载作用。以此为基础，可做出不同风速下的二维环境等值线，用于极端响应的预报。

　　对于 F_1 与 M_1，由于仅受风载作用，其 50 年一遇的环境等值面变成一个仅含平均风速这一个环境变量的点。对应于 50 年一遇的最大风速。

　　由于单桩底部的剪切力 F_2，其主要由波浪载荷主导，风速越高，有义波高越大，波浪力也越大，因此 F_2 的极端响应出现在切出风速附近。图 5 绘制了不同风速下有义波高与谱峰周期的等值线，范围从 23m/s 到 25m/s，增量间距为 1m/s，用于评估 F_2 的极端响应，该极端响应受波浪载荷的支配。而对于单桩底部的倾覆力矩 M_2，风载荷占主导作用，故其极端响应在额定风速附近。图 6 绘制了不同风速下有义波高与谱峰周期的等值线，范围从 12m/s 到 15m/s，增量间距为 1m/s，用于评估 M_2 的极端响应。

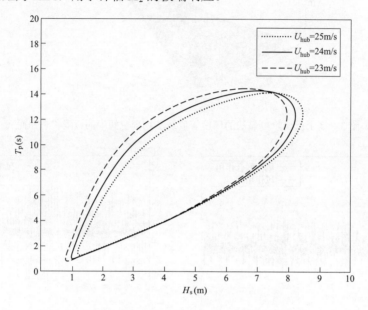

图5　基于环境等值线法的 F_2 不同风速下等值线

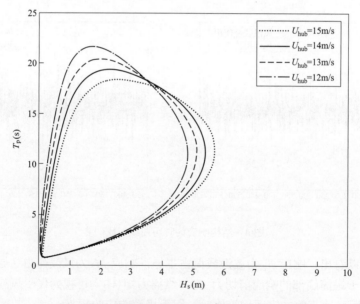

图6　基于环境等值线法的 M_2 不同风速下等值线

与完全长期响应分析法中相似，每个环境工况给 20 个随机种子进行数值模拟。通过耿贝尔分布进行拟合，该分布给出了每种环境工况 10-min 分布，并以此外推至 1-h 最可能值：

$$\mu_{G_{1h,50\,year}} = \mu_G + \beta_G \cdot \ln 6 \tag{25}$$

根据图 5 和图 6 所示的二维等值线，沿着轮廓线选取环境工况的组合进行计算，计算结果如表 3～表 5 所示。

表 3　　　　　　　基于环境等值线法的 F_1 和 M_1 临界环境工况的选取

平均风速（m/s）	有义波高（m）	谱峰周期（s）	F_1（N）	M_1（N·m）
33.88	—	—	$8.86×10^5$	$5.11×10^7$

表 4　　　　　　　基于环境等值线法的 F_2 临界环境工况的选取

平均风速（m/s）	有义波高（m）	谱峰周期（s）	F_2（N）
25	7.09	8.21	$4.10×10^6$
24	6.94	8.46	$4.04×10^6$
23	6.83	8.21	$4.01×10^6$

表 5　　　　　　　基于环境等值线法的 M_2 临界环境工况的选取

平均风速（m/s）	有义波高（m）	谱峰周期（s）	M_2（N·m）
15	3.90	4.60	$1.15×10^8$
14	3.97	4.94	$1.17×10^8$
13	3.99	5.29	$1.16×10^8$
12	4.09	6.01	$1.16×10^8$

表 3～表 5 中列出了不同风速下的临界环境条件。从表中可以看出，单桩底部的剪切力的极端响应出现在切出风速附近。在这种情况下，高风速产生大的有义波高。单桩底部的倾覆力矩的最大值出现在的额定风速附近。采用环境等值线法预报塔筒底部的剪切力和倾覆力矩时，由于只受风载荷的影响，唯一的变量是平均风速。极端响应的临界环境条件为 50 年内一次的最大风速。基于环境等值线法的临界工况和极值响应总结如表 6 所示。

表 6　　　　　　基于反一阶可靠法的环境等值线法的临界工况和极值响应总结

项目	平均风速（m/s）	有义波高（m）	谱峰周期（s）	极值响应
F_1（N）	33.88	—	—	$8.86×10^5$
M_1（N·m）	33.88	—	—	$5.11×10^7$
F_2（N）	25	7.09	8.21	$4.10×10^6$
M_2（N·m）	14	3.97	4.94	$1.17×10^8$

表 6 中的极端响应都是最可能的值（MPV），通过考虑不同的分位数，与完全长期响应分析法的结果对比，进行误差分析。结果和误差对比见表 7。从中可以看出，基于反一阶可靠法的环境等值线法的预报结果一般低于完全长期响应分析法（MPV 比完全长期响应分析法的结果低近 25%）。即使考虑一个较高的分位值，这种方法也不具有良好的应用性。这是因为没有准确唯一的分位值来确保所有结果同时可靠。对于 F_2，使用 95% 的分位数，但是这一分位值并不适合 M_2，对于 M_2，应该选择 99% 的分位值。在实际的应用中，没有完全长期响应分析法的结果作为参考，因此在选择分位数时，更多的是主观选择。不同的响应采用不同的分位数，并且分位数的选择和环境也有关系。同时，在尾部区域，即使分位数一个微小的变化，也会导致结果的剧烈变化。在一些研究中，可以使用修正系数 1.25 来代替分位值作为预

报的结果[8]。

表 7　　　　基于 IFORM 的环境等值线法不同分位值的结果及与 FLTA 的对比

分位值	F_2（N）			M_2（N·m）		
	IFORM	FLTA	误差	IFORM	FLTA	误差
MPV	4.10×10^6	5.35×10^6	-23.29%	1.17×10^8	1.57×10^8	-25.62%
50%	4.23×10^6	5.35×10^6	-20.97%	1.19×10^8	1.57×10^8	-24.41%
60%	4.33×10^6	5.35×10^6	-19.03%	1.20×10^8	1.57×10^8	-23.40%
70%	4.45×10^6	5.35×10^6	-16.75%	1.22×10^8	1.57×10^8	-22.21%
80%	4.61×10^6	5.35×10^6	-13.77%	1.25×10^8	1.57×10^8	-20.66%
90%	4.87×10^6	5.35×10^6	-9.00%	1.28×10^8	1.57×10^8	-18.18%
95%	5.26×10^6	5.35×10^6	-1.77%	1.32×10^8	1.57×10^8	-15.80%
99%	5.67×10^6	5.35×10^6	5.91%	1.41×10^8	1.57×10^8	-10.41%
99.9%	6.45×10^6	5.35×10^6	20.56%	1.53×10^8	1.57×10^8	-2.78%

2.4　基于改进的环境等值线法的极值响应

通过对每一风速下最可能的环境条件进行 10min 的数值模拟，选择产生最大极值响应的环境条件以确定返回期。通过 N 年返回期外推得到 50 年返回期的极端响应，与环境等值线法中的外推方法类似。假设每 1h 是一个独立的时间单位，根据耿贝尔分布拟合极值分布，那么新的最可能的外推值可以表示为

$$\mu_{G_{1h,50\,year}} = \mu_G + \beta_G \cdot \ln\left(6\cdot\frac{50}{N}\right) \tag{26}$$

$$\hat{\mu}_{G_{1h,50y}}(n) = \hat{\mu}_G(n) + \hat{\beta}_G(n)\cdot\ln\left(6\cdot\frac{50}{N}\right) \tag{27}$$

其中，N 为返回周期；$\hat{\mu}_G(n)$ 和 $\hat{\beta}_G(n)$ 为估计值，对于不同的返回周期 N，需要的不同的模拟次数 n 是不同的。当 N 远远小于 50 时，β_G 比 μ_G 的影响程度更大需要足够多的模拟次数来确保结果的精度。本文中，检查 95% 置信区间来保证模拟的精度。检查方法如下所示

$$\mu_{G_{1h,50y}}^{CI\pm} = \hat{\mu}_{G_{1h,50y}} \pm t_{0.975,n-2}\cdot\sqrt{\frac{var(\mu_{G_{1h,50y}}(n))}{n-2}} \tag{28}$$

$$var[\mu_{G_{1h,50y}}(n)] = var[\mu_G(n)] + \left[\ln\left(6\times\frac{50}{N}\right)\right]^2\cdot var[\beta_G(n)] + 2\ln\left(6\times\frac{50}{N}\right)\cdot cov[\mu_G(n),\beta_G(n)] \tag{29}$$

$$CI\%(n) = \frac{\mu_{G_{1h,50y}}^{CI+}(n) - \mu_{G_{1h,50y}}^{CI-}(n)}{\hat{\mu}_{G_{1h,50y}}(n)} \leqslant 3\% \tag{30}$$

不同风速下的最可能环境条件与该环境工况对应的极端响应变化趋势如图 7 所示。

F_2 的最大极值响应出现在风速 25m/s 时，F_1、M_1 和 M_2 的最大极值响应出现在风速 17m/s 时，对应的返回周期分别为 7.22×10^{-2} 年和 1.63×10^{-3} 年。根据置信区间的要求，分别需要 60 个和 80 个随机种子进行数值模拟。

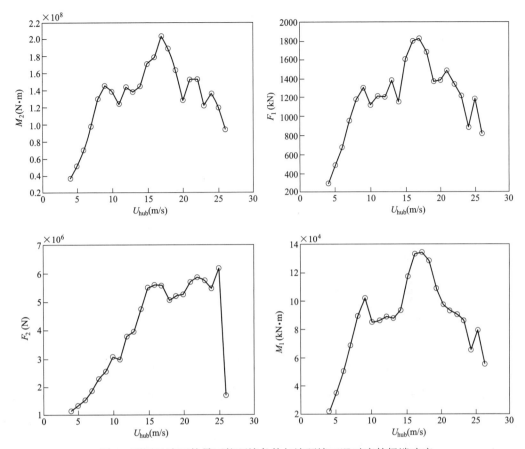

图 7　不同风速下的最可能环境条件与该环境工况对应的极端响应

对于 F_2 的极值响应，构建返回周期为 7.22×10^{-2} 年的环境等值线，二维环境等值线如图 8 所示，同理，对于 M_2 的极值响应，构建返回周期为 1.63×10^{-3} 年的环境等值线，二维环境等

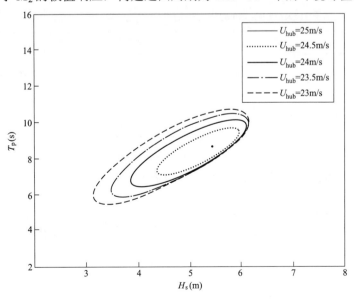

图 8　基于 IFORM 的改进的环境等值线法的 F_2 不同风速下等值线

值线如图 9 所示。对于 F_1 和 M_1，由于只考虑风载荷的影响，等值线成为一个点。选择 17m/s 风速下对应的极值响应。

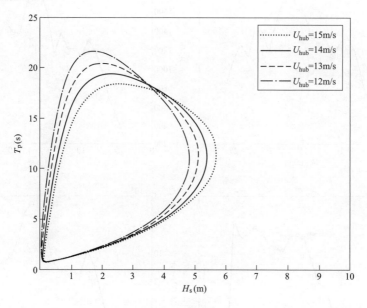

图 9　基于 IFORM 的改进的环境等值线法的 M_2 不同风速下等值线

根据图 8 和图 9 所示的二维等值线，沿着轮廓线选取环境工况的组合进行计算。计算结果如表 8～表 10 所示。

表 8　　　　　基于 IFORM 的改进的环境等值线法 F_1 和 M_1 临界环境工况的选取

平均风速（m/s）	有义波高（m）	谱峰周期（s）	F_1（N）	M_1（N·m）
17	—	—	$1.71×10^6$	$1.35×10^8$

表 9　　　　　基于 IFORM 的改进的环境等值线法 F_2 临界环境工况的选取

平均风速（m/s）	有义波高（m）	谱峰周期（s）	F_2（N）
25	5.44	8.64	$6.15×10^6$
24.5	5.96	9.45	$6.21×10^6$
24	6.10	9.74	$6.39×10^6$
23.5	6.15	9.91	$6.15×10^6$
23	6.15	10.04	$5.99×10^6$

表 10　　　　　基于 IFORM 的改进的环境等值线法 M_2 临界环境工况的选取

平均风速（m/s）	有义波高（m）	谱峰周期（s）	M_2（N·m）
17	3.25	7.52	$1.83×10^8$
16.5	3.51	8.02	$1.74×10^8$
16	3.55	8.21	$1.74×10^8$
15.5	3.54	8.31	$1.69×10^8$
15	3.50	8.38	$1.65×10^8$

基于反一阶可靠法的改进环境等值线法的临界工况和极值响应总结如表 11 所示。

表 11　　　　　基于反一阶可靠法的改进的环境等值线法的临界工况和极值响应总结

	平均风速（m/s）	有义波高（m）	谱峰周期（s）	极值响应
F_1（N）	17	—	—	$1.71×10^6$
M_1（N·m）	17	—	—	$1.35×10^8$
F_2（N）	24	6.10	9.74	$6.39×10^6$
M_2（N·m）	17	3.25	7.52	$1.83×10^8$

从表 11 中可以看出，当采用改进的环境等值线法预测返回周期为 50 年结构的极端响应时，预测结果与环境等值线法的预测结果不同。在 23～25m/s 的风速范围内，单桩底部的剪切力的极值发生在平均风速为 24m/s 时。塔筒底部的剪切力和倾覆力矩以及单桩底部的倾覆力矩在风速为 17m/s 时出现极端响应。

完全长期响应分析法、环境等值线法、改进的环境等值线法的预测结果对比如表 12 所示，改进的环境等值线法的预测结果明显优于环境等值线法。环境等值线法的结果偏小，无法满足安全性的要求。改进的环境等值线法的预测结果的精度较为保守，与完全长期响应分析法相比，能有效地满足设计阶段的安全要求。对于考虑三个环境变量的环境等值线法，1.76、2.35、1.30、1.34 作为修正系数分别应用于塔筒底部的剪切力和倾覆力矩以及单桩底部的剪切力和倾覆力矩。环境等值线法可以更准确地预测单桩底部的力和力矩，但在预测以风载荷为主的塔筒底部的力和力矩时精度偏低，预测的极值会被低估。其主要原因是风载荷对风电机组的响应是非单调的。当风速高于额定风速时，风电机组的控制系统会影响其响应，当风速超过切出风速时，风电机组会停机，而风载荷会迅速下降。

表 12　　　　　　　　　　　不同方法预测结果及误差对比

方法	F_1（kN）	M_1（kN·m）	F_2（N）	M_2（N·m）
FLTA	$1.56×10^3$	$1.20×10^5$	$5.35×10^6$	$1.57×10^8$
ECM	$8.86×10^2$	$5.11×10^4$	$4.10×10^6$	$1.17×10^8$
ECM 偏差	−43.21%	−57.42%	−23.36%	−25.48%
MECM	$1.71×10^3$	$1.35×10^5$	$6.39×10^6$	$1.83×10^8$
MECM 偏差	9.62%	12.50%	19.44%	16.56%

3　结语

本文以位于北海中心的单桩式支撑结构 NEREL 5MW 风电机组为模型，探讨了环境等值线法和改进的环境等值线法预报结构长期极端响应的不同。采用反一阶可靠性法得到了波-风载荷联合作用下的环境等高线。考虑了平均风速、有义波高和谱峰周期三个环境变量。本文中研究的响应分别为塔筒和单桩底部的剪切力以及倾覆力矩。将不同方法得到的极端响应与完全长期响应分析进行比较。虽然环境等值线法已广泛应用于海上结构物，但这种方法对海上风电机组的结果并不令人满意。为了获得与完全长期响应分析法的结果相比具有足够可靠性的结果，必须应用一个高分位值（90%以上），对于某些响应，所选的分位数需要高达

99%。因此，环境等值线法不适用于预测海上风电机组的极端响应。

与完全长期响应分析法相比，改进后的环境等值线法的预测结果比环境等值法的预测结果更接近。但总体预测结果显示，改进后的环境等值线法有高估的趋势。高估计值可以有效地保证风电机组设计阶段的安全性。在这个意义上，改进后的环境等值线法能够更好地满足安全性的要求。高估的原因可能为湍流强度设为定值，这值得进一步的研究。

参考文献

［1］Sverre Haver，Steven R Winterstein. Environmental contour lines: A method for estimating long term extremes by a short term analysis. Transactions of the Society of Naval Architects and Marine Engineers，2009（116）：116-127.

［2］Q Li，Z Gao，T Moan. Extreme response analysis for a jacket-type offshore wind turbine using environmental contour method. In Proceedings of 11th international conference on structural safetyand reliability，2013.

［3］Qinyuan Li，Zhen Gao，Torgeir Moan. Modified environmental contour method for predicting longterm extreme responses of bottom-fixed offshore wind turbines. Marine Structures，2016（48）：15-32.

［4］Finn-Idar Grøtta Giske，Bernt Johan Leira，Ole Øiseth. Full long-term extreme response analysis of marine structures using inverse form. Probabilistic Engineering Mechanics，2017（50）：1-8.

［5］Steven R Winterstein，Todd C Ude，C Allin Cornell，Peter Bjerager，Sverre Haver. Environmental parameters for extreme response: Inverse form with omission factors. In Proc. 6th Int. Conf. on Structural Safety and Reliability，Innsbruck，Austria，1993.

［6］Murray Rosenblatt. Remarks on a multivariate transformation. The annals of mathematical statistics，1952，23（3）：470-472.

［7］Lin Li，Zhen Gao，Torgeir Moan. Joint environmental data at five european offshore sites for design of combined wind and wave energy devices. In International Conference on Offshore Mechanics and Arctic Engineering，American Society of Mechanical Engineers，2013.

［8］Made Jaya Muliawan，Zhen Gao，Torgeir Moan. Application of the contour line method for estimating extreme responses in the mooring lines of a two-body floating wave energy converter. Journal of offshore mechanics and Arctic engineering，2013，135（3）.

作者简介

李祖辉（1996—），男，助理工程师，主要从事海工结构设计工作。E-mail：1145000785@qq.com